An der Schwelle
Ein Naturführer für die Region Hannover

Dietmar Drangmeister

Impressum

Bibliografische Information der Deutschen Nationalbibliothek
Die Deutsche Nationalbibliothek verzeichnet diese Publikation in der Deutschen Nationalbibliografie; detaillierte bibliografische Daten sind im Internet über http://dnb.d-nb.de abrufbar.

Bibliographic information published by the Deutsche Nationalbibliothek
Die Deutsche Nationalbibliothek lists this publication in the Deutsche Nationalbibliografie; detailed bibliographic data are available on the Internet at http://dnb.d-nb.de.

Kartografie: Klaus Becker und Eva-Maria Meyer, Planungsgruppe Landespflege

Illustrationen: Annike Hölzer

Buchgestaltung und Layout: Göttling Mediengestaltung

Umschlagbild: Janto Trappe | Die Schwelle bei Barsinghausen/Hohenbostel

Vervielfältigungserlaubnisse für Kartengrundlagen DTK25, DÜK500 und Kurhannoversche Landesaufnahme: Lizenzen des Landesamtes für Geoinformation und Landvermessung Niedersachsen (LGLN) vom 26.01.2015 und vom 10.02.2015

Hinweise zu den Inhalten sowie aktualisierende Angaben bitte an den Autor:
dietmar.drangmeister@pglandespflege.de

ISBN: 978-3-8382-0820-6

© *ibidem*-Verlag

Stuttgart 2015

Gedruckt auf alterungsbeständigem, säurefreien Papier
Printed on acid-free paper

Printed in Germany

Inhaltsverzeichnis
Wo finde ich was?

Geleitwort
Prof. Dr. Axel Priebs

Ein Naturführer für die Region Hannover? Ja, natürlich! Die Region Hannover liegt zwar nicht in einer der „spektakulären" Naturlandschaften wie dem Wattenmeer oder dem Harz. Dafür bietet sie eine beeindruckende und charakteristische Auswahl norddeutscher Landschaften an der Schwelle zum Mittelgebirge. Die hannoversche Moorgeest, die Sandheiden und das Steinhuder Meer im Norden, die anschließende Lössbörde, die Flussauen der Leine als „blaue Diagonale" der Region und im Süden der Deister als Teil des Weser-Leine-Berglandes zeigen die große naturräumliche Vielfalt, die kennzeichnend ist für die Region Hannover.

Ein Verdienst des vorliegenden Buches besteht darin, den hier lebenden Menschen, aber auch den Besucherinnen und Besuchern der Region dieses naturräumliche Spektrum aufzuschlüsseln, zu erklären und mit Hilfe einer Vielzahl von Fotos zu veranschaulichen. Der Autor, ein ausgewiesener Kenner der Region und ihrer Natur, entwickelt ein einprägsames Bild von den Großlandschaften, die in der Region Hannover aufeinandertreffen, und geht auch ein auf die Besonderheiten der dicht bebauten, gleichwohl gut durchgrünten Stadtlandschaft.

Den acht Naturräumen ist jeweils ein Hauptkapitel des Buches gewidmet, der Autor räumt jedem von ihnen in etwa den gleichen Platz ein, um ihren spezifischen Charakteristika und ihren Besonderheiten gerecht zu werden. Jedem Naturraum wird ein ihn kennzeichnendes „Leittier" vorangestellt, das jeweils für die Besonderheiten eines Naturraums steht – die Wildkatze etwa lebt in den ausgedehnten, naturnahen und abwechslungsreich strukturierten Deisterwäldern, der Fischotter durchstreift die gewässerreiche Landschaft der nördlichen Leineaue und der Wanderfalke jagt in den Häuserschluchten und über den Freiflächen der Stadtlandschaft.

Jedes Gebiet wird mit der gleichen Systematik behandelt. Auf Geologie und Oberflächenformen wird ebenso eingegangen wie auf die Besiedlungsgeschichte und wichtige Landnutzungen. Denn die Landschaften der Region Hannover sind das Produkt von natürlichen Gegebenheiten einerseits und vom Wirken des Menschen andererseits. Landwirtschaft, Industrie und Gewerbe, Wohnungsbau, Freizeitnutzungen und Infrastruktur haben eine vielfältige Kulturlandschaft entstehen lassen. Im Mittelpunkt des Buches stehen aber die mehr oder weniger naturnahen Lebensräume wild lebender Tiere und Pflanzen sowie die Zusammenhänge zwischen den verschiedenen Aspekten des Naturhaushalts. Dadurch erhält der Leser einen umfassenden Überblick über die Natur in der Region Hannover.

Die Region Hannover hat 2013 einen neuen Landschaftsrahmenplan aufgestellt. Auf der Basis einer umfänglichen Bestandsaufnahme wurden schutzwürdige und schutzbedürftige Bereiche benannt. Derzeit wird das Regionale Raumordnungsprogramm neu aufgestellt, in das die Erkenntnisse aus der Landschaftsrahmenplanung einfließen. Wir werden auch künftig dafür sorgen, dass die Vielfalt der Landschaften erhalten und erkennbar bleibt. Denn diese sind nicht nur Lebensräume von Tieren und Pflanzen, sondern sie erfreuen auch den Menschen als Erholungs- und Naturerlebnislandschaften und sind unverzichtbare Grundlagen für die Attraktivität und Lebensqualität unserer Region.

Hannover, im Februar 2015

Prof. Dr. Axel Priebs
Erster Regionsrat der Region Hannover

Autor
Dietmar Drangmeister

Dietmar Drangmeister ist 1953 in Hannover geboren. Nach seinem Abitur auf der Tellkampfschule in der hannoverschen Südstadt studierte er an der Universität seiner Heimatstadt Landespflege. Während der Studienzeit engagierte er sich in der Bürgerinitiativbewegung für Umweltschutz und alternative Verkehrspolitik.

1983 gründete der Autor gemeinsam mit seinem Studienfreund Bernd Blanke ein Büro für Landschaftsarchitektur. Die PlanungsGruppe Landespflege (PGL) erstellt Landschafts- und Umweltplanungen und führt Biotopkartierungen und Artenerfassungen durch.

Innerhalb der Region Hannover hat Dietmar Drangmeister eine Vielzahl von Planungen und Projekten bearbeitet: Als Beispiele seien die Landschaftspläne für die Stadtgebiete von Seelze, Barsinghausen, Wunstorf und Burgdorf, die Konzeption und Umsetzung von Naturschutzmaßnahmen im Expo-Park Süd sowie Heckenkartierungen in der nördlichen Leineaue genannt.

In jüngster Zeit hat er im Auftrag der Region Hannover eine große Zahl von Landschaftsschutzgebieten in Bergland und Börde, Geest und Leineaue untersucht. Bei der Neuaufstellung des Landschaftsrahmenplans hat der Autor die Planung für den Westteil der Region erarbeitet. Zudem ist er mit der gutachterlichen Vorbereitung eines Naturschutzgebietes „Totes Moor" befasst, mit ca. 3.200 ha das zukünftig größte NSG der Region Hannover.

Seit 2011 ist Dietmar Drangmeister Mitglied des Eilenriedebeirats der Stadt Hannover. Der Familienvater ist leidenschaftlicher Hobby-Kicker und seit Jahrzehnten Anhänger von Hannover 96.

Vorwort

Warum es sich lohnt genauer hinzusehen

Manchem mag die Gegend, in der die niedersächsische Landeshauptstadt Hannover liegt, wenig spektakulär erscheinen. Sie ist wohl überwiegend flach, von Verkehrsadern durchzogen; wo nicht gesiedelt, gewohnt oder gearbeitet wird, da bestimmen die Darbietungen der modernen Land- und Forstwirtschaft das Bild – ´s ist Gegend halt.

Ist das so? Ich denke: nein! In diesem Buch möchte ich zeigen, dass es sich lohnt genauer hinzusehen. In der Region Hannover findet sich noch eine große landschaftliche Vielfalt, was auch auf die besondere Lage zwischen Bergland, Börde und Geest zurückzuführen ist. Von den Buchenwäldern des Deisters über die Erlenbrücher und Feuchtwiesen am Steinhuder Meer bis zu den Sandheiden und Hochmooren im Norden der Region, von den Eichen-Hainbuchenwäldern der Börde bis zu den Kalkmagerrasen auf dem Kronsberg und den Hecken-Landschaften in der nördlichen Leineaue: Die acht verschiedenen Naturräume, die im Folgenden beschrieben werden, bergen jeweils eine Vielzahl von naturnahen Lebensräumen mit charakteristischen Pflanzen und Tieren, die ich dem Leser näher bringen möchte. Dabei wird jeweils eine Beschreibung der Geologie und der Oberflächenformen sowie der Nutzungsgeschichte vorangestellt, wie es mir überhaupt darum geht, ein Verständnis für die Zusammenhänge zu ermöglichen.

Denn dies ist kein Naturführer, der die Interessierten an die Hand nimmt und ihnen Rundtouren zu den Naturschönheiten zusammenstellt. Sondern es ist ein Naturführer, der aufzeigt und erläutert, was es zu sehen gibt, was charakteristisch ist in den verschiedenen Naturräumen der Region. Wer neugierig geworden ist und einzelne Räume erkunden will, dem empfehle ich eine gute topografische

Karte im Maßstab 1:25.000, denn die in diesem Band enthaltenen Karten sind nicht immer ausreichend, um sich im Gelände zurechtzufinden. Die Karten, die den jeweiligen Kapiteln vorangestellt sind, sollen aber einen Überblick über die beschriebenen Landschaften geben und helfen, eigene Ausflüge zu planen. Sie zeigen die Wege auf, auf denen man sich zu Fuß oder mit dem Rad bewegen kann, und sie markieren Infozentren und Aussichtstürme, Ausflugsgaststätten und auch besondere kulturelle Sehenswürdigkeiten. Die Auswahl ist zweifellos etwas subjektiv und erhebt keinen Anspruch auf Vollständigkeit. Dies gilt aber auch für die anderen Inhalte des Buches: Nicht die Vollständigkeit der Informationen ist das Ziel, sondern es ging mir um das Herausarbeiten des Typischen für jeden Naturraum und somit um das Verstehen der Landschaft in ihrer natur- und kulturhistorischen Bedingtheit, in ihrer spezifischen Eigenart.

Dazu gehören auch die Ansprüche charakteristischer Tier- und Pflanzenarten an die verschiedenen Lebensräume. Der Umgang mit wildlebenden Arten ist in solch einem Buch nicht ganz unproblematisch. Einerseits gehören Beobachtungen von wilden Tieren zweifellos zu den besonders eindrücklichen Naturerlebnissen, andererseits sind viele Vögel und Säugetiere sehr störempfindlich. Auch gehen nach wie vor Vorkommen seltener Pflanzenarten verloren, weil sie ausgegraben und in den häuslichen Garten verpflanzt werden. Dies ist inzwischen selbstverständlich verboten, ebenso wie man seltene Schmetterlinge und Käfer nicht mehr aufspießen und in privaten Sammlungen verschwinden lassen darf. Innerhalb dieses Buches werden entsprechend gefährdete Arten deshalb zwar in ihrem naturräumlichen Zusammenhang thematisiert, es werden aber keine konkreten Ortsangaben gemacht. Generell möchte

Der Fischadler (Pandion haliaetus) zählt zu den spektakulären Arten, die zurück sind. (1)

ich den geneigten Leser darum bitten, bei Erkundungen von Natur- und Wildschongebieten die entsprechenden Schutzbestimmungen einzuhalten, insbesondere auch das Wegegebot in Naturschutzgebieten. In vielen dieser Gebiete – z.B. am Steinhuder Meer, in den Nordhannoverschen Mooren oder in der Südlichen Leineaue – ist inzwischen die Besucherlenkung vorbildlich: Neue Wege, Beobachtungstürme und Informationstafeln ermöglichen Naturerlebnisse und reduzieren zugleich Störungen von Tierwelt und trittempfindlicher Vegetation. Auch wird alljährlich eine Vielzahl geführter Wanderungen angeboten, in allen Naturräumen der Region.

Flora und Fauna umfassen in Niedersachsen ca. 40.000 Arten, die können nicht alle behandelt werden. In diesem Buch wird deshalb eine Auswahl getroffen: Thematisiert werden im Wesentlichen Farn- und Blütenpflanzen, zudem einige wenige Moose und Armleuchteralgen. Bei den Tieren werden alle Wirbeltiergruppen berücksichtigt, also Säuger und Vögel, Lurche, Kriechtiere, Fische und Rundmäuler. Dazu kommen einige Insektengruppen, die relativ „populär" und gut erforscht

sind und die Bedeutung für den Naturschutz haben: Libellen, Heuschrecken und Tagschmetterlinge sowie einige wenige Käferarten. Mit einiger Konsequenz habe ich bei allen Artbezeichnungen jeweils die deutschen und die lateinischen Namen genannt. Ich möchte damit auch den nicht deutschsprachigen Nutzern einen Zugang ermöglichen. Mir selbst ist es als Tourist im Ausland oft so ergangen, dass ich Texte zur Natur nicht nutzen konnte, weil keine wissenschaftlichen Artnamen verwendet wurden.

Für jeden Naturraum werden einige Leittiere herausgestellt. Es handelt sich um besonders charakteristische Arten, die bestimmte Eigenheiten des Naturraums verdeutlichen, die mehr oder weniger selten und gefährdet sind, vielleicht ausgestorben oder verschollen waren und nun zurückgekehrt sind. Jeweils eine Art wird im tatsächlichen Wortsinn „on top" gesetzt. Diese kennzeichnet den Naturraum in besonderem Maße, und sie markiert die Seiten des jeweiligen Kapitels. Es handelt sich um besonders attraktive, aber seltene Leitarten, um sogenannte Ikonen oder „Flaggschiffarten" des Naturschutzes.

Der Bestand an Kiebitzen (Vanellus vanellus) geht immer weiter zurück, weil extensiv genutztes Grünland fehlt. (19)

Einem möglichen Missverständnis möchte ich vorbeugen: Auch wenn einige spektakuläre Arten wie Biber und Seeadler, Wildkatze und Wanderfalke zurückgekehrt sind, ist die Bilanz der Biodiversität in der Region Hannover insgesamt nicht positiv. Ein Naturführer wird immer versuchen, die Vielfalt der Landschaften und ihrer charakteristischen Pflanzen und Tiere herauszustellen. Teilweise haben sich aber die Bestände ausgedünnt, und manche Arten, die hier beschrieben sind, mögen auch schon verschollen sein. Auf die Gefahr, dass Naturschutzerfolge bei einigen seltenen und attraktiven Arten den Blick verstellen können auf den Bestandsrückgang bei der Vielzahl der anderen Arten, hat der renommierte Landschaftsplaner und Vogelkundler MARTIN FLADE aufmerksam gemacht. Er belegt an Hand der Vögel, dass fast die Hälfte aller Arten in den letzten 25 Jahren im Bestand abgenommen hat. Besonders betroffen sind früher weit verbreitete Vögel der Agrarlandschaft (FLADE 2012). Seine Erkenntnisse lassen sich auf Grünlandpflanzen, Ackerwildkräuter sowie diverse Insektengruppen übertragen (s. LEUSCHNER et al. 2014).

Es gibt also noch viel zu tun im Naturschutz. Dieses Buch versucht Verständnis zu wecken für die landschaftsökologischen Verhältnisse vor der Haustür,

und ich hoffe, dass dadurch auch das Verantwortungsgefühl für die Natur und den Naturschutz gestärkt und fundiert werden kann. Denn man wird nur kämpfen oder auch Einschränkungen in Kauf nehmen für etwas, das man kennt, versteht und liebt. Und umgekehrt können Naturschutzaktivitäten, die eher von Idealismus getragen sind als von Naturverständnis und Artenkenntnis, mehr Schaden anrichten, als dass sie nutzen.

In einigen Themeninfos werden wichtige Instrumente der Landschaftsplanung und des Naturschutzrechts vorgestellt. Dies soll helfen, das professionelle Naturschutzhandeln besser zu verstehen, und vielleicht erkennt der/die ein oder andere für sich Möglichkeiten der Mitwirkung bei laufenden und zukünftigen Planungsprozessen.

Dieses Buch baut auf einer Fülle von Daten zu Natur und Landschaft, zu Flora und Fauna auf. Ich danke allen, die dazu beigetragen haben, diese Daten zu erheben, und die ihre Erkenntnisse in Veröffentlichungen oder auf andere Weise zur Verfügung gestellt haben.

Auch möchte ich nicht unerwähnt lassen, dass es Vorläufer für diesen Naturführer gibt. 1995

Natur findet sich auch in der Stadt: Laubwald Seelhorst im Herbst (18)

hat HEINZ KOBERG das ausgezeichnet bebilderte Buch „Natur- und Landschaftsschutz im Landkreis Hannover" veröffentlicht, das auf dem damaligen Landschaftsrahmenplan aufbaute. 1998 folgte das Pendant für das Stadtgebiet Hannover: „Hannovers Natur erleben, entdecken, verstehen", herausgegeben von ELISABETH VON FALKENHAUSEN, GESA KLAFFKE-LOBSIEN und MARGIT EULIG. Zu den Vorläufern zähle ich zudem die folgenden Bücher und Veröffentlichungen, die sich räumlich oder thematisch beschränken, aber einen ähnlichen Anspruch verfolgen: Der Reise- und Freizeitführer „Naturerlebnis Steinhuder Meer" von THOMAS BRANDT, DIRK HERRMANN, BERNHARD VOLMER und THOMAS BEUSTER (2002), der Artikel „Pflanzenartenvielfalt im Stadtgebiet von Hannover" von GEORG WILHELM (2005) und das Buch „Die Vögel der Stadt Hannover" von DIETER WENDT (2006). In diesem Zusammenhang ist unbedingt auch der aktuelle Landschaftsrahmenplan der Region Hannover (2013) zu erwähnen, aus dessen umfangreicher Bestandsanalyse in diesem Buch vielfach zitiert wird.

Mein besonderer Dank gilt den acht Naturschutzexperten, die mit ihren Einschätzungen und Anregungen das Buch bereichert haben, außerdem den Fotografen BERNHARD VOLMER, ULRICH AHRENSMEIER und JANTO TRAPPE sowie DIRK HERRMANN, der den Text gegengelesen und wertvolle Korrekturhinweise gegeben hat. Ich danke allen, die mir Fotos und Informationen zur Verfügung gestellt oder mich auf andere Weise unterstützt haben. Dies gilt auch für das Umweltdezernat der Region Hannover, dessen ideelle und finanzielle Unterstützung mich sehr gefreut hat. Zudem danke ich KLAUS BECKER für das Erstellen der Karten, ANNIKE HÖLZER für die Illustrationen, CORA ALBRECHT und HEINZ NOVAK für die Durchführung von Korrekturen, JENS GÖTTLING für die Buchgestaltung und das Layout, CHRISTIAN SCHÖN und VALERIE LANGE für die gute Zusammenarbeit mit dem ibidem-Verlag sowie CLAUDIA ECKHARDT für ihre geduldige Unterstützung während des etwa zweijährigen Schreibprozesses.

Und nun wünsche ich viel Spaß bei der Erkundung von Natur und Landschaft in der Region Hannover!

Dietmar Drangmeister
Hannover, im März 2015

Einstieg
Die Region Hannover im Überblick

Lage und politische Struktur, sozioökonomische Daten

Die Region Hannover besteht aus der niedersächsischen Landeshauptstadt und ihrem Umland. Es handelt sich um einen monozentrischen Verdichtungsraum. Er liegt inmitten des größten norddeutschen Flächenlandes und bildet sein Zentrum, geografisch, kulturell und demografisch: jeder siebte Niedersachse wohnt hier.

In der Region Hannover leben ca. 1,1 Millionen Menschen in 21 Städten und Gemeinden, davon in der Kernstadt Hannover allein 515.000 (Stand 2013). Hannover ist damit die größte Stadt zwischen Berlin und dem Ruhrgebiet, zwischen Hamburg und Frankfurt sowie zwischen Bremen und Leipzig. Seine Lage ist auch zentral in Bezug auf Deutschland und in Bezug auf Europa. Dies wird unterstrichen durch die Bedeutung als Verkehrsknoten mit den beiden „Autobahn-Magistralen" A2 und A7 (Europastraßen E 30 und E 35) sowie mit der Nord-Süd- und Ost-West-Achse im Fernbahnverkehr, durch die Lage am Mittellandkanal und durch den Flughafen Hannover-Langenhagen.

Die Region Hannover umfasst ca. 2.300 km² und ist damit fast so groß wie das Saarland (2.570 km²).

Das Ballungsgebiet Hannover hat sich schon sehr frühzeitig als Stadt-Umland-Verband organisiert. 1963 wurde der „Großraum Hannover" ins Leben gerufen, der als Zusammenschluss der Kernstadt mit den umgebenden Kommunen und Kreisen für eine geordnete regionale Entwicklung sorgen sollte. Zu Grunde lag der einleuchtende Gedanke, dass die vielfältigen Stadt-Umland-Verflechtungen (Pendlerströme, Naherholung, Ver- und Entsorgungsfragen, klimaökologische Ausgleichsräume u.v.m.) nach einer gemeinsamen Organisations- und Entscheidungsstruktur verlangen.

1970 kam dazu der Verkehrsverbund „Großraum Verkehr Hannover". Er war erstritten worden von der Rote-Punkt-Aktion, einem Zusammenschluss engagierter Bürger, der sich für einen günstigen Einheitstarif im öffentlichen Nahverkehr stark machte, und zwar in Stadt und Umland. Die Region Hannover erhielt ihren heutigen räumlichen Zuschnitt in der Gebietsreform 1974. Aber erst 2001 formierte sie sich auch als Gebietskörperschaft und Verwaltungsorgan – gleichzeitig wurde der Landkreis Hannover aufgelöst. Regionsabgeordnete werden direkt gewählt, ebenso wie der Regionspräsident.

Inzwischen hat sich Hannover gemeinsam mit seinen Nachbarstädten Braunschweig, Göttingen und Wolfsburg auch zu einer Metropolregion von europäischer Bedeutung zusammengefunden. Hierbei wirken die wirtschaftliche Stärke, die Lage an bedeutenden europäischen Verkehrsachsen und eine exzellente Wissenschaftslandschaft zusammen und sind zugleich die Basis für zukünftige Entwicklungen.

Naturräumliche Situation: die Lage an der Schwelle

Die Region Hannover befindet sich in einer landschaftlich besonders reizvollen Situation. Sie liegt am Übergang zwischen zwei Großlandschaften, dem Norddeutschen Tiefland und dem Mittelgebirge. Genau genommen liegt sie am Südrand des Tieflands und am Nordrand der Mittelgebirgsschwelle. Unter der Mittelgebirgsschwelle verstehen die Geografen den gesamten bergig-hügeligen Bereich, der sich südlich an das Tiefland anschließt. Ardennen, Rheinisches Schiefergebirge und Harz gehören ebenso dazu wie Thüringer Wald, Erzgebirge und Sudeten. Im Bereich des Weser- und Leineberglands schiebt sich die Mittelgebirgsschwelle besonders weit nach Norden vor.

NATURRÄUMLICHE REGIONEN IN NIEDERSACHSEN

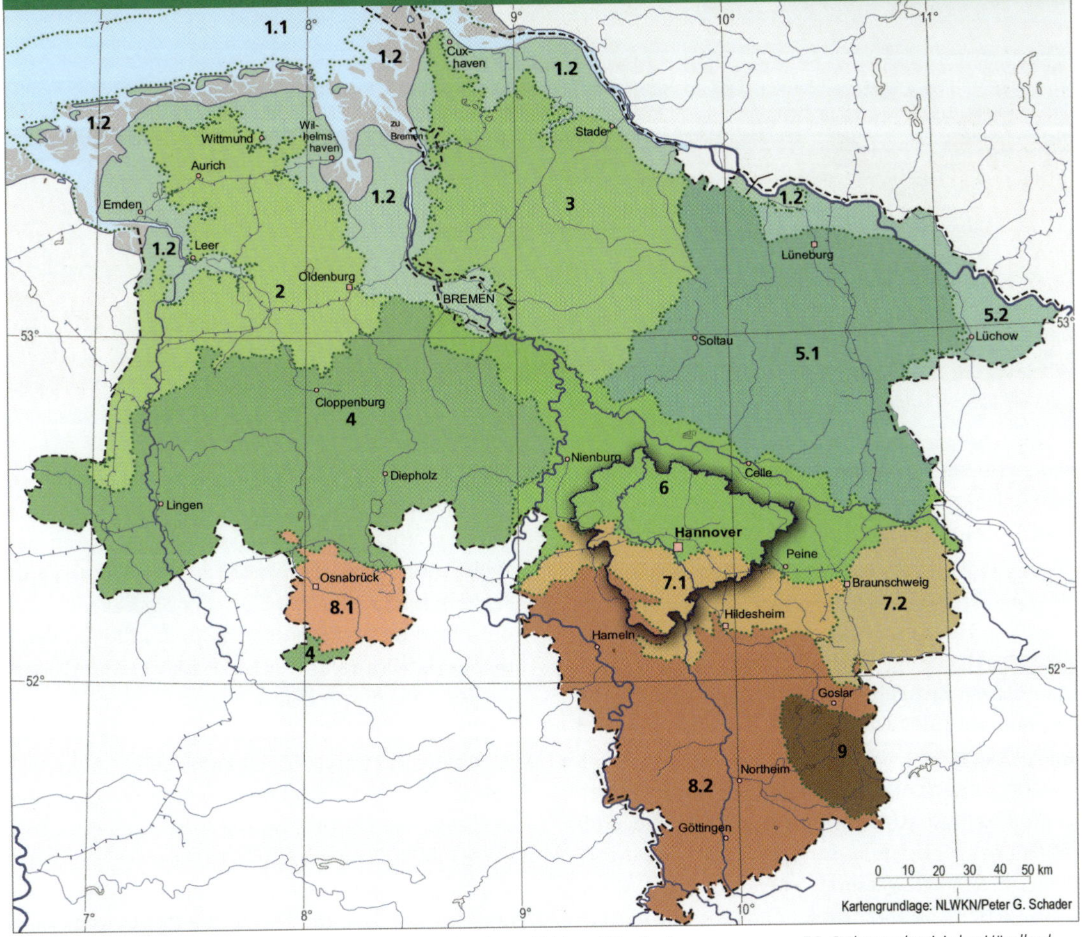

Kartengrundlage: NLWKN/Peter G. Schader

1	Niedersächsische Nordseeküste und Marschen	
1.1	Deutsche Bucht	
1.2	Watten und Marschen	
2	Ostfriesisch-Oldenburgische Geest	
3	Stader Geest	
4	Ems-Hunte-Geest und Dümmer-Geestniederung	

5	Lüneburger Heide und Wendland
5.1	Lüneburger Heide
5.2	Wendland, Untere Mitteleibeniederung
6	Weser-Aller-Flachland
7	Börden
7.1	Börden (Westteil)

7.2	Ostbraunschweigisches Hügelland
8	Weser- und Weser-Leinebergland
8.1	Osnabrücker Hügelland
8.2	Weser-Leinebergland
9	Harz

Das Tiefland ist weitgehend durch die Eiszeiten geprägt. Es wird auch als „Flachland" oder als „Tiefebene" bezeichnet, weil die Reliefunterschiede gering sind. Traditionell ist die eiszeitlich geformte Geest ein wenig fruchtbares Land, wo die kargen Sandböden der Moränen, Dünen und Schwemmsandflächen immer wieder durch ausgedehnte Moore und Sumpflandschaften unterbrochen wurden. Zwischen Geest und Mittelgebirgsrand schiebt sich nun ein mehr oder weniger schmaler Gürtel fruchtbaren Landes, die Börde. Hier sind die Böden aus Feinmaterial (Löss) aufgebaut, das starke Winde aus dem glazialen Moränenschutt ausgeblasen und vor der Mittelgebirgsschwelle abgelagert haben. Die Lage der Region Hannover innerhalb der Naturräumlichen Regionen Niedersachsens zeigt die obere Abbildung: Zwischen Weser-Aller-Flachland und Weser-Leinebergland liegt die Börde.

Der Nordrand der Mittelgebirgsschwelle mit den vorgelagerten Lössböden ist eine überaus bedeutende Zäsur in der Geografie Mitteleuropas. Hier führen wichtige Verkehrswege entlang und reihen sich bedeutende Städte aneinander. Hannover befindet sich da zusammen mit Städten wie Liège (Lüttich), Köln, Dortmund, Dresden, Wroclaw (Breslau), Krakau bis zum ukrainischen Lwiw (Lemberg)

13

Die Schwelle bei Mülhausen in Thüringen ...

in bester Gesellschaft. Auf den fruchtbaren Böden konnte frühzeitig ertragreich geackert werden, und auch bedeutende Impulse für Rohstoffgewinnung und Industrialisierung wurden hier platziert. Entsprechend hoch ist die Einwohnerdichte.

An dem Übergang zwischen Bergland und Tiefland ändert sich die Geologie grundsätzlich: Im Tiefland wird der Untergrund ganz überwiegend von pleistozänen „Lockergesteinen" gebildet. Sie können unterschieden werden in unsortierten Moränenschutt (Grundmoränenplatten und Endmoränenzüge) und in sandig-kiesige Substrate, die von Schmelzwasserströmen und vom Wind transportiert und entsprechend der Korngröße sedimentiert wurden. Während der Elster- und der Saale-Kaltzeit drangen die von Skandinavien ausgehenden Inlandeismassen zweimal bis an die Mittelgebirgsschwelle vor, wohingegen sie in der Weichsel-Kaltzeit die Elbe nicht mehr überschritten (HEUNISCH et al. 2007). Aber auch die jüngste der Eiszeiten wirkte in diesen Raum hinein, denn der in der Börde anstehende Löss stammt überwiegend aus dieser Zeit.

Während also der überwiegende Teil des Regionsgebiets im Pleistozän geformt wurde, stammen die Bergzüge der Mittelgebirgsschwelle aus dem Erdmittelalter (Mesozoikum). Sie bestehen aus Festgestein, das überwiegend zur Zeit der Unterkreide und des Juras entstanden ist. Die Börde stellt auch diesbezüglich eine Übergangszone dar: Hier ragen

... und bei Brody in der Ukraine

ERDZEITALTER

Erdzeitalter	Beginn vor Mio. Jahren	Formation	Abteilung	Stufe	Geologische Bildungen (regionale Beispiele)
	0,01		Holozän (Alluvium)	aktuelle Warmzeit	Leineaue, Moore
Känozoikum (Erdneuzeit)	2,6	Quartär	Pleistozän (Diluvium)	Weichsel-Kaltzeit (117.000 v.Chr.)	Löss, Dünen
				Eem-Warmzeit (128.000 v.Chr.)	
				Saale-Komplex (300.000 v.Chr.)	Grund- und Endmoränen, Findlinge
				Holstein-Warmzeit (335.000 v.Chr.)	
				Elster-Kaltzeit (385.000 v.Chr.)	
	65	Tertiär			
Mesozoikum (Erdmittelalter)	142	Kreide	Oberkreide	Masstricht, Campan, Santon, Coniac, Turon, Cenoman	Kalkmergelstein (Höver), Gehrdener Berg, Kronsberg
			Unterkreide		Obernkirchener Sandstein, Wealden-Kohle, Wealden-Sandstein
	200	Jura	Malm (Oberjura)	Tithon, Kimmeridge, Oxford	Münder Mergel, Gigas-Schichten, Kalkstein (Lindener Berg), Korallenoolith (Bärbelhöhle)
			Dogger (Mitteljura)		Heisterberg
			Lias (Unterjura)		
	251	Trias	Keuper		
			Muschelkalk		Abraham/Haarberg
			Buntsandstein		Benther Berg
	296	Perm	Zechstein		Salzstöcke, Kali- und Steinsalz
Paläozoikum (Erdaltertum)	358	Karbon			
	417	Devon			
	444	Silur			
	488	Ordovizium			
	542	Kambrium			
Präkambrium (Erdfrühzeit)	4.600				

Verändert nach: Deutsche Stratigraphische Kommission (Hrsg.; Koordination und Gestaltung: M. Menning und A. Hendrich) (2012): Stratigraphische Tabelle von Deutschland Kompakt 2012 (STDK 2012); Potsdam (GFZ). nicht vollständig, nur beispielhafte Angaben für Abteilung, Stufe u. geologische Bildungen

einzelne Berge und Höhenzüge aus der Lössschicht heraus, deren Deckgesteine bis in das Zeitalter der Trias zurückreichen (z.B. der Buntsandstein des Benther Berges). Weit nach Norden vorgeschoben ist auch der Kronsberg im Südosten der Landeshauptstadt, der aus der Oberkreide stammt.

Die Region wird durchzogen von dem schmalen Band der Leineaue, die durch Abtragungen und Auflandungen in der aktuellen Warmzeit, dem Holozän, geformt ist. Eine Übersicht über die Erdzeitalter und ihre „Hinterlassenschaften" in der Region gibt die Abbildung auf dieser Seite.

Klima

Auch bezüglich des Klimas liegt die Region Hannover in einem Übergangsbereich. Hier geht das subatlantische in das subkontinentale Klima über.

Das atlantische Klima ist durch die Nähe des Meeres geprägt, das für relativ milde Winter und nur mäßig warme, niederschlagsreiche Sommer sorgt. Je weiter es nach Osten (und nach Süden) auf das eurasische Festland geht, desto kälter werden die Winter und desto heißer und trockener die Sommer. Viele Pflanzen sind feine Indikatoren klimatischer Verhältnisse. So wachsen einige Arten mit kontinentaler oder subkontinentaler Verbreitung nur im Osten der Region (z.B. das Nordische Labkraut (*Galium boreale*), s. Kap. 7.4), während atlantische Spezies wie Moorlilie (*Narthecium ossifragum*) und Gagelstrauch (*Myrica gale*) allein im Nordwestteil der Region vorkommen.

In Hannover herrscht also in der Regel kein klassisch norddeutsches „Schmuddelwetter". Es ist etwas sonniger und etwas weniger regnerisch als

KLIMA-INFORMATIONEN

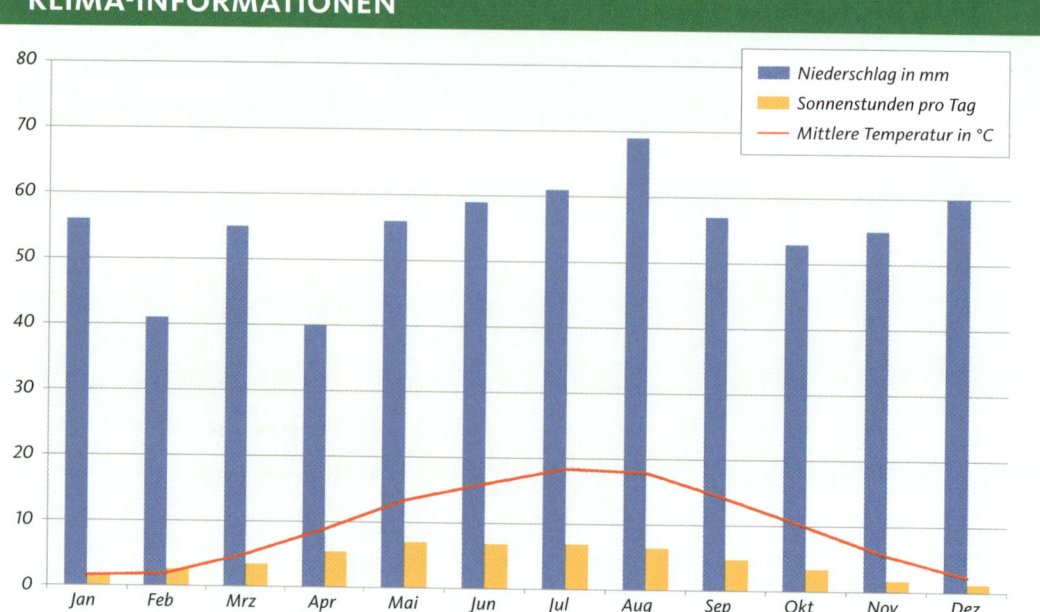

- Niederschlag in mm
- Sonnenstunden pro Tag
- Mittlere Temperatur in °C

Langjährige Mittelwerte 1981 – 2010 (Station Langenhagen) – Quelle: Freie Klimadaten des Deutschen Wetterdienstes (DWD)

im nordwestdeutschen Flachland. 1.593 Sonnenstunden im Jahr können sich durchaus sehen lassen (Wetterdienst 2014). Die Jahresdurchschnittstemperatur liegt im langjährigen Mittel bei 8,7 °C, und es fallen 661 mm Niederschlag. Über wichtige Wetterdaten im Jahresverlauf informiert die Grafik Klima-Informationen.

Binnengliederung der Region

Das Gebiet der Region Hannover ist also gekennzeichnet durch den Übergang von der Geest über die Börde bis zum Bergland. Die Leineaue durchzieht den Raum von Südost nach Nordwest und untergliedert Börde und Geest jeweils in einen westlichen und in einen östlichen Teil. Die Stadtlandschaft in der Mitte des Regionsgebietes stellt einen eigenen Raum dar, der stärker durch die intensive Überbauung als durch die naturräumlichen Gegebenheiten geprägt ist. Die Kernstadt unterteilt zudem die Leineaue in einen südlichen und einen nördlichen Abschnitt.

Auf diese Weise lässt sich das Regionsgebiet in acht verschiedene Natur- oder Landschaftsräume aufteilen (s. Abb. „Die acht Naturräume der Region Hannover" auf Seite 17): Bergland, Börde-West und Börde-Ost, Geest-West und Geest-Ost, Stadtlandschaft Hannover, Leineaue-Süd und Leineaue-Nord.

Südaue-Niederung und Schwelle bei Barsinghausen

DIE ACHT NATURRÄUME DER REGION HANNOVER

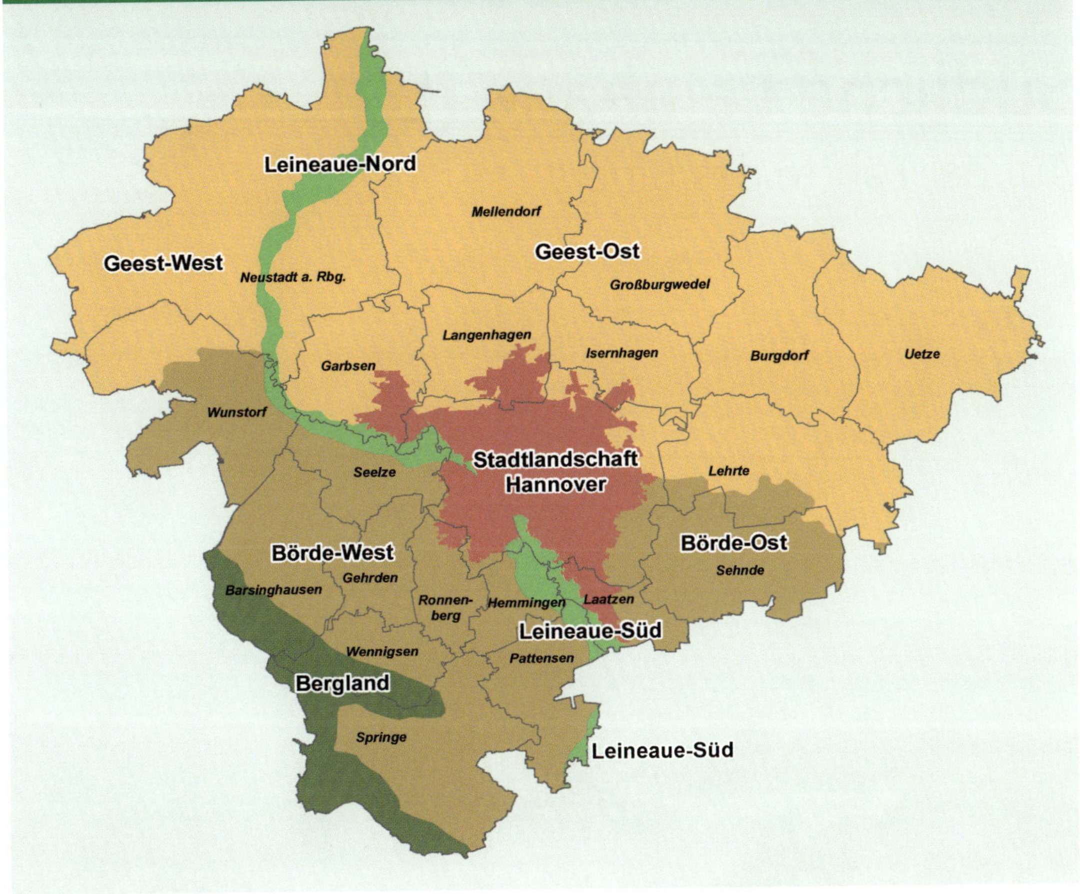

Leineaue-Nord

Mellendorf

Geest-West

Geest-Ost

Neustadt a. Rbg.

Großburgwedel

Langenhagen

Isernhagen

Burgdorf

Uetze

Garbsen

Wunstorf

Seelze

Stadtlandschaft
Hannover

Lehrte

Börde-Ost

Sehnde

Börde-West

Gehrden

Ronnen-
berg

Hemmingen

Laatzen

Barsinghausen

Leineaue-Süd

Wennigsen

Pattensen

Bergland

Springe

Leineaue-Süd

Diese Unterteilung des Regionsgebietes lehnt sich an die Naturräumliche Gliederung der Geografen (MEYNEN u. SCHMITHÜSEN 1962) an, allerdings mit zwei Ausnahmen: Die Leineaue wird auf Grund ihrer besonderen Bedeutung für Natur- und Landschaftsschutz jeweils aus der umgebenden Geest- bzw. Bördelandschaft herausgehoben und ebenso die Stadtlandschaft wegen ihres besonderen Charakters als verdichtete Siedlungsagglomeration. Diese Raumgliederung deckt sich mit der Aufteilung des Regionsgebiets im Landschaftsrahmenplan (LRP; Region Hannover 2013). Die acht Teilgebiete werden dort als Planungsräume bezeichnet.

Diese Raumgliederung liegt nun auch der Gliederung des vorliegenden Buches zugrunde. Die acht Naturräume der Region werden in der folgenden Reihenfolge beschrieben, entsprechend sind die Hauptkapitel nummeriert:

1. Südliche Leineaue (LS)
2. Bergland (BL)
3. Westliche Börde (BW)
4. Westliche Geest (GW)
5. Nördliche Leineaue (LN)
6. Östliche Geest (GO)
7. Östliche Börde (BO)
8. Stadtlandschaft Hannover (SH)

Wir beginnen die Reise durch die Region in südlicher Richtung, dringen bis an die Mittelgebirgsschwelle vor und erkunden dann die Naturräume der Region im Uhrzeigersinn. Zum Schluss kehren wir in die Mitte, in die Stadtlandschaft Hannover, zurück. Der Kreis schließt sich, wenn wir erkennen, dass sich auch in der verstädterten Mitte einige Charakteristika der umgebenden Naturräume erhalten haben.

Südliche Leineaue (LS)
Auf der Fährte des Bibers

Südliche Leineaue vom Rathausturm (3)

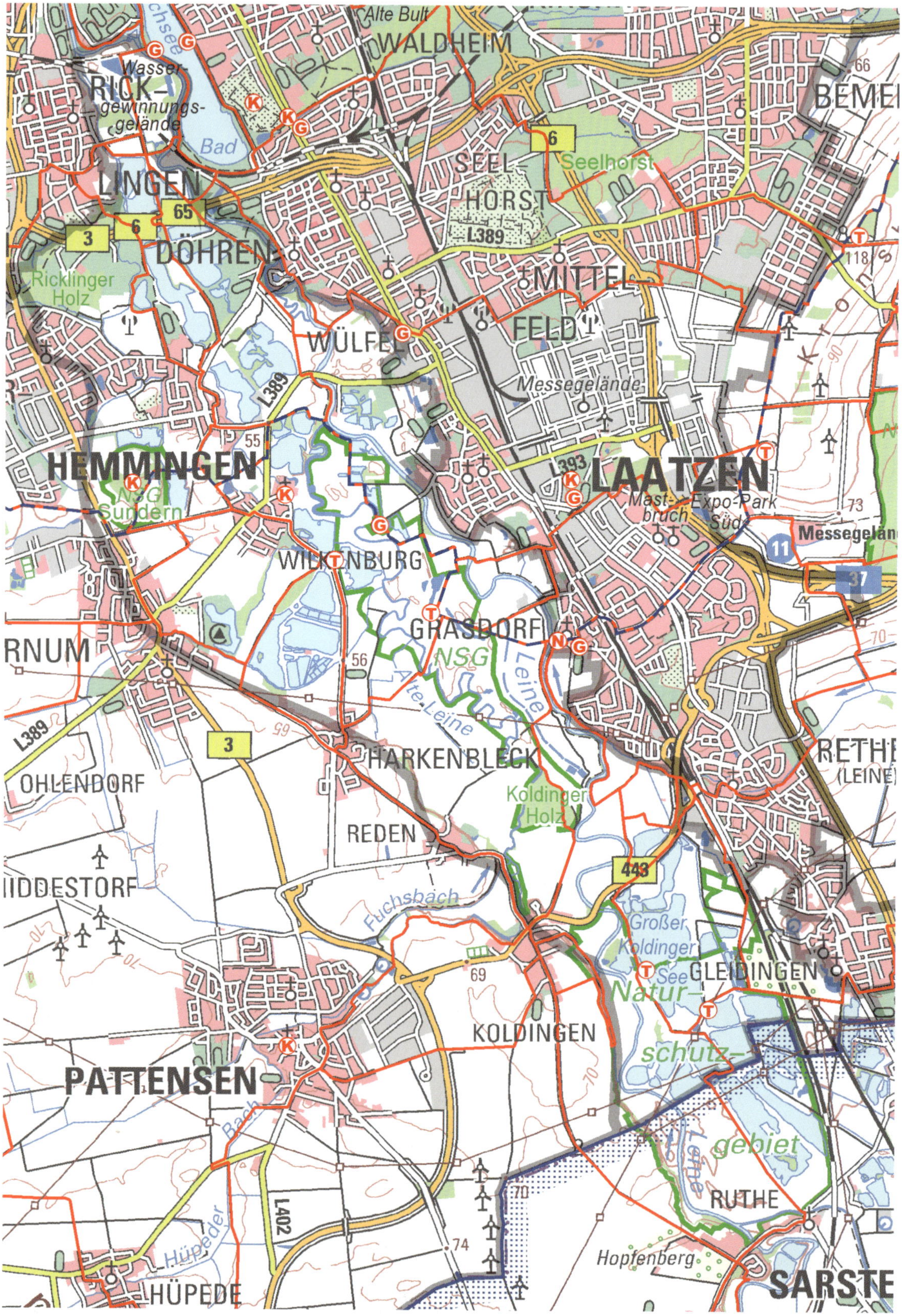

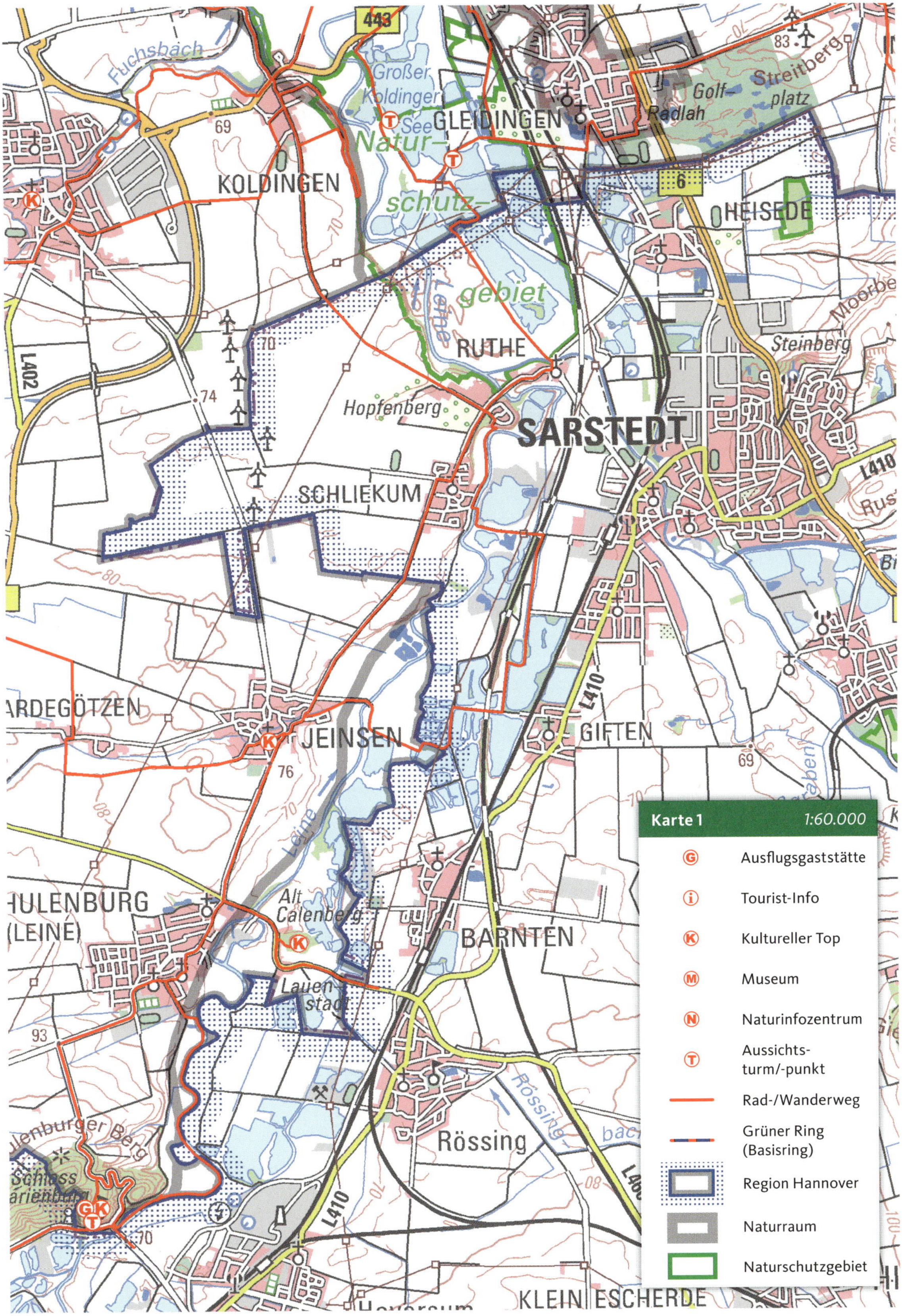

443

83

69

Großer
Koldinger
See

GLEIDINGEN

Golf-
Radlah

Streitberg
platz

6

KOLDINGEN

Natur–

HEISEDE

schutz–

Moorbe

gebiet

RUTHE

Steinberg

Leine

L402

.74

Hopfenberg

SARSTEDT

L410

70

SCHLIEKUM

Rus

80

Bi

L410

ARDEGÖTZEN

JEINSEN

GIFTEN

69

76

70

Leine

Karte 1   1:60.000

G	Ausflugsgaststätte
i	Tourist-Info
K	Kultureller Top
M	Museum
N	Naturinfozentrum
T	Aussichts-turm/-punkt
——	Rad-/Wanderweg
▬▬	Grüner Ring (Basisring)
▢	Region Hannover
▬	Naturraum
▢	Naturschutzgebiet

HULENBURG
(LEINE)

Alt
Calenberg

BARNTEN

Lauen
stad

93

Rössing

bac

enburger Berg

Schloss
arienbur

G K
T

Rössing

L410

L4

70

KLEIN ESCHERDE

HH

Ricklinger Masch

1.1 Grenzen und Binnengliederung des Naturraums

Wir beginnen unsere Erkundung der Region – nicht ohne Grund – mit der Südlichen Leineaue. Dieser Naturraum dringt weiter als jeder andere (Ausnahme: Nördliche Leineaue) bis in das Zentrum der Stadt vor, was für viele der Ausgangspunkt von Touren in die Landschaft sein dürfte. Diese räumliche Situation kann sehr schön erlebt werden, wenn man vom Turm des Neuen Rathauses aus nach Süden blickt: Wie eine lange grüne Zunge schiebt sich die Südliche Leineaue in die Siedlungsgestalt der Landeshauptstadt hinein, findet schließlich mit Maschsee und Maschpark (mit Maschteich), die dem Betrachter zu Füßen liegen, ihren Abschluss an den Treppenstufen des Neuen Rathauses. Wenn man dann genauer schaut, ist erkennbar, dass – im Unterschied zu Maschpark und Maschsee, die als gestaltete und intensiv genutzte Grünanlagen die Handschrift der Stadtplaner, Gartenarchitekten und Gärtner tragen – schon im Bereich der Ricklinger Masch sehr naturnahe und auch durch Landwirtschaft geprägte landschaftliche Bereiche beginnen. Das Gebiet zwischen Leine und Ihme, die hier durch den „Schnellen Graben" miteinander verbunden werden (s. Kap. 8.3), besteht aus dem ehemaligen, inzwischen brach gefallenen Wassergewinnungsgelände hinter dem Ohedamm und aus den Grünlandflächen vor dem Ricklinger Deichtor. Das ehemalige Wassergewinnungsgelände liegt als ein wertvoller Rückzugsraum für Wildpflanzen und -tiere der Feuchtgebiete weniger als 1 km vom Neuen Rathaus – und damit vom Stadtzentrum Hannovers – entfernt.

Hier also, am Schnellen Graben, liegt die nördliche Grenze dieses Landschaftsraums. Ost- und Westgrenze werden durch die beidseits der Leineaue liegenden Siedlungsbänder bestimmt. Insbesondere am Ostrand der Niederung sind die ehemaligen Dörfer Döhren, Wülfel, Laatzen, Grasdorf, Rethen und Gleidingen zu einem durchgehenden, geschlossenen Siedlungsband zusammengewachsen. Am Westrand bestimmen südlich von Ricklingen die Bundesstraße 3 und die Kreisstraße 224 in etwa die Lage der Naturraumgrenze. Sie liegen auf dem Talkante der Leine, ebenso wie die perlschnurartig angelegten alten Dörfer Westerfeld, Arnum, Harkenbleck, Reden und Koldingen. Die Lage dieser Straßen und Dörfer kennzeichnet den erhöhten Niederungsrand, der von den Überschwemmungen der Leine nicht mehr erreicht werden kann. Wo die Niederungsränder nicht überbaut sind (z. B. südlich von Koldingen) markieren etwa 10 m hohe Terrassenkanten die Grenze des Überschwemmungsgebietes – und des Naturraums.

Terrassenrand bei Koldingen (2)

Weiter südlich ist der betrachtete Naturraum unterbrochen; im Bereich Ruthe und Schliekum greift das Gebiet des Landkreises Hildesheim über die Leineaue hinüber, und dies ist auch südlich der Marienburg bei Adensen und Hallerburg der Fall. Überhaupt wirkt hier die Grenzziehung wenig harmonisch; sie umfasst nur noch den Westteil der Leineaue als ein mehr oder weniger schmales Band, das sich nur im Bereich der alten Festungsanlage Calenberg etwas erweitert. Letztlich geht die Grenzziehung in diesem Bereich auf historische Auseinandersetzungen zwischen dem Fürstentum Calenberg (s. Themen-Info: Die Welfen, S. 44) und dem Hildesheimer Erzbischof zurück (Hildesheimer Stiftsfehde 1519-1523, s. MÖLLER 1992, S. 28).

Die Leineaue-Süd ist mit ca. 12 km² der kleinste der acht Naturräume der Region. Sie wird auch als „Obere Leine" bezeichnet, weil sie in Fließrichtung oberhalb der Landeshauptstadt liegt.

1.2 Geologie und Geomorphologie
Die Leineaue ist geologisch eine junge Landschaft; sie ist überwiegend im <u>Alluvium</u> oder Holozän, also nach der Eiszeit bzw. in der Jetztzeit entstanden (vgl. Tabelle, S. 15: Übersicht über die Erdzeitalter). Der Leinefluss mit seinen Hochwässern und

Ablagerungen hat diese Landschaft modelliert (Themen-Info: Die Leine, S. 30). Die Leine bildet südlich von Hannover ein im Durchschnitt knapp 2 km breites Niederungsband aus, das sich in die Bördelandschaft eingeschnitten hat. Das Leinetal ist dabei bereits während der Eiszeiten entstanden. Mehrfach sind die Gletscher in diesen Raum vorgedrungen, haben die alten Flusstäler verschüttet und Moränenschutt zurückgelassen, in den sich dann die Schmelzwasserströme und nachfolgend die Leine eingekerbt haben (LASKE et al. 2007). So sind mehrere Terrassen entstanden (Ober-, Mittel- und Niederterrasse), die die Geländemorphologie bis heute bestimmen. Deutliche „Landmarken" sind die <u>Terrassenkanten</u>, die z. B. nördlich von Reden, südlich von Koldingen sowie südlich von Schliekum die Leineaue westlich begrenzen und schöne Ausblicke über die Niederungslandschaft ermöglichen. Hier ist die in der Saaleeiszeit entstandene Mittelterrasse durch Schmelz- und Hochwasserströme aus dem Leinetal angeschnitten. Es ist auffällig, dass die südliche Leineaue deutlich breiter ist als die nördliche (2 km gegenüber 1 bis 1,5 km). Dies wird auf zwei Faktoren zurückgeführt:

1. Die Engstelle der Talung im Bereich des heutigen Stadtkerns von Hannover hat zu einem verbreiterten Rückstaubereich geführt.

Alte Leine

2. Dieser Abschnitt des Leinetals ist über längere Zeit von Leine und Weser gemeinsam genutzt worden (s. Themen-Info: Die Leine/Flussgeschichte, S. 31).

Der Leinefluss, der bei Gronau aus dem niedersächsischen Bergland in die Lössbörde austritt, hat aus dem Oberlauf eine Menge Material mittransportiert, das mit Eintritt in das Flachland – und damit sinkender Strömungsgeschwindigkeit – abgelagert wird (KuG 2000, S. 18). Oberhalb von Hannover gibt es deshalb im Leinetal mächtige Kiesvorräte, die bis heute abgebaut werden und die für die Entstehung einer künstlichen Seenlandschaft verantwortlich sind. Dies ist ein wesentliches Charakteristikum der Südlichen Leineaue. Nördlich von Hannover finden sich im Leinetal keine Kiesseen mehr.

Wenn die Leine heute über die Ufer tritt, lagert sie vor allem erodiertes Material aus dem Einzugsgebiet ab. Das ist zumeist Feinmaterial aus Oberböden, häufig aus Lösslehmböden. Aus dem abgelagerten, bis zu 5 m mächtigen Material (Auelehm) entwickeln sich Auenböden, die in der Leineaue verbreitet anstehen. Dieser Prozess wurde durch Rodungen und Landbewirtschaftung im Einzugsbereich hervorgerufen und ist bis heute nicht abgeschlossen. Das fließende Wasser sortiert die mitgeführte Materialfracht je nach Strömungsgeschwindigkeit. Nah des Stromstrichs werden grobe Sande und Kiese abgelagert, in der daran anschließenden Niederung werden fruchtbare Auenböden gebildet und in flachen Senken lehmig-toniges Material eingeschwemmt. Deshalb finden sich in der Südlichen Leineaue auch Tonkuhlen, z. B. zwischen Alt-Laatzen und Wilkenburg oder bei Grasdorf.

Der Flusslauf der Leine ist charakteristischerweise gewunden, er zeigt den für einen Flachlandfluss typischen mäandrierenden Verlauf. Dabei hat er sein Bett immer wieder verlegt. Steilufer, Prall- und Gleitufer zeigen, dass die landschaftsgestaltenden Kräfte des Flusses noch wirken, auch wenn der Mensch vielfach begradigend und stabilisierend (durch Uferbefestigungen) eingegriffen hat. Der Verlauf der Alten Leine, die das Wasser der Bördebäche Fuchsbach und Arnumer Landwehr aufnimmt, ist deutlich naturnäher als der der Leine selbst. Der Rössingbach verläuft

Baumweidenblüte an der Leine

Älterer Kiesteich südöstlich von Ricklingen (2)

Offene Grünlandniederung bei Rethen (2)

östlich von Schulenburg ebenfalls in einem alten, naturnahen Leineverlauf. Das Naturschutzgebiet Sundern stellt eine alte Flussschleife dar, die inzwischen vom Hauptstrom abgehängt und vollständig verlandet ist. Solche Bereiche haben für die Rekonstruktion der Flussgeschichte große Bedeutung (s. Themen-Info: Die Leine/Flussgeschichte, S. 31).

1.3 Nutzungsgeschichte und heutige Nutzungsverhältnisse

Die Südliche Leineaue ist <u>weitgehend unbesiedelt</u>; dies liegt natürlich an den Überschwemmungen, mit denen in diesem Raum stets gerechnet werden musste und muss. Interessant ist, wo dennoch gesiedelt wurde: Dies sind z. B. das Dorf Wilkenburg, das auf der nur selten überschwemmten Niederterrasse zunächst als Wasserburg angelegt

wurde (erste Erwähnung 1140: Welekenborch = Burg des Weleko) und die Feste Calenberg, ebenfalls eine alte Wasserburg, die auf einer flachen Kalksteinkuppe (dem „kahlen Berg") inmitten der Leineaue angelegt wurde (PGL u. KÖRNER o.J.). Von diesem „kahlen Berg" nimmt die Geschichte des hannoverschen Fürstenhauses seinen Ausgang (s. Themen-Info: Die Welfen, S. 44).

Es sind also jeweils leicht erhöhte Standorte in der Leineniederung aus ursprünglich wehrtechnischen Gründen bebaut worden, insbesondere um den Handel auf der damals noch schiffbaren Leine und den querenden Wegen zu kontrollieren.

Für die <u>landwirtschaftliche Nutzung</u> der Südlichen Leineaue sind die Wahrscheinlichkeit von Überschwemmungen und die sehr fruchtbaren

Überschwemmungsgebiet

Energiegewinnung am Schnellen Graben

Auenböden entscheidend. Deswegen wurden hier die Wälder früh gerodet und das Überschwemmungsgebiet wurde traditionell mehr oder weniger intensiv als Grünland bewirtschaftet. Nur die etwas höher liegenden Flächen, die nicht regelmäßig überschwemmt wurden (z. B. zwischen Wilkenburg und Arnum), sind auch als Acker genutzt worden. Durch den Bau des Rückhaltebeckens in Salzderhelden (s. Themen-Info: Die Leine, S. 30) gingen die Hochwässer zwar zurück, dennoch kommt es noch immer – häufig nach der Schneeschmelze im Frühjahr – zu ausgedehnten Überschwemmungen.

Heute prägen auch ausgedehnte Ackerfluren das Landschaftsbild (besonders am Westrand der Niederung), die Grünlandnutzung befindet sich im Rückzug.

Vor allem aber hat sich das Landschaftsbild im Zuge der intensiven Kiesgewinnung gewandelt: Eine Vielzahl an Abbauseen, Kiesteichen und auch zahlreiche Tonkuhlen bestimmen das Bild. Tongewinnung wird seit etwa 1850, Kiesabbau seit etwa 1900 betrieben (WENDT 2007). Je nach Alter der Abbauseen sind die zumeist steilen Ufer und Randstreifen mit aufgekommenen Gehölzen bewachsen, in verbliebenen Restflächen haben sich Gebüschbestände und kleine Wäldchen entwickelt, die Anklänge an Auwaldvegetation zeigen. Bei Hemmingen und weiter südlich ist der Kiesabbau noch im Gange; dort finden sich entsprechend auch größere vegetationsfreie Bereiche. Insgesamt ist also heute das Nutzungsmuster stärker durch Wasserflächen und

Gehölze bestimmt, weniger durch die traditionelle Grünlandnutzung. Nur noch in Teilbereichen ist der Charakter einer offenen Grünlandniederung erhalten, so im Bereich der Großen Masch bei Wülfel und zwischen Grasdorf und Reden.

In der Leineaue bei Grasdorf wird Trinkwasser gewonnen. Dies ist auch ein Grund für die hier großflächig erhaltenen Wiesen und Weiden: Die Stadtwerke Hannover, die das Wasserwerk betreiben, fördern eine extensive Grünlandnutzung ohne Düngemittel und Pestizide, weil dadurch Schadstoffeinträge in das Grundwasser vermieden werden. Die mächtigen Terrassensande und –kiese im Untergrund reinigen und speichern das Wasser. Ein 4 km langer Wasser-Lehrpfad, der am Wasserwerk beginnt, erläutert die Zusammenhänge zwischen Wasserwirtschaft, Naturschutz und Naherholung.

Im Bereich der Südlichen Leineaue wird an mehreren Stellen Strom aus Wasserkraft gewonnen: Neben der Calenberger Mühle bei Schulenburg fördert auch das Wasserkraftwerk am Schnellen Graben Energie. Diese künstliche Verbindung zwischen Leine und Ihme hat auf kurzer Distanz ein erhebliches Gefälle zu überwinden, das hier zum Antrieb von Turbinen genutzt wird. Zudem gibt es ein Stauwehr im Bereich der Döhrener Leineinsel; die Wiederinbetriebnahme eines Wasserkraftwerks wird hier seit Jahren kontrovers diskutiert. Die Energiegewinnung aus Wasserkraft

Lerchenspornblüte (Corydalis cava) im Koldinger Holz

stellt zumeist einen erheblichen Eingriff in die Gewässerökologie dar. Oberhalb der Stauhaltung entstehen Stillgewässerbedingungen, Fische und aquatische Lebewesen können die Wehre nur flussabwärts passieren. Es ist aber möglich, naturnahe Umflutgräben zu bauen, so dass die Fische die Wehranlagen umschwimmen können und die ökologischen Nachteile gemindert werden. Ein solches Gewässer ist zur EXPO 2000 am Schnellen Graben gebaut worden und auch das Stauwehr in Döhren und die Schulenburger Mühle können inzwischen durch Umfluter umgangen werden.

Insgesamt ist die Südliche Leineaue ein intensiv genutzter <u>Naherholungsraum</u>: Viele Kiesteiche

sind attraktive und gut besuchte Badeplätze, die Leine, die hier nicht mehr schiffbar ist, dient als Boots- und Angelgewässer und viele Kiesseen werden von Angelvereinen bewirtschaftet. Der Raum ist auf Grund seiner vielfältigen Landschaftsstrukturen, seines Gewässerreichtums, seiner artenreichen Tier- und Pflanzenwelt, seiner günstigen Lage und seines gut ausgebauten Wegenetzes ideal fürs Radfahren, Spazierengehen und Wandern, für die Naturbeobachtung und das Landschaftserleben. Diese Bedeutung nimmt nach Süden hin ab. Mit dem direkt über der Leine gelegenen Schloss Marienburg und der alten Feste Calenberg verfügt aber auch der Südteil dieses Raumes („Calenberger Leinetal") über attraktive Ziele.

1.4 Haupt-Biotoptypen und wichtige Lebensräume

Auwälder

Von Natur aus wäre die Leineniederung – sieht man von den Fließ- und Stillgewässern einmal ab – durchgehend bewaldet. Es fänden sich von Weiden (*Salix alba, Salix fragilis*) beherrschte Wälder der Weichholzaue in den häufiger überschwemmten Bereichen und in Flächen mit stärkerer Hochwasserströmung. Überwiegen würden Wälder der Hartholzaue in den weniger stark überschwemmten und überströmten Bereichen. Hier würden Eichen (*Quercus robur*) dominieren und gemeinsam mit Ulmen (*Ulmus laevis, Ulmus minor*), Eschen (*Fraxinus excelsior*) und Erlen (*Alnus glutinosa*) wachsen. Auwälder sind auf Grund der

Pirol (Oriolus oriolus) (20)

Nährstoffzufuhr durch die Überschwemmungen die produktivsten Ökosysteme Mitteleuropas. Da zudem die bestandsbildenden Eichen relativ viel Licht durchlassen, kennzeichnet in der Regel ein mehrstöckiger Aufbau die Waldstruktur: Erste und zweite Baumschicht, gut ausgebildete Strauchschicht und üppige Krautschicht sind charakteristisch. In solch einem stark strukturierten Wald finden viele Vogelarten Nistmöglichkeiten, so dass diese Wälder zu den am dichtesten besiedelten Vogellebensräumen auf dem mitteleuropäischen Festland zählen.

Wenngleich die Südliche Leineaue nicht arm an Gehölzen ist, finden sich auf Grund der Nutzungsgeschichte heute nur wenige Waldbestände, die als Auwald zu bezeichnen sind: Das Ricklinger Holz liegt beidseits der Ihme: Hier finden sich gut ausgeprägte Bestände der Hartholzaue mit Übergängen zu Eichen-Hainbuchenmischwäldern auf feuchten, gut nährstoffversorgten, aber weniger überschwemmten Standorten. Im Ricklinger Holz brütet eine Vielzahl an Vogelarten, unter ihnen die gefährdeten Spezies Pirol (*Oriolus oriolus*) und Nachtigall (*Luscinia megarhynchos*). Während der Pirol sein Nest schwer einsehbar in den Baumkronen baut, nistet die Nachtigall versteckt in dichten Strauch-Komplexen. Das Ricklinger Holz hat zudem mit seinem alten Baumbestand besondere Bedeutung für Fledermäuse: Hier wurden Quartiere des Großen Abendseglers (*Nyctalus noctula*) sowie eine Vielzahl weiterer Arten festgestellt (LRP).

Im ehemaligen Wassergewinnungsgelände zwischen Ricklingen und dem Maschsee ist die frühere Grünlandnutzung etwa Mitte der 1970er Jahre mit der Einstellung der Trinkwasserförderung aufgegeben worden. Hier zeigen sich heute verschiedenste Stadien ungelenkter Vegetationsentwicklung (Sukzession) auf nassen Überschwemmungsböden, denn der Bereich liegt (schon immer) oberhalb des Stauwehres am Schnellen Graben und ist entsprechend vernässt. Der Wasserspiegel der hier parallel zum Maschseeufer geführten Leine liegt höher als die Geländeoberfläche des Gewinnungsgebietes, so dass die Leine durch einen Deich daran gehindert werden muss, dass sie ausläuft. In dem ehemaligen Wiesengebiet wachsen jetzt feuchte Hochstaudenfluren, verschiedene

Auwald Sundern

Weichholzaue im ehemaligen Wassergewinnungsgelände Ricklingen

Röhrichtgesellschaften, Weidenauengebüsche und auch Weichholz-Auwald und bilden zusammen mit den alten Teichen einen wertvollen Feuchtgebietskomplex. Charakteristische Bewohner dieses Lebensraums (s. WENDT 2007, S. 54) sind Wasserralle (*Rallus aquaticus*) und Beutelmeise (*Remiz pendulinus*). Ihre kunstvoll und aufwendig geflochtenen Nester hängt die Beutelmeise gern an Weidenzweigen auf. Die Nester werden von den Männchen aus Spinnenweben, Samenwolle und Pflanzenfasern als flauschige Hängebeutel gebaut.

Im Naturschutzgebiet Sundern sind Übergänge von Auenwald zu Bruch- und Sumpfwald festzustellen: auf der Sohle der alten Flussschleife hat sich ein Weiden-Erlen-Bruchwald-Komplex eingestellt, in

Schwarz-Pappel (Populus nigra) (21)

Nest der Beutelmeise (Remiz pendulinus) (22)

überwiegend relativ jung (etwa 60 Jahre), der Wald verfügt aber über eine artenreiche und charakteristische Krautschicht und über eine große Vielfalt an heimischen und standortgemäßen Gehölzen, darunter auch die seltenen und gefährdeten Arten Flatter-Ulme (*Ulmus laevis*) und Wild-Apfel (*Malus sylvestris*) (LASKE et al. 2007). Mönchsgrasmücke (*Sylvia atricapilla*), Zaunkönig (*Troglodytes troglodytes*) und Zilpzalp (*Phylloscopus trochilus*) sind hier die häufigsten Brutvogelarten (BRÄUNING 2012).

Für die Südliche Leineaue ist in jüngster Zeit auch ein Vorkommen gebietseigener (indigener) Schwarz-Pappeln (*Populus nigra*) nachgewiesen worden (KUNZMANN 2010, S. 36 ff.); der Schwerpunkt des Vorkommens liegt zwischen Ruthe und Koldingen. Diese in Niedersachsen gefährdete Baumart ist ein Pionier der Weichholzaue, der durch den Rückgang der Fließgewässerdynamik und die Bevorzugung von Hybridpappeln (*Populus x canadensis* u. a.) immer weiter zurückgedrängt wurde. Im Vergleich zu den geradschaftigen Hybridpappeln haben die echten Schwarz-Pappeln einen eher krummen, knorrigen Wuchs (auch die Seitenäste!). Ihre Kronen sind unregelmäßig aufgebaut und die Borke ist grobrissig mit charakteristischer x-förmiger Struktur.

Fließgewässer

Die Leine hat in diesem Naturraum nur mäßig veränderte Strukturen. Das für diesen Flussabschnitt charakteristische sandig-kiesige Flussbett ist überwiegend erhalten. Wenngleich es teilweise Uferbefestigungen (zumeist aus Steinschüttungen) gibt, ist der Flussverlauf weitgehend naturentsprechend gewunden und eine Differenzierung in Prall- und Gleithänge ist zumeist erkennbar. Es finden sich Ansätze von Auskolkungen, Uferbänke aus kiesigem Substrat und auch Schlammablagerungen. In Steilufern können Eisvögel (*Alcedo atthis*) ihre Brutröhren bauen und Uferschwalben (*Riparia riparia*) ihre Nisthöhlen anlegen. Die Ufer werden über weite Strecken von Weidengebüschen (z.B. Korb-Weide – *Salix viminalis*, Mandel-Weide – *S. triandra*, Purpur-Weide – *S. purpurea*) und Gehölzen der Weichholzaue (Baumweiden, Pappeln, Eschen) begleitet, wobei im Südteil dieses Naturraums deutlich weniger Ufergehölze vorhanden sind. Die Wassergüte hat sich verbessert (seit 2004 Güteklasse II – mäßig belastet; LHH 2012), und durch

dem im Frühjahr die Sumpfdotterblumen (*Caltha palustris*) und die Sumpf-Schwertlilien (*Iris pseudacorus*) blühen. Der Sumpffarn (*Thelypteris palustris*) unterstreicht den Bruchwaldcharakter. Auch hier kommen mit Pirol (*Oriolus oriolus*) und Nachtigall (*Luscinia megarhynchos*) die gefährdeten Charaktervögel des Auwalds vor.

Das Koldinger Holz ist der einzige etwas größere und geschlossene Auwaldrest an der südlichen Leine. Er liegt in dem Bereich, in dem die Alte Leine sich einst von dem Hauptfluss löste und sie zugleich den Fuchsbach aus der Pattenser Börde aufnimmt. Hier hat sich ein artenreicher Hartholzauwald erhalten. Zwar ist der Baumbestand auf Grund von Abholzungen in der Nachkriegszeit

Leine-Deichweg oberhalb des Schnellen Grabens – die Laubholz-Mistel (Viscum album) wächst gerne auf Pappeln, vor allem südlich von Hannover.

THEMEN-INFO: DIE LEINE

Die Leine ist mit 281 km Länge und einem Einzugsgebiet von 6.512 km² nach Elbe, Weser, Aller und Ems der bedeutendste Fluss in Niedersachsen. Sie entspringt im thüringischen Teil des Eichsfeldes in der Kleinstadt Leinefelde und erreicht nach ca. 30 km die Landesgrenze Niedersachsens. Hier wendet sie sich nach Norden und durchfließt den „Leinegraben", eine knapp 50 km lange und bis zu 8 km breite geologische Verwerfung (ähnlicher Entstehung wie der Oberrheingraben), passiert die Städte Göttingen und Northeim und erreicht bei Einbeck eine Engstelle, die zur Anlage des Hochwasserrückhaltebeckens Salzderhelden genutzt wurde. Diese wasserwirtschaftliche Anlage, die 1994 nach über 20jähriger Bauzeit in Betrieb ging, hat Zahl und Ausmaß der Überschwemmungen im Unterlauf erheblich reduziert, diese aber nicht gänzlich unterbunden. Das Hochwasserrückhaltebecken staut abfließendes Wasser von etwa einem Drittel des Einzugsbereiches (2.200 km²) ein, darunter das niederschlagsreiche Gebiet des Harzes. Über ein Abschlussbauwerk von 116 m Länge kann der Abfluss gesteuert werden. Dammbauwerke von ca. 26 km Länge umschließen die Polderflächen, in denen das Hochwasser zurückgehalten werden kann. Die häufig überstauten Polder haben eine große Bedeutung für Rastvögel und sind als Naturschutzgebiet ausgewiesen.

Bei Gronau verlässt die Leine das Leinebergland und tritt in die Bördezone ein. Die direkt über dem Fluss liegende Marienburg signalisiert den Eintritt in die Region Hannover. Hier bildet die Leine bereits eine breite Aue aus und teilt Börde und Geest in einen östlichen und einen westlichen Teil. In Hannover verlässt sie die Börde und tritt in die Geest ein. Für die Stadt Hannover hat die Leine immer eine große Bedeutung gehabt: Sie war entscheidend für die Stadtanlage, Teil der historischen Befestigung und wichtig für die Wasserversorgung, als Fischgewässer sowie für die Abwasserableitung. Sie war bedeutsam als Verkehrsweg und Mühlenstandort (SCHMIDA 2006, S. 7) und bestimmt bis heute die Stadtstruktur, das Stadtbild und das Grünsystem der Stadt (s. Kap. 8.3).

den Bau von Umflutern ist die Durchgängigkeit für Fischwanderungen wiederhergestellt. Charakteristische Fischarten der südlichen Leine sind Barbe (*Barbus barbus*), Brassen (*Abramis brama*), Rotauge (*Rutilus rutilus*), Rotfeder (*Scardinius erythrophthalmus*), Zander (*Stizostedion lucioperca*), Barsch (*Perca fluviatilis*) und Aal (*Anguilla anguilla*) (LASKE et al. 2007, GAUMERT u. KÄMMEREIT 1993).

Seit 2001 bemüht sich der Verein Leine-Lachs e.V., den Atlantischen Lachs (*Salmo salar*) wieder in der Leine anzusiedeln. Seit inzwischen mehr als 10 Jahren werden jedes Jahr mehrere Tausend halbwüchsige Lachse aus der Fischzuchtstation in Gronau in die Leine und ihre Nebengewässer gesetzt. Die Tiere wandern in die Nordsee, wo sie in nahrungsreichen Gewässern bis zur Geschlechtsreife heranwachsen; dann treibt es sie zum Laichen zurück in ihren Heimatfluss. 2004 ist zum ersten Mal ein Rückkehrer gefangen worden. Das große Ziel der Wiedereinbürgerung eines sich selbst reproduzierenden Lachsstammes in der Leine ist aber noch nicht erreicht.

Wichtige Nebengewässer der Leine in diesem Bereich sind die Ihme, die Alte Leine, die den Fuchsbach aufnimmt, und – knapp außerhalb im

Schloss Marienburg über der Leine (2)

In Hannover wendet sich die Leine nach Westen, um dann bei Wunstorf-Luthe wieder nach Norden zu schwenken. Unterhalb von Schwarmstedt – etwa 5 km nördlich der Regionsgrenze – mündet die Leine in die von Osten kommende Aller. Das Leinewasser wird dann über die Weser der Nordsee zugeführt.

Die bedeutsamsten Nebenflüsse der Leine sind auf der rechten Seite Rhume und Innerste, die im Harz entspringen, sowie linksseits Ilme (aus dem Solling), Saale und Westaue. Schiffbar ist die Leine von der Mündung bis nach Hannover, wo im Ortsteil Limmer Verbindungen zum Mittellandkanal, zum Stichkanal Hannover-Linden und zum Lindener Hafen bestehen. Die Bedeutung der Leine als Schifffahrtsstraße ist heute jedoch allenfalls bescheiden (s. Kap. 5.3).

Flussgeschichte

Auch Flüsse haben eine Geschichte. Diese kann von Geologen anhand der Ablagerungen des mitgeführten Materials, von Abtragungsspuren und aus den Geländeoberflächen analysiert werden. So haben Forschungen ergeben, dass die Weser bis zum Beginn der Elster-Kaltzeit (siehe Tabelle, S. 15: Übersicht über die Erdzeitalter) vom heutigen Hameln aus durch die Deisterpforte (s. Kap. 2.1) floss (bis in den Bereich der heutigen Stadt Springe), von wo aus sie sich nach Osten wandte und etwa im heutigen Tal der Haller (s. Kap. 3.2) verlief. Bei Nordstemmen mündete damals die Leine in die Weser. Der entstehende große Strom wandte sich gen Norden und bildete das breite Tal der Südlichen Leineaue aus. Während heute die Leine im Stadtzentrum Hannover nach Westen abknickt, strömte die „Urweser" etwa im Bereich des heutigen Stadtwaldes „Eilenriede" (s. Kap. 8) weiter nach Norden, bildete im weiteren Verlauf die für die heutige Wietze viel zu breite Niederung aus und floss strikt nordwärts bis nach Mellendorf. Von hier aus wandte sie sich nach Nordwest Richtung Nienburg. Erst nach dem ersten Eisvorstoß der Elster-Kaltzeit, durch den ihr dieser Weg versperrt war, hat sich die Weser ihren heutigen Weg von Hameln aus über Rinteln und durch die Porta Westfalica gesucht. Auch die Leine ist durch die Eis- und Geröllmassen der Elster-Kaltzeit nach Nordwesten gelenkt worden. Sie verließ bei Schulenburg ihr heutiges Bett, floss an Benther Berg und Stemmer Berg vorbei, näherte sich bei Gümmer der heutigen Leineaue, durchfloss dann aber die Niederung im Bereich des Steinhuder Meeres, um schließlich etwa bei Uchte wieder in die Weser zu münden. (ROHDE 1994)

Sie hat dabei wesentlich zur Entstehung des Steinhuder Meeres beigetragen (s. Kap. 4.2).

Graugänse (Anser anser) (23)

Landkreis Hildesheim einmündend – die Innerste, die im Nordharz entspringt, das nordwestliche Harzvorland entwässert und aus dem Harzer Bergbau stammende Schwermetalle (Cadmium, Blei, Zink u.a.) einbringt. Zwischen Jeinsen und Schulenburg mündet der Rössingbach in die Leine.

Stillgewässer

Mit Ausnahme einiger weniger Altarme, die im Zuge künstlicher Leineverkürzungen entstanden sind (z.B. bei Schulenburg), finden sich in diesem Naturraum nur Stillgewässer, deren Ausgestaltung menschengemacht ist. Davon gibt es durch den intensiven Kiesabbau sowie die Tongewinnung sehr viele. Ihre ökologische Bedeutung ist recht unterschiedlich.

Alte Kiesteiche, die sich z.B. nahe der Kernstadt zwischen Ricklingen und Wülfel befinden, sind inzwischen stark von Gehölzen eingewachsen, sofern nicht Badenutzung eine Offenhaltung der Ufer bewirkt hat. In diesen Gewässern können häufig Haubentaucher (*Podiceps cristatus*) beobachtet werden. Charakteristisch sind zudem Graugänse (*Anser anser*) und Höckerschwäne (*Cygnus olor*), die in den Gebüschen brüten, gern auf Teichinseln oder anderswo in Gewässernähe. Die Kiesteiche der Leineaue haben zudem Bedeutung für Fledermäuse, die längs der Gehölzbänder und über der Wasseroberfläche jagen (Wasserfledermaus – *Myotis daubentonii*); ihre Quartiere liegen überwiegend in den angrenzenden Siedlungen.

Die Koldinger Seen sind erst seit Anfang der 1960er Jahre durch Bodenabbau entstanden. Über vier Jahrzehnte wurden hier Kiessande gefördert und zu Zuschlagstoffen für die Bauwirtschaft verarbeitet. Zurück geblieben ist eine junge Seenlandschaft mit ca. 190 ha Wasserfläche, die nach den Vorstellungen des Naturschutzes rekultiviert wurde. Insbesondere wurden einige Uferpartien der ca. 10 m tiefen Teiche abgeflacht. Die Kiesgewinnung wird im südlich anschließenden Bereich, der bereits zum Landkreis Hildesheim gehört, fortgesetzt. Schon während des Abbaus hatte sich die enorme Bedeutung als Rastgebiet für Zugvögel und gefiederte Wintergäste gezeigt. Dies ist insofern nicht verwunderlich, weil die umgebende Börde und das südlich anschließende Bergland von Natur aus

Älterer Kiesteich bei Hemmingen

Kormoran-Kolonie im Großen Koldinger See (2)

kaum größere Wasserflächen und Feuchtgebiete aufweisen. Und im nördlichen Teil der südlichen Leineaue ist die Gehölzentwicklung inzwischen soweit fortgeschritten, dass der Raum für viele Rastvogelarten unattraktiv ist. Rastvögel lieben es offen und transparent. Sie halten Abstand zu Gehölzriegeln, in denen Gefahren in Gestalt von Greifvögeln und Raubsäugern lauern. Heute sind die Koldinger Seen nach dem Steinhuder Meer (s. Kap. 4.4) das bedeutendste Vogelrastgebiet der Region. Löffelente (*Anas clypeata*), Pfeifente (*Anas penelope*), Schellente (*Bucephala clangula*) und Stockente (*Anas platyrhynchos*), Graugans (*Anser anser*), Gänsesäger (*Mergus merganser*) und Zwergsäger (*Mergellus albellus*), Haubentaucher (*Podiceps cristatus*) und Trauerseeschwalbe (*Chlidonias niger*)

sind hier die wertbestimmenden Gastvogelarten. Zentrum ist der Große Koldinger See. Randlich der Niederung befindet sich aber mit den Rethener Stapelteichen ein weiterer Anziehungspunkt für Rastvögel. Diese Stapel- oder Klärteiche haben bis 1993 das stark mit Erde versetzte Abwasser aus der Rübenwaschanlage der Zuckerfabrik Rethen aufgenommen. Es sind Schlammteiche entstanden, die auch heute noch flach überstaut werden oder periodisch trocken fallen, weil sie mit dem Regenrückhaltebecken eines Neubaugebiets verknüpft sind. Hier lebt eine Vielzahl von Würmern und Insektenlarven, die eine Nahrungsgrundlage für durchziehende Vögel darstellen. Insbesondere Limikolen (Watvögel) sind mit ihren langen Schnäbeln in der Lage, diese Nahrung aus dem Schlamm heraus zu

Haubentaucher (Podiceps cristatus) führen ihre Jungen auf dem Rücken aus. (1)

Dunkler Wasserläufer (Tringa erythropus) (1)

Großer Koldinger See

stochern. So sind Grünschenkel (*Tringa nebularia*), Bekassine (*Gallinago gallinago*), Waldwasserläufer (*Tringa ochropus*), Austernfischer (*Haematopus ostralegus*), Dunkler Wasserläufer (*Tringa erythropus*) und Flussuferläufer (*Actitis hypoleucos*) hier beobachtet worden (REGION HANNOVER 2007). Weil sich der Nährstoffgehalt im Schlamm immer weiter reduziert, sind heute nicht mehr so hohe Zahlen an Wat- und Wasservögeln feststellbar. Auch das „Calenberger Leinetal" zwischen Jeinsen und der Marienburg hat auf Grund seines offenen Landschaftscharakters, der vielen Kiesteiche und der Überschwemmungen große Bedeutung als Rastvogelgebiet (LRP).

Schwarzhalstaucher (Podiceps nigricollis) (1)

Die vielgestaltige, von intensiver Freizeitnutzung freigehaltene Gewässerlandschaft bietet auch für Brutvögel vielfältige Möglichkeiten: Auf entstandenen Inseln haben sich Brutkolonien von Lachmöwen (*Larus ridibundus*) und Kormoranen (*Phalacrocorax carbo*; seit 2000) entwickelt. Im Schutz der Lachmöwenkolonie haben sporadisch auch extrem seltene Spezies wie Schwarzkopfmöwe (*Larus melanocephalus*) und Schwarzhalstaucher (*Podiceps nigricollis*) gebrütet (BRÄUNING 2006). Leider hat sich die Lachmöwenkolonie inzwischen wieder aufgelöst, vermutlich wegen des Gehölzaufwuchses. Teichrohrsänger (*Acrocephalus scirpaceus*), Austernfischer (*Haematopus ostralegus*) und Zwergdommel (*Ixobrychus minutus*) sind weitere wertvolle Brutvogelarten in diesem Gebiet (THYE 2011).

Die Bedeutung des Kies- und Sandabbaus besteht auch darin, dass er Lebensräume schafft, die in der „gezähmten" Flusslandschaft selten geworden sind: er schafft offene oder nur spärlich bewachsene Böden, Kies- und Sandbänke, steile Kanten und Flachwasserbereiche. Im Bereich der Koldinger Seen sind auf rekultivierten offensandigen Flachufern die stark gefährdeten Laufkäferarten *Bembidion modestum*, *Dyschirius angustatus* und *Lyonychus quadrillum*

Tonteich bei Alt-Laatzen

Flussregenpfeifer (Charadrius dubius) (1)

festgestellt worden (Region Hannover 2007a), die in Flusslandschaften immer stärker zurückgedrängt wurden. Gleiches gilt für die Blauflüglige Sandschrecke (*Sphingonotus caerulans*), die auf kaum bewachsenen Sand- und Kiesböden lebt, wie sie früher an Wildflüssen durch ständige Umlagerungen immer wieder neu entstanden. Heute kommt sie nur noch sehr selten vor: Außer in Sand- und Kiesgruben auch im Gleisschotter von Bahnanlagen, auf Truppenübungsplätzen und sogar in Industriegebieten (LRP).

Der Flussregenpfeifer (*Charadrius dubius*) ist ein weiteres Beispiel: Er brütet heute sehr viel häufiger in Kiesgruben als an den Ufern von Flüssen. Und mit der Sand-Grasnelke (*Armeria maritima ssp. elongata*) kommt hier auf freigelegten Sanden eine Pflanze vor, die für Magerrasen der Geest charakteristisch, in der fruchtbaren (eutrophen) Börde aber extrem selten ist (Region Hannover 2007a).

Ein inzwischen fertig gestellter Rundwanderweg und zwei Beobachtungstürme ermöglichen es, diese Landschaft zu erleben, ohne die Vogelwelt zu stören.

Die Tonteiche in der Laatzener und Grasdorfer Masch sind erheblich kleiner als die Kiesseen und zumeist nur 1–4 m tief, so dass sie sich teilweise durch flachere Ufer und Verlandungsvegetation (Schilfbestände, Weidengebüsche) auszeichnen. Sie sind von daher für die Fischzucht weniger interessant und haben tendenziell einen eher naturnahen Charakter. Wenn Fischbesatz ausbleibt, stellen die Tonkuhlen gute Laichgewässer für Amphibien dar. Im Bereich der Laatzener Teiche sind die Arten Seefrosch (*Pelophylax ridibundus*), Teichfrosch (*Pelophylax esculentus*), Grasfrosch (*Rana temporaria*), Erdkröte (*Bufo bufo*), Knoblauchkröte (*Pelobates fuscus*), Kammmolch (*Triturus cristatus*) und Teichmolch (*Lissotriton vulgaris*) festgestellt worden (Laske et al. 2007).

Rastvogelgeschehen auf den Hemminger Kiesteichen

Wiesen-Schaumkraut-Wiese bei Wilkenburg (2)

Feuchtwiesen und -weiden

Am Ostrand des Naturraums und auch zwischen Leine und Alter Leine hat sich Grünlandnutzung gehalten. Überwiegend wird das Grünland intensiv als Mähwiese oder Mähweide genutzt. Auch im Intensivgrünland kann es schöne Blühaspekte geben, z. B. wenn im Mai das Wiesen-Schaumkraut (*Cardamine pratense*) blüht. Als Folge der Hochwasserüberströmung sind vielfach Flutmulden eingetieft, in denen sich Flutrasen und Röhrichte entwickelt haben.

Die siedlungsnahen Flächen dienen oftmals als Pferdeweiden, z. B. nördlich und südlich von Alt-Laatzen. Bei teilweise nur extensiver Nutzung und Standorten, die randlich der Aue eher feuchter werden, kommt auch artenreiches Feucht- und Nassgrünland vor. In diesen Beständen wachsen mit Sumpfdotterblume (*Caltha palustris*), Wasser-Greiskraut (*Senecio aquaticus*) und Kuckucks-Lichtnelke (*Silene flos-cuculi*) früher weit verbreitete Kennarten der Feuchtwiesen, die heute auf der Roten Liste stehen (GARVE 2004).

In der Wülfeler Masch wachsen auf teilweise tonigem Boden stark gefährdete Grünlandspezies, die auf einen erhöhten Kalkgehalt im Untergrund hinweisen, nämlich Wiesen-Silge (*Silaum silaus*) und Wirtgen-Labkraut (*Galium wirtgenii*). Auch kommt hier noch die inzwischen sehr seltene, ebenfalls stark gefährdete Traubige Trespe (*Bromus racemosus*) vor, eine Kennart der Sumpfdotterblumenwiesen (*Calthion*) (WILHELM 2006).

Charakteristisch für die Grünlandflächen in der Südlichen Leineaue ist der Weißstorch (*Ciconia ciconia*), der erst seit 1989 wieder hier brütet (s. Kap. 1.6). Auch die stark zurückgehenden Kiebitze (*Vanellus vanellus*) kommen auf den Grünlandflächen noch zur Brut (THYE 2013a, S. 19).

Siedlungsbiotope

Auf die herausragende kulturhistorische Bedeutung der Feste Calenberg ist bereits hingewiesen worden (s. auch Themen-Info: Die Welfen, S. 44). Die Burg hatte ihre Glanzzeit im 15., 16. und 17. Jahrhundert, als sie von den Welfenherzögen teilweise als Aufenthaltsort genutzt wurde und in der Hildesheimer Stiftsfehde (1519) und im Dreißigjährigen Krieg (1625) Belagerungen standhielt. Dazu beigetragen haben Wassergraben und Umwallung, die noch heute im Gelände gut erkennbar sind. Die Burg selbst wurde 1632/1633 geschleift, weil sie nicht mehr den militärischen Anforderungen entsprach.

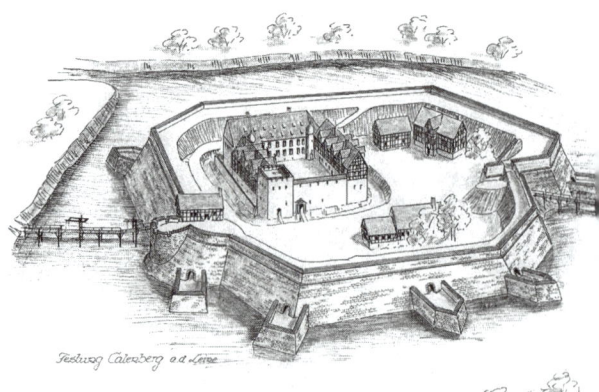

Festung Calenberg (Braun 2010)

Schloss und Amtsgebäude wurden Ende des 17./ Anfang des 18. Jahrhunderts abgerissen, als Hannover zur Residenzstadt ausgebaut wurde.

Die heutigen Überreste der alten Burganlage haben auch eine faunistische Bedeutung: In verbliebenen Kellergewölben und im Batterieturm überwintert eine Reihe von Fledermausarten. Die streng geschützten Tiere benötigen im Winter Unterschlupfmöglichkeiten mit gleich bleibenden, nicht zu niedrigen Temperaturen. Zum Schutz der Fledermäuse dürfen die Gewölbe zwischen dem 1.10. und dem 30.4. nicht betreten werden. (PGL u. KÖRNER o.J.)

1.5 Schutzgebiete und weitere Schutzaspekte

In der Leineaue-Süd sind folgende Landschaftsteile als Naturschutzgebiete (NSG) oder Landschaftsschutzgebiete (LSG) geschützt (s. Karte 1, Seite 20):

- NSG HA 4 Sundern (50 ha)
- NSG HA 191 Alte Leine (317 ha)
- NSG HA 203 Leinetal zwischen Ruthe und Koldingen (529 ha, davon 274 ha in der Region Hannover): Das NSG setzt sich im Landkreis Hildesheim fort.
- LSG HS 04 Obere Leine (im Stadtgebiet Hannover; 450 ha)
- LSG H 21 Obere Leine (außerhalb Stadtgebiet; 1.772 ha)
- LSG H 40 Kiesgrubengebiet Gleidingen (41 ha)
- LSG H 70 Calenberger Leinetal (556 ha).

Weitere Schutzaspekte

Die „Leineaue zwischen Hannover und Ruthe" ist als FFH-Gebiet 344 (s. Themen-Info FFH-Gebiet) gemeldet worden und ist damit Bestandteil des europäischen Schutzgebietssystems Natura 2000. Ausschlaggebend hierfür ist das Vorkommen von naturnahen eutrophen Stillgewässern und von einer Kalktuffquelle (am Terrassenrand bei Koldingen). Außerdem sollen bedeutsame Vorkommen von Auwäldern, Hochstaudenfluren, Fließgewässern mit flutender Vegetation und Feuchtgrünland gesichert und entwickelt werden.

Die Leine selbst ist als Verbindungsgewässer im Niedersächsischen Fließgewässerschutzsystem ausgewiesen. Verbindungsgewässer erschließen mehrere naturräumliche Regionen. Im Fall der Leine sind das Harz, Weser- und Leinebergland, Börden und Weser-Aller-Flachland. Sie sollen eine Durchgängigkeit vom Meer bis zu den Quellläufen sowie die Verbindung aller nachgeordneten Fließgewässer gewährleisten. Wasserqualität und Biotopstrukturen müssen Mindestanforderungen genügen, damit keine unüberwindbaren Hindernisse für wandernde oder sich ausbreitende Tier- und Pflanzenarten bestehen.

THEMEN-INFO: FFH-GEBIET

Was ist ein FFH-Gebiet?

1992 hat die Europäische Union die Flora-Fauna-Habitat-Richtlinie („FFH-Richtlinie") beschlossen, wonach jedes Mitgliedsland Schutzgebiete von europäischer Bedeutung zu melden und zu sichern hat. Diese Richtlinie ist – nach einigen Verzögerungen – 2011 durch die Neuauflage des Bundesnaturschutzgesetzes in nationales Recht überführt worden. Gemeinsam mit den EU-Vogelschutzgebieten bilden die „FFH-Gebiete" das europaweite Schutzgebietssystem „Natura 2000".

Die naturschutzpolitische Bedeutung der FFH-Richtlinie ist kaum zu überschätzen: Mit einem Streich sind z.B. in der Region Hannover ca. 7 % der Fläche unter einen effektiven Schutz gestellt. Die Naturschutzbehörden sind verpflichtet, innerhalb bestimmter Fristen die Gebiete effektiv zu sichern, was in der Regel eine Ausweisung als Naturschutzgebiet nötig macht. (Teilweise kann auch die Sicherung im Rahmen eines Landschaftsschutzgebietes ausreichend sein.) Eingriffsvorhaben in diesen Gebieten sind praktisch nicht mehr möglich. Wenn Baumaßnahmen in der Nähe durchgeführt werden sollen, muss im Rahmen von FFH-Verträglichkeitsprüfungen nachgewiesen werden, dass die Erhaltungsziele des Gebietes nicht beeinträchtigt oder gefährdet sind.

Die FFH-Richtlinie legt auch Berichtspflichten für die Mitgliedsländer fest, wonach in regelmäßigem Turnus (alle 6 Jahre) detailliert dargelegt werden muss, welche Veränderungen sich für die schutzbedürftigen Arten und Lebensräume ergeben haben und inwieweit die Erhaltungsziele erreicht wurden (s. BMU 2011).

Auch über die <u>Wasserrahmenrichtlinie</u> der Europäischen Union besteht die Verpflichtung, die Leine (wie alle Oberflächengewässer) in einen „guten ökologischen Zustand" zu versetzen (bis 2015). Der gute ökologische Zustand der Oberflächengewässer ist in erster Linie auf die Vielfalt vorhandener Pflanzen- und Tierarten ausgerichtet; vorausgesetzt wird dabei eine naturnahe Gewässerstruktur und die Einhaltung chemischer Emissions- und Immissionsgrenzwerte.

Die fast flächendeckend vorliegenden Braunauenböden zählen zu den <u>schutzwürdigen Böden</u> in Niedersachsen. Sie sind schutzwürdig wegen ihrer sehr hohen natürlichen Bodenfruchtbarkeit (Gunreben u. Boess 2008).

1.6 Leittierarten
Biber

Der Biber (*Castor fiber*) ist mit bis zu 130 cm Länge und 30 kg Gewicht das größte heimische Nagetier. Mit seinen gewaltigen Schneidezähnen kann er Bäume umlegen, Dämme bauen und Fließgewässer stauen, daher gilt er als der Landschaftsgestalter unter den Tieren. An das Leben im und am Wasser ist er hervorragend angepasst: mit einem sehr dichten Fell, das er zudem mit einem fetthaltigen Sekret (Bibergeil) pflegt, um Nässe abzuhalten, mit Schwimmhäuten zwischen den Zehen und kleinen Sinnesorganen, von denen Augen und Nase verschließbar sind, und mit dem abgeplatteten Schwanz, der „Kelle", die unter Wasser als Steuer dient.

Der Biber ist jahrhundertelang wegen seines dichten Fells und seines – besonders zur Fastenzeit (der Wassernager wurde als Fisch deklariert) – beliebten Fleisches von den Menschen gejagt und letztlich ausgerottet worden (in Niedersachsen 1856). Anfang der 1990er Jahre haben Wiederansiedlungsversuche begonnen, an der mittleren Elbe war noch eine kleine Restpopulation erhalten. Diese Versuche waren sehr erfolgreich; es zeigte sich bald, dass der Biber, wenn er nicht verfolgt wird, in der Lage ist, seinen ursprünglichen Lebensraum zurückzuerobern. Schon Mitte der 1990er Jahre war der Biber an Hase und Ems zurück und auch am niedersächsischen Teil der Elbe. Nach 2000 wurden zudem einzelne Vorkommen an der Oberen Aller und an der Örtze bekannt (Theunert 2008a). Das nachtaktive, auf Grund der langen Verfolgungszeit

Biberburg (12)

Biberfällung (4)

Biberspuren (4)

Der Biber steuert mit seiner Kelle. (1)

sehr scheue Tier bekommt man kaum zu sehen; aber die Spuren sind relativ leicht zu erkennen, insbesondere die Fraßspuren an Gehölzen. Und solche Spuren wurden völlig überraschend 2008 auch an der Südlichen Leine gesichtet (bei Ruthe im Landkreis Hildesheim; AJAMIEH 2008). 2009 konnte eine erste Biberburg in diesem Raum entdeckt werden (HERRMANN u. BRÄUNING 2011), und 2011 titelte der Hannoversche Vogelschutzverein (HVV) in seiner Info-Zeitschrift: „Sensation an der Leine: der Biber ... ist nach Hannover zurückgekehrt!". Von woher diese Biber gekommen sind, blieb unklar; ausgesetzt wurden sie hier jedenfalls nicht. Seitdem hat sich der große Nager in der Südlichen Leineaue unter der besonderen Obhut des NABU-Ortsvereins Laatzen prächtig entwickelt: 2011 wurden bereits 4 Reviere in der Südlichen Leineaue festgestellt, wobei ein Schwerpunkt an der Alten Leine und ihren Nebengewässern besteht. Im Winter 2011/2012 waren es insgesamt 6 Reviere zwischen Maschsee und Nordstemmen, d. h. ca. 20 – 25 Tiere (HERRMANN 2013).

Die Südliche Leineaue mit ihrem Reichtum an Gehölzbeständen (davon viele Weichhölzer wie Weiden, Pappeln und Erlen), den verschiedenen Gewässerstrukturen, der insgesamt verbesserten Wasserqualität und der überwiegend nur extensiven Nutzung ist zweifellos ein geeigneter Lebensraum für den großen Nager. Der Biber ist ein reiner Pflanzenfresser, wobei er im Winter hauptsächlich auf Astrinde angewiesen ist. Weiterhin verwendet er selbst gefälltes Holz zum Burgenbau; seine

Biberburg ist ein Astberg, zumeist am Ufer mit obligatem Unterwasserzugang. Dämme baut er insbesondere, um Gewässer soweit aufzustauen, dass der Burgeingang immer unter Wasser liegt.

Der Biber ist bei uns nach wie vor recht störungsempfindlich. Man sollte deshalb nicht die Nähe seiner Bauten suchen. Geführte Biber-Touren bietet die Ökologische Station Mittleres Leinetal (ÖSML) an (s. Serviceteil S. 43). Zu den wenigen Feinden zählen frei laufende und wildernde Hunde. Es bleibt zu wünschen, dass sich die positive Entwicklung dieses eindrucksvollen Säugetieres in Niedersachsen fortsetzt und die Südliche Leineaue zu einem Wiederausbreitungszentrum des Bibers wird. Seit 2013 sind in der Region Hannover ehrenamtliche Biber-Berater tätig, die Betroffenen bei Konflikten zur Seite stehen (MANNSTEDT u. GEWISS 2014).

Weißstorch

Eine weitere Charakterart der Südlichen Leineaue ist der Weißstorch (*Ciconia ciconia*). Seit 1989 brütet er wieder, und zwar auf einem Strommast in den Grasdorfer Wiesen (LASKE et al. 2007). Seit 1993 gibt es einen weiteren Brutstandort auf einem künstlichen Horst in der Wülfeler Masch. Dann kam ein Brutpaar in Alt-Laatzen dazu, das brütete zeitweise auf einem Baum (!) in einem Schrebergarten (BRÄUNING 2008). Und seit 2004 wird auch wieder in Wilkenburg gebrütet. 2012 zogen in der Südlichen Leineaue drei Brutpaare insgesamt 10 Junge auf (THYE 2013a). So ist der landesweit immer noch stark gefährdete Weißstorch

Der Weißstorch sammelt Grünlandflächen sehr systematisch nach Nahrungstieren ab. (1)

in den Wiesengebieten der Südlichen Leineaue inzwischen wieder regelmäßig bei der Nahrungsaufnahme zu beobachten.

Generell geht es dem Weißstorch in der Region Hannover wieder besser: Nachdem 1988 der Tiefpunkt mit nur noch 8 Brutpaaren erreicht war, steigt das Vorkommen seitdem kontinuierlich an. 2012 waren es – nach der alljährlich erstellten Übersicht des Weißstorchbeauftragten LÖHMER (mdl.) – 33 Brutpaare und 2014 wurde mit 45 Brutpaaren nahezu das Vorkriegsniveau erreicht. Die positive Entwicklung geht zum Teil auf Veränderungen im

Zug- und Überwinterungsverhalten zurück, zum Teil auf einen „Storchenüberschuss" in den Nachbarländern und auch auf Bemühungen des Natur- und Artenschutzes. Dazu zählen Hilfestellungen bei der Horstanlage, Sicherung horstnaher Grünlandflächen und Anlage von Laichbiotopen für Amphibien etc. Die Südliche Leineaue kommt dem Storch auf Grund der Strukturvielfalt und des Nahrungsreichtums dieser halboffenen Landschaft mit hohem Grünlandanteil und vielen Saumstrukturen, Flutmulden und Gewässern entgegen. Deshalb ist hier die Brutdichte hoch und der Bruterfolg überdurchschnittlich (LÖHMER 2012).

Keiljungfern und Flussjungfern

Unter Keiljungfern (*Gomphus spec.*) wird eine Gruppe von Großlibellen verstanden. Die Imagines (ausgewachsene Tiere) werden ca. 5 cm lang und haben eine Flügelspannweite von bis zu 7 cm. Der namengebende Keil ist eine Verdickung der letzten Segmente des Hinterleibs und nur bei den Männchen ausgeprägt. Keiljungfern gehören zur Familie der Flussjungfern (*Gomphidae*) und haben wie diese eine charakteristische schwarzgelbe bis schwarzgrüne Färbung, was sie von anderen Libellen deutlich unterscheidet. Sie sind auf das Leben in und an Fließgewässern spezialisiert. Flussjungfern waren in Niedersachsen vermutlich in Folge von Flussregulierung und Gewässerverschmutzung nahezu ausgestorben, bis sich im Zuge der 1980er Jahre die verbliebenen Restpopulationen stabilisieren und dann wieder ausdehnen konnten. Inzwischen

Wilkenburger Horst

Gemeine Keiljungfer (Gomphus vulgatissimus), weiblich (24)

Gemeine Keiljungfer (Gomphus vulgatissimus), männlich (24)

sind einige von ihnen so weit verbreitet, dass sie in Niedersachsen nicht mehr als gefährdet gelten (ALTMÜLLER U. CLAUSNITZER 2010, S. 225). In der südlichen Leineaue kommen inzwischen wieder drei der vier aus Niedersachsen bekannten Arten vor: Die Gemeine Keiljungfer (*Gomphus vulgatissimus*) und die Grüne Flussjungfer (*Ophiogomphus cecilia*) sind Fließgewässerarten, die sich auch in grundwasserbeeinflussten sauberen Stillgewässern entwickeln können. Die Westliche Keiljungfer (*Gomphus pulchellus*) ist charakteristisch für tiefe, mäßig bewachsene Abbauteiche. Die räuberischen Larven haben eine zwei- bis dreijährige Entwicklungszeit und leben auf dem Gewässergrund und im Gewässerboden.

1.7 Aspekte der Beeinträchtigung und Gefährdung

Der langgestreckte, überwiegend naturnahe Landschaftsraum der Südlichen Leineaue wird quasi segmentiert durch stark befahrene Autostraßen und davon ausgehende Lärmbänder und Störzonen: Der Südschnellweg, die K 20 zwischen Hemmingen und Döhren, die Landesstraße 389 zwischen Arnum und Wülfel, die Bundesstraße 443 zwischen Koldingen und Rethen und die Landesstraße 460 östlich von Schulenburg unterbrechen den Naturraum und entwerten ihn jeweils in den Randbereichen der Segmente. Die negativen Wirkungen werden verstärkt durch die erhöhte Führung in Dammlagen, die notwendig ist, um hochwasserfrei verkehren zu können. Bis Ende der 1970er Jahre war zudem eine weitere

Verkehrsspange durch die Leineaue geplant: Die Autobahn A 30 sollte als äußere Südtangente Hannovers um Arnum und Wilkenburg herum und bis nach Laatzen geführt werden – mitten durch das heutige Naturschutzgebiet „Alte Leine". Gut, dass das damals starke Bürgerinitiativen in Laatzen und Hannover zu verhindern wussten!

Für die Verknüpfung dieses Raumes mit den Naturgebieten im Osten der Region stellt das durchgehende östliche Siedlungsband von Döhren über Wülfel, Laatzen und Rethen bis nach Gleidingen eine kaum überwindbare Barriere dar. So ist zum Beispiel der Grünzug an der Bruchriede in Rethen zu schmal und nicht hinreichend durchgängig, um wirksam Vernetzungsfunktionen übernehmen zu können.

Umbruch von Grünland in Ackerland östlich von Harkenbleck

Es wird zukünftig wichtig sein, im Interesse eines überörtlichen Biotopverbundes hier eine gewisse Durchlässigkeit für wildlebende Tiere und Pflanzen zu erhalten bzw. zu entwickeln, damit die Lebensgemeinschaften der Südlichen Leineaue mit denen der östlichen Börde (BO) in Verbindung bleiben.

Ein weiteres Problem besteht in dem starken Erholungsdruck und der Vielzahl störungsempfindlicher Bereiche. Hier sind aber durch eine räumliche Trennung von intensiver Freizeitnutzung und „ruhiger, naturbezogener Erholung" sowie durch Maßnahmen der Erholungslenkung und Umweltbildung bereits viele gute Kompromisse gefunden worden.

Probleme mit der Landwirtschaft ergeben sich teilweise am westlichen Rand der Niederung, wo Grünland weiterhin in Acker umgewandelt wird.

Der Kiesabbau führt nach wie vor zu erheblichen Veränderungen in der Landschaft, insbesondere wenn – wie zwischen Jeinsen und Schulenburg – fast die gesamte Leineaue ausgekuhlt wird. Dass der Kiesabbau auch positive Wirkungen für Natur- und Artenschutz haben kann, weil er Lebensräume schafft, die in die Palette einer Flussaue gehören, aber natürlicherweise kaum noch entstehen, zeigt die Südliche Leineaue sehr deutlich. Die eigentliche Herausforderung besteht darin, solche offenen, vegetationsarmen Lebensräume nachhaltig zu sichern bzw. vorzuhalten.

1.8 In der Leineaue zuhause: der Ornithologe Christian Bräuning

Zusammen mit seiner Frau bewohnt er seit vielen Jahren eine Wohnung in Alt-Laatzen, da ist die Leineaue sein „Puschenrevier". An die Vogelkunde ist der gelernte Techniker durch die avifaunistischen „Altmeister" HERBERT RINGLEBEN und GERHARD HOYER

Christian Bräuning

herangeführt worden. Neben Beruf und Familie blieb ihm zunächst nur die spärlich bemessene Freizeit, um die Auenlandschaft zu erkunden. CHRISTIAN BRÄUNING tat es nicht nur zu seinem Vergnügen, er wollte, „dass dabei was herauskommt".

Der Landschaftswandel im Zuge des Kiesabbaus weckte sein Interesse und so begann er Mitte der 1960er Jahre die Südliche Leineaue regelmäßig und systematisch zu untersuchen. Damals war er Anfang 30 und heute ist er Anfang 80 – und er tut es immer noch. Im Mittelpunkt standen über viele Jahrzehnte Internationale Wasservogelzählungen und bis heute führt er systematische Brutvogelerfassungen durch. So hat er immer über hervorragende Daten verfügt und mit diesen Daten konnte er etwas bewirken: Erst schob er das Naturschutzgebiet „Laatzener Teiche" an, das später zum NSG „Alte Leine" erweitert

Biotopanlage nach Kiesabbau (Hemmingen)

wurde, und daraufhin – CHRISTIAN BRÄUNING war inzwischen in den Hannoverschen Vogelschutzverein (HVV) eingetreten – auch das Vogelschutzgebiet „Baumanns-Werder" als Vorläufer des Naturschutzgebietes „Leineaue zwischen Ruthe und Koldingen". Die schwierige und langwierige Vorgeschichte dieses NSG, das gegen die Interessen von Surfern, Seglern und anderen Freizeitsportlern durchgesetzt wurde, kann in der Jubiläumsausgabe des HVV nachvollzogen werden (BRÄUNING 2006). Entscheidend für die Abgrenzung und die Konzeption der 2001 in Kraft getretenen NSG-Verordnung waren die avifaunistischen Daten des HVV, im Übrigen der älteste Vogelschutzverein Deutschlands.

CHRISTIAN BRÄUNING hat seine Daten und Erkenntnisse vielfach in Veröffentlichungen dem Fachpublikum bekannt gemacht: 1981 erschien sein Buch „Die Vögel der Leineaue", er hat am Niedersächsischen Brutvogelatlas mitgearbeitet und zahlreiche Aufsätze in Fachzeitschriften veröffentlicht. Zuletzt erschien sein Bericht über 18 Jahre Revierkartierung im Koldinger Holz und Umgebung (BRÄUNING 2012).

Seit 2008 ist CHRISTIAN BRÄUNING dem Biber auf der Spur, 2009 entdeckte er den ersten Biberdamm und dann die erste Biberburg. „Die nur noch sehr schonend ausgeübte Gewässerunterhaltung macht sich positiv bemerkbar." Und was lässt sich noch verbessern in der Leinemasch? „Im Grasdorfer Wassergewinnungsgebiet, in dem das Grünland nicht gedüngt und gespritzt werden darf, sollte wieder extensive Beweidung zugelassen werden. Das schafft Kleinstrukturen und hilft dem Kiebitz, der auch hier stark im Rückgang ist." CHRISTIAN BRÄUNING hat vor einigen Jahren für seine ehrenamtliche Naturschutzarbeit die Verdienstmedaille des Verdienstordens der Bundesrepublik Deutschland bekommen.

SERVICE
Siehe Karte 1 auf Seite 20

Rad- und Wanderwege:
Leine-Heide-Radweg, Grüner Ring, NABU-Wanderwege, Wasser-Lehrpfad Grasdorf, Hörspazierweg Hannover-Döhren, Regions-Route 15 sowie weitere Wege aus Veröffentlichungen der HAZ u. a.

Beobachtungstürme und Aussichtspunkte:
Beobachtungstürme befinden sich südöstlich Wilkenburg, Höhe Grasdorf und an den Koldinger Teichen. Ausblicke vom zentralen Turm der Marienburg und von den Terrassenkanten (Wilkenburg, Koldingen).

Naturinfozentren:
Naturschutzzentrum Alte Feuerwache der Ökologischen Station Mittleres Leinetal (ÖSML) in Grasdorf

Kulturhistorische Tops:
Marienburg, Feste Calenberg, St. Vitus-Kirche Wilkenburg, Ruine des Mausoleums VON ALTEN

Ausflugsgaststätten:
Wiesendachhaus Luftbad Laatzen, Café am Südtor (Grasdorf), Marienburg

Ruine eines Mausoleums im NSG „Sundern", ein Gemeinschaftswerk der hannoverschen Baumeister Laves und Hase.

Die St. Vitus-Kirche in Wilkenburg erhielt ihre heutige Gestalt am Anfang des 18. Jahrhunderts. Turm und Altarraum stammen vermutlich aus dem 12. Jahrhundert.

THEMEN-INFO: DIE WELFEN

Ein kurzer Abriss der Herrschaftsgeschichte in der Region Hannover

Die Welfen sind gemeinhin als Träger des hannoverschen Königshauses bekannt. Sie hatten für die Entwicklung Hannovers und der umgebenden Landschaft eine nicht zu unterschätzende Bedeutung. Im Folgenden wird zusammengefasst, was für die Region Hannover wichtig ist. Wesentliches begann am „kahlen Berg", an der Schnittstelle der Naturräume Südliche Leineaue und Börde-West.

Der Name des alten, ursprünglich aus Franken stammenden Adelsgeschlechts geht auf einen gewissen WELF (gestorben 825) zurück, ihm folgten WELF DER I. (9. Jh.) bis WELF DER VI. (12. Jh). Sie herrschten in Burgund, Schwaben und Bayern sowie in Teilen Italiens und dehnten ihre Macht in der ersten Hälfte des 12. Jahrhunderts auch nach Norddeutschland aus. Seit 1137 oblag ihnen das Herzogtum Sachsen (HEINRICH DER STOLZE, HEINRICH DER LÖWE), das damals den überwiegenden Teil des heutigen Niedersachsens umfasste. Die Welfen waren nun auf einem Höhepunkt ihrer Macht. In der Folge kam es zu anhaltenden Konflikten mit dem Adelsgeschlecht der Staufer, das in dieser Zeit zumeist den Kaiser stellte (KAISER FRIEDRICH BARBAROSSA u.a.). Letztlich konnte sich HEINRICH DER LÖWE nicht gegenüber seinem Vetter FRIEDRICH durchsetzen, verlor seine Herzogtümer Bayern und Sachsen sowie andere Besitzungen in Süddeutschland und musste ins Exil nach England gehen (1182). Aber die Welfen kamen zurück: HEINRICHS Sohn OTTO IV. wurde sogar als einziger Welfe zum Kaiser des „Heiligen Römischen Reiches deutscher Nation" gekrönt (1209), und 1235 wurde HEINRICHS Enkel OTTO DAS KIND zum ersten Herzog im neu geschaffenen Herzogtum Braunschweig-Lüneburg gekürt; dies war allerdings deutlich kleiner als das frühere Herzogtum Sachsen und von der heutigen Region Hannover gehörten der Süden und der Nordwesten nicht dazu.

OTTO DAS KIND bestätigte 1241 die Rechte für die bereits existierende Stadt Hannover und machte sich selbst zum Stadtherr. Auf diese Weise wurde Hannover zu einer welfischen Landstadt und blieb das über mehrere Jahrhunderte (RÖHRBEIN 2012, S. 15).

1292 vergrößerte OTTO DER STRENGE von der Lüneburger Linie der Welfen das Territorium des Herzogtums um das Land zwischen Leine und Deister sowie westlich von Hannover, das bis dato von Grafengeschlechtern beherrscht worden war, und er gründete zugleich die Burg Calenberg an der Leine, auch um die Macht des Bischofs von Hildesheim aus diesem Raum zurückzudrängen. Als Folge von Erbteilungen entstand 1495 das Fürstentum „Calenberg", das zunächst dem Braunschweiger Welfen WILHELM DEM ÄLTEREN zugeteilt wurde. Durch weitere Erbteilung entstand die Calenberger Linie des Hauses Braunschweig-Lüneburg, aus der sich später das „Haus Hannover" entwickelte. HERZOG GEORG VON CALENBERG eroberte im Dreißigjährigen Krieg das Land zurück, das vorher an die Katholische Liga unter Feldherr TILLY gegangen war, und machte Hannover zu seiner Residenzstadt (1636).

Herzog Otto II. zu Braunschweig-Lüneburg (Otto der Strenge) (26)

Marienburg (2)

Dem Sohn ERNST AUGUST wurde 1692 die Kurwürde verliehen; er war nun einer von neun Kurfürsten, die den Kaiser wählen durften. Mit dem Namen seiner Frau SOPHIE ist eine erste kulturelle Blütezeit Hannovers verbunden: Sie entwickelt die Herrenhäuser Gärten und pflegt einen intensiven Gedankenaustausch mit dem Universalgelehrten GOTTFRIED WILHELM LEIBNIZ, der 1676 an den hannoverschen Hof berufen worden war. Und der Aufstieg des Welfenhauses Braunschweig-Lüneburg-Calenberg ging weiter: GEORG LUDWIG, Sohn von ERNST AUGUST und SOPHIE bestieg 1714 als GEORG I. den Thron von England und leitete eine 123 Jahre während Personalunion zwischen Großbritannien und Hannover ein. Und 1814 auf dem Wiener Kongress wurde Hannover selbst zum Königreich ernannt (etwa in den Grenzen des heutigen Niedersachsens, aber ohne Oldenburg, Braunschweig und Schaumburg-Lippe). Dies währte allerdings nur gut vier Jahrzehnte: Im Deutschen Krieg von 1866 verlor es an der Seite des Deutschen Bundes und Österreichs den Krieg gegen Preußen und war fortan nur noch Provinz im aufstrebenden Königreich Preußen. Die Welfen wurden von den Preußen entthront. KÖNIG GEORG V. hatte gerade noch rechtzeitig das Schloss Marienburg fertig

gestellt, das von dem namhaften hannoverschen Architekten HASE im neugotischen Stil als Sommerresidenz, Jagdschloss und späterer Witwensitz (für seine Gattin, die KÖNIGIN MARIE) konzipiert wurde. Die Lage auf dem Schulenburger Berg, dem ersten Vorposten des Berglands an der Leine, ermöglicht weite Ausblicke über das Leinetal und in die Börde.

Das Haus Hannover repräsentiert seit dem Tod des erbenlosen HERZOGS WILHELM VON BRAUNSCHWEIG (1884) das Gesamthaus Braunschweig-Lüneburg. Alle welfischen Familienmitglieder tragen den Namen „PRINZ(ESSIN) VON HANNOVER, HERZOG(IN) ZU BRAUNSCHWEIG UND LÜNEBURG". 1981 starb mit der KÖNIGIN FRIEDERIKE VON GRIECHENLAND die vorerst letzte Welfin auf einem Thron. Ihr Neffe ERNST AUGUST VON HANNOVER (*1954), Ehemann von PRINZESSIN CAROLINE VON MONACO, ist seit 1987 Oberhaupt der Welfen-Familie. Er übertrug 2004 den gesamten land- und forstwirtschaftlichen Besitz des Hauses Hannover seinem Sohn ERNST AUGUST VI. (*1983), darunter das Schloss Marienburg. Das Hausgut Calenberg in Schulenburg mit den zugehörigen Ländereien wurde allerdings 2011 verkauft, ebenso wie ein großer Teil des Schlossinventars (2005).

Bergland (BL)

Im Revier der Wildkatze

Die Mittelgebirgsschwelle bei Wennigsen (10)

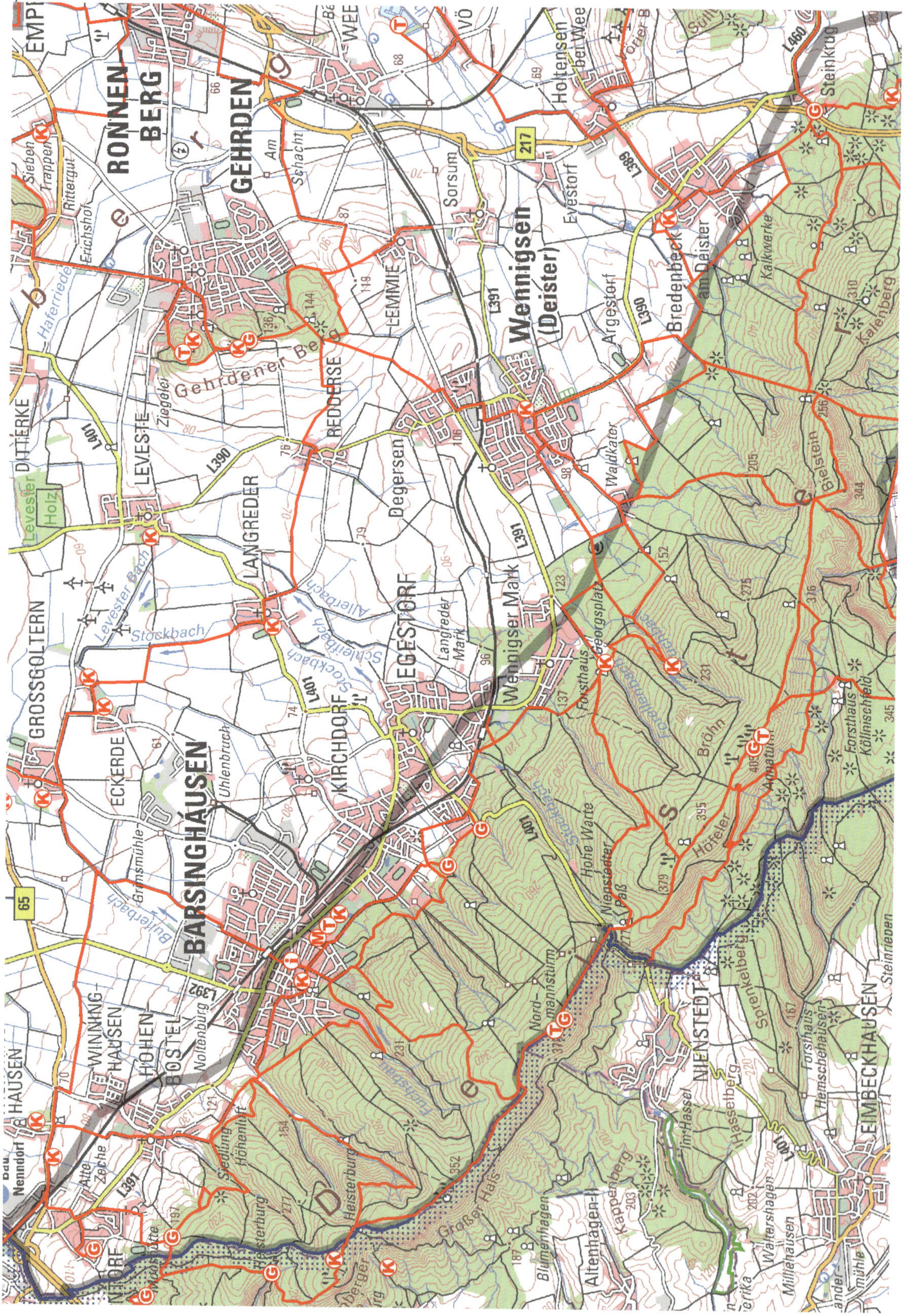

EMP...
RONNEN-
BERG
GEHRDEN
Sieben
Trappeln
Rittergut
Erichshof
Haferriede
DITTERKE
Leveste
Holz
Levester Bach
Stockbach
GROSSGOLTERN
Grimsmühle
ECKERDE
Uhlenbruch
KIRCHDORF
Am
Schacht
Sorsum
Gehrdener Be...
REDDERSE
LEMMIE
Ziegelei
LANGREDER
Levester Bach
Stockbach
Aljertbach
Schlierbach
Stockbach
EGESTORF
Langreder
Mark
Degersen
Wennigser Mark
Wennigsen
(Deister)
Evestorf
Argestorf
Bredenbeck
am Deister
Kalkwerke
Kalenberg
Waldkater
Georgsplatz
Forsthaus
Bröhn
Höfeler
Steinkrug
Bielstein
BARSINGHAUSEN
WINNING-
HAUSEN
HOHEN-
BOSTEL
Nenndorf
Alte
Zeche
Bülten-
bach
Nollenburg
Hohe Warte
Nienstedter
Paß
Nord-
mannsturm
Großg Hals
Heisterburg
Sedlung
Höhenflt
Hohenflt
Blumenhagen
Altenhagen-I
Kappenberg
Hasselberg
Forsthaus
Köllnischfeld
NIENSTEDT
Sprenkelberg
Hasselbeck
Forsthaus
EIMBECKHAUSEN
Wallershagen
Walterhagen
Steinrieben
...mühle
...HAUSEN
...DORF

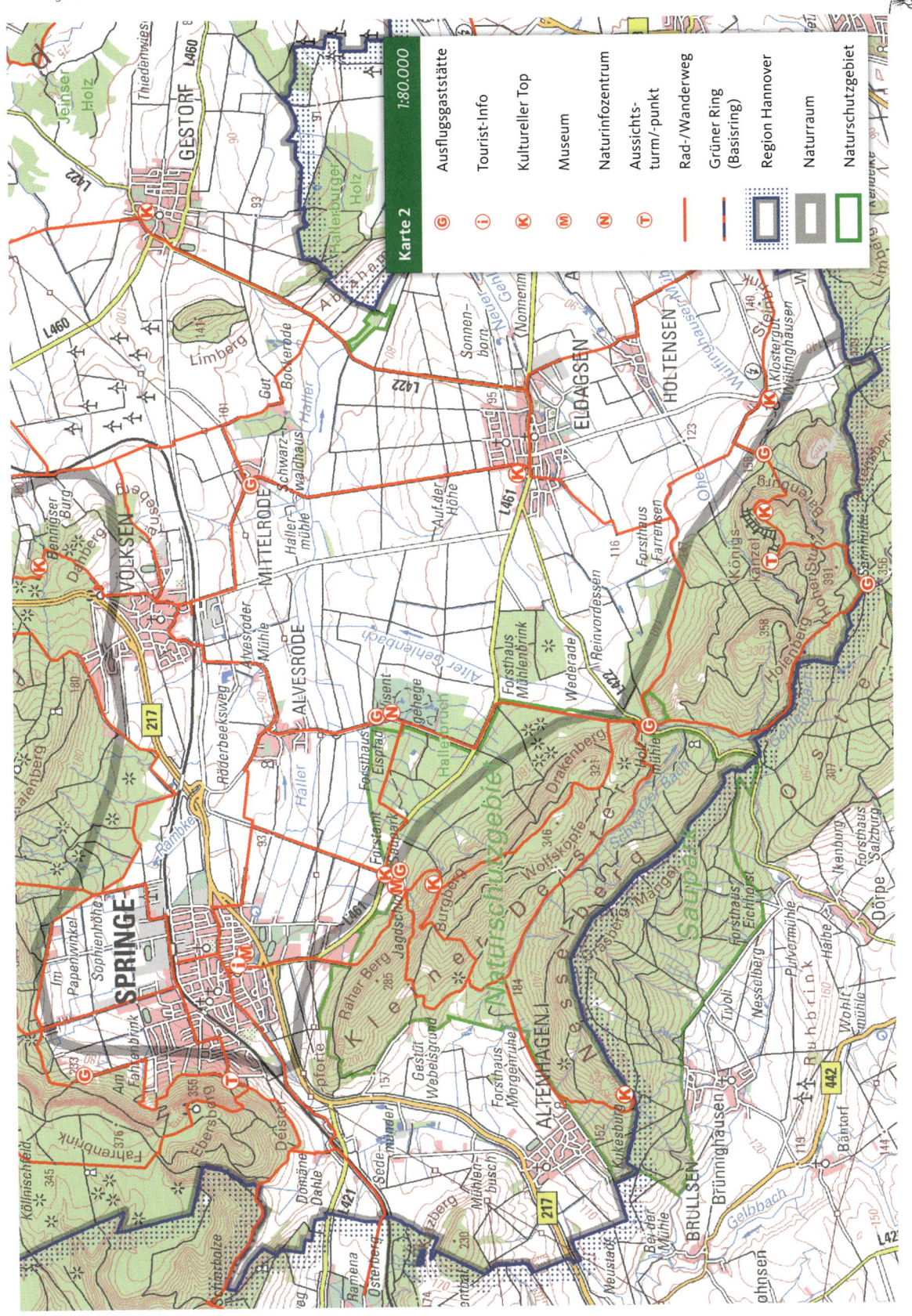

Deisterpforte zwischem Großen (rechts) und Kleinem Deister, im Hintergrund der Katzberg

2.1 Grenzen und Binnengliederung des Naturraums

Im Südwesten ragt mit dem Deister, dem Kleinen Deister und dem Osterwald das niedersächsische Bergland in das Regionsgebiet hinein. Markant zeichnet sich dieses durch die „Deisterpforte" zweigeteilte Schichtgebirge in Blickrichtung Südwest am Horizont ab und bildet als durchgängig bewaldeter Höhenzug die optisch deutlich wahrnehmbare Mittelgebirgsschwelle. Am Deisterkamm war für die Hannoveraner früher die Welt zu Ende. Und wenn jemand verstarb, dann war sie oder er „über den Deister gegangen". Die Regionsgrenze verläuft dann auch weitgehend auf dem Kamm des (Großen) Deisters; es schließen sich die Grafschaft Schaumburg und der Landkreis Hameln-Pyrmont an. Allerdings verspringt die Grenze am Nienstedter Pass Richtung Süden, so dass hier Teile des steilen südwestexponierten Deisterhangs zum

Regionsgebiet gehören. Etwa in Höhe des Annaturms – der steht auf der Deisterhöhe „Bröhn", der mit 405 m ü. NN höchsten Erhebung des Deisters und gleichzeitig der Region Hannover – schwenkt die Grenze nach Süden, verläuft über den Katzberg und um Altenhagen herum, um dann in Richtung Osten den Kamm des Nesselberges aufzunehmen. Hier läuft die Regionsgrenze eine Weile längs der Sauparkmauer (s. S. 56), und stößt dann auf die einzige, dieses Berggebiet kreuzende Straße, die zwischen Eldagsen und Coppenbrügge (Landesstraße 422) verläuft und dabei das Tal des Gehlenbachs nutzt. Östlich der Landesstraße beginnt der Osterwald. Der nördliche Teil des Osterwaldes, der weniger hoch aber stärker reliefiert ist als der südliche, gehört zur Region Hannover. Östlich des „Dreieckigen Steins" grenzt der Landkreis Hildesheim an. Hier wird der südlichste Punkt des Regionsgebiets erreicht.

Bröhn

Kaum merklich erhebt sich der „Bröhn" über den Deisterkamm. (2)

Grenzstein auf dem Kamm des Nesselbergs

Die Grenze zwischen den Naturräumen Bergland und Börde verläuft in etwa dort, wo die Hänge der Bergzüge auslaufen und die Waldflächen der landwirtschaftlichen Nutzung auf den fruchtbaren Lössböden weichen mussten (s. Kap. 3.3).

Dabei ist der Waldrand von Osterwald und Kleinem Deister weitgehend unbesiedelt; südlich von Springe finden sich nur einzelne Forsthäuser und das Klostergut Wülfinghausen. Ganz anders stellt sich die Situation am Großen Deister dar: Hier verlaufen mit den Landesstraßen 391 und 390 sowie der S-Bahnverbindung Hannover – Weetzen – Haste zwei wichtige Verkehrsverbindungen in geringer Entfernung parallel zum Deisterrand, an denen sich die Stadt Barsinghausen sowie die Siedlungen Bantorf, Hohenbostel, Kirchdorf, Egestorf, Wennigsen, Argestorf, Bredenbeck und Steinkrug entwickelt haben. Innerhalb dieses Verkehrs- und Siedlungsbandes verläuft die Naturraumgrenze zwischen Bergland und Börde.

Zwischen Großem Deister und Kleinem Deister liegt die „Deisterpforte". Dieses schmale Tor ins Weserbergland wurde einst von der Weser durchflossen (s. Themen-Info: Leine – Flussgeschichte S. 31). Heute nutzen mit der Bundesstraße B 217 und der Bahnlinie von Hannover über die Stadt Springe nach Hameln bzw. nach Westfalen stark frequentierte Verkehrsverbindungen diesen Durchlass. Hinter der Deisterpforte liegt zwischen der Domäne Dahle und Altenhagen fruchtbares Ackerland, das zum Sedemünder Mühlbach hin abfällt.

Das Bergland ist mit 117 km² einer der kleineren Naturräume in der Region. In der naturräumlichen Gliederung Deutschlands gehört es zum „Kalenberger Bergland" (MEYNEN u. SCHMITHÜSEN 1962), was noch einmal auf das welfische Fürstentum verweist. Der Bereich unterscheidet sich auch klimatisch von den anderen Teilen der Region. Hier ist es im Jahresmittel mehr als 1 Grad kälter und deutlich niederschlagsreicher als sonst in der Region: Während in Stemmen in der Börde 633 mm Niederschlag fallen, liegt der entsprechende Wert auf dem Deister (Annaturm) bei 885 mm (PGL 1996).

Von den auf dem Deisterkamm gelegenen Aussichtstürmen Annaturm und Nordmannsturm sind weite Ausblicke in das Regionsgebiet möglich. Das Steinhuder Meer ist ebenso zu sehen wie die Stadtlandschaft Hannover, am Fuß der Mittelgebirgsschwelle liegt die Börde und im Hintergrund zeigt sich die Geest.

2.2 Geologie und Geomorphologie

Großer und Kleiner Deister, Nesselberg und Osterwald erstrecken sich als herzynische Bildung in Nordwest-Südost-Richtung. Sie sind ein Ergebnis der „Saxonischen Bruchschollentektonik", die

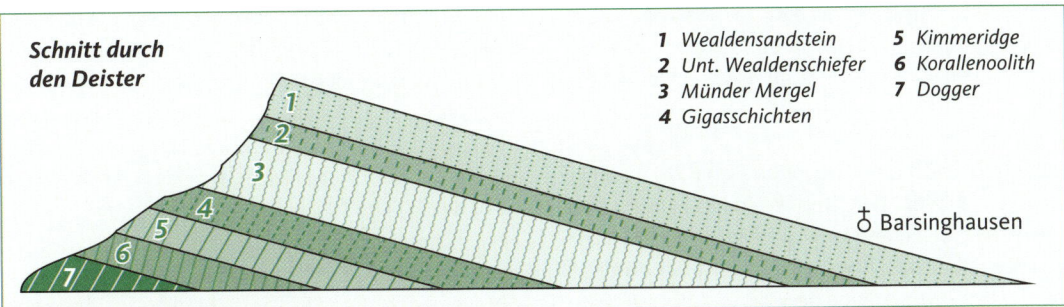

Geologischer Schnitt nach Schrader 1970

Steinbruch Holzmühle

vor etwa 145 Mio. Jahren einsetzte (SEEDORF 1977). Diese Form der Gebirgsbildung ist charakteristisch für die europäischen Mittelgebirge nördlich der Alpen. Sie resultiert aus dem Druck, der sich entwickelte, als im Erdmittelalter (Jura) die Afrikanische gegen die Eurasische Kontinentalplatte drückte. Anders als in den Alpen kam es nicht zu einer Faltung, sondern die vorliegenden Schichten des nördlichen Mitteleuropas wurden entlang von Störungen gestückelt und als einzelne Schollen gehoben, gesenkt und gekippt. Die Kleingliederung der deutschen Mittelgebirgslandschaft ist ein Resultat dieser Bruchschollentektonik. Im Bereich der Mittelgebirgsschwelle kommen Schichtverstellungen in Folge der Salztektonik hinzu (SEEDORF 1977, S. 187; s. auch Kap. 3.2). Beim Großen Deister steigt der nordöstlich exponierte Hang recht allmählich aus dem Vorland der Lössbörde auf, während der südwestexponierte Hang steil abfällt. Dies ist geologisch begründet: Während der Nordosthang nur aus einer gekippten Gesteinsschicht, nämlich dem Wealdensandstein aus der Unterkreide besteht, brechen am Südwesthang südlich von Nienstedt mehrere Schichten ab, nämlich nach dem harten, aber porösen Wealdensandstein, der den Kamm bildet (und die darunter liegenden weicheren Gesteine schützt), toniger Wealdenschiefer (Unterer Wealden) und dann kalkhaltige Schichten aus dem Jura, die weicher und deshalb an der Abbruchkante stärker erodiert sind, was die Versteilung bewirkt (s. Abb. auf Seite 51). Insofern ist der Deister ein gutes Beispiel für die Schichtstufenlandschaft des niedersächsischen Berg- und Hügellandes, in der besonders feste Gesteine als Geländerippen herauspräpariert wurden (HEUNISCH et al. 2007).

Auf dem Nordflügel des Deisters haben sich zahlreiche, parallel verlaufende Bäche eingeschnitten und den Hang in langgestreckte Riegel zerlegt, die als „Brink" oder „Hals" bezeichnet werden. In der mehrere 100 m mächtigen Sandsteinschicht sind geringmächtige Steinkohleflöze (< 1 m, „Wealdenkohle") eingelagert, die bis Mitte der 1950er Jahre in Schächten bei Barsinghausen, Egestorf und Bredenbeck abgebaut wurden. Der Klosterstollen, der heute als Besucherbergwerk ausgebaut ist, führte 1.474 m tief in den Deister hinein (MÜLLER et al. 2006). Die unterste Abbausohle lag in 460 m Tiefe (LOMMERZHEIM 1984).

Während die Nordostflanke des Deisters durch den Wealdensandstein der Unterkreide aufgebaut ist, bestimmen im Süddeister sowie im Kleinen Deister und im Osterwald etwas ältere Juragesteine mit tendenziell höherem Kalkgehalt die Bodenbildung und auch die Waldgesellschaften. Der Katzberg ist ebenfalls aus Juragestein aufgebaut, hat aber eine Kuppe aus Wealdensandstein (MEISEL 1960).

Der Wealdensandstein wurde in mehreren Steinbrüchen (Großer Deister, Nesselberg) abgebaut. Wichtige öffentliche Gebäude in Hannover sind

Wege, die senkrecht zum Hang verlaufen, schneiden sich in die Lössauflage ein: Hohlweg nördlich von Dahle.

daraus erbaut worden, so das Welfenschloss (Universitätsgebäude), das Opernhaus und das Neue Rathaus. Von diesen Steinbrüchen ist heute keiner mehr in Betrieb. Allerdings wird im Osterwald oberhalb des Klosters Wülfinghausen noch Kalkstein aus dem Oberjura (sogenannter Korallenoolith) gebrochen; er dient der Schotterproduktion.

Während die Höhenzüge dieses Naturraums also im Erdmittelalter (Mesozoikum) entstanden, sind die Beckenlagen (z. B. im Sedemünder Tal) von Abtragungsmaterial angefüllt und von Lössauflagen geprägt, die nacheiszeitliche Winde herantrugen. Auch in den Unterhängen und Hangfußbereichen finden sich Kolluvien von Abtragungsmaterial mit Lössauflagen. Die Eiszeiten, die die Nordhälfte der Region („Geest") maßgeblich formten, haben also auch in das Bergland hineingewirkt. 2012 machte

ein Hobbygeologe einen sensationellen Fund: Er entdeckte einen 170 kg schweren Findling, der zweifelsfrei aus Skandinavien stammte, unweit des Deisterkammes am Nordmannsturm (SCHIRMER 2013). Damit war der Beweis erbracht, dass die Eismassen der Elster-Kaltzeit den Deister vollständig unter sich begraben hatten.

2.3 Nutzungsgeschichte und heutige Nutzungsverhältnisse

Der Naturraum Bergland ist stärker bewaldet als jeder andere Naturraum der Region und entsprechend durch Forstwirtschaft geprägt. Der Deisterwald ist das größte zusammenhängende Waldgebiet der Region. Siedlungen und landwirtschaftliche Nutzung sind auf die Tallage westlich der Deisterpforte und auf die unteren Hangbereiche der Höhenzüge beschränkt. Dabei werden die etwas

Hanggrünland bei Altenhagen, im Hintergrund die Deisterpforte

Geschneitelte Eschen (Fraxinus excelsior) bei Wülfinghausen (2)

steileren Unterhänge traditionell als Grünland genutzt, die flacheren und stärker lössbedeckten Hangfußbereiche und Beckenlagen als Acker. Diese Abfolge der Nutzungen in Abhängigkeit von der Steilheit der Hänge (Wald, Grünland, Acker), die aus Gründen des Erosionsschutzes Sinn macht, ist z. B. nördlich von Altenhagen noch gut erhalten (s. Foto auf Seite 53). Für die Siedlungsentwicklung im Süden der Region haben Fluchtburgen im Bergwald (z. B. die Kukesburg bei Altenhagen) eine erhebliche Rolle gespielt (HANNIG 1988, S. 13; s. Themen-Info: Frühmittelalterliche Fluchtburgen S. 55).

Die Höhenzüge sind wohl schon immer bewaldet gewesen, wobei die Waldbewirtschaftung in früheren Zeiten einen anderen Charakter hatte (vgl. KÜSTER 2008). Bis in die Mitte des 18. Jahrhunderts handelte es sich um reine Laubwälder, die fast durchweg mit Buchen (*Fagus sylvatica*) bestockt waren. Nur in wenigen Abteilungen wuchsen auch vorherrschend Eichen (*Quercus robur, Q. petrea*). Zahlreiche Bestände hatten auf Grund der starken Hute- und Schneitelnutzung einen lichten, eher parkartigen Charakter. Unter Hutenutzung ist die Beweidung des Waldes zu verstehen: Nach alten Aufzeichnungen wurde für 650 ha Deisterwald eine Beweidung durch „158 Pferde, 478 Stück Hornvieh, 1403 Schafe und bei Vollmast 599 Schweine" angegeben (NDS. FORSTPLANUNGSAMT 1991, S. 7f.). Die Schneitel- oder Schnatelnutzung besteht in der Gewinnung von Laubheu für die Viehfütterung. „Beim Schnateln durften alle Äste mit der

Axt gehauen werden, die man auf den Leitern des Wagens stehend erreichen konnte." (ebda.) Diese Formen der Waldbewirtschaftung stellten eine Übernutzung dar, auch weil sie mit ständigem Nährstoffentzug verbunden waren. Mitte des 18. Jahrhunderts wurde das Holz so knapp, dass man erstmalig systematische Aufforstungen vornahm. Dabei spielte der Anbau der im Leine- und Weserbergland nicht heimischen Fichte (*Picea abies*) eine zunehmend größere Rolle. Auch für den Bergbau und die Glasindustrie wurde viel Holz benötigt, und der Gesteinsabbau schlug weitere Lücken in den Bergwald. In der Folge wurden weitere Schläge mit Fichten aufgeforstet, so dass heute die Fichte am Nordosthang des Großen Deisters einen Anteil von fast 50 % erreicht. Im Süddeister, Kleinen Deister und Osterwald dominieren nach wie vor Buchenwälder.

Glashüttenturm in Steinkrug

THEMEN-INFO: FRÜHMITTELALTERLICHE FLUCHTBURGEN

Zwei mächtige Torsteine markieren den Eingang der Kukesburg.

Der Wall der Kukesburg

Mit der Kukesburg, der Barenburg und der Bennigser Burg finden sich in diesem Naturraum drei archäologisch bedeutsame Befestigungsanlagen. Es handelt sich um Wallburgen, deren Entstehung mindestens bis in das frühe Mittelalter (8. bis 12. Jahrhundert) zurückreicht. Heisterburg und Wirkesburg sind zwei weitere, ähnliche Anlagen im Deister, knapp außerhalb des Regionsgebietes oberhalb von Lauenau und Feggendorf. Auch wenn in der Forschung nach wie vor erhebliche Unsicherheiten über Zeitpunkt und Gründe der Entstehung bestehen, die Funktion dieser Burgen dürfte im frühen Mittelalter darin bestanden haben, dass sie den Bewohnern der umgebenden Dörfer (und ihrem Vieh) bei Gefahren und Auseinandersetzungen Zuflucht boten (HANNIG 1988, S. 25). Solche Flucht- oder Fliehburgen haben charakteristischerweise einen mehrere Hektar großen Innenraum, der von einem Wall umgeben ist, und sie liegen auf erhöhten Standorten, so dass man „die Lage peilen" konnte. Die Wälle sind zumeist aus Lehm gebaut, wobei möglicherweise Steine, Holz oder Flechtwerk eingearbeitet wurden. Geländegegebenheiten wie natürliche Abhänge und Bachläufe wurden geschickt genutzt. Es ist gut vorstellbar, dass die Siedlungsentwicklung in der fruchtbaren Lössbörde begünstigt wurde, weil an der Mittelgebirgsschwelle geeignete Standorte für Fluchtburgen lagen. Vielleicht sind zur Zeit der Frühkolonisation, die im 9. Jh. infolge der Herrschaftsübernahme durch die Franken einsetzte (ebda.), auch schon Wallburgen aus frühgeschichtlicher Zeit vorhanden gewesen.

Die Bennigser Burg liegt auf einem abfallenden Bergrücken am Großen Deister im Bereich zweier tief eingeschnittener Bachläufe, die einen seitlichen Schutz darstellten. Es sind noch 3 bis 5 m hohe Erdwälle erkennbar, die einen Innenbereich von insgesamt ca. 4 ha einfassen. Sie gliedert sich in Haupt- und Vorburg. Ausgrabungen von Keramikscherben zeigen, dass die Anlage der Burg im 10. Jahrhundert erfolgt sein könnte (s. auch HEINE 2000).

Die Kukesburg liegt auf dem Nesselberg oberhalb von Altenhagen. Die ältesten Teile stammen möglicherweise aus vorchristlicher Zeit, als dieser Raum noch von den Cheruskern besiedelt wurde. Der neuere Teil (9. bis 10. Jh. nach Chr.) hat recht gut erhaltene Wälle. Eine Felsgruppe, in der sich ein Tor verankern ließ, markiert den Eingangsbereich der Burg. Der Gesamtumfang der Anlage ist heute nicht mehr erkennbar, da sie teilweise einem Steinbruch weichen musste.

Die Barenburg liegt auf einem spornförmigen Ausläufer des Osterwaldes, etwa 1 km westlich des Klosters Wülfinghausen. Nach Norden, Westen und Osten schützen steile Hänge und Felswände die Burg, nach Süden schließt ein Wall aus Steinen die mit 5,5 ha besonders große Anlage ab. Sie datiert möglicherweise schon aus der vorrömischen Eisenzeit (HEINE 2000).

Auch der Ringwall auf dem Burgberg bei Gehrden, in dessen Nachbarschaft mehrere Siedlungen entstanden, dürfte als Fluchtburg genutzt worden sein (HANNIG 1988, S. 17; s. Kap. 3).

Neben dem Kohlebergbau und dem Gesteinsabbau gab es weitere industrielle Nutzungen von Deisterrohstoffen, deren Spuren bis heute sichtbar sind: Branntkalk- und Düngemittelproduktion im Kalkwerk Bredenbeck und eine Glashütte in Steinkrug. Die Deisterbahn, die durch Bantorf, Barsinghausen und Wennigsen längs des Deisters verläuft und nach Hannover fährt (heutige S-Bahnlinien 1 und 2), wurde im 19. Jahrhundert für den Abtransport der Deisterkohle gebaut (HANNIG 1988, S. 80). Sie förderte insgesamt die industrielle Entwicklung und die Siedlungsentwicklung am Deisterrand beträchtlich. Und die Zufuhr von Rohstoffen und Verarbeitungsprodukten aus dem Deister hat den Aufschwung und die industrielle Entwicklung von Linden und Hannover in der zweiten Hälfte des 19. und zu Beginn des 20. Jahrhunderts enorm beflügelt.

Das nördlichste Skigebiet Deutschlands liegt bei Springe.

Der Deister ist heute ein bedeutendes Naherholungsgebiet für die Hannoveraner, und das zu jeder Jahreszeit. Insbesondere ist es ein Wandergebiet, das zu Naturbeobachtungen und Landschaftserleben einlädt. Auch für Mountainbiker ist es sehr attraktiv. Bei Schnee eröffnen mehrere kleine Skilifte in Springe sowie gespurte Loipen Wintersportmöglichkeiten und das gut ausgebaute Wegesystem lädt zu Schlittenfahrten ein. Durch die gute Verkehrsanbindung mit der S-Bahn ist insbesondere der Große Deister an schönen Tagen stark frequentiert. Bei dem weit verzweigten Wegenetz ist es in der ausgedehnten Waldlandschaft dennoch immer möglich, Einsamkeit und Naturnähe zu erfahren.

Sauparkmauer – das längste Baudenkmal Niedersachsens

Kleiner Deister, Nesselberg und Osterwald sind für die Erholungssuchenden nicht weniger attraktiv, aber deutlich schwächer frequentiert. Hier steht die Jagdnutzung im Vordergrund. Der mit einer 16,3 km langen und 2,20 m hohen Mauer umgebene „Saupark" ist als herrschaftlicher Jagdbezirk überregional bekannt und bis heute ein Ort für Gesellschaftsjagden. 1840 wurden die bäuerlichen Rechte an der Waldnutzung (Waldweide) abgefunden und der Saupark in eine rein jagdliche Nutzung überführt (v. RUSCHKOWSKI 2009a). Entsprechend hoch ist der Wildbesatz, vor allem bei den Wildschweinen. Auch zwei besondere Anziehungspunkte am Kleinen Deister thematisieren die Jagd und das Wild: Im Wisentgehege werden nicht nur die namengebenden Großsäuger gehalten und gezüchtet (Themen-Info: Erhaltungsprogramm Wisent S. 57),

In klassizistischem Stil: das Königliche Jagdschloss Springe

sondern auch fast alle einheimischen Wildtiere gezeigt. Das ehemals königlich-hannoversche Jagdschloss Springe, das von 1838 bis 1842 nach den Plänen des Hofbaumeisters LAVES erbaut wurde, birgt in seinen prachtvollen Sälen ein Museum für Natur, Jagd und Kultur. Eine eindrucksvolle Kastanienallee führt hin. Sie heißt „Kaiserallee", weil nach der Annexion Hannovers durch Preußen der Kaiser aus Berlin zu den Jagden von hier anzureisen pflegte (BÖHM 2010, S. 87).

2.4 Haupt-Biotoptypen und wichtige Lebensräume

Buchenwälder

Von Natur aus wären die Höhenzüge des Berglands durchweg mit Buchenwald bewachsen. Buchenwald ist die deutlich vorherrschende Pflanzenformation in der potentiell natürlichen Vegetation Mitteleuropas (s. Themen-Info: Buchenwald

S. 58). Trotz großflächiger Aufforstungen mit Fichte und Douglasie sind die naturentsprechenden Buchenwälder in diesem Naturraum noch weit verbreitet und prägen ihn. Je nach Standort und Bodenverhältnissen sind verschiedene Buchenwaldtypen vorhanden; sie lassen sich anhand der Krautschicht unterscheiden.

Auf den kalk- und basenarmen Braunerden des Deisternordhangs ist der Hainsimsen-Buchenwald (*Luzulo-Fagetum*) am weitesten verbreitet. Hier ist die Krautschicht artenarm und nur recht schütter ausgeprägt. Charakteristisch für den bodensauren Buchenwald sind Gräser wie die namengebende Weißliche Hainsimse (*Luzula luzuloides*) und die seltenere Wald-Hainsimse (*Luzula sylvatica*), Draht-Schmiele (*Deschampsia flexuosa*) und Pillen-Segge (*Carex pilulifera*). Bei etwas reicheren und feuchteren Bodenverhältnissen (z.B.

THEMEN-INFO: ERHALTUNGSPROGRAMM WISENT

Der Wisent oder Europäische Bison (*Bison bonasus*) ist schon im Mittelalter auf Grund starker Bejagung und der Vernichtung ursprünglicher Wälder aus der freien Wildbahn weitgehend verschwunden. Das bis zu 900 kg schwere und 3 m lange Wildrind lebte ursprünglich in den zentraleuropäischen Laub- und Mischwäldern sowie im Kaukasus. Es ist das größte europäische Landsäugetier, neben dem anderen heimischen Wildrind, dem Auerochsen oder Ur. Im Unterschied zu den Auerochsen konnten aber von den Wisenten einige wenige Tiere überleben, z.B. im Urwald von Bialowieza im polnisch-weißrussischen Grenzland,

wo sie unter dem besonderen Schutz des polnischen Königs, später unter dem Schutz des russischen Zaren standen. Oder auch in Tierparks und Gehegen. Nach dem Ersten Weltkrieg war auch die letzte freilebende Population zusammengebrochen, es gab weltweit nur noch 54 Tiere in Tierparks und Zoologischen Gärten. Doch dann setzte ein Erhaltungsprogramm ein, das von nur noch 12 verbliebenen Tieren ausging (HAASE 2012).

Das Wisentgehege bei Springe ist 1928 zu dem einzigen Zweck gegründet worden, das völlige Erlöschen der Art zu verhindern. Seitdem sind dort über 300 Tiere herangewachsen. Zur Zeit leben in dem umzäunten Waldpark ca. 30 Wisente in vier Herden. Immer wieder wurden Tiere für die gezielte Fortpflanzung oder auch für Wiederansiedlungsprojekte abgegeben. Heute gibt es insgesamt wieder 4.500 Tiere, von denen ca. 3.000 frei bzw. in Reservaten leben (ebda.). In den Urwald von Bialowieza sind sie zurückgekehrt, in den Kaukasus und in die rumänischen Karpaten. Und auch in Deutschland gibt es nun Auswilderungsprojekte: Im Rothaargebirge und in der Döberitzer Heide westlich von Berlin.

Wisent im Wisentgehege Springe (27)

Der Seidelbast (Daphne mezereum) blüht sehr früh – bevor die Blätter sprießen.

Bärlauch (Allium ursinum) im Buchenwald (2)

am Rand der Bachtäler) fallen die großen Horste des Wald-Schwingels (*Festuca altissima*) auf, und der Wald-Sauerklee (*Oxalis acetosella*) bietet im Frühling einen Blühaspekt. Deutlich anders ist die Krautschicht des Buchenwalds auf den Jura-gesteinen am Süddeister, Kleinen Deister und Osterwald. Hier wachsen im Frühjahr teilweise

flächendeckend anspruchsvolle Arten. Auf den Kalkverwitterungsböden (Rendzinen) am Biel-stein und am Ebersberg (nördlich und westlich von Springe) sind die Hänge und Kuppen voller Bärlauch (*Allium ursinum*), so dass Anfang Juni, wenn die Pflanzen vergehen, ein faulig-zwiebe-liger Geruch über der Berglandschaft liegt. In

THEMEN-INFO: BUCHENWALD

Nicht nur die Höhenzüge des Berglands, auch die Börde- und Geestgebiete der Region wären, soweit nicht zu nass, von Natur aus mit Buchen-wald bestanden. Buchenwald ist die deutlich vor-herrschende Pflanzenformation in der potentiell natürlichen Vegetation Mitteleuropas. Andere Baumarten haben nur auf Sonderstandorten, in Sukzessionsstadien oder durch direkte oder indi-rekte Förderung des Menschen die Möglichkeit, Reinbestände aufzubauen oder die Endstadien der Vegetationsentwicklung zu bilden. Allerdings ist die Vorherrschaft der Buche auf Mitteleuropa begrenzt: In Nordeuropa wird es ihr zu kalt, im Osten sind die Sommer zu trocken, im Westen ist es ihr zu nass und im Süden zu trocken und zu heiß. Daraus resultiert eine besondere Verant-wortung, die der Naturschutzpolitik in Deutsch-land und in den angrenzenden Ländern für die Erhaltung der Buchenwälder zukommt. Da ist es von Bedeutung, dass die UNESCO 2011 fünf alte Buchenwälder Deutschlands zusammen mit den Buchenurwäldern der Karpaten zu einem gemeinsamen Weltnaturerbe erklärt hat. Neben den Gebirgsbuchenwäldern der ukrainischen und

Natürliche Verbreitung (grün) und UNESCO-Weltnatur-erbe (rot); Quelle: www.weltnaturerbe-buchenwaelder.de

slowakischen Karpaten (s. BRÄNDLI u. DOWHA-NYTSCH 2003) stellen die Buchenwaldgebiete Kel-lerwald und Hainich im deutschen Mittelgebirge sowie Jasmund, Müritz und Grumsin (Schorf-heide) im ostdeutschen Tiefland bestmögliche Ergänzungen dar, um die Vielfalt an mitteleuro-päischen Buchenwaldtypen zu repräsentieren. Das allein reicht aber sicher nicht. Alte Buchenbe-stände sind generell schutzwürdig und müssen im Verbund erhalten werden (s. PANEK 2011).

Milzkräuter sind charakteristisch für quellige Bach-Erlen-Eschenwäder, hier Chrysosplenium alternifolium.

In feuchten Bachniederungen wächst die Hohe Schlüsselblume (Primula elatior).

den Kammlagen, in denen es mehr Niederschlag gibt als sonst in der Region, bildet teilweise das Wald-Bingelkraut (*Mercurialis perennis*) dichte Bestände aus. Diese Art zeigt alte Waldböden an, also Standorte, an denen es immer Wald gegeben hat und die deshalb als besonders naturnah zu werten sind. Namengebend für den Buchenwaldtypus auf basenreichen Standorten (*Galio-odorati-Fagetum*) ist der Waldmeister (*Galium odoratum*), dessen Aroma aus „Götterspeise" und Bowle bestens bekannt ist und der hier häufig vorkommt. Dieser Typ des Buchenwalds ist reich an weiteren Frühjahrsgeophyten, also Pflanzenarten, die wachsen und blühen, bevor sich das dichte Blätterdach der Buchen schließt: Weißes und Gelbes Buschwindröschen (*Anemone nemorosa*, *A. ranunculoides*) gehören dazu, zudem Hohler Lerchensporn (*Corydalis cava*) und Wald-Gelbstern (*Gagea lutea*). Seltener und auf das Bergland beschränkt sind der Gewöhnliche Seidelbast (*Daphne mezereum*), die Deutsche Hundszunge (*Cynoglossum germanicum*), die Gewöhnliche Akelei (*Aquilegia vulgaris*) und der Zwiebel-Zahnwurz (*Cardamine bulbifera*), die kalkhaltige Böden anzeigen. Auch verschiedene Orchideenarten blühen hier, nämlich Violette Stendelwurz (*Epipactis purpurata*), Kleinblättrige Stendelwurz (*Epipactis microphylla*) und Stattliches Knabenkraut (*Orchis mascula*) (CONRAD 2012). Weitere charakteristische Arten der Bergland-Buchenwälder sind die Farnarten Bergfarn (*Oreopteris limbosperma*), Buchenfarn (*Phegopteris connectilis*), Rippenfarn (*Blechnum spicant*) und Eichenfarn (*Gymnocarpium dryopteris*). Der seltene und gefährdete Ruprechtsfarn (*Gymnocarpium robertianum*) wächst an der Saupparkmauer, zusammen

mit dem verwandten Eichenfarn und dem Braunstieligen Streifenfarn (*Asplenium trichomanes*; KIRSCH-STRACKE 2012). Die Hirschzunge (*Asplenium scolopendrium*) ist selten und auf schattige Kalkhänge beschränkt, der Dornige Schildfarn (*Polystichum aculeatum*) wächst vereinzelt in Steinbrüchen und im Schluchtwald (s.u.). Am Kleinen Deister und im Osterwald finden sich kleinflächig – im Bereich steiler Hänge mit geringer Bodenbildung (Rendzina) – Anklänge an Seggen-Buchenwald (*Carici-Fagetum*) und Schluchtwald. Während der Seggen-Buchenwald sonnenexponiert wächst – z.T. im Zusammenhang mit kleinflächigen Kalkmagerrasen (s.u.) – ist der Schluchtwald für Schatthänge charakteristisch. Hier haben Bergahorn (*Acer pseudoplatanus*) und Esche (*Fraxinus excelsior*) höhere Anteile an der Bestockung und auch Sommerlinden (*Tilia platyphyllos*) und Berg-Ulmen (*Ulmus glabra*) kommen vor.

Eichenwälder und Erlen-Eschenwälder

An den Unterhängen der Höhenzüge und im Hangfußbereich wachsen auch Eichenwälder. Dies ist vorwiegend forstwirtschaftlich bedingt, kann aber auch standörtliche Gründe haben: Auf stark verlehmtem Kolluvium und auf staufeuchten Pseudogleyböden haben die Eichen gegenüber der Buche Konkurrenzvorteile. Insofern ähneln die Hangfuß-Eichenwälder des Berglands den Eichen-Hainbuchenwäldern der Börde (s. Kap. 3.4 und Kap. 7.4). Diese Wälder sind auf Grund des höheren Lichteinfalls strukturreicher als die Buchenwälder, verfügen über eine artenreiche Kraut- und Strauchflora und sind auch von besonderer faunistischer Bedeutung (s.u.). Gute Beispiele sind der Wennigser

Großer Deister mit Nienstedter Pass (10)

Bruch sowie der Hallerbruch am Kleinen Deister, der Steinkrüger Forst und die Hangfußwälder bei Bredenbeck.

In den naturnahen Bachtälern und an den Quellläufen wachsen Waldgesellschaften, in denen Erlen (*Alnus glutinosa*) und Eschen (*Fraxinus excelsior*) dominieren. Charakteristisch und häufig ist der Bach-Erlen-Eschenwald (*Carici-remotae-Fraxinetum*). Die namengebende Winkelsegge (*Carex remota*) ist hier stetig und zahlreich. Dazu kommen weitere charakteristische Pflanzenarten wie das

Siebenschläfer (Glis glis) (1)

Alpen-Hexenkraut (*Circea alpina*), das Mittlere Hexenkraut (*Circea intermedia*), die Hängende Segge (*Carex pendula*), die Hain-Sternmiere (*Stellaria nemorum*) und die Hohe Schlüsselblume (*Primula elatior*). An den Oberläufen und randlich der Bachtäler finden sich unzählige kleine Quellbereiche. Hier bilden die beiden Milzkrautarten *Chrysosplenium alternifolium* und *Chrysosplenium oppositifolium* im zeitigen Frühjahr gelbblühende Polster. Gute Ausprägungen des Bach-Erlen-Eschenwaldes und des Erlen-Eschen-Quellwaldes finden sich am Gehlenbach (Osterwald), an Rambke und Brandbeeke (nordöstlich Springe) sowie an Bullerbach, Spalterhalsbach und Stockbach (alle oberhalb Barsinghausen/Egestorf).

In den Bergwäldern von Deister und Osterwald lebt eine Reihe **charakteristischer Tierarten**, die weiter nördlich im niedersächsischen Flachland nicht mehr oder nur noch vereinzelt vorkommen.

Ein Beispiel unter den Säugetieren ist der Siebenschläfer (*Glis glis*). Er kommt im niedersächsischen Bergland verbreitet vor und ist weder besonders selten noch gefährdet. Nördlich des Deisters gibt es aber innerhalb Deutschlands praktisch keine Nachweise mehr. Der größte der heimischen Bilche ist zum Beispiel im Steinkrüger Forst individuenreich festgestellt worden, wo er alte Vogelnistkästen und den Dachboden eines Schuppens am ehemaligen Forsthaus bewohnt, und von wo aus er zu nächtlichen Nahrungsgängen (z. B. in verwilderte Gärten) aufbricht (DRANGMEISTER 1983).

Ökologisch besonders wertvoll:
stehendes Totholz auf dem Nesselberg

Der Märzenbecher (Leucojum vernum) ist ein Frühjahrs-
geophyt auf kalkhaltigen Böden (Osterwald).

Ähnliches gilt für einige in Niedersachsen gefährdete Amphibienarten: Die Geburtshelferkröte (*Alytes obstetricans*), die als wärmebedürftige Pionierart flache Tümpel in vegetationsarmen Steinbrüchen aufsucht, ist auf das Bergland beschränkt und stößt hier an ihre nordöstliche Verbreitungsgrenze. Feuersalamander (*Salamandra salamandra*), Bergmolch und Fadenmolch (*Ichthyosaura alpestris, Lissotriton helveticus*) sind im Bergwald charakteristisch (s.u.) und weit verbreitet; von diesen Arten sind im Flachland nur wenige vereinzelte Vorkommen bekannt (LRP, S. 223).

Für die verschiedenen Waldtypen sind unterschiedliche Vogelarten charakteristisch: Der Schwarzspecht (*Dryocopus martius*) ist ein typischer Buchenwaldbewohner, da er seine Brut- und Schlafhöhlen bevorzugt in starke, astfreie und geradschaftige Buchenstämme schlägt. Freier

Anflug und gute Rundumsicht sind ihm wichtig. Da er mehr Höhlen baut als er selbst benötigt, erschließt er vielen anderen Baumhöhlennutzern Lebensmöglichkeiten im Buchenwald, z. B. Hohltaube (*Columba oenas*), Waldkauz (*Strix aluco*) und Star (*Sturnus vulgaris*), Baummarder (*Martes martes*), Eichhörnchen (*Sciurus vulgaris*) und Siebenschläfer (*Glis glis*), vielen gefährdeten Fledermausarten sowie Hornissen, Bienen und Wespen.

Ein anderer typischer Buchenwaldvogel ist der Waldlaubsänger (*Phylloscopus sibilatrix*). Er brütet am Waldboden und bevorzugt unterwuchsarme Buchenwälder wegen ihres „Hallenwaldcharakters". Beim Balzflug fliegt das Männchen immer wieder vom Boden in den Kronenbereich hinauf, da würde Unterholz nur stören. Der größte der heimischen Laubsänger lebt als Bodenbrüter gefährlich: In stadtnahen Wäldern mit erhöhtem Freizeitdruck

Schwarzspecht (Dryocopus martius) (1)

Mittelspecht (Dendrocopus medius) (1)

Landschaft am Nesselberg

– und oftmals nicht angeleinten Hunden – geht die Art zurück. In den ausgedehnten Buchenwäldern von Deister und Osterwald kann sie sich halten.

Der <u>Mittelspecht</u> (*Dendrocopus medius*) ist dagegen eine Charakterart der Eichenwälder. Sie ist von dem etwas größeren Buntspecht (*Dendrocopus major*) durch die rote Kappe gut zu unterscheiden. Seine Nahrungsstrategie besteht in dem systematischen Absuchen der grobrissigen Eichenborke, in der eine Vielzahl von Insekten und anderen Wirbellosen lebt. Diese eiweißreiche Kost wird „erstochert". Alte Eichen, wie sie in den Hangfußwäldern des Deisters und des Osterwaldes vorkommen, sind deshalb für den Mittelspecht unverzichtbar.

Eremit oder Juchtenkäfer (Osmoderma eremita) (28)

Auch der <u>Eremit</u> oder Juchtenkäfer (*Osmoderma eremita*), der in Baumhöhlen lebt, ist ein typischer, wenn auch seltener Bewohner alter Eichenwälder, denn Eichen zählen zu seinen bevorzugten Brutbäumen. Der Name „Eremit" nimmt darauf Bezug, dass diese Käfer ihre Baumhöhle oft ein ganzes Leben lang nicht verlassen. Das Männchen verströmt einen intensiven, nach Juchtenleder riechenden Duft und lockt damit ein Weibchen an. Das legt in den Mulm alter, pilzbefallener Bäume Eier, aus denen sich die Larven entwickeln. Nach drei bis vier Jahren sind die Larven, die von dem befallenen Holz fressen und dadurch die Höhle vergrößern, bis zu einer Größe von 7,5 cm herangewachsen, verpuppen sich und schlüpfen als bis zu 4 cm langer und 2 cm breiter Käfer. Der Eremit ist stark gefährdet und nach der FFH-Richtlinie europaweit streng geschützt. Im FFH-Gebiet „Hallerbruch" stellt er die wertbestimmende Art dar und auch im benachbarten Wisentgehege besiedelt er einzelne Altbäume.

Grauspecht (Picus canus) (1)

Ein weiterer, im Süddeister anzutreffender Specht-vogel ist der <u>Grauspecht</u> (*Picus canus*), eine ziemlich seltene Art, die in Niedersachsen stark zurückgeht und deshalb als vom Aussterben bedroht gilt (KRÜGER u. OLTMANNS 2007). Die nördliche Verbreitungsgrenze in Mitteleuropa verläuft entlang der Mittelgebirgsschwelle. Der Grauspecht ernährt sich – wie sein etwas größerer und häufigerer Verwandter, der Grünspecht (*Picus viridis*) – vorwiegend von Ameisen, die er am Boden aufliest. Er braucht deshalb strukturreiche Altholzbestände mit Blößen. Warum diese Art in Niedersachsen so

stark zurückgeht, ist letztlich nicht bekannt. BAUER et al. (2012, S. 774 f.) geben als Gefährdungsursachen die „zunehmende Erschließung und Verjüngung der Bergmischwälder" sowie die „forstliche Intensivnutzung und übertriebene Waldpflege" an.

Die großflächigen **Fichtenforste** haben eine andere, eine verarmte Fauna und Flora. Charakteristische Vogelarten sind Tannenmeise (*Parus ater*) und Haubenmeise (*Parus cristatus*), die bevorzugt in Nadelwäldern leben, wobei die Tannenmeise deutlich häufiger ist. Seltener und schwer zu beobachten

THEMEN-INFO: NISTKASTENKONTROLLEN

Im Steinkrüger Forst sind zur biologischen Schädlingsbekämpfung nach dem 2. Weltkrieg eine Vielzahl von Vogelnistkästen aufgehängt und auch systematisch kontrolliert und bezüglich ihrer Belegung ausgewertet worden (v. VIETINGHOFF-RIESCH u. v. XYLANDER 1950). Es gab sogar eine Nisthöhlenfabrik, und es wurde die Staatliche Vogelschutzwarte in Steinkrug gegründet, die erst 1970 nach Hannover umzog und in die Niedersächsische Fachbehörde für Naturschutz integriert wurde. Erster Leiter der Vogelschutzwarte war der Forstwissenschaftler ARNOLD FREIHERR VON VIETINGHOFF-RIESCH, in Diensten des FREIHERREN KNIGGE.

1977 wurde diese Arbeit auf privater Basis von dem Springer KARL HAVERKAMP wieder aufgenommen und er führt sie bis heute durch. Das Gebiet hat sich inzwischen verschoben und ausgedehnt: Nistkästen werden von ihm im Großen und im Kleinen Deister aufgehängt

sowie auf dem Süllberg. Schwerpunkt ist das Springer Gebiet. Zu Spitzenzeiten sind über 800 Kästen betreut worden, heute sind es noch etwa 250. Über die lange Zeit und wegen der großen Anzahl lassen sich interessante Entwicklungen erkennen (s. HAVERKAMP 2001). So ist der Trauerschnäpper (*Ficedula hypoleuca*), der zur Zeit von v. VIETINGHOFF-RIESCH die häufigste Art war, immer weiter zurückgegangen und wird heute nur noch vereinzelt in den Nistkästen festgestellt. Kohlmeisen und Blaumeisen (*Parus major, P. caeruleus*) sind mit 55% bzw. 25% am häufigsten, gefolgt vom Kleiber (*Sitta europaea*; 7%). Der Siebenschläfer (*Glis glis*) hat in allen Jahren, aber in wechselnder Anzahl Nistkästen als Sommerquartier genutzt. Die Population des Siebenschläfers kann wie bei anderen Kleinsäugern stark schwanken. In den letzten Jahren wurde vermehrt festgestellt, dass zugewanderte Waschbären (*Procyon lotor*) die Nistkästen plündern (HAVERKAMP 2013 mdl.).

Ehemalige Vogelschutzwarte in Steinkrug – ein Vorläufer der Staatlichen Vogelschutzwarte (heute Teil des NLWKN)

Nistkasten – durch Vorbau gegenüber Waschbärzugriffen gesichert (15)

Die Tannenmeise (Parus ater) ist die häufigste der schwarzweißen Meisen. (1)

ist der Sperlingskauz (*Glaucidium passerinum*), mit knapp 20 cm Höhe die kleinste der heimischen Eulen. Der Sperlingskauz ist ein Bewohner der borealen Nadelwälder und war noch 1995 nur aus Harz und Solling sowie der Lüneburger Heide bekannt; die Art galt als unmittelbar vom Aussterben bedroht (HECKENROTH U. LASKE 1997, S. 172). Als sie Ende der 1990er Jahre im Deister entdeckt wurde (und von da an regelmäßig), war das eine Sensation. Heute hat sich die Art weiter ausgedehnt und gilt bei einem geschätzten Brutbestand von 200 Tieren in Niedersachsen nicht mehr als gefährdet (KRÜGER U. OLTMANNS 2007). Sie kommt inzwischen auch im Bereich der Fuhrberger Wälder vor (s. Kap. 6). In älteren Nadelholzbeständen sind neben weit verbreiteten Säurezeigern auch einige bemerkenswerte und seltene Pflanzenarten anzutreffen. Dazu zählen das Kleine Wintergrün (*Pyrola minor*) und zwei urtümliche Sporenpflanzen: Keulen-Bärlapp (*Lycopodium clavatum*) und Sprossender Bärlapp (*Lycopodium annotinum*).

Die an den Deisterwald angrenzenden Grünland- und Ackerflächen sind für die Tiere des Waldes von großer Bedeutung. Oftmals ist es so, dass sich die Tiere im Schutz des Waldes fortpflanzen, schlafen und verstecken, dass sie aber ihre Nahrung im Offenland finden. Dies gilt für die Säugetiere Fuchs (*Vulpes vulpes*), Dachs (*Meles meles*), Wildschwein (*Sus scrofa*), Reh (*Capreolus capreolus*) und Hase (*Lepus europaeus*) ebenso wie für das Rotwild (*Cervus elaphus*), das im Deister noch vorkommt (s. S. 73). Und es gilt auch für die Greifvögel Mäusebussard (*Buteo buteo*) und Rotmilan (*Milvus milvus*).

Der Waldrand selbst ist ein wertvoller und nahrungsreicher Biotop. Z. B. patrouillieren hier regelmäßig Breitflügelfledermäuse (*Eptesicus serotinus*) in ihrem charakteristischen Schaukelflug auf der Jagd nach Nachtschmetterlingen.

Bergbäche und Quellen
Neben den ausgedehnten Laubwäldern stellen die vielen Bäche und Quellläufe im Naturraum Bergland die wertvollsten Biotope dar. Sohl- und Uferstrukturen sind in den Bergwäldern weitgehend naturbelassen – zumindest zwischen den querenden Wegen, die stets einen Eingriff in die Gewässermorphologie

Sperlingskauz (Glaucidium passerinum) (29)

Gestreifte Quelljungfer (Cordulegaster bidentata), Originalgröße (30)

darstellen. An einigen Bächen hat es zudem auf Grund des Bergbaus negative Veränderungen gegeben. Die Wassergüte der Oberläufe ist zumeist mit unbelastet bis gering belastet zu bewerten; sie ist somit besser als in allen anderen Naturräumen der Region (LRP, S. 134).

Auf die Vegetation und Flora der Bachtäler ist bereits eingegangen worden (s. o.). Folgende Tierarten sind für die Oberläufe besonders charakteristisch:

Der Feuersalamander (*Salamandra salamandra*), der sich als erwachsenes Tier in reich strukturierten Laub- und Mischwäldern aufhält, pflanzt sich in den quellnahen Oberläufen der Bergbäche fort. Hier werden die lebend geborenen Larven in strömungsberuhigte Gumpen oder Auskolkungen gesetzt, wo

sie sich entwickeln können. Sie wachsen über mehrere Monate in den Quellläufen heran, die auf Grund geringer und unregelmäßiger Wasserführung für Fische ungeeignet sind. So können sie Fressfeinden (z. B. Bachforellen – *Salmo trutta fario*) ausweichen. Autochthone (gebietsheimische) Bachforellenvorkommen sind im Übrigen aus der Deisterregion nicht bekannt. Hier zeigt sich, dass die Fliessgewässer beim Eintritt in die intensiv genutzte Bördelandschaft ihren naturnahen Charakter – nahezu schlagartig – verlieren, so dass die Oberläufe im Bergland biologisch „abgehängt" sind.

Charakteristisch für die Quellläufe der Deisterbäche ist zudem die Gestreifte Quelljungfer (*Cordulegaster bidentata*), eine Libellenart, bei der die Larven etwa fünf Jahre in kleinen und kleinsten

Feuersalamander (Salamandra salamandra) (1)

Quellbächen und Rinnsalen heranwachsen, bevor sie sich zu 8 cm langen, gelbgestreiften schwarzen Imagines entpuppen. Diese Großlibelle ist deutschlandweit stark gefährdet, kommt aber an den Bächen im Deister und im Osterwald (Wülfinghauser Mühlenbach) noch verbreitet vor.

Auch die Wasseramsel (*Cinclus cinclus*) erreicht am Nordrand der niedersächsischen Mittelgebirge ihre nördliche Verbreitungsgrenze. Sie ist an den stärker wasserführenden Bächen des Berglands anzutreffen, wo sie nach Wasserinsekten taucht. Die hochspezialisierte Wasseramsel ist eng gebunden an schnellfließende, klare Bäche und Flüsse. Als einzige heimische Singvogelart kann sie schwimmen und tauchen. Ihre Neststandorte sind häufig unter Brücken. Im Bergland der Region Hannover ist sie als Brutvogel noch nicht nachgewiesen worden (LIEBER mdl., 2014). Am ehesten bietet der Gehlenbach geeignete Habitatbedingungen.

Untersuchungen des Saprobien-Index zur Bestimmung der Gewässergüte haben ergeben, dass der Gehlenbach oberhalb der Holzmühle hinsichtlich der Besiedlung mit wirbellosen, im Gewässer lebenden Tieren (Makrozoobenthos) artenreicher ist als jedes andere Fließgewässer der Region (LRP, S. 132). Da verwundert es nicht, dass in diesem Bach mit der Koppe (*Cottus gobio*) auch eine stark gefährdete Kleinfischart vorkommt. Die Koppe, auch Groppe oder Mühlkoppe genannt, ist ein bis zu 16 cm langer Grundfisch, der an das Leben auf steinigem und kiesigem Gewässerboden hervorragend angepasst ist. Die

Der Gehlenbach im Osterwald – ein schnell fließender Bergbach (2)

Koppe hat einen hohen Sauerstoffbedarf, und ihr Vorkommen ist ein Zeichen guter Wasserqualität. Generell sind Kleinfische gute Indikatoren für die Naturnähe eines Gewässers, weil sie kaum aus fischereiwirtschaftlichen Motiven ausgesetzt werden. 2006 ist die Koppe zum Fisch des Jahres gekürt worden.

Eine Besonderheit auf Kalkgestein sind sogenannte Kalktuffquellen. Sie entstehen, wenn stark

Koppe (Cottus gobio) (4)

Wasseramsel (Cinclus cinclus) (31)

Kalksinterterrassen in einem Deister-Quellbach mit Moospolstern des Cratoneurions

kalkhaltiges Wasser austritt und es quellnah zu Ausfällungen von Kalksinter (Kalktuff) kommt. Charakteristisch sind kalkverkrustete Moosterrassen, die von Starknervmoosen (*Cratoneuron spec.*) aufgebaut werden. Solche Quellbereiche kommen östlich von Nienstedt im Süddeister vor (Conrad 2012) und auch randlich des Gehlenbaches im Osterwald (Kunzmann 2008). Sie sind sehr trittempfindlich und sollten vor Trittschäden geschützt werden.

Bemerkenswert ist zudem das Feuchtgebiet am Sedemünder Bach: Hier kommen kleinflächige Röhrichte und Sumpfvegetation, Feuchtwald und Nassgrünland mosaikartig miteinander verzahnt vor und in Kleingewässern und Teichen pflanzen sich Amphibien in großen Beständen fort (v. a. Erdkröten – *Bufo bufo* – und mehrere Molcharten).

Kalkmagerrasen, Steinbrüche, Höhlen und andere Sonderstandorte

Im Osterwald, an steilen Hängen unterhalb der Barenburg öffnet sich der Buchenwald ein wenig. Hier wächst im Bereich von jurazeitlichen Felsbändern ein Kalkmagerrasen, in dem das Blaugras (*Sesleria albicans*) dominiert. Weitere seltene und kalkholde Pflanzen kommen hier vor, so der Fransen-Enzian (*Gentianella ciliata*), das Zittergras (*Briza media*) und der Echte Steinsame (*Lithospermum officinale*). Auf einer Kalkfelskuppe im Bereich der „Königskanzel" wächst individuenreich der Seidelbast (*Daphne mezereum*).

Generell sind Waldwiesen, Blößen und andere offene Bereiche wertvolle Strukturen im großen und geschlossenen Deisterwald. Hier können sich innere Waldränder mit häufig abweichenden Gehölzarten entwickeln, die im Bestandsinneren der altershomogenen „Dunkelwälder" aus Buche und Fichte nicht gedeihen, z.B. Salweide (*Salix caprea*), Zitterpappel (*Populus tremula*) und andere Weichholzarten. Auf diesen Gehölzen leben unter anderem die Raupen des Großen Schillerfalters (*Apatura iris*). Dieser Schmetterling aus der Familie der Edelfalter, der in Laubwäldern mit Blößen fliegt, kann im Osterwald beobachtet werden.

Blaugras (Sesleria albicans) im Osterwald

Unbeabsichtigt: Durch das Zerfahren von Waldwegen können Laichbiotope für Molche entstehen (Nesselberg).

Auch im Bereich der Steinbrüche öffnet sich der Wald: Das Ausgangsgestein wird in der Vertikalen (Steilwände) und in der Horizontalen freigelegt, auf dem Grund entsteht günstigenfalls ein differenziertes Mikrorelief mit nährstoffarmen Standorten und flachen Senken, in denen Wasser steht. Das Mikroklima ist im Vergleich zum umgebenden schattigen Buchenwald durch starke Erwärmung gekennzeichnet, so dass wärmeliebende, eher südlich verbreitete Arten hier Lebensmöglichkeiten finden. Ein Beispiel dafür ist die Geburtshelferkröte (*Alytes obstetricans*), die sich in den Steinbruchtümpeln von Deister und Osterwald fortpflanzt. Der eigentümliche Name resultiert aus dem Brutpflegeverhalten der Männchen, die den Laich 1–2 Monate mit sich herumtragen, bevor sie die schlupfreifen Quappen ins Gewässer bringen. Auch Bergmolch, Fadenmolch und Kammmolch (*Ichthyosaura alpestris, Lissotriton helveticus und Triturus cristatus*) pflanzen sich in flachen Steinbruchtümpeln fort, werden aber auch in anderen Kleingewässern in den Bachtälern und am Deisterrand festgestellt. Berg- und Fadenmolch sind sogar in der Lage, Kleinstgewässer wie Pfützen am Wegesrand und Rückespuren, die bei der forstlichen Bewirtschaftung entstehen, für die Fortpflanzung zu nutzen (PGL 1996). Der Kammmolch und die Geburtshelferkröte zählen zu den gefährdeten und nach EU-Recht (FFH-Richtlinie) streng geschützten Arten. Die Geburtshelferkröte ist unter anderem durch die Verbuschung und Wiederbewaldung der Pionierbiotope im Zuge der natürlichen Vegetationsentwicklung (Sukzession) gefährdet, weil dies die Sonneneinstrahlung und starke Erwärmung behindert.

Die Steilwände eines Steinbruchs sind ideale Brutstandorte des Uhus (*Bubo bubo*), der auch das Bergland der Region wieder besiedelt. Die größte einheimische Eule brütet in Südniedersachsen – in Ermangelung natürlicher Felswände – ganz überwiegend in Steinbrüchen.

Geburtshelferkröte (Alytes obstetricans) (4)

Bergmolch (Ichthyosaura alpestris) (1)

Höhlen im Kleinen Deister

Im Bereich der Juraklippen des Kleinen Deisters befinden sich einige kleine <u>Höhlen</u>, sogenannte „Zwergenlöcher", die auf natürliche Weise entstanden sind. Die größte ist die „Bärbelhöhle", ein immerhin fast 30 m langer, bis 2,5 m hoher

unterirdischer Hohlraum (MEYER 1990). Unten stehende Abbildung zeigt eine Originalzeichnung des Höhleninneren von dem Braunschweiger Höhlenforscher REINBOTH. In der topografischen Karte ist hier unter dem Namen „Homeistersloch" auch ein Erdfall verzeichnet, der möglicherweise mit den Höhlen im Zusammenhang steht. Im Großen Deister oberhalb von Springe liegen mit der Unteren und der Oberen Teufelsschluchthöhle ebenfalls kleine Höhlen, die im Zuge früherer Steinbrucharbeiten geöffnet und entdeckt wurden (MEYER 2013 mdl.). Die Deisterhöhlen sind – im Vergleich zur Schillathöhle und zur Riesenbergshöhle im Süntel – weniger spektakulär und weithin unbekannt. Dennoch haben sie erhebliche Bedeutung für den Naturschutz, als Geotope wie als Winterquartiere für Fledermäuse. Deister und Süntel werden auch als Deutschlands nordöstlichstes Jura-Karstgebiet bezeichnet (ARBEITSGEMEINSCHAFT FÜR KARSTKUNDE 2003). Verantwortlich für die Verkarstungen sind die stark kalkhaltigen Schichten des Korallenoolith und Kimmeridge aus dem Oberen Jura (Malm; ebda.). Offene Felsbildungen und Höhlen natürlicher Entstehung gehören zu den besonders geschützten Biotopen nach Bundes- und Landesnaturschutzrecht. Zwischen dem 1.10. und dem 30.4. dürfen sie nicht betreten werden, um Störungen für überwinternde Fledermäuse zu vermeiden. Die Deisterhöhlen werden von dem Verein Höhlenfreunde Hannover e.V. betreut, der auch Führungen organisiert.

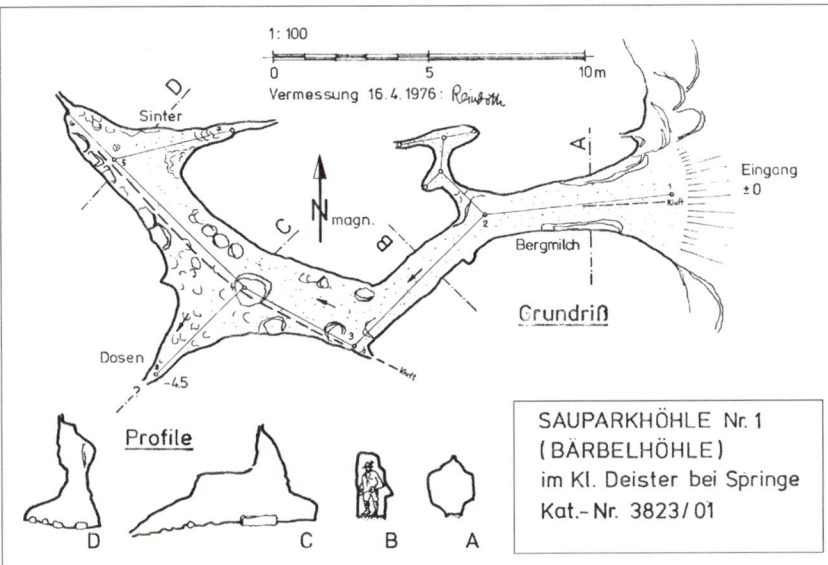

Die Bärbelhöhle im Kleinen Deister; vermessen und gezeichnet von dem Höhlenforscher Fritz Reinboth, Braunschweig

Künstliche Hohlräume im Berginneren stellen die alten <u>Bergwerksstollen</u> dar, die im Zuge des Kohlebergbaus geschaffen wurden. Auf Grund ihrer Ausdehnung bieten sie Fledermäusen hervorragende Quartiere in nahezu unbegrenztem Umfang. Insbesondere werden die Stollen als Winterquartiere benötigt, aber die Fledermäuse nutzen sie auch in den Übergangszeiten und als Schlafplätze im Sommer. Gut untersucht sind der König-Wilhelm-Stollen und der Egestorfer Stollen (EHLERS 1983, BENK 1988). Anhand beringter Exemplare wurde festgestellt, dass diese Winterquartiere einen Einzugsbereich bis weit in die Norddeutsche Tiefebene haben. Es kann davon ausgegangen werden, dass es in Marsch, Geest und Börde einen großen Mangel an geeigneten Überwinterungsmöglichkeiten gibt. Fledermäuse können aber in unseren Breiten nur überleben, wenn sie die kalte Jahreszeit, in der keine Insektennahrung zur Verfügung steht, in frostfreien Quartieren überdauern können. Großer und Kleiner Abendsegler (*Nyctalus noctula, Nyctalus leisleri*) können in Baumhöhlen überwintern, während die anderen Fledertiere zumeist auf unterirdische Hohlräume als Winterquartiere angewiesen sind. Erst mit der Mittelgebirgsschwelle kommen natürliche Höhlen und Bergwerksstollen vor, die ganzjährig frostfreie Temperaturen garantieren. In den unterirdischen Hohlräumen der Bergwerksstollen herrscht durchgängig eine Temperatur von etwa 9 Grad Celsius (HETEBRÜGGE 2012). An kalten Herbsttagen ziehen sich auch viele Insekten in die Stollen zurück. Sie stellen dann eine wichtige Nahrungsgrundlage dar für Fledermäuse, die im Stollen jagen (BENK 1988).

Die folgenden Fledermausarten wurden bislang in den Deisterstollen nachgewiesen (LRP):

Plecotus auritus	Braunes Langohr
Myotis nattereri	Fransenfledermaus
Myotis daubentonii	Wasserfledermaus
Myotis dasycneme	Teichfledermaus
Myotis myotis	(Großes) Mausohr
Myotis bechsteinii	Bechsteinfledermaus
Myotis brandtii	Große Bartfledermaus
Myotis mystacinus	Kleine Bartfledermaus

Mausohren (Myotis myotis) im Winterquartier (4)

Bechsteinfledermaus (Myotis bechsteinii) (32)

Eingang in einen Bergwerksstollen oberhalb Bredenbeck

Osterwald und Kleiner Deister

2.5 Schutzgebiete und weitere Schutzaspekte

Im Bergland der Region Hannover sind folgende Landschaftsteile als <u>Naturschutzgebiete</u> (NSG) geschützt (s. Karte 2, Seite 48):

- NSG HA 25 Saupark (2.445 ha, davon 1.762 in der Region Hannover). Das NSG setzt sich im Landkreis Hameln-Pyrmont fort. Der Saupark ist das flächenmäßig größte NSG der Region Hannover.
- NSG HA 90 Steinbruch Holzmühle (9 ha)

Im Bergland der Region Hannover sind die folgenden Landschaftsteile als <u>Landschaftsschutzgebiete</u> (LSG) geschützt:

- LSG H 23 Norddeister (5.599 ha).
  Der Norddeister ist das viertgrößte LSG in der Region Hannover.
- LSG H 30 Süddeister (3.379 ha)
- LSG H 32 Osterwald – Saupark (1.816 ha)

Die Naturschutzbehörde der Region Hannover ist derzeit dabei, diese Landschaftsschutzgebiete zu überarbeiten und für eine Neuausweisung vorzubereiten. Dabei werden jeweils ein Schutzzweck

Hirschzungen (Asplenium scolopendrium) im Schluchtwald am Kleinen Deister

definiert und die Abgrenzung überprüft. Teilweise wird auch der Zuschnitt verändert oder der Name angepasst. Es ist geplant, Norddeister und Süddeister zu einem LSG „Deister" zusammenzufassen und dem LSG H 32 den Namen „Kleiner Deister/Osterwald" zu geben.

Weitere Schutzaspekte

Ein Teil des Großen Deisters ist als <u>FFH-Gebiet</u> Nr. 112 „Süntel, Wesergebirge, Deister" gemeldet worden. Hier liegt zudem das FFH-Gebiet „Oberer Feldbergstollen im Deister" (Nr. 360). Im NSG Saupark liegen mit dem „Höhlengebiet im Kleinen Deister" (Nr. 452) und „Hallerbruch" (Nr. 377) weitere FFH-Gebiete. All diese Gebiete sind Bestandteile des europäischen Schutzgebietssystems Natura 2000.

Das <u>FFH-Gebiet 112</u> umfasst im Großen Deister die Kalkbuchenwälder südlich des Kammwegs und östlich des Nienstedter Passes. Hier steht zudem der Schutz von Kalktuffquellen und Erlen-Eschen-Auwald an den Bergbächen im Vordergrund. Der <u>Feldbergstollen</u> soll als Winterquartier für Fledermäuse gesichert werden, insbesondere für die Teichfledermaus (*Myotis dasycneme*). Beim <u>Höhlengebiet im Kleinen Deister</u> handelt es sich um einen Kalkfelskomplex mit Schluchtwald und Höhlen, Kalkfelsen mit Felsspaltenvegetation und kleinen Quellbächen sowie Waldmeister-Buchenwald (*Galio-Fagetum*). Dem Großen Mausohr (*Myotis myotis*), das in den Höhlen Winterquartier bezieht, gebührt besonderer Schutz. In dem früheren Hudewald <u>Hallerbruch</u> nebst Wisentgehege sollen die teilweise sehr alten Eichenbestände als Lebensraum des Eremiten (*Osmoderma eremita*) erhalten werden.

Wildkatze (Felis silvestris) (1)

Die Rambke, die nordöstlich von Springe im Süddeister entspringt, ist als Oberlauf der Haller im <u>Niedersächsischen Fließgewässerschutzsystem</u> als Hauptgewässer 2. Priorität ausgewiesen. Hier wird also das Ziel, ein Fließgewässer von der Quelle bis zur Mündung zu schützen, über Leine, Haller und Rambke erfüllt. Gehlenbach und Ohe sind wichtige Nebengewässer der Haller im Fließgewässerschutzsystem, die aus dem Osterwald zufließen. Nebengewässer sollen als Rückzugs- und Wiederbesiedlungsraum für Wasserorganismen nach Störungen im Hauptgewässer dienen (LRP, S. 124). Flachgründige Ranker und Rendzinen sind schutzwürdig als <u>seltene Böden</u> (Gunreben u. Boess 2008).

2.6 Leittierarten
Wildkatze

Die Europäische Wild- oder Waldkatze (*Felis silvestris*) war in Niedersachsen nahezu ausgestorben. In den 1950er Jahren gab es nur noch ganz wenige Tiere im Harz und möglicherweise im Solling. Auf Grund der Nachstellungen und Verfolgungen hatten sich die extrem scheuen Waldtiere in die entlegensten Teile dieser ausgedehnten Mittelgebirgswälder zurückgezogen. Die Wildkatze wäre fast ausgerottet worden, obwohl sie seit 1934 unter ganzjähriger Schonzeit stand. Immer wieder wurde sie geschossen, weil sie mit streunenden Hauskatzen verwechselt wurde oder weil dem Jäger die Unterscheidung nicht wichtig war. Vielfach verendete sie in Fallen, mit denen das „Raubzeugs" kurz gehalten oder Felltiere (Marder u. a.) erbeutet werden sollten (Reichholf 2007a). Und auch Epidemien spielten für den Rückgang eine Rolle.

Es dauerte bis in das letzte Viertel des 20. Jahrhunderts, bis sich die Art in Mitteleuropa soweit erholt hatte, dass sie sich durch eigenen Nachwuchs erhalten und allmählich wieder ausbreiten konnte (ebda.). Im niedersächsischen Bergland haben sich die Wildkatzen immer weiter nach Norden gewagt, und spätestens seit 2002 ist auch der Deister erreicht (LRP, S. 233). Heute kann von mehreren besetzten Revieren in Osterwald, Kleinem und Großem Deister ausgegangen werden, die Bestandsentwicklung ist überaus positiv. Inzwischen sind hier auch mehrere Jungkatzen nachgewiesen worden (Brede 2013, mdl.). Und 2012 hielt sich eine Wildkatze über längere Zeit nördlich der Autobahn A 2, an der Nordspitze des Haster Waldes auf (SDW 2013).

Wildkatzen zeichnen sich durch ihr buschiges graues Fell mit einer verwaschenen Zeichnung aus. Sie sind von manchen Hauskatzen nur schwer zu unterscheiden. Typisches Merkmal ist der kräftige, sich nicht verjüngende Schwanz mit mehreren dunklen Kringeln. Wildkatzen sind etwas größer und kräftiger als Hauskatzen, die von der afrikanischen Falbkatze (*Felis silvestris lybica*) abstammen. Sie sind in der Regel nachtaktiv und lassen sich nicht zähmen.

Felis silvestris kann als Leitart für ausgedehnte, naturnahe und strukturreiche Wälder gelten. Sie benötigt Versteckmöglichkeiten wie Dachsbaue, Felshöhlen oder hohle Bäume, meidet die Nähe zu Menschen und benötigt mehrere Quadratkilometer große Reviere. Große Gefahren gehen heute von der Zerschneidung der Landschaft aus. Der BUND hat deshalb einen Wildkatzenwegeplan entwickelt, um aktuelle und geeignete Lebensräume miteinander zu verknüpfen (KLAR 2009). Insofern ist die Wildkatze auch eine Leitart für die Konzeption von Biotopverbundsystemen (s. Themen-Info: Biotopverbund S. 76).

Ist auch der Luchs zurück? (4)

Rothirsch

Der Rothirsch (*Cervus elaphus*) ist die größte und wichtigste Art des jagdbaren heimischen Wildes. Gerade die männlichen Tiere haben durch das besonders große und stark verzweigte Geweih, das sich als Jagdtrophäe überragender Beliebtheit erfreut, durch ihre Brunftkämpfe und Brunftrufe (das herbstliche „Röhren" der Hirsche) sowie durch ihr Sozialverhalten als „Platzhirsche" einen geradezu charismatischen Ruf. Adulte Männchen sind in der Regel deutlich größer und schwerer als die Hirschkühe; sie erreichen eine Kopf-Rumpf-Länge von etwa 2 Metern und ein Gewicht von über 100 kg.

In der Region Hannover kommen Rothirsche nur im Bergland und in der östlichen Geest (Schwerpunkt: Fuhrberger Wälder; s. Kap. 6.4) vor. Diese Vorkommen sind Relikte aus dem 19. Jahrhundert, als den Hirschen als königliches Jagdwild für die Fleischversorgung bei Hofe erhebliche Bedeutung zukam (SCHICKHAUS, Leiter des Rotwildringes Großer Deister, mdl. 2013). Heute wird die Verbreitung der Hirsche von Hegegemeinschaften (Rotwildringen) gesteuert. Hirsche bewegen sich in festgelegten „Rotwildgebieten", was nicht unbedingt ihrer Natur entspricht. Zumal es sich in der Regel ausschließlich um Waldgebiete handelt, Rothirsche aber ursprünglich saisonale Wanderungen zwischen (Berg-)Wäldern und offenen Tallandschaften vollzogen. Die Entwicklung der Siedlungs- und Verkehrsstrukturen, die auf das Wanderverhalten des Rotwilds keine Rücksicht genommen hat, schließt heute eine freie und artentsprechende Verbreitung im Raum aus. Hirsche werden deshalb auch als „Großgehege-Wild" bezeichnet (REICHHOLF

Rothirsch (Cervus elaphus) (33)

2007a). Der Rückzug der Hirsche in ausgedehnte Wälder ist eine Folge ihrer Scheu gegenüber Menschen, die wiederum auf die Bejagung zurückzuführen ist. Wanderungen zum genetischen Austausch sind i.d.R. unterbunden, und es kommt zu punktuellen Übernutzungen der Waldvegetation, insbesondere durch Rindenfraß („Schälschäden").

Im Bergland der Region gibt es die Rotwildgebiete „Großer Deister" und „Osterwald". Im Großen Deister leben etwa 150 Tiere, im Osterwald (mit Saupark) 100 (Frühjahrsbestände nach Schickhaus, mdl. 2013). Um wenigstens hier einen Austausch zu ermöglichen wäre eine Grünbrücke über die B 217 nötig (s. Themen-Info: Biotopverbund S. 76). Die Hirsche in Deister und Osterwald leben vergleichsweise frei: Da es keine Gatter gibt, können sie zum Äsen in die angrenzenden Felder und Wiesen austreten, was nicht zuletzt Schälschäden in den Forsten verringert. Vor einigen Jahren ist es einem Rudel gelungen, vom Großen Deister zum bis dahin „hirschfreien" Süntel zu wechseln und dort eine neue Population zu begründen.

2.7 Aspekte der Beeinträchtigung und Gefährdung

Das durchgehende Waldgebiet wird nur im Bereich der Deisterpforte unterbrochen. Hier stellt die Bundesstraße 217 für viele Tierarten ein unüberwindbares Hindernis dar (s. Themen-Info: Biotopverbund S. 76). Auch die Landesstraße 401 (Nienstedter Pass) und die L 422 über den Osterwald sind gefährliche Unterbrechungen der Waldlebensräume, zumal die Schneisen teilweise durch erheblichen Holzeinschlag in den Seitenräumen noch vergrößert wurden. Durch großflächige Fichtenforste, insbesondere im Großen Deister, wurden die naturentsprechenden Laubwälder und die daran angepassten Lebensgemeinschaften zurückgedrängt.

Der maschinengerechte Ausbau der Forstwege hat in den letzten Jahrzehnten zu weiteren Zerschneidungen geführt. Für viele stenöke (eng gebundene) Kleintierarten des Waldes stellen die breiten Wegeschneisen auf Grund des veränderten Lichtklimas unüberwindbare Barrieren dar. Durch die intensive Wegeunterhaltung sind viele Pfützen in den Seitenräumen verschwunden, in denen sich früher Berg- und Fadenmolch fortpflanzen konnten. Zudem

stellen die hangparallel verlaufenden Wege massive Eingriffe in die Bergbäche dar und verhindern die Durchgängigkeit für aquatische Lebewesen. Die Eingriffe in die Waldböden durch die forstliche Bewirtschaftung haben zugenommen, zumal die Forstmaschinen immer größer und schwerer geworden sind.

Teilweise ist der Wildbestand zu hoch, so dass Feuchtstellen im Wald „umgepflügt" oder zertreten werden, die Krautflora sich ändert, Fraßschäden an Baumrinde sich häufen und die Naturverjüngung der Wälder beeinträchtigt ist. Dies gilt insbesondere auch für das Naturschutzgebiet Saupark.

2.8 Den Deisterwald gestalten: der Förster Ralf Schickhaus

Der Deisterwald ist kein Urwald, sondern das Ergebnis des Zusammenspiels von natürlichen Prozessen und planmäßiger Forstwirtschaft. Seit 1982 bewirtschaftet Ralf Schickhaus 1.227 ha Wald am Südostabfall des Deisters. Der in Göttingen studierte

Ralf Schickhaus

Forstwirt ist Angestellter der Freiherren Knigge, seine Arbeitsstelle befindet sich im Rittergut Bredenbeck. Mit seiner Familie bewohnt er das Forsthaus Bredenbeck am Rand des Deisterwaldes – seit 1994. Vorher lebte und arbeitete er im alten Forsthaus in Steinkrug. Als die Ortsumgehung im Zuge der B 217 gebaut wurde, zog er um, nicht ohne vorher dafür zu sorgen, dass Eingriffe in den Wald minimiert wurden und Mindestabstände zur Försterei gewahrt blieben. So konnten auch die Populationen von Breitflügelfledermaus (*Eptesicus serotinus*) und Siebenschläfer (*Glis glis*) erhalten werden. Trotzdem ärgert er sich: „Wir haben es damals versäumt, eine Grünbrücke durchzusetzen".

Als Forstwirt ist Ralf Schickhaus überzeugter Anhänger des „naturgemäßen Waldbaus". Die Grundsätze naturnaher Waldbewirtschaftung, wie sie unter anderen der Schweizer Forstwissenschaftler Hans Leibundgut entwickelte

THEMEN-INFO: DIE CALENBERGER KLÖSTER

Am nordöstlichen Rand der Mittelgebirgsschwelle liegen die drei Klöster Barsinghausen, Wennigsen und Wülfinghausen. Sie stellen – gemeinsam mit Marienwerder und Mariensee (s. Kap. 5.3) – die Calenberger Klöster dar, die alle um 1200 n. Chr. gegründet wurden (KOBERG 2005). Sie gehen auf Stiftungen der ortsansässigen Grafen zurück und wurden von den Bischöfen in Minden und Hildesheim (nur Wülfinghausen) geweiht. Die Calenberger Klöster sind heute ausschließlich Damenstifte, wobei verschiedene Orden vertreten sind. Die Güter werden von der Klosterkammer Hannover verwaltet, in deren Besitz sie im Zuge der Reformation überführt wurden.

Die besondere Lage am Fuß des Mittelgebirges ist mindestens zwei Umständen geschuldet: Zu den Ländereien der Klöster gehörten auch umfangreiche Waldgebiete im Deister und Osterwald (Klosterforste). Und die aus dem Deister kommenden Bäche konnten hier aufgestaut werden, um Energie zu gewinnen und Fischteiche zu speisen. Der Einfluss der Klöster auf die Entwicklung der land- und forstwirtschaftlichen Anbaumethoden ist nicht zu unterschätzen. Im Mittelalter waren Klöster vielfach als Kulturträger und Zentren der Bildung von überragender Bedeutung. Heute bieten sie die Möglichkeit einzukehren, auszuspannen und sich zu besinnen.

Wennigser Klosterkirche und Klosteramthof (34)

Das Kloster Barsinghausen war ursprünglich als Doppelkloster für Nonnen und Mönche geplant, wird aber seit 1229 ausschließlich als Damenstift geführt. Bauhistorisch ist die Klosterkirche St. Maria von Bedeutung, deren Baustil den Übergang von Romanik zur Gotik zeigt. Die alten, vermörtelten Bruchsteinmauern zeigen einen wertvollen Bewuchs mit Zimbelkraut (*Cymbalaria muralis*), Streifenfarn (*Asplenium trichomanes*) und Mauerraute (*Asplenium ruta-muraria*).

Kloster Wennigsen wurde als Augustinernonnenkloster gegründet und profitierte stark von Zuwendungen der Adelsfamilien im Calenberger Land. Ältester Gebäudeteil ist der romanische Wehrturm der heutigen Klosterkirche aus dem Jahr 1150, dessen aufwendige Restaurierung 2012 abgeschlossen wurde. Die heutigen Klostergebäude entstammen der Barockzeit.

Kloster Wülfinghausen, das ebenfalls als Frauenstift des Augustinerordens gegründet wurde, liegt noch frei in der weitgehend unverbauten Landschaft am Fuß des Osterwaldes, so dass hier die ursprüngliche landschaftliche Konzeption der Klostergründung gut nachvollzogen werden kann: Lage am Bergbach unterhalb der Waldkante mit Baumallee, Fischteichanlage, Klostergarten und Obstwiesen sowie geschneitelte Eschen an den zuführenden Wegen.

Klosterkirche Wülfinghausen (35)

(Leibundgut 1984), hat er sich zu Eigen gemacht – und Freiherr Knigge hat ihn gewähren lassen. So begann er in den 1980er Jahren mit dem Umbau von Altersklassenwäldern in Dauerwälder. Entscheidend dabei ist, die Naturverjüngung zuzulassen und nur kleinflächig Holz zu entnehmen. Auf diese Weise hat er auch die Buche zu Lasten der Fichte gefördert. „Ganz ohne Nadelholz geht es aber im Privatwald nicht. Die Buche braucht viel länger, bis sie Erträge abwirft." Ralf Schickhaus hat als Förster immer die Nutz-, die Schutz- und die Erholungsfunktion im Blick. Höhlenbäume

THEMEN-INFO: BIOTOPVERBUND

Wiedervernetzung durch Grünbrücken

Etwa Mitte der 1990er Jahre wurde der Biotopverbund als gesetzliche Aufgabe im Naturschutzgesetz verankert (§ 21 BNatSchG). Es geht um die Sicherung der wildlebenden Tier- und Pflanzenarten in ihren Lebensstätten (Biotopen) und in ihren charakteristischen Lebensgemeinschaften (Biozönosen) durch ein System geschützter Kernflächen und Vernetzungselemente. Unter Kernflächen werden mehr oder weniger große Naturschutzgebiete und extensiv genutzte Bereiche verstanden, in denen das Gros schutzbedürftiger Arten in möglichst ausreichend großen Populationen leben kann. Vernetzungselemente zwischen den Kerngebieten sind erforderlich, damit sich die Populationen austauschen können, Inzuchtprobleme vermieden werden und Wiederbesiedlungen möglich sind. Unter Vernetzungselementen werden flächenhafte Verbindungskorridore, Querungshilfen an Straßen, linienhafte Elemente wie Hecken, Raine und Uferstreifen sowie Trittsteinbiotope verstanden. Letztere sind kleinflächige Lebensräume, die quasi wie Inseln in der für viele Arten lebensfeindlichen, weil intensiv genutzten Landschaft liegen.

Die Verpflichtung zum Biotopverbund kann nur durch systematischen Gebietsschutz umgesetzt werden. Deshalb sind alle, die im Naturschutz tätig sind, aufgerufen, in Schutzgebietssystemen zu denken, um das natürliche Erbe der heimischen Artenvielfalt zu erhalten. Dies gilt auf allen Ebenen: Auf europäischer Ebene ist es das Netz der FFH-Gebiete und EU-Vogelschutzgebiete „Natura 2000" und auf Bundesebene das Netz der „Naturschutzgroßprojekte mit gesamtstaatlich repräsentativer Bedeutung". Nur auf Landesebene fehlt im Moment ein solches Instrument, weil das niedersächsische Landschaftsprogramm seit 1989 nicht fortgeschrieben wurde.

Auf regionaler Ebene ist mit dem neuen Landschaftsrahmenplan zum ersten Mal ein regionaler Biotopverbund konzipiert worden (LRP, S. 471 ff.). Hier wurden die Kernflächen und die Verbindungskorridore bestimmt sowie erforderliche Querungshilfen an stark befahrenen Straßen festgelegt. Die großräumigen Waldgebiete von Osterwald, Großem und Kleinem Deister werden durchweg als Kerngebiet nationaler Bedeutung dargestellt, durch die eine überregional bedeutsame Verbindungsachse verläuft. Diese Achse wird allerdings an der Deisterpforte unterbrochen, wo insbesondere die Bundesstraße 217 eine starke Zerschneidung bewirkt. An dieser Stelle ist dringend eine Querungshilfe nötig, die bodengebundenen Tieren wie Rothirsch, Wildkatze und Siebenschläfer, aber auch Lurchen und Laufkäfern ein gefahrloses Überwinden dieser Barriere ermöglicht, am besten in Gestalt einer „Grünbrücke". An der B 217 ist zwischen Steinkrug und Völksen noch eine zweite „Entschneidungsmaßnahme" angedacht. Hier gilt es, den Ostdeister wieder mit dem Großen Deister zu verbinden und zudem die weitere Vernetzung mit den Bördewäldern zu gewährleisten (s. Karte 2, Seite 48).

Der nachträgliche Einbau von Grünbrücken ist nicht völlig unrealistisch. 2012 wurde ein „Bundesprogramm Wiedervernetzung" beschlossen, nach dem an bestehenden Bundesfernstraßen Grünbrücken und andere Querungshilfen finanziert werden können, wenn bundesweit bedeutsame Lebensraumkorridore betroffen sind (BMU 2012). Ein solcher Lebensraumkorridor verläuft über Osterwald, Deister und Haster Wald.

werden in den Kniggeschen Forsten erhalten, auch einzelne Altholzgruppen. Aber die Forderung nach dem Schutz großflächiger Altholzbestände geht aus seiner Sicht an den Interessen der Waldbesitzer vorbei.

Auch als Vorsitzender des Rotwildringes Großer Deister muss er tragfähige Kompromisse finden zwischen den ökologischen Erfordernissen und den verschiedenen Interessen. Es gilt, den Hirschbestand zu erhalten in einem Umfang, der auch die Belange der Land- und Forstwirtschaft berücksichtigt. Da berät der Rotwildring die Jagdbehörden und lotet im Bereich von 3 Landkreisen die Kompromisslinien aus. Wenn RALF SCHICKHAUS auf mehr als 30 Jahre Deisterwaldentwicklung zurückschaut, freut er sich darüber, dass die Umstellung von altershomogenen Wäldern mit Hallenwaldcharakter zu Dauerwäldern mit viel

Buchennaturverjüngung

Buchennaturverjüngung gelungen ist. „Es ist heute wieder viel mehr Deckung im Wald. Davon profitieren Wildkatze und Rothirsch."

SERVICE
Siehe Karte 2 auf Seite 48

Rad- und Wanderwege:
Deisterkreisel, Wennigser Grüne Kette sowie weitere Wege aus Veröffentlichungen der HAZ u.a. Über den Deisterkamm verläuft der Europäische Fernwanderweg E1, dessen deutscher Abschnitt von Flensburg bis zum Bodensee führt. Calenberger Weg von Bantorf bis Völksen, Deister-Panorama-Wanderweg und diverse weitere Wanderwege in Großem und Kleinem Deister sowie Osterwald.

Aussichtstürme und Ausblickmöglichkeiten:
Nordmannsturm, Annaturm, Bantorfer Höhe, Ausblickpunkt „Calenberger Blick" im Zechenpark Barsinghausen, Deisterwaldkante, Göbel-Bastion, Waldrand nördlich Altenhagen, Waldrand nördlich Wülfinghausen, Forsthaus Wülfinghausen, Königskanzel (Osterwald)

Naturinfozentren, landschaftsbez. Museen:
Museum für Natur – Jagd

Nordmannsturm (34)

– Kultur (im Jagdschloss Springe), Wisentgehege, Besucherbergwerk Klosterstollen in Barsinghausen mit Deister-Bergbaumuseum

Kulturhistorische Tops:
Klöster Wülfinghausen, Wennigsen und Barsinghausen mit Klosterkirche St. Maria, die Fluchtburgen Bennigser Burg, Kukesburg und Barenburg, Burganlage Hallermundskopf, Jagdschloss Springe (1838 – 1842 nach Plänen des Hofbaumeisters LAVES erbaut), Sauparkmauer, ehemaliges Jagdschloss Wennigser Mark (1845, von LAVES), Wennigser Wasserräder, Zechenpark Barsinghausen mit Haldenkegel

Ausflugsgaststätten:
Café am Waldkater, Sennhütte (jeweils Osterwald), Gasthaus „Zur Holzmühle", Café Wild am Wisentgehege, Kaffee- und Biergarten am Jagdschloss, Hotel Restaurant Steinkrug, Gaststätte Nordmannsturm, Waldgaststätte Annaturm, Café Restaurant Waldwinkel, Waldwirtschaft Bärenhöhle, Gaststätte Waldapotheke, Gasthof Bantorfer Höhe, Café im Schafstall (Bantorf) sowie diverse Gastronomiebetriebe in Barsinghausen

Westliche Börde (BW)

Hamstern, um zu überleben

Stemmer Berg

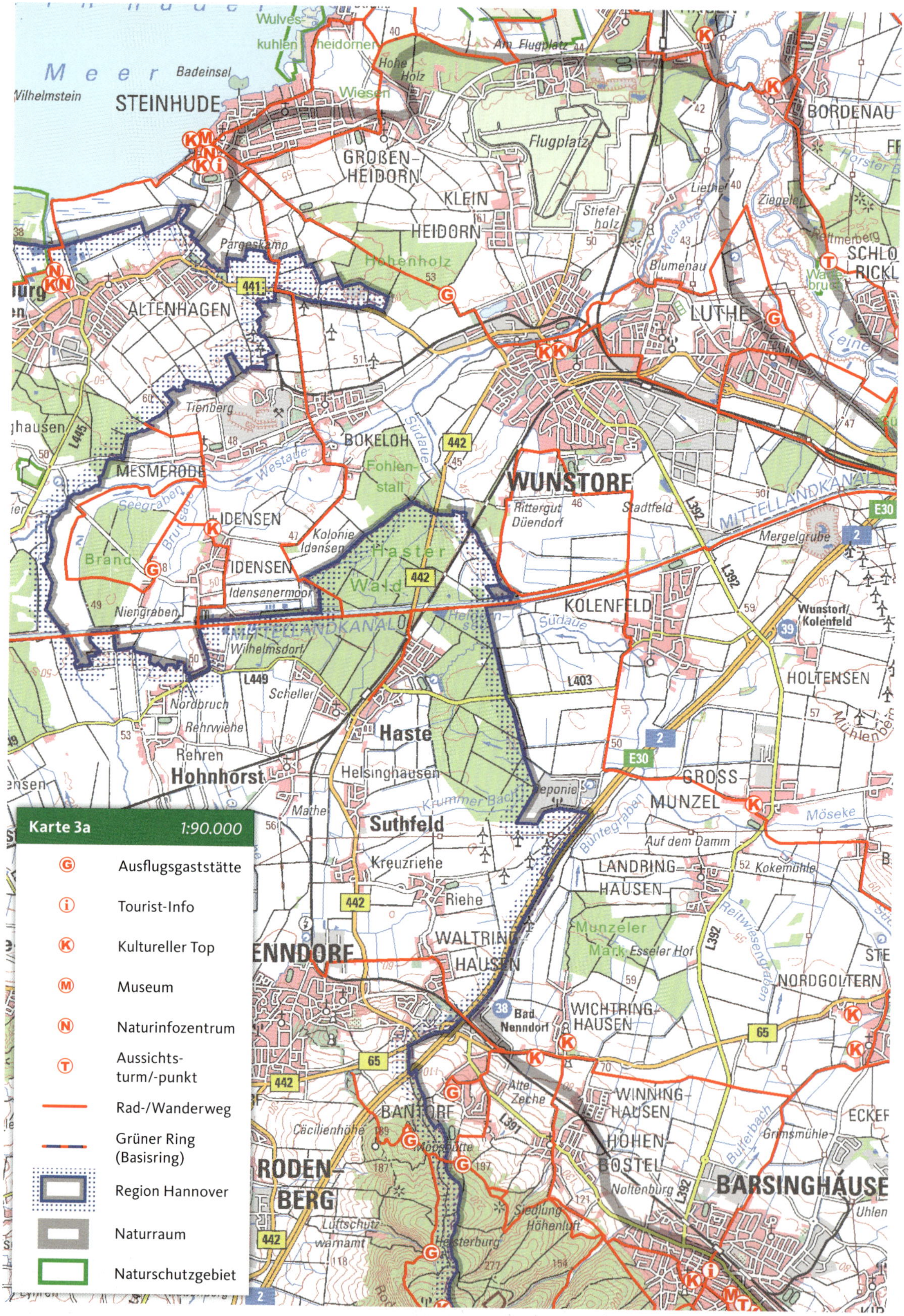

Karte 3a   1:90.000

ⓖ	Ausflugsgaststätte
ⓘ	Tourist-Info
ⓚ	Kultureller Top
ⓜ	Museum
ⓝ	Naturinfozentrum
ⓣ	Aussichts-turm/-punkt
	Rad-/Wanderweg
	Grüner Ring (Basisring)
	Region Hannover
	Naturraum
	Naturschutzgebiet

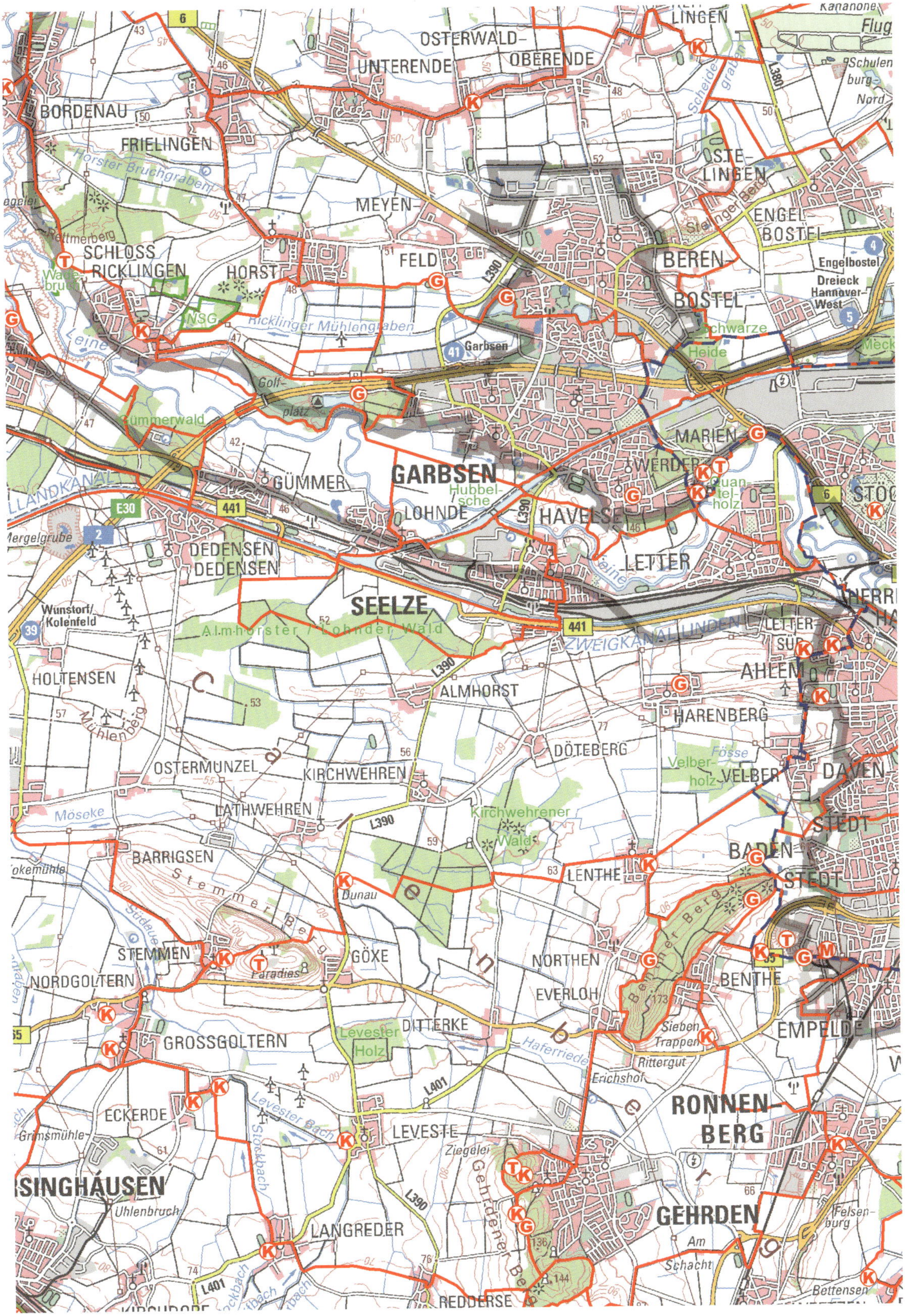

BORDENAU

FRIELINGEN

OSTERWALD-
UNTERENDE
OBERENDE

LINGEN

OSTE-
LINGEN

MEYEN

ENGEL-
BOSTEL

SCHLOSS
RICKLINGEN

HORST

FELD

BEREN-
BOSTEL

Engelbostel
Dreieck
Hannover-
West

Garbsen

Schwarze
Heide

GÜMMER

GARBSEN

Hubbel-
sche

MARIEN

WERDER

Quan-
tel-
holz

STOC

DEDENSEN
DEDENSEN

LOHNDE

HAVELSE

LETTER

Wunstorf/
Kolenfeld

SEELZE

ZWEIGKANAL LINDEN

LETTER
SÜD

AHLEM

HA

HOLTENSEN

Almhorster / Lohnder Wald

ALMHORST

HARENBERG

OSTERMUNZEL

KIRCHWEHREN

DÖTEBERG

Velber-
holz

VELBER

DAVEN-

STEDT

LATHWEHREN

Kirchwehrener
Wald

BARRIGSEN

Stemmer Berg

Dunau

LENTHE

BADEN

STEDT

STEMMEN

GÖXE

NORTHEN

Benther Berg

BENTHE

NORDGOLTERN

EVERLOH

Sieben
Trappen

EMPELDE

GROSSGOLTERN

DITTERKE

Levester
Holz

Rittergut
Erichshof

RONNEN-
BERG

ECKERDE

Levester Bach

LEVESTE

Ziegelei

Felsen-
burg

SINGHÄUSEN

Uhlenbruch

LANGREDER

GEHRDEN

Am
Schacht

REDDERSE

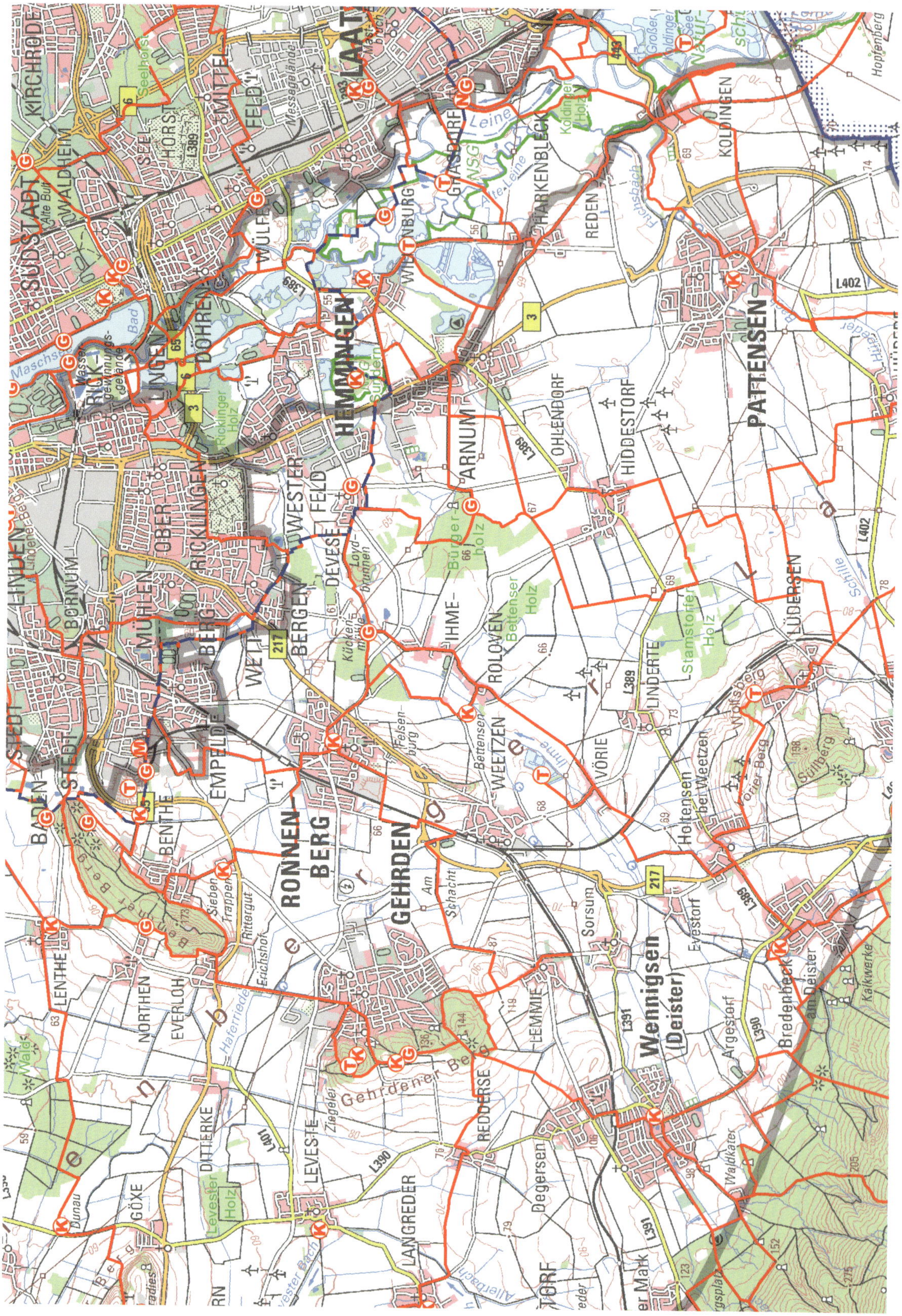

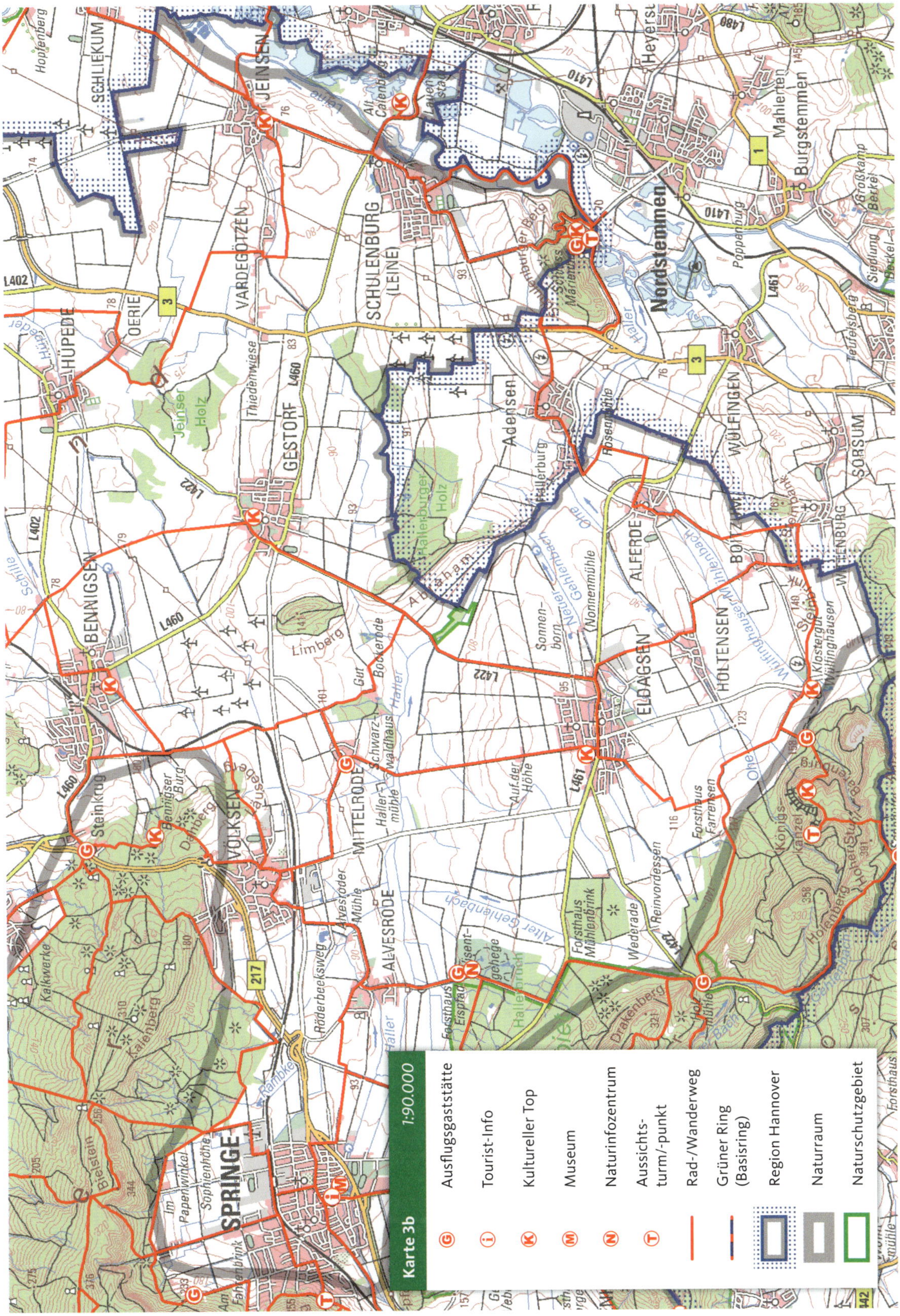

Karte 3b

1:90.000

G Ausflugsgaststätte
i Tourist-Info
K Kultureller Top
M Museum
N Naturinfozentrum
T Aussichtsturm/-punkt
Rad-/Wanderweg
Grüner Ring (Basisring)
Region Hannover
Naturraum
Naturschutzgebiet

Calenberger Lössbörde und Gehrdener Berg

3.1 Grenzen und Binnengliederung des Naturraums

Nördlich des Berglands schließt sich die fruchtbare, überwiegend als Ackerland genutzte Calenberger Lössbörde an. Sie ist Teil eines bis zu 30 km breiten Bandes, das sich als niedersächsische Bergvorlandzone nördlich des Mittelgebirges erstreckt und weiter östlich in der Magdeburger Börde und in der Leipziger Tieflandsbucht ihre Fortsetzung findet. Diese Zone bildet den Übergang zwischen dem Mittelgebirge und der Geest. Denn zum einen ragen aus der Lösslandschaft mehrere Hügel heraus, die aus den „Bergland-Gesteinen" des Juras und der Kreide bestehen (s. Tabelle S. 85), zum anderen hat sich der spät- und nacheiszeitlich angewehte Löss als mehr oder weniger mächtige Schicht über den Moränenschutt der Elster- und Saale-Kaltzeit gelegt. Im Bereich der Leineaue sowie nördlich von Wunstorf gibt es gleitende Übergänge zwischen Börde und Geest.

Die Grenzen des Naturraums Börde-West verlaufen im Süden längs der Berglandschwelle, im Osten und Norden an der Leineaue und im Nordwesten an der Steinhuder Meer – Niederung. Im Westen endet der Raum an der Regionsgrenze zum Landkreis Schaumburg, im Osten stößt teilweise der Landkreis Hildesheim an (s. Kap. 1 – Leineaue-Süd). Auch die Stadtlandschaft Hannover hat sich in die Calenberger Börde hinein entwickelt. Am Nordrand dieses Raumes hat sich zwischen Börde und Leineaue ein Verkehrs- und Siedlungsband geschoben, mit der Kernstadt Seelze in der Mitte.

Der dominierende Charakter der Lössbörde ist der einer Hügellandschaft, in der kleine, zumeist bewaldete Bergzüge die flachwellige Agrarlandschaft gliedern. Davon weichen zwei Teilräume ab: die weitgehend ungegliederte und flache Pattenser Ebene im Osten und die zum Bückebergvorland zählende, von der Westaue durchflossene Umgebung von Wunstorf im Westen. Im Calenberger Land ist der Lössgürtel nur ca. 10 – 15 km breit. Dennoch ist die Börde-West mit 482 km² zweitgrößter Naturraum der Region Hannover.

3.2 Geologie und Geomorphologie

Die Lössbörde ist während und nach der letzten Eiszeit, der Weichsel-Kaltzeit, entstanden. Starke Nordwinde bliesen das Feinmaterial aus dem Moränenschutt heraus, transportierten es über weite Entfernungen und lagerten es vor der Mittelgebirgsschwelle ab (äolische Sedimentation). Die <u>Lössdecke</u> hat im Calenberger Land eine Mächtigkeit von 2 m bis zu 0,2 m (am nördlichen Rand) und besteht aus hellgelblich-grauem Schluff. Daraus haben sich überwiegend Parabraunerde-Böden mit mächtigem humosem Oberboden entwickelt, die von hoher natürlicher Fruchtbarkeit sind. Anklänge an Schwarzerden, die weiter im Osten auf Löss

Blick vom Wolfsberg auf wertvolle Bördewälder, vorn das Stamstorfer Holz

vorherrschen, finden sich nur im Bereich Kirchwehren/Döteberg/Harenberg. Auf Grund von Tonmineralverlagerungen ist der Oberboden weitgehend entkalkt und zugleich haben sich Verdichtungshorizonte gebildet, auf denen sich das Wasser stauen kann. In ausgedehnten flachen Mulden sind Stauwasserböden (Pseudogleye) ausgebildet, die nur schwer ackerbaulich zu nutzen waren (s. Kap. 3.3). Deshalb haben sich an diesen Standorten Laubwälder und auch einzelne Grünlandflächen erhalten.

Die Lösszone wird gegliedert durch einige zumeist bewaldete Bergzüge und Hügel aus mesozoischen Gesteinen (s. Tabelle): Die bekanntesten sind Benther Berg, Gehrdener Berg und Stemmer Berg, der Süllberg ist mit 198 m ü. NN die höchste dieser Erhebungen.

Diese Bergzüge sind entweder im Zuge der Saxonischen Faltung (Gehrdener Berg, Stemmer Berg) oder durch Salztektonik (Benther Berg, Heisterberg) entstanden. In der Ebene zwischen Benthe,

Erhebung	Höhe in m ü. NN	Gestein[1]
Süllberg	198	Jura (Malm), Unterkreide (Serpulit)
Benther Berg	173	Trias (Buntsandstein)
Limberg	165	Trias (Muschelkalk, Keuper)
Gehrdener Berg	155	Oberkreide (Santon)
Vörier Berg	148	Unterkreide (Obernkirchen-Schichten)
Steinbrink	136	Trias (Muschelkalk)
Marienberg (Schulenburger Berg)	135	Trias (Buntsandstein, Muschelkalk)
Stemmer Berg	123	Unterkreide (Wealden), Dogger
Abraham/Haarberg	121	Trias (Muschelkalk)
Heisterberg/Linnenberg	91	Dogger (Mittlerer Jura)
Ronnenberg („Bettenser Garten")	91	Trias (Muschelkalk)
Mönckeberg	79	Unterkreide
Tienberg	79	Trias (Buntsandstein)

[1] *Quelle: Geologische Wanderkarte Landkreis Hannover (NATURHISTORISCHE GESELLSCHAFT ZU HANNOVER u. a. 1979)*

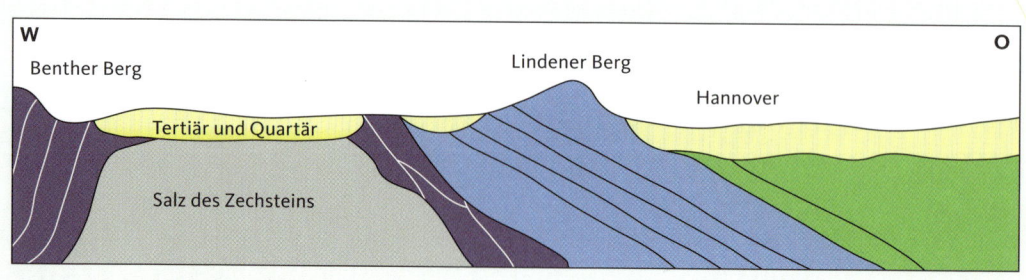

Schnitt durch den Benther Sattel (nach Schrader 1970)

■ *Trias* ■ *Jura* ■ *Kreide* ■ *Quartär*

Ronnenberg, Hannover-Linden und Gehrden liegt im Untergrund ein großer Salzstock, der aus dem ehemaligen Zechsteinmeer (vor mehr als 250 Mio. Jahren) stammt und aus diesem bis fast an die Erdoberfläche aufgestiegen ist. Der Prozess der Salztektonik kommt in Gang, wenn durch jüngere Ablagerungen (Trias, Jura, Unterkreide) ein erheblicher Druck auf die im Zechstein gebildete Salzschicht ausgeübt wird. Wenn dann Schwächezonen in das Deckgebirge kommen (z. B. infolge der Saxonischen Bruchschollentektonik, s. Kap. 2.2), steigt das plastisch gewordene Salz auf (s. Abb. oben). Der Salzstock durchstößt die über ihm liegenden Schichten und drückt sie an den Rändern hoch. Es verbleiben randlich des Salzstocks

Schichtrippen aus hartem, erosionsbeständigem Gestein (SCHRADER 1970, S. 92). Dies lässt sich am Benther Salzsattel gut nachvollziehen: Benther Berg, Heisterberg/Linnenberg und Mönckeberg stellen im Nordwesten, Bettenser Berg und auch der Lindener Berg (Stadtlandschaft Hannover) im Osten die durch Salztektonik aufgewölbten Schichtrippen dar. Oftmals sind die aufgeschobenen Gesteine in Steinbrüchen aufgeschlossen, so am Limberg, Steinbrink, Abraham, Süllberg, Gehrdener Berg, Benther Berg und Bettenser Garten. Wo kalkhaltiges Gestein ansteht (Muschelkalk, Jura), haben sich teilweise flachgründige Kalkrendzinen entwickelt (Gehrdener Berg, Limberg, Abraham/Haarberg, Schulenburger Berg).

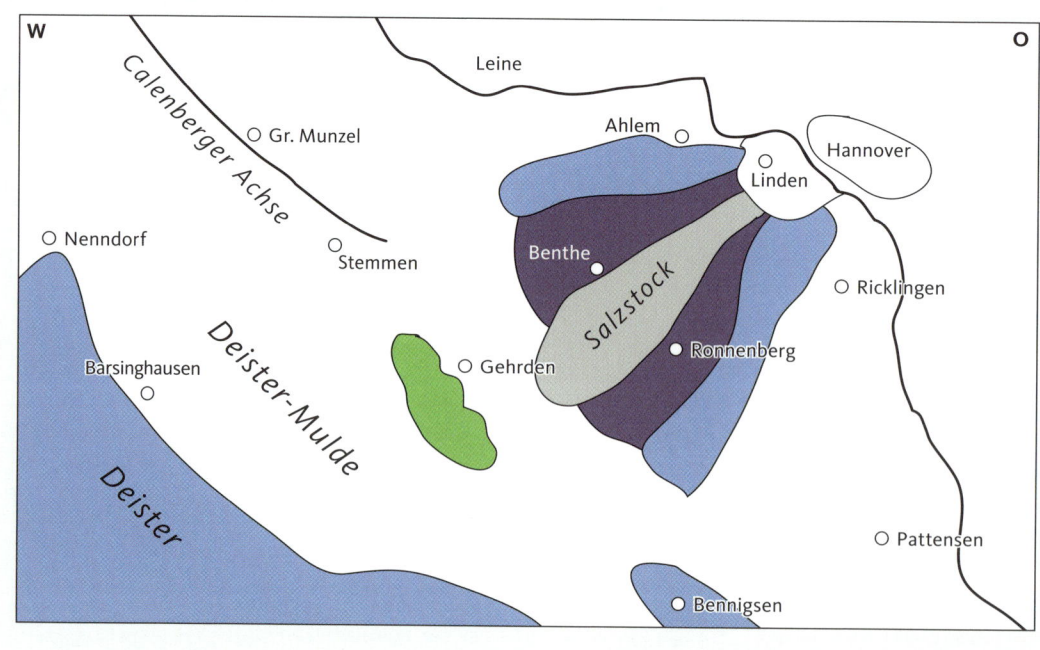

Der Benther Sattel und die Deistermulde (nach Schrader 1970)

■ *Trias* ■ *Jura* ■ *Kreide* ■ *Zechstein/Salzstock*

Gehrdener Berg und Deistermulde

Am Benther Salzstock förderten mehrere Bergwerke Kalisalze. Bei Empelde und Ronnenberg prägen Abraumhalden (bzw. was davon übrig ist) die Bördelandschaft. An einem anderen Salzstock bei Bokeloh dauert der Untertageabbau an (Kaliwerk Sigmundshall).

Die Börde-West wird durchzogen von einigen kleinen Flüssen, die die im südwestlichen Bergland entspringenden Bäche aufnehmen und alle in die Leine münden: Haller und Ihme entwässern nach Osten bzw. Nordosten und fließen in die Obere Leine südlich Hannover. Die Südaue, die von den parallel verlaufenden Deisterbächen gespeist wird, durchzieht die „Deistermulde" (zwischen Großem Deister und Gehrdener Berg/ Stemmer Berg) gen Nordwesten und fließt über die Westaue in die Untere Leine (bei Bordenau). Sie folgt damit einem alten Verlauf der Leine, die während der Saale-Kaltzeit diese Mulde ausgeräumt hat und damals bei Luthe auf den heutigen Leineverlauf traf (s. Themen-Info: Die Leine/Flussgeschichte S. 31). Die Westaue entsteht durch den Zusammenfluss der Rodenberger Aue und der Sachsenhäger Aue westlich von Mesmerode. Diese Fließgewässer werden teilweise von Ufergehölzen und Grünlandflächen begleitet und gliedern so die weitgehend ausgeräumte Bördelandschaft.

Der Süllberg ist die höchste Erhebung im Deistervorland.

Zusammenfluss Rodenberger und Sachsenhäger Aue

Stadt Ronnenberg (2)

3.3 Nutzungsgeschichte und heutige Nutzungsverhältnisse

Die langgestreckte, in West-Ost-Richtung nördlich der Mittelgebirge auf einer Ebene verlaufende Börde ist frühzeitig für die Anlage von Verkehrswegen prädestiniert gewesen. Ein sehr alter Handelsweg ist der „Hellweg vor dem Sandforde", der Minden und Hildesheim verband und in etwa dort verlief, wo sich heute die Bundesstraße 65 befindet. Eine wichtige Nord-Süd-Verbindung verlief längs der Leineniederung im Bereich der heutigen Bundesstraße 3 (und weiter im Norden längs des Wietzetales). Bis heute nutzen wichtige Straßen- und Schienenverbindungen diesen Raum (neben B 65 und B 3 vor allem die Autobahn A 2, die B 217 nach Hameln und die B 441 nach Wunstorf sowie die Bahnlinie über Minden ins Ruhrgebiet und Rheinland). Die Verkehrsgunst des Bördegürtels wird insbesondere durch die Lage des Mittellandkanals verdeutlicht, der an der Grenze von Börde und Geest verläuft.

Die fruchtbare Börde ist frühzeitig und vergleichsweise dicht besiedelt worden. Hierfür mussten die ehemals vorherrschenden Wälder stark zurückgedrängt werden. Die zahlreichen Bäche aus dem Mittelgebirgsraum sorgten für eine ausreichende Wasserversorgung und begünstigten die Ansiedlung. Charakteristischer Siedlungstyp in der Börde ist das Haufendorf, charakteristischer Haustyp das Vierständerhaus. Auf Grund der guten Böden rückten die Höfe in den Bördedörfern

enger zusammen als in der Geest (HANNIG 1988). Im 12. und 13. Jahrhundert entwickelten sich aus Bördedörfern die ersten Städte: Pattensen, Springe, Eldagsen und Wunstorf. Voraussetzungen für eine frühmittelalterliche Stadtgründung waren die Lage an einem wichtigen Verkehrsweg und Möglichkeiten der Verteidigung. So hatte Springe (damals noch „Hallerspringe") eine wichtige Funktion als Post- und Kutschenstation vor der Deisterpforte. Eldagsen bekam Stadtrecht als Verwaltungs- und Gerichtssitz der Grafen von Hallermunt, deren Burg am Kamm des nahen Kleinen Deisters lag (s. Kap. 2 – Bergland). Die heutigen Städte Gehrden, Barsinghausen, Ronnenberg und Seelze haben erst im 20. Jahrhundert das Stadtrecht bekommen, zuletzt 1999 Hemmingen.

Burggraben des Rittergutes Bettensen

Rittergut Wichtringhausen (5)

Wichtringhausen – eine Wasserburg (5)

Charakteristisch für das Calenberger Land sind die zahlreichen <u>Rittergüter</u>. Die Ansiedlung von Landadligen in der Calenberger Börde geht auf das mittelalterliche Lehnswesen zurück und beginnt im 12. Jahrhundert (z. B. Wasserburg Wichtringhausen). Gutsanlagen und „Herrenhäuser" finden sich in vielen Bördedörfern, aber auch außerhalb in der Bördelandschaft (z. B. Düendorf südlich Wunstorf, Lathwehren-Dunau, Erichshof bei Everloh, Bettensen östlich Weetzen, Bockerode nördlich Eldagsen). Viele Rittergüter sind ursprünglich als „Wasserburg" angelegt gewesen: Breite Wassergräben waren im Flachland einfacher zu bauen als ausreichend starke Befestigungsmauern. Die Anlage als Wasserburg ist in den Rittergütern von Wichtringhausen, Nord- und Großgoltern, Eckerde, Leveste, Bettensen und Bennigsen

noch gut erkennbar. Die heutigen „Herrensitze" der Landadligen und Großgrundbesitzer wurden zumeist zwischen dem 16. und dem 19. Jahrhundert gebaut. Während die älteren vorwiegend aus Sandstein gemauert wurden (z. B. Wichtringhausen, Stemmen, Groß Munzel), sind die Landsitze des 18. Jahrhunderts zumeist in Fachwerkbauweise entstanden (Langreder, Großgoltern; vgl. Hannig 1988, S. 26).

Die Börde ist heute eine weiträumig offene, durch <u>Ackerbau</u> geprägte Landschaft. Die fruchtbaren Böden haben eine intensive Nutzung ermöglicht, die kaum Platz lässt für Brachstreifen oder Gehölzstrukturen. Nach einem geflügelten Wort ist die Zuckerrübe in dieser Landschaft die höchste schattenspendende Pflanze. Dies ist natürlich etwas übertrieben; es übersieht die charakteristischen Baumalleen an den klassifizierten Straßen und die ebenfalls typischen Obstbaumreihen an einzelnen Feldwegen und verkennt die erheblichen Bemühungen in den letzten Jahrzehnten, durch Pflanzmaßnahmen eine bessere Strukturierung der Landschaft durch Gehölze zu erreichen.

Weizen und Zuckerrüben sind nach wie vor die am stärksten verbreiteten Anbaupflanzen in diesem Raum. Die Zuckerfabriken in Weetzen und Groß Munzel sind allerdings inzwischen geschlossen, die Zuckerproduktion wurde nach Nordstemmen und Clauen im Landkreis Hildesheim verlagert. Verblieben sind die ehemaligen <u>Klärteiche</u>, die das Wasser aus der Rübenreinigung aufgenommen hatten.

Kirschallee zum Bettenser Garten

RITTERGÜTER UND HERRENHÄUSER IN DER REGION HANNOVER (AUSWAHL)

Raum	Ortschaft, Name	Stadt/Gemeinde	Besitzer/Familie	Besonderheiten
LS/SH	Ricklingen	Hannover	Stiftung Edelhof (von der Osten) (früher: von Alten)	Edelhof, einzige geschlossen erhaltene Gutsanlage im Stadtgebiet Hannover
LS	Hemmingen	Hemmingen	von Alten	
LS	Wilkenburg	Hemmingen	von Campe (früher: von Alten)	Weißstorchhorst
LS/BW	Reden	Pattensen	von Reden	
LS/SH	Laatzen	Laatzen	Stadt Laatzen (früher: von Alten)	Standesamt, früher Rathaus der Stadt
LS/SH	Gleidingen	Laatzen	von Stark	
BL/BW	Egestorf, Obergut	Barsinghausen	von Schneider-Egestorf	
BW	Großgoltern	Barsinghausen	von Alten	Wasserburganlage erhalten, große Parkanlage
BW	Nordgoltern	Barsinghausen	von Alten	Wasserburganlage erhalten
BW	Groß Munzel	Barsinghausen	von Hugo	
BW	Langreder	Barsinghausen	von Ilten	historische Wassermühle
BW	Leveste	Barsinghausen	Freiherren Knigge	Herrenhaus auf Standort einer ehemaligen Wasserburg
BW	Stemmen	Barsinghausen	Freiherr von Rössing	
BW	Wichtringhausen	Barsinghausen	Freiherr Langwerth von Simmern	Wasserburganlage erhalten
BW	Eckerde I	Barsinghausen	von Heimburg	Wasserburganlage erhalten, 6 ha großer restaurierter Landschaftspark
BW	Eckerde II	Barsinghausen	von Ilten – Ausmeyer	
BW	Düendorf	Wunstorf	Tofahrn (von Mandelsloh)	
BW	Lathwehren-Dunau	Seelze	von Alten	Galerieholländermühle
BW	Erichshof, Everloh	Gehrden	Seeßelberg-Buresch	
BW	Lemmie	Gehrden	von Wedemeyer	denkmalgeschützter Garten
BW	Lenthe, Obergut	Gehrden	von Lenthe	Geburtshaus und Gedenkstein Werner v. Siemens (*1816)
BW	Lenthe, Untergut	Gehrden	Freiherr von Richthofen	als Landschaftsgarten restaurierter Gutspark
BW	Bettensen	Ronnenberg	Freiherr von Münchhausen	gut erhaltenes Ensemble mit Bettenser Gut, B. Mühle, B. Garten, B. Holz und verknüpfenden Wegen
BW	Bredenbeck	Wennigsen	Freiherren Knigge	Geburtshaus von Adolf Freiherr Knigge (*1752), heutige bauliche Anlage von Laves (1810)
BW	Gestorf I	Springe	von Ilten	Schlosspark mit Teichen, Therapiezentrum
BW	Gestorf II	Springe	Flohr (früher: von Jeinsen)	
BW	Gestorf III	Springe	von Jeinsen	
BW	Bennigsen	Springe	von Bennigsen	Wasserburganlage erhalten, historischer Park, Scheune als Konzertsaal ausgebaut
BW	Bockerode	Springe	Voltmer (früher: Bock v. Wülfingen)	wertvoller Laubwald angrenzend
BW	Eldagsen, Obergut	Springe	von Wedemeyer	
BW/LN	Liethe	Wunstorf	privat	
LN	Bordenau	Neustadt a. Rbge.	Fischer-Krumbuch (von Scharnhorst)	Geburtshaus und Denkmal des preußischen Heeresreformers von Scharnhorst
LN/GW	Poggenhagen	Neustadt a. Rbge.	Harms (früher: von Campen)	ca. 3 ha große Parkanlage, Allee durch das Poggenhäger Holz, "KulturGut"
LN	Evensen	Neustadt a. Rbge.	Seehawer (urspr. von Mandelsloh)	Hofcafé und landwirtschaftl. Museum
GO	Heitlingen	Garbsen	privat (früher von Hethlage)	ehemals kleinstes Rittergut in Calenberg, Rosengarten (Gartenarchitekt Hübotter)
GO	Lohne	Isernhagen	Hoyermann/ Lebenshilfe Hannover	
GO	Uetze	Uetze	privat (ursprünglich: von Uttensen)	Junkerhof, Herrenhaus als gut erhaltenes Fachwerkgebäude
BO	Ahlten	Lehrte	Schlemm	gut erhaltenes Herrenhaus
BO	Rethmar	Sehnde	Freiherr von Wackerbarth / Betriebsgesellschaft (früher: von Rutenberg)	barocke Dreiflügelanlage, Gutshof mit Restaurant, Kneipe, Theater, Heimatmuseum
BO	Bolzum	Sehnde	Böhm	

Quellen: Osten, v.d. (1996) und Unterlagen der Calenberg-Grubenhagenschen Landschaft, der Freifrau Britta von Münchhausen sowie des Landschaftsarchitekten Manfred Wassmann

Weetzener Klärteiche

Die größte Kalihalde der Region: Sigmundshall bei Bokeloh

<u>Wälder</u> sind nur noch inselhaft erhalten: auf den Kuppen und Kämmen der Hügel und Höhenzüge und in den Stauwassersenken, auf schlecht nutzbaren Pseudogleyböden. Sie werden in der Regel relativ extensiv als Bauernwälder bewirtschaftet und zeigen eine standortentsprechende Bestockung aus den Laubbaumarten Eiche (*Quercus robur, Q. petrea*), Hainbuche (*Carpinus betulus*) und Buche (*Fagus sylvatica*).

Auf diesen Standorten, im Kontakt zu den Eichen-Hainbuchenwäldern sind auch einzelne <u>Grünlandflächen</u> verblieben, z.B. am Stamstorfer Holz, am Deveser Holz, am Velberholz und an der Munzeler Mark. Grünland findet sich auch in den etwas breiteren Bach- und Flussauen, vor allem an Haller, Ohe, Fuchsbach, Ihme und Südaue sowie in Ortsnähe, insgesamt aber weniger als in allen anderen Naturräumen der Region. Einen abweichenden Charakter hat der westliche Teil des Naturraums (Bückebergvorland): Oberhalb von Wunstorf liegen an der Westaue und ihren Nebengewässern noch ausgedehnte Niederungsbereiche, die überwiegend als Grünland bewirtschaftet werden. Aber auch hier geht der Grünlandanteil zurück.

Der <u>Kalibergbau</u> hat große unterirdische Hohlräume und entsprechend hohe Rückstandshalden hinterlassen. Während die Kalihalde in Empelde mit Bauschutt und Boden überzogen und dann erfolgreich begrünt wurde, ist der künstliche Berg in Ronnenberg in den letzten Jahren (bis 2005) bis auf einen plateauartigen Sockel abgetragen worden. Die Salzrückstände wurden in der Schachtanlage Asse bei Wolfenbüttel verfüllt. Die Kalihalde in Wunstorf-Bokeloh ist mehr als dreimal

so groß wie die Halden in Empelde und Ronnenberg (BUND 2013), Tendenz steigend: Das Kaliwerk Sigmundshall ist als einziges in der Region noch heute in Betrieb.

Charakteristisch in diesem Naturraum ist die Vielzahl an historischen <u>Wassermühlen</u>. Viele der aus dem Bergland kommenden Bäche und kleinen Flüsse wurden in der Börde zur Energiegewinnung aufgestaut. Von 57 ehemaligen Wassermühlen der Region Hannover liegen 30 in der Börde-West (vgl. v. KROSIGK u. SAHLING 1996). Heute sind sie überwiegend stillgelegt oder auch beseitigt. Nur 3 Wassermühlen produzierten in diesem Naturraum 1996 noch Energie: Die Kokemühle an der Südaue bei Barrigsen, die Nonnenmühle am Neuen Gehlenbach unterhalb von Eldagsen und die Hallermühle an der Haller (Mühlengraben) bei Mittelrode (ebda.).

Größer ist heute die Bedeutung der Grundwasservorkommen für die <u>Wasserversorgung</u> der Region. Im Bereich des ehemaligen Leine-Verlaufs (z.B. in der Deistermulde) sind unterhalb der Lössschicht pleistozäne Sande und Kiese in Mächtigkeiten bis zu 40 m abgelagert, die hervorragende Grundwasserspeicher darstellen (PGL 1996). Hier entnehmen die Wasserwerke Eckerde, Landringhausen, Forst Esloh (südlich Dedensen) sowie Barne und Hohenholz (in Wunstorf) ihr Wasser. Das Bild der Landschaft wird heute in Teilen durch Gruppen neuzeitlicher <u>Windenergieanlagen</u> geprägt, die in dieser transparenten Landschaft weithin sichtbar sind, so bei Bokeloh, auf dem „Mühlenberg" bei Holtensen (Barsinghausen) sowie bei Leveste, Bennigsen und Pattensen. Kleinere Anlagen stehen auf dem Stemmer Berg und auf dem Vörier Berg.

Frühjahrsgeophyten im Jeinser Holz

Dunkles Lungenkraut (Pulmonaria obscura)

3.4 Haupt-Biotoptypen und wichtige Lebensräume

Eichen- und Hainbuchen-Mischwälder

Naturentsprechend und für den Naturschutz besonders wertvoll sind in diesem Raum die Eichen-Hainbuchenwälder, die in nicht geringer Zahl in den flachen Mulden auf staufeuchten Pseudogleyböden wachsen. Es sind zumeist von Natur aus gut nährstoff- und basenversorgte, mehr oder weniger feuchte Standorte, auf denen sich eine artenreiche Krautflora mit auffallendem Blühaspekt im Frühjahr entwickelt. Bei wasserzügigen Verhältnissen hat die Esche (*Fraxinus excelsior*) einen hohen Anteil am Waldaufbau. Charakteristische und häufige Frühjahrsgeophyten sind Weißes Buschwindröschen (*Anemone nemorosa*), Scharbockskraut (*Ranunculus ficaria*), Große Sternmiere (*Stellaria holostea*), Waldmeister (*Galium odoratum*), Wald-Veilchen (*Viola reichenbachiana*) und Aronstab (*Arum maculatum*). Etwas seltener und auf basenreiche Standorte beschränkt sind Gelbes Windröschen (*Anemone ranunculoides*), Hohler Lerchensporn (*Corydalis cava*), Einbeere (*Paris quadrifolia*), Dunkles Lungenkraut (*Pulmonaria obscura*),

THEMEN-INFO: BIOTOPVERBUND

Vernetzung von Wäldern

Wie Inseln im Meer liegen die naturentsprechenden Laubwälder der Börde in der intensiv genutzten offenen Agrarlandschaft. Die typischen Waldlebewesen entstammen der ehemals grenzenlosen mitteleuropäischen Waldlandschaft und sind für das Leben im Offenland nicht geschaffen. Ihnen fehlen dort das schattig-feuchte Kleinklima, die Deckung und oftmals auch ein Nahrungsangebot, das sie nutzen können. Stenöke (eng gebundene) Waldtiere wie der Feuersalamander (*Salamandra salamandra*), die Gelbhalsmaus (*Apodemus flavicollis*) oder viele Laufkäferarten verlassen ihren Wald nicht, wenn der nur von Offenland umgeben ist. Das ist v.a. deshalb problematisch, weil die Bördewälder inzwischen oftmals zu klein sind, um ganze Populationen der Waldtierarten beherbergen zu können. Und auch bei Arten mit geringeren Ansprüchen an die Größe ihres Lebensraumes muss der Austausch zwischen den Populationen möglich sein, damit Inzuchteffekte vermieden werden. Deshalb ist die Vernetzung von Wäldern wichtig.

Sie ist möglich durch die Anpflanzung breiter Hecken und Gehölzstreifen oder durch die Anlage kleiner Wäldchen, um die Abstände zwischen bestehenden Wäldern zu verringern. Aber nicht überall in der Börde – das wiederum würde die Offenlandarten (vielfach ehemalige Steppenbewohner wie der Hamster) zurückdrängen und gefährden – sondern gezielt dort, wo Waldlebensräume miteinander zu verknüpfen sind. Im Landschaftsrahmenplan der Region (LRP) ist ein Biotopverbundsystem entwickelt worden, dem zu entnehmen ist, wo Waldvernetzung erforderlich ist und wo nicht.

Rotmilan (Milvus milvus) (1)

Grünspecht (Picus viridis) (1)

Ährige Teufelskralle (*Phyteuma spicatum*), Wald-Sanikel (*Sanicula europaea*) und die Orchideenarten Großes Zweiblatt (*Listera ovata*) und Stattliches Knabenkraut (*Orchis mascula*). In stärker vernässten Lagen kommen Wald-Ziest (*Stachys sylvatica*), Hohe Schlüsselblume (*Primula elatior*) und Bach-Nelkenwurz (*Geum rivale*) hinzu. Daneben gibt es auch weniger krautreiche Ausprägungen auf nur mäßig basenreichen Böden. Hier dominieren weniger anspruchsvolle Arten wie Wald-Geißblatt (*Lonicera periclymenum*), Flattergras (*Milium effusum*) und Vielblütige Weißwurz (*Polygonatum multiflorum*).

In der Baumschicht sind neben Stieleiche (*Quercus robur*), Hainbuche (*Carpinus betulus*) und Buche (*Fagus sylvatica*) auch die Edellaubhölzer Esche (*Fraxinus excelsior*), Bergahorn (*Acer pseudoplatanus*) und Winter-Linde (*Tila cordata*) vertreten. Die Buche, die auf staunassem Boden nicht zurechtkommt, kann in diesen Wäldern dominant werden, wenn die staufeuchten Böden entwässert wurden (auch in Folge der Grundwassergewinnung) oder wenn die Eichendominanz nur auf die frühere Waldnutzung zurückgeht. Eichen und Hainbuchen wurden auf Grund ihres besseren Ausschlagvermögens durch die traditionellen Formen der Waldweide sowie der Mittel- und Niederwaldnutzung gegenüber der Buche begünstigt.

Als charakteristische Vogelarten nisten in diesen Wäldern Mittelspecht (*Dendrocopus medius*; s. Kap. 2.4), Grünspecht (*Picus viridis*), Waldschnepfe (*Scolopax rusticola*), Pirol (*Oriolus oriolus*) und Gartenrotschwanz (*Phoenicurus phoenicurus*). Besonders typisch in der Börde ist der Rotmilan (*Milvus milvus*), der in diesen Wäldern brütet, aber außerhalb auf Nahrungssuche geht.

Gut ausgeprägte Eichen-Hainbuchenwälder befinden sich in folgenden Waldgebieten (von Nordwest nach Südost): Hohenholz (Westteil), Laubwald Brand, Fohlenstall, Munzeler Mark, Lohnder und Almhorster Wald, Kirchwehrener Wald/Großes Holz, Levester Holz, Velberholz, Ronnenberger Holz, Wettberger Holz, Hengstmannsbusch, Deveser Holz, Bürgerholz/Ohlendorfer Holz, Bettenser Holz, Linderter Holz/Stamstorfer Holz, Jeinser Holz, Elmschebruch.

Auf kalkhaltigen Böden wächst der Waldmeister-Buchenwald (Galio-Fagetum) mit Einblütigem Perlgras (Melica uniflora). (2)

Bördelandschaft vor der Schwelle (Großer Deister)

Buchenwälder der Höhenzüge und Hügelkuppen

Die naturnahen Laubwälder der Anhöhen und Bergzüge dieses Naturraums stellen vegetationsgeografische Vorposten des Mittelgebirges dar. Je nach Ausgangsgestein und darauf erfolgter Ausbildung des Bodens wachsen hier die verschiedenen Typen des Buchenwalds, die wir bereits bei der Besprechung des Berglands kennen gelernt haben.

Der Hainsimsen-Buchenwald (*Luzulo-Fagetum*) besiedelt die eher sauren Böden auf Buntsandstein (Benther Berg) und Wealden-Sandstein (Stemmer Berg). Bei Lössauflagen werden die Bestände etwas artenreicher: Das Wald-Flattergras (*Milium effusum*) und das Schattenblümchen (*Maianthemum bifolium*) kommen hinzu. Eine große Vielfalt der Krautflora kennzeichnet die Waldmeister-Buchenwälder (*Galio-Fagetum*) auf Muschelkalk und Juragestein. Auf dem Abraham wächst eine Ausprägung, in der das Einblütige Perlgras (*Melica*

Leberblümchen (Hepatica nobilis) am Gehrdener Berg

uniflora) dominiert und das Wald-Sanikel (*Sanicula europaea*) häufig ist. In gut ausgeprägten Kalkbuchenwäldern wachsen seltene Orchideen und Liliengewächse wie Kleinblättrige Stendelwurz (*Epipactis microphylla*), Weißes und Schwertblättriges Waldvögelein (*Cephalanthera damasonium, C. longifolia*) und – selten – die Türkenbund-Lilie (*Lilium martagon*). Im zeitigen Frühjahr blühen hier Leberblümchen (*Hepatica nobilis*) und Frühlings-Platterbse (*Lathyrus vernus*).

Steinbrüche und Kalkmagerrasen

In den alten Kalksteinbrüchen und auf flachgründigen Kalkrendzinen wachsen interessante „kalkholde" Pflanzenarten, die weiter nördlich auf den sauren Sandböden der Geest nicht mehr gedeihen können. Am Westhang des Gehrdener Bergs finden sich Kalkmagerrasen, in denen als charakteristische Arten Zittergras (*Briza media*), Arznei-Thymian (*Thymus pulegioides*) und Dornige Hauhechel (*Ononis spinosa*) wachsen. In dem ehemaligen Kalksteinbruch am Burgberg (Nordseite des Gehrdener Bergs) gedeihen weitere seltene Pflanzen, die nährstoffarmen Kalkboden benötigen und die Wärmegunst des sonnenexponierten Südwesthangs nutzen: Fransen-Enzian (*Gentianella ciliata*), Golddistel (*Carlina vulgaris*) und Stängellose Kratzdistel (*Cirsium acaule*). (WICKE 1997) Am Steinbrink, ganz im Süden dieses Naturraums, wachsen interessante Gehölze: Wild-Apfel (*Malus sylvestris*) und Wild-Birne (*Pyrus pyraster*) sowie seltene Wildrosenarten (*Rosa subcollina* und *Rosa pseudoscabriuscula*).

THEMEN-INFO: GEBIETSHEIMISCHE GEHÖLZE

Schlehenhecke (Prunus spinosa) in der Springer Bucht

Bei Baumschulen und Gartenbauzentren hat in jüngster Zeit ein neuer Passus des Bundesnaturschutzgesetzes für erheblichen Wirbel gesorgt, wonach ab 2020 nur noch „gebietsheimische" oder auch „gebietseigene" Gehölze gepflanzt werden dürfen. Der Gesetzgeber hat extra eine mehr als 10-jährige Übergangszeit vorgesehen, weil die bisherige Praxis sehr weit von diesem Ziel entfernt ist. Es werden nämlich derzeit bis zu 90% der von den Baumschulen angebotenen Gehölze einheimischer Arten aus Süd- und Südosteuropa bezogen (MLUV BRANDENBURG 2008). Und gleichzeitig lebt die sehr leistungsfähige deutsche Baumschulwirtschaft vom Export, möchte also ihrerseits die von ihr herangezogenen Gehölze möglichst europaweit und darüber hinaus vertreiben können. Dem steht allerdings der Schutz der Biodiversität entgegen: Nach der diesbezüglichen Konvention von Rio (1992) ist auch die innerartliche Vielfalt, also z. B. die Vielfalt an regionalen Ökotypen, zu erhalten. Dabei wird davon ausgegangen, dass eine Art bei sich verändernden Umweltbedingungen besser überleben kann, wenn sie „genetisch breiter aufgestellt" ist.

Die Maßgabe, dass bei Pflanzmaßnahmen in der Landschaft nur heimische Arten verwendet werden sollen, hat sich weitgehend durchgesetzt. Wenn jetzt gebietsheimische Gehölze gefordert werden, bedeutet das, dass nur Herkünfte aus der näheren Umgebung verwendet werden sollen. Für die Region Hannover sind das nach einem Leitfaden des Bundesumweltministeriums die Vorkommensgebiete „Norddeutsches Tiefland" und „Westdeutsches Bergland und Oberrheingraben" (BMU 2012). Ob das ausreicht, um die innerartliche Vielfalt zu erhalten, ist zweifelhaft.

Die Regionsverwaltung Hannover hat sich zunächst einmal aufgemacht, die bestehenden Vorkommen gebietsheimischer Gehölze zu erkunden. Systematisch wurden alte Waldränder und Heckengebiete, Felskuppen, spontan verbuschte Steinbrüche und Bodenabbaustellen, Feldgehölze, Gewässer- und Moorränder untersucht, um die Gehölzbestände herauszufiltern, die mit Sicherheit indigen und zudem geeignet sind, als genetisches Reservoir für die regionstypischen Baum- und Straucharten zu dienen (KUNZMANN 2008 und 2011). Die Sicherung dieser Bestände ist eine Voraussetzung, um sie für die zukünftige Heranziehung und Pflanzung gebietsheimischer Gehölze nutzen zu können.

Mittlerer Wegerich (Plantago media)

Feldlerche (Alauda arvensis) (1)

Sie haben sich hier neben vielen anderen Strauch- und Baumarten auf den wärmebegünstigten, trockenen Kalkstandorten im Zuge der natürlichen Vegetationsentwicklung (Sukzession) angesiedelt (Kunzmann 2008, S. 22). Am Stemmer Berg tritt oberhalb des Rittergutes im Bereich von Hangkanten Kalkgestein (Dogger) zutage, auf dem sich – bei Südwest-Exposition – ein Kalkmagerrasen entwickelt hat. Charakteristische Arten sind hier Fiederzwenke (*Brachypodium pinnatum*), Wirbeldost (*Clinopodium vulgare*), Knolliger Hahnenfuß (*Ranunculus bulbosus*) und Mittlerer Wegerich (*Plantago media*) (PGL 2001).

Lössäcker
Die Calenberger Bördelandschaft ist geprägt durch ausgedehnte Ackerflächen. Auch hier gibt es charakteristische Arten. Der Feldhamster (*Cricetus cricetus*), für den die lehmigen Lössböden ideal zum Graben seiner Baue und Gänge sind und die Weizenäcker genügend Nahrung bieten, kann als die Leittierart der westlichen Börde gelten (s. Kap. 3.6). Er stößt im Calenberger Land an die westliche Grenze seines Verbreitungsareals.

Auch gibt es eine Reihe von Vogelarten, die die weiträumig offene, „ausgeräumte" Landschaft bevorzugen. Noch fast flächendeckend verbreitet ist die Feldlerche (*Alauda arvensis*) als Brutvogel, wenngleich die Siedlungsdichte durch die Intensivierung des Ackerbaus zurückgegangen ist. Zwischen Mitte März und Ende Juni lässt sich bei einem Spaziergang durch die Feldmark allerorten das Tirillieren der revieranzeigenden Männchen vernehmen, die in der Luft zu stehen scheinen. Häufig fehlt es aber in Folge von Flurbereinigungen an blütenreichen Randstreifen und kleinflächigen Brachen, auf denen sich Insekten

Feldhamster (Cricetus cricetus) (36)

THEMEN-INFO: RÜCKGANG DER GRAUAMMER

Grauammer (Miliaria calandra) (37)

Die Grauammer (*Miliaria calandra*) war in den Agrarlandschaften der Börde und des Flachlandes bis in die 1950er Jahre eine weit verbreitete Art. Sie wurde sogar als Leitart der nahezu gehölzfreien Ackergebiete in den Lössbörden angesehen (s. FLADE 1994). Seit etwa 1960 geht die größte der heimischen Ammern, deren Flugbild wegen der oft herabhängenden Beine unverkennbar ist, kontinuierlich zurück. Für den Raum Pattensen ist der Rückgang gut dokumentiert: BRÄUNING fand in dem Gebiet zwischen Lüdersen, Pattensen, Jeinsen und Gestorf 1993 noch 23 besetzte Singplätze der Männchen vor, 2000 waren es nur noch 11, 2001 gar nur 5 (JUNG IN DENKER et al. 2006). Die Naturschutzbehörde reagierte, legte in der intensiv genutzten Ackerflur eine etwa 4,5 ha große Brachfläche an und beauftragte ein mehrjähriges Monitoring, um die Bestandsentwicklung der Grauammer zu kontrollieren.

Leider führten diese Maßnahmen nicht mehr zum Erfolg: Das sogenannte „Grauammerbiotop", das als Rotationsbrache mit drei unterschiedlichen Stadien gepflegt wurde, entwickelte sich zwar zum Brutplatz einiger

gefährdeter Feldvogelarten (Feldlerche, Rebhuhn, Wiesenpieper), nicht aber für die Grauammer. Das Monitoring geriet zur Dokumentation des Erlöschens der lokalen Population: 2003 wurden noch 3 singende Männchen, 2004 und 2005 jeweils 2 Brutpaare und 2006 noch ein Brutpaar festgestellt, alle westlich von Hüpede, wo die Bäume an der Landesstraße oder auch der Mast einer Hochspannungsleitung als Singwarte genutzt wurden (DENKER et al. 2006). Seit 2007 ist das Vorkommen erloschen (JUNG 2013, mdl.) und es ist heute davon auszugehen, dass die Grauammer in der gesamten Region Hannover als Brutvogel verschwunden ist. Gründe für diese Entwicklung werden insbesondere in der Nutzungsintensivierung der Landwirtschaft gesehen (BAUER et al. 2012): Wenn immer früher geerntet und nach der Ernte sofort umgebrochen wird, wenn intensiv gespritzt wird, so dass keine Ackerwildkrautfluren aufkommen, und wenn die Schläge immer größer werden und Randstreifen sowie kleinflächige Brachen verschwinden, fehlt es an Nahrung in der Landschaft. Dies gilt für einen Stand- bzw. Strichvogel (Teilzieher) wie die Grauammer besonders auch im Winterhalbjahr.

Ausgeräumte Ackerflur bei Harenberg

entwickeln können. Die flüggen Feldlerchenjungen benötigen eiweißreiche Insektennahrung, um zu wachsen. Dies ist in der ausgeräumten und intensiv gespritzten Ackerlandschaft ein Mangelfaktor, und so steht auch die Feldlerche inzwischen schon auf der Roten Liste. Andere Feldvogelarten wie Schafstelze (*Motacilla flava*), Kiebitz (*Vanellus vanellus*), Wachtel (*Coturnix coturnix*), Rebhuhn (*Perdix perdix*) und Wiesenpieper (*Anthus pratensis*) sind weniger häufig, aber ebenfalls charakteristisch für die überwiegend offene Landschaft. Das Rebhuhn benötigt allerdings kleinflächige Strukturen (Brachstreifen oder Gebüsche), an denen es sich verstecken kann. Der Kiebitz, ursprünglich eine Art der baumlosen Moore und Feuchtwiesen, liebt weiträumige Offenheit und ist vielfach auf Ackerflächen ausgewichen; er bekommt hier aber oftmals seine Jungen nicht groß, weil es an genügend Nahrung und an geeigneten Aufzuchtplätzen mangelt und auch weil die Nester in den wenigen Brachen und Extensiväckern leichte Beute für Prädatoren sind (BAUER et al. 2012, S. 435). Generell stellt für die genannten Feldvögel, die alle am Boden brüten, die mögliche Prädation durch Raubsäuger wie Fuchs (*Vulpes vulpes*), Hermelin (*Mustela erminea*) und Mauswiesel (*Mustela nivalis*) sowie durch Greifvögel und Krähen ein oftmals tödliches Risiko dar, und die Nahrungssuche wird in der strukturarmen Landschaft immer schwieriger. Mit der Grauammer (*Miliaria calandra*) ist ein früher häufiger Charaktervogel der Bördelandschaft im Regionsgebiet verschwunden (s. Themen-Info Grauammer S. 97).

Erst im Verlauf der 1990er Jahre wurde bekannt, dass nicht nur Feuchtgebiete, sondern auch die offenen Ackergebiete der Börde eine erhebliche

Schafstelze (Motacilla flava) (38)

Rebhuhn (Perdix perdix) (1)

Kiebitze (Vanellus vanellus) auf dem Durchzug (39)

Bedeutung für durchziehende Gastvögel haben (PGL 1996, S. 36). Insbesondere Kiebitze (*Vanellus vanellus*) rasten in großer Zahl während des Wegzugs im Herbst auf den dann kahlen Ackerflächen (daneben auch andere Limikolen wie Goldregenpfeifer – *Pluvialis apricaria*). Besonders beliebt sind flache Anhöhen wie der Holtenser Mühlenberg nordöstlich von Groß Munzel. Kiebitze und andere Limikolen (Watvögel) halten Abstand von Wäldern, Hecken und Gebüschen, aus denen sie Angriffe von Raubsäugern befürchten. Aus den offenen Ackerböden picken sie mit ihren langen Schnäbeln Würmer und Insektenlarven, ducken sich zum Schlafen in die Ackerfurchen und tanken so Energie auf für den Weiterflug in die Überwinterungsquartiere. Auch im zeitigen Frühjahr auf dem Heimzug in die Brutreviere wird hier gerastet, allerdings ist dann der Aufenthalt zumeist nur kurz. In dem Raum zwischen Barsinghausen, Wunstorf und Seelze befindet sich ein flachwelliger, insgesamt über 3.000 ha großer Bereich, der als Gastvogelgebiet überregionale Bedeutung hat.

Kalkäcker

Wo an den Flanken der Hügel und Höhenzüge oberflächennahes Kalkgestein in die oberste Bodenschicht gepflügt wird, können sich bei nicht zu intensiver Ackernutzung spezielle Ackerwildkrautfluren mit seltenen und gefährdeten Arten zeigen. So sind vom Stemmer Berg Bestände des Acker-Rittersporns (*Consolida regalis*) und der Stinkenden Hundskamille (*Anthemis cotula*) bekannt. Am Gehrdener Berg wachsen Acker-Steinsame (*Lithospermum arvense*), Acker-Ziest (*Stachys arvensis*), Spießblättriges Tännelkraut (*Kickxia elatine*), Ackerröte (*Sherardia arvensis*) und Knollen-Platterbse (*Lathyrus tuberosus*). (Wicke 2013, mdl.)

Bördelandschaft bei Groß Munzel

Bördebäche und -flüsse

Die weiträumige Ackerlandschaft wird gegliedert durch die aus dem Bergland kommenden Fließgewässer und ihre Talauen. Als kleine Flüsse können die Haller, die Ihme, die Westaue (mit Rodenberger Aue) und die Südaue bezeichnet werden. Haller und Westaue werden der Güteklasse II (mäßig belastet) zugeordnet, die anderen sind kritisch belastet (Güteklasse II bis III) (LRP). An der Ihme und ihren Oberläufen Wennigser Mühlbach und Bredenbecker Bach werden verschiedene Renaturierungsmaßnahmen umgesetzt. Und auch die Rodenberger Aue kann sich innerhalb breiter Randstreifen frei entwickeln.

In diesen Fließgewässern kommen einige wertbestimmende <u>Fischarten</u> vor: Für die Oberläufe ist die Koppe (*Cottus gobio*) charakteristisch (s. Kap. 2.4). In den anschließenden Abschnitten kommt mit dem Steinbeißer (*Cobitis taenia*) eine weitere gefährdete Kleinfischart vor. Der Name rührt aus der Ernährungsweise: Auf der Suche nach Nahrung „durchkaut" der Steinbeißer das sandige Substrat am Gewässergrund. Mit dem gleichnamigen Speisefisch, der aus der Familie der Seewölfe stammt, ist er nicht zu verwechseln. Auch die Elritze (*Phoxinus phoxinus*) ist eine gefährdete Kleinfischart, die nur in weitgehend sauberen, klaren und sauerstoffreichen Gewässern vorkommt. Dieser etwa 8 cm große Schwarmfisch ist in Süd- und Westaue festgestellt worden. Die <u>Westaue</u> ist das wertvollste Fischgewässer in der Börde-West; hier kommen die größten Populationen von Steinbeißer und Koppe vor und zudem im Unterlauf das

Romanische Sigwardskirche in Idensen mit Storchenhorst

Bachneunauge (*Lampetra planeri*; s. Kap. 5.4) und die Barbe (*Barbus barbus*), zwei in Niedersachsen stark gefährdete Arten (LRP).

In den Auen ist das traditionelle **Grünland** weitgehend umgebrochen worden. Was verblieben ist, wird mehr oder weniger intensiv genutzt. Dennoch hat es innerhalb der ausgeräumten Börde eine ökologische Bedeutung, weil es die Strukturmonotonie der Ackerlandschaft durchbricht. Auch sind Wiesen und Weiden für das Landschaftsbild von Bedeutung, weil sie die Bach- und Flussauen als „grüne Bänder" erlebbar machen. Floristisch wertvolles artenreiches Grünland gibt es nur noch

Überschwemmte Ihme oberhalb Vörie

Steinbeißer (Cobitis taenia) (40)

Grünlandniederung Barne südlich Wunstorf

kleinflächig, z. B. am Jeinser Holz und am Deveser Holz. Die Niederungen an der Westaue oberhalb von Wunstorf und an ihren Nebengewässern Rodenberger Aue, Seegraben und Osterriehe weisen z.T. noch einen geschlossenen Grünlandbestand auf. Dieser bietet die Nahrungsgrundlage für den Weißstorch (*Ciconia ciconia*), der in Bokeloh (2 Horste), Auhagen (Landkreis Schaumburg) und in Idensen, hier auf dem Dach der historisch bedeutsamen Sigwardskirche, horstet.

An der Ihme bei Vörie wird versucht, eine grünlandgeprägte Auenlandschaft wieder herzustellen. Als Gemeinschaftsprojekt der Region Hannover

(Naturschutzbehörde) mit dem zuständigen Gewässerunterhaltungsverband „Mittlere Leine" und dem Naturschutzbund Deutschland (NABU) werden die Steigerung der Biodiversität, Landschaftsschutz und Hochwasserschutz miteinander verknüpft. Entscheidend sind Erhalt und Wiederentwicklung von Extensivgrünland, das von einer Herde von Wasserbüffeln gepflegt wird (HÜPER 2012b). Die eingesetzten „Haus-Wasserbüffel" (*Bubalus arnee f. bubalis*) stammen ursprünglich aus Asien, werden vielfach in Südosteuropa gehalten und sind in der Landschaftspflege besonders geeignet, um Feuchtgebiete und Gewässerlandschaften zu beweiden (HÜPER 2012a).

Zuckerrübenteiche und Kleingewässer

Einbezogen in das Beweidungsprojekt an der Ihme sind die ehemaligen Stapelteiche der Zuckerfabrik Weetzen. Der Bereich hat – wie auch die Zuckerrübenteiche südwestlich von Groß Munzel – erhebliche avifaunistische Bedeutung, sowohl für Zugvögel als auch für Brutvögel. Bei der Gewässerarmut der Börde stellen sie die einzigen Anziehungspunkte für wassergebundene Arten in diesem Raum dar. Zudem haben sich als Folge der Verlandung Röhrichte entwickelt. Charakteristische Brutvögel sind Zwergtaucher (*Tachybaptus ruficollis*), Teichrohrsänger (*Acrocephalus scirpaceus*), Rohrweihe (*Circus aeruginosus*), Wasserralle (*Rallus aquaticus*), Krickente (*Anas crecca*)

Wasserbüffel pflegen Feuchtgebiete. (41)

Tunnel und Leiteinrichtungen für Amphibien an der Lenther Chaussee

(PGL 1996, LRP) sowie die Schnatterente (*Anas strepera*; THYE 2013a). Gelegentlich brütet auch der seltene Schwarzhalstaucher (*Podiceps nigricollis*) hier (ebda.). Als Durchzügler sind verschiedenste Watvogelarten (Limikolen) festgestellt worden, die in den seichten Absetzbecken nach Nahrung stochern. Die Vogelwelt der Weetzener Klärteiche ist aus einem Beobachtungshäuschen heraus gut einzusehen.

In der Börde finden sich einzelne Kleingewässer, die zumeist auf Biotopanlagen zurückzuführen sind. Besondere Bedeutung für Amphibien haben Kleingewässerkomplexe nordöstlich des Benther Berges, im Bereich des Deveser Holzes und des Stamstorfer Holzes. Hier kommen eine Vielzahl von Amphibienarten in teilweise großen Populationen vor, darunter die gefährdeten Arten Kammmolch (*Triturus cristatus*) und Laubfrosch (*Hyla arborea*) (nur südlich Velber). Auch der Bergmolch (*Ichthyosaura alpestris*) (s. Kap. 2.4) hat hier drei nach Norden vorgeschobene Vorkommensgebiete. Die Kreisstraße 248 von Hannover-Davenstedt nach Lenthe („Lenther Chaussee") ist 2008, nachdem hier jahrelang die Lurche von ehrenamtlichen Naturschützern mit Eimern herübergetragen wurden, mit Amphibientunneln und –leiteinrichtungen ausgestattet worden. Im zeitigen Frühjahr (je nach Witterung etwa Anfang März) kann hier nun alljährlich die Funktionsfähigkeit der Krötentunnel studiert werden. Es wandern allein bis zu 2000 Erdkröten über diese Straße, um aus den Winterquartieren zu ihrem Laichgewässer zu gelangen (SCHMERSOW 2007).

Mergelkuhlen

Zwischen A 2 und Mittellandkanal, wo die Stadtgebiete von Wunstorf, Seelze und Barsinghausen aneinander stoßen, befindet sich eine große Mergelkuhle mit steilen Wänden und einem blauen Abbaugewässer auf der Grubensohle. Hier ist Kalkmergel aus dem Cenoman (Oberkreide) abgebaut worden. Die Grube ist auch für Geologen und Paläontologen sehr interessant, da sie das gesamte Cenoman in ca. 200 m Mächtigkeit aufschließt (KRÜGER 1993, S. 134). Der Abbau ruht seit Jahren, so dass sich auf den Kalkrohböden und in den entstandenen Gewässern spezialisierte Arten ansiedeln konnten. Bemerkenswert ist z. B. die Libellenfauna: Neben vielen anderen

Rohrweihe (Circus aeruginosus) (1)

Mergelgrube nordöstlich von Kolenfeld (2)

Arten kommen hier zwei seltene <u>Blaupfeilarten</u> vor: Der Kleine Blaupfeil (*Orthetrum coerulescens*) und der Südliche Blaupfeil (*Orthetrum brunneum*). Der Name rührt daher, dass die Imagines in der Ruheposition die Flügel nach vorn klappen. Die Tiere beider Arten ähneln sich. Sie werden nur etwa 3 cm groß und können als charakteristisch für sommerwarme, vegetationsarme und sehr saubere Flachgewässer gelten. Der Südliche Blaupfeil ist eine ausgesprochene Pionierart und dehnt sein Vorkommensgebiet (auch als Folge der Klimaänderung?) zur Zeit nach Norden aus. Der Kleine Blaupfeil ist eigentlich eine Art der Quellen und sauberen Quellbäche. Bemerkenswert ist auch die Vielfalt der Amphibienarten. Insgesamt sind 10 verschiedene Spezies hier festgestellt worden, darunter gefährdete Arten wie Kreuzkröte (*Bufo calamita*) und Kammmolch (*Triturus cristatus*) (PGL 1996, LRP).

In der Mergelkuhle findet sich zudem eine artenreiche Flora, die noch starken Veränderungen unterworfen ist. Hier wachsen Ruderalarten wie der Gewöhnliche Natternkopf (*Echium vulgare*), Rohbodenbesiedler wie das Zierliche Tausendgüldenkraut (*Centaurium pulchellum*), kalkholde Saumarten wie die Wiesen-Flockenblume (*Centaurea jacea*), Kalkmagerrasenarten wie das Schopfige Kreuzblümchen (*Polygala comosa*) und daneben als besondere Seltenheiten die Natternzunge

Kleiner Blaupfeil (Orthetrum coerulescens) in Ruhestellung (42)

Binsenschneide (Cladium mariscus) im Feuchtgebiet Barne-Süd

(*Ophioglossum vulgatum*), ein kleinwüchsiger Farn ohne gefiederte Blätter, und der Aufrechte Ziest (*Stachys recta*), ein Lippenblütler, der an Kalkfelsen wächst (PGL 1996, PGL 2002a, FEDER 2003).

Etwas weiter westlich, an der Nordseite des Mittellandkanals liegt innerhalb des Landschaftsschutzgebietes „Barne-Süd" ein eigenartiges Feuchtgebiet. Hier wachsen in enger Nachbarschaft nährstoffarme und nährstoffreiche Sumpfvegetation, kalkzeigende und kalkmeidende Arten. Für die Börde völlig untypisch wachsen hier Wollgras (*Eriophorum angustifolium*), Schnabel-Segge (*Carex rostrata*) und Wassernabel (*Hydrocotyle vulgaris*), die als Säurezeiger eher am Hochmoorrand zu erwarten wären, neben Binsenschneide (*Cladium mariscus*), Blaugrüner Segge (*Carex flacca*) und Blaugrüner Binse (*Juncus inflexus*), die auf kalkhaltigen Untergrund verweisen (PGL 2003). Es handelt sich um ein ehemals nasses, vermoortes Grünlandgebiet, in das zur Moorschlammgewinnung (für den Kurbetrieb in Bad Nenndorf) eingegriffen wurde, und das dann aus der Nutzung fiel. Durch den Abbau von Moorschlamm wurde teilweise der kalkhaltige Untergrund für die Pflanzenwurzeln erreichbar (ebda.). Besondere Bedeutung hat das Gebiet als Wuchsort des Binsenschneiden-Rieds (*Cladietum marisci*), einer hochgradig gefährdeten und europaweit zu schützenden Pflanzengesellschaft. Der Bereich wird regelmäßig entkusselt (von aufkommenden Gebüschen befreit), damit die wertvolle Vegetation sich halten und entfalten kann.

Natternzunge (Ophioglossum vulgatum) (43)

Der Queller (Salicornia europaea), eine Salzpflanze der Küste, wächst auch am Rand der Kalihalde Ronnenberg.

Großes Mausohr (Myotis myotis) (44)

Binnensalzstellen

Salzstellen im Binnenland sind eine von Natur aus seltene Folge der Salztektonik (s. S. 86). Durch den Kalibergbau gibt es in der Region Hannover mehrere Stellen, an denen salztolerante Pflanzen (Halophyten) wachsen, einige von ihnen im Naturraum Börde-West. Binnensalzstellen liegen am Fuß der Kalihalden in Ronnenberg, Empelde und Bokeloh (GARVE u. GARVE 2000). Die Rückstandshalden der Kaliwerke enthalten zu mindestens 70 % Steinsalz (NaCl). Zudem gibt es Salzwiesenbereiche am Unterlauf der Fösse, die natürlichen Ursprungs sind: Die Quellen der Fösse sind salzhaltig, weil hier der Benther Salzstock bis in das Grundwasser reicht. Allerdings wird der hohe Salzgehalt der Fösse heute wesentlich durch zugeleitetes Haldenabwasser aus Empelde bestimmt (SCHMERSOW 2007). An den Haldenfüßen und an der Fösse wachsen nun Pflanzen, die von der Nordsee her bekannt sind: Queller (*Salicornia europaea*), Strandaster (*Aster tripolium*), Strand-Sode (*Suaeda maritima*) und viele andere mehr (s. FEDER 2003). Salztolerante Arten wachsen auf Grund des intensiven Streusalzeinsatzes im Winter auch an den Autobahnen. Charakteristisch ist z. B. das Dänische Löffelkraut (*Cochlearia danica*), ein niedrigwüchsiger Kreuzblütler mit fleischigen Blättern, dessen Verbreitungsbild in Niedersachsen – neben der Nordseeküste – die Lage der Autobahnen ziemlich exakt wiedergibt (s. GARVE 2007, S. 222).

Siedlungsbiotope

In den Bördedörfern ist eine Eulenart recht regelmäßig vertreten, die als Kulturfolgerin in Kirchtürmen und alten Scheunen nistet: Die Schleiereule (*Tyto alba*), die durch ihren hellen herzförmigen Gesichtsschleier unverwechselbar ist, fliegt in der Dämmerung aus in die umgebende Ackerlandschaft und geht auf Mäusejagd. Mit ihren langen, schmalen Flügeln gleitet sie geräuschlos in geringer Höhe durch die offene Agrarlandschaft. Leider brechen die Bestände in harten, schneereichen Wintern immer wieder ein, so zuletzt 2010 und 2011. Die Schleiereulenpopulation wird durch regelmäßige Nistkastenbetreuung gestützt (SCHUMANN 2013).

Im Kirchturm von Groß Munzel befindet sich eine Wochenstube des Großen Mausohrs (*Myotis myotis*). Die Populationsgröße wird mit bis zu 250 Tieren angegeben. Das Mausohr ist neben dem Großen Abendsegler (*Nyctalus noctula*) und der Breitflügelfledermaus (*Eptesicus serotinus*) eine der drei großen heimischen Fledermausarten, die auch anhand ihres Verhaltens und ihrer Flugweise unterscheidbar sind. Alle Fledermausarten sind nach europäischem Artenschutzrecht streng geschützt.

Schleiereule (Tyto alba) (1)

Die Haller am Ziegeunerwäldchen

3.5 Schutzgebiete und weitere Schutzaspekte

In der Börde-West ist nur ein Bereich als <u>Naturschutzgebiet</u> (NSG) geschützt (s. Karte 3, S. 80):

NSG HA 115 Ziegeunerwäldchen (15 ha): Es handelt sich um einen kleinen Auwald an der Haller.

Der LRP weist aber eine Vielzahl an Bördewäldern als schutzwürdig im Sinne eines Naturschutzgebietes aus. Insbesondere die Eichen-Hainbuchenwälder, die als FFH-Gebiete gemeldet sind (s.u.), sind hier zu nennen.

Als <u>Landschaftsschutzgebiete</u> (LSG) sind ausgewiesen:
- LSG H 22 Landwehr – Süllberg (1.572 ha)
- LSG H 24 Gehrdener Berg (850 ha)
- LSG H 25 Benther Berg – Südaue (4.713 ha)
- LSG H 26 Lohnder – Almhorster Wald (1.030 ha)
- LSG H 31 Barne-Süd (66 ha)
- LSG H 34 Limberg, Hallerburger Holz und Jeinser Holz (944 ha)
- LSG H 43 Düdinghauser Berg – Aueniederung (467 ha)
- LSG H 52 Kolenfelder Stadtfeld (4 ha)
- LSG H 56 Westaue (210 ha)
- LSG H 71 Langreder Mark (110 ha)
- LSG H 73 Hallerniederung (116 ha)
- LSG H 74 Gestorfer Lösshügel (287 ha)
- LSG H 75 Ihmeniederung (759 ha)
- LSG HS 05 Hirtenbach/Wettberger Holz (244 ha)

Dem LSG HS 06 Benther Berg Vorland/Fössetal (140 ha) ist in einem Gerichtsurteil aus formalen Gründen die Rechtskraft entzogen worden. Die Schutzwürdigkeit dieses Landschaftsteils ist aber naturschutzfachlich unstrittig (s. LRP).

Weitere Schutzaspekte

Lohnder Wald und Almhorster Wald, Kirchwehrener Wald und Großes Holz sind als <u>FFH-Gebiet</u> Nr. 343 „Laubwälder südlich Seelze" gemeldet worden, ebenso das Stamstorfer Holz südöstlich Linderte (Nr. 362 „Linderter und Stamstorfer

Das kleinste FFH-Gebiet der Region: der Kirchturm von Groß Munzel

Feldhamster (Cricetus cricetus) (45)

Holz"). Hier steht jeweils die Sicherung des Eichen-Hainbuchenwaldes sowie von Waldmeister-Buchenwald im Vordergrund. Zudem sind die Populationen der Bechsteinfledermaus (*Myotis bechsteinii*; südlich Seelze) und des Kammmolchs (*Triturus cristatus*; bei Linderte) zu schützen.

Das Feuchtgebiet Barne-Süd („Am Weißen Damm", Nr. 326) ist als FFH-Gebiet zur Sicherung des Binsenschneiden-Rieds (*Cladietum marisci*) gemeldet worden.

Weiterhin sind Bestandteile des europäischen Schutzgebietssystems Natura 2000: Die Binnensalzstelle am Kaliwerk Ronnenberg (Nr. 342), die Mausohr-Wochenstube im Kirchturm von Groß Munzel (Nr. 439) sowie Haarberg und Abraham als Teil des FFH-Gebietes Nr. 361 „Hallerburger Holz", das sich im Landkreis Hildesheim fortsetzt. Im hannoverschen Teil geht es um den Erhalt der gut ausgeprägten Buchenwälder.

Westaue mit Rodenberger Aue und Haller mit Rambke (als Oberlauf) sind im <u>Niedersächsischen Fließgewässerschutzsystem</u> als „Hauptgewässer" ausgewiesen. Als solche sollen sie die typische Arten- und Biotopvielfalt eines Fließgewässers in einer bestimmten Naturräumlichen Region repräsentieren und erhalten. Zudem sind Nebengewässer ausgewiesen worden, die als Rückzugs- und Wiederbesiedlungsraum nach Störungen im Hauptgewässer dienen. Dies ist die Südaue für die

Westaue und es sind Haller-Oberlauf, Gehlenbach und Ohe für Rambke und Haller. Um eine ökologische Durchgängigkeit von der Südaue zu den Quellläufen im Großen Deister zu gewährleisten, sind zudem Maßnahmen am Stockbach (LRP) oder am Bullerbach (PGL 1996) zu ergreifen.

In diesem Naturraum kommen fast flächendeckend <u>schutzwürdige Böden</u> vor. Die Parabraunerden und die anderen Typen der Lössböden zeichnet überwiegend ihre sehr hohe, teilweise sogar äußerst hohe natürliche Bodenfruchtbarkeit aus (GUNREBEN u. BOESS 2008); sie ermöglichen eine Landbewirtschaftung mit geringem Betriebsmitteleinsatz, was wiederum die Umwelt und die natürlichen Ressourcen schont. Zudem kommen auf den Kämmen und Kuppen der Höhenzüge teilweise flachgründige Ranker und Rendzinen vor, die wegen ihrer Seltenheit als schutzwürdig einzustufen sind (ebda.).

3.6 Leittierarten
Feldhamster
Es gibt ihn noch, und es gibt ihn innerhalb der Region (fast) nur in der westlichen Börde. Generell ist der Feldhamster (*Cricetus cricetus*) ein Tier der Lösslandschaft, weil er hier die tiefgründigen Lehmböden vorfindet, die er zur Anlage seiner Baue benötigt. Die Baue sind für ihn Fluchtburg und Fortpflanzungsstätte, Vorratsspeicher und Schlafraum, Tagesunterschlupf und

Überwinterungsquartier. Jedes einzelne Tier gräbt weit verzweigte Sommer- und Winterbaue, letztere bis zu einem Meter tief. Deshalb ist er auch in der Börde nicht flächendeckend verbreitet: In den Talauen der Flüsse und Bäche steht das Grundwasser hoch an, auf staunassem Pseudogleyboden kommt er nicht zurecht, und in die tonige Kalkmergelschicht, die für den Untergrund der östlichen Börde charakteristisch ist, kann er sich nicht eingraben. In der Calenberger Börde liegen bekannte Verbreitungsschwerpunkte des Feldhamsters in der Pattenser Börde zwischen Arnum, Hiddestorf, Jeinsen und Schulenburg sowie bei Alferde, Großgoltern und Kolenfeld (ABIA 2008). Die dämmerungs- und nachtaktive Art, die aus den östlichen Steppengebieten stammt und bei uns Felder und ihre Randbereiche besiedelt, ist für ihre sprichwörtliche Vorratswirtschaft bekannt: Mehrere Kilo Körner- und Hülsenfrüchte sowie sonstige Pflanzennahrung lagert der Hamster für den Winter ein.

Früher war der Hamster so häufig, dass Prämien für erlegte Tiere ausgesetzt wurden. Auch wurde ihm als Pelztier nachgestellt. Insbesondere durch die Intensivierung der Landwirtschaft ist er aber zunehmend zurückgedrängt worden, bis er in der zweiten Hälfte des 20. Jahrhunderts auf die Roten Listen geriet, in der aktuellen Fassung Niedersachsens und Deutschlands jeweils als stark gefährdete Art. Heute ist der Feldhamster europaweit streng geschützt in Anhang IV der FFH-Richtlinie. Das hat ihn zum Schreckgespenst für Projektentwickler und Investoren gemacht. Unvergessen bleibt die Feldhamsterpopulation, die den Neubau eines millionenschweren Göttinger Universitätsgebäudes Ende der 1990er Jahre fast verhindert hätte. Und auch in der Region kollidiert das Vorkommen des Feldhamsters mit mancher Planungsabsicht, z. B. mit einem möglichst großflächigen Logistik-Zentrum beidseits der Autobahnauffahrt Wunstorf-Kolenfeld.

Roter Milan

Der Rote Milan (*Milvus milvus*), der wegen seines tief gegabelten Schwanzes auch Gabelweihe genannt wird, horstet in den Kronen alter Waldbäume und jagt in der umgebenden offenen Ackerlandschaft. Neben Mäusen sind Feldhamster seine bevorzugte Beute, und auch Aas verschmäht er nicht. Die Bördelandschaft mit den

Roter Milan (Milvus milvus) (46)

inselartigen Wäldern innerhalb der ausgedehnten offenen Ackergebiete kommt seiner Lebensweise entgegen, so dass er hier als eine Leitart zu sehen ist. Der Rotmilan ist eine sogenannte „Verantwortungsart" für den Naturschutz in Deutschland, weil sein Verbreitungsareal im Wesentlichen auf Mitteleuropa begrenzt ist. Er ist die einzige Vogelart, von der mehr als die Hälfte des Weltbestandes in Deutschland brütet. Er ist gefährdet, weil das Nahrungsangebot in der ausgeräumten, intensiv genutzten Ackerlandschaft zurückgeht (z. B. Abnahme des Hamsters) und weil er vielfach mit technischen Anlagen kollidiert (Windenergieanlagen, Freileitungen, Straßenverkehr; s. BAUER et al. 2012, S. 335). Nach neueren Untersuchungen wird der Rote Milan besonders häufig von den Rotorblättern der Windenergieanlagen getroffen. Dies liegt vermutlich auch an dem attraktiven Nahrungsangebot unter den Windrädern: Zum einen kann er hier Schlagopfer aufnehmen, zum anderen sind Mäuse und andere Kleinsäuger im Bereich der Anlagenfüße besser verfügbar als in den hoch und dicht aufgewachsenen Feldern der Umgebung.

THEMEN-INFO: ENTWICKLUNG DER SIEDLUNGS- UND VERKEHRSFLÄCHEN

Während es in einigen Umweltsektoren in den letzten Jahrzehnten erhebliche Erfolge zu verzeichnen gibt (Luftreinhaltung, Verbesserung der Gewässergüte in Bächen und Flüssen), nehmen die Überbauung von Landschaft und die damit verbundenen Bodenverluste in der Bundesrepublik nach wie vor in hohem Tempo zu. Zwar gelingt es durch Instrumente der Landschaftsplanung und Raumordnung zunehmend, die Siedlungsentwicklung in Bereiche zu lenken, die für die Pflanzen- und Tierwelt und für die Erholungsbedürfnisse der Menschen weniger Bedeutung haben, dennoch wäre es wichtig, den „Flächenfraß" auch absolut zu begrenzen. Die Einengung der naturbetonten Räume durch immer mehr Gewerbeflächen, neue Straßen und Wohnbaugebiete stellt in einem Ballungsgebiet wie der Region Hannover, in dem viele Nutzungsanforderungen befriedigt werden wollen, ein besonderes Problem dar. Es wird dadurch verschärft, dass auch inmitten der siedlungsfreien Landschaft durch die Privilegierung für landwirtschaftliche Bauten und Anlagen, die der regenerativen Energieerzeugung dienen, zunehmend große Anlagen entstehen (Großställe, Biogas- und Windenergieanlagen etc.).

Die Flächenstatistik des Umweltbundesamtes zeigt, dass die Siedlungs- und Verkehrsfläche in Deutschland pro Tag um etwa 80 ha wächst (im Jahr 2010), was etwa 115 Fußballfeldern – oder der Größe des Maschsees – entspricht. Nach dem erklärten Willen der Bundesregierung soll dieser Wert reduziert werden – auf 30 ha am Tag bis 2020. Es ist aber unklar, wie das erreicht werden kann.

Anstieg der Siedlungs- und Verkehrsflächen in der Bundesrepublik Deutschland in km²

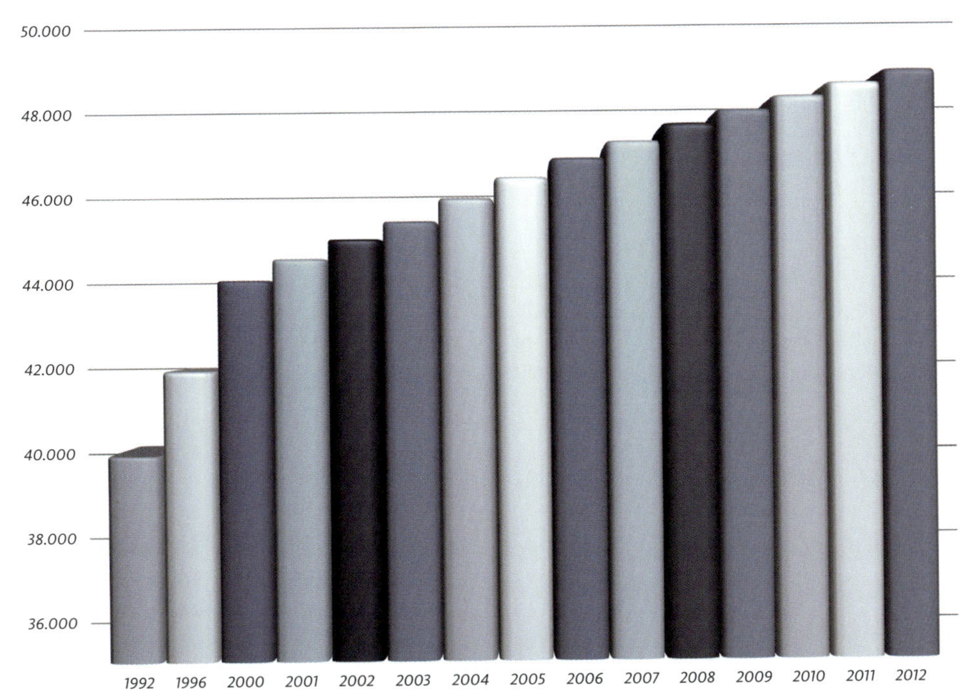

Daten-Quelle: Statistisches Bundesamt, FS 3 Land- und Forstwirtschaft, Fischerei, R.5.1 Bodenfläche nach Art der tatsächlichen Nutzung, Wiesbaden 2014

Gewerbegebiet Bantorf an der Autobahn A 2 (2)

3.7 Aspekte der Beeinträchtigung und Gefährdung

Die Börde zwischen Leine und Steinhuder Meer ist schon traditionell eine intensiv genutzte Ackerlandschaft mit einem nur geringen Anteil an naturnahen Bereichen und Strukturen. Die Intensivierung der Landwirtschaft hält über den heutigen Tag hin an: In Flurbereinigungsgebieten wird die Ausdehnung der Ackerschläge vervielfacht, um mit immer größeren Maschinen rationell wirtschaften zu können; dafür werden traditionelle Wege mit ihren Randstreifen aufgehoben (z. B. östlich Landringhausen und östlich Ostermunzel). Auch Großställe mit Massentierhaltungen und Biogasanlagen schießen aus dem Boden und zeigen, dass der Einstieg in die industrialisierte Landwirtschaft längst begonnen hat. Damit verbunden sind Belastungen des Landschaftsbildes durch

großdimensionierte Bauten und Gerüche und eine Herabsetzung der Erholungsqualität in einer Landschaft, die auf Grund des abwechslungsreichen Reliefs, des offenen, transparenten Charakters und der Kulissenwirkung der Berglandschwelle durchaus reizvoll ist. Zudem finden charakteristische Tiere der Feldflur in der strukturarmen und perfektioniert genutzten Landschaft vielfach kaum noch Nahrung.

Auch die Siedlungen dehnen sich weiter aus, teilweise mit groß dimensionierten Gewerbebauten (z. B. nördlich Bantorf und südlich Luthe). Innerhalb dieses Naturraums stellt das zumeist eine irreversible Zerstörung wertvollster Böden dar. Und der besondere Gastvogellebensraum zwischen Wunstorf, Barsinghausen und Seelze wird zunehmend eingeengt und gestört.

Windenergieanlagen am Limberg

Blick von der Bantorfer Höhe in die Calenberger Börde (2)

Entwässerungsmaßnahmen der Landwirtschaft und die Grundwasserentnahmen der örtlichen Wasserwerke haben den Wasserhaushalt des Gebietes z. T. erheblich verändert: Der Grundwasserspiegel sank großräumig ab, die Stauwasserböden trockneten aus und die feuchten bis nassen Eichen-Hainbuchenwälder verändern sich in Richtung mesophiler Buchenwald (MÖHLE 2008). Dies führt zu einer schleichenden Verarmung an charakteristischen und feuchtigkeitsgebundenen Pflanzen- und vermutlich auch Kleintierarten. Letztlich wird das sensible Landschaftsbild, das durch Transparenz und zahlreiche Ausblicksituationen gekennzeichnet ist, durch Windenergieanlagen in Teilen überprägt.

3.8 Den Hamster im Fokus: Der Tierökologe Tobias Wagner

In dem kleinen Börde- dorf Winninghausen bei Barsinghausen ist TOBIAS WAGNER auf- gewachsen und seit 2000 lebt er wieder hier. Dazwischen hat er in Hannover ein Studium der Biolo- gie absolviert, nach Abschluss an der Tier- ärztlichen Hochschule

Tobias Wagner

gearbeitet und – gemeinsam mit Mitgesellschafter

DIRK HERRMANN – eine Arbeitsgemeinschaft für Biotop- und Artenschutz (ABIA) gegründet. Im Studium lernte er auch seine Frau kennen: Die Biologin RENATE SCHMIDTKE ist zum einen die Mutter der beiden gemeinsamen Kinder und zudem inzwischen ebenfalls Gesellschafterin der Arbeitsgemeinschaft ABIA und hier zuständig für Gewässerökologie und Pflanzenartenschutz.

Dabei wollte TOBIAS WAGNER zunächst Landwirt werden. Die Kindheit zwischen Kuhställen und Rübenäckern hatte dieses Interesse geweckt. Als er sich dann für das Biologiestudium entschied, war klar, dass er die Gummistiefel dem Weißkittel vorziehen würde. Ökologische Fragestellungen wurden ihm im Studium unter anderem von den Dozenten REINHARD LÖHMER, ALBERT MELBER und KLAUS WÄCHTLER nahe gebracht – und auch der Spaß an Freilanderfassungen. Nach und nach hat er sich in verschiedene Tiergruppen eingearbeitet: Amphibien und Vögel, Libellen und Fledermäuse gehören heute zu seinem „Repertoire". Da weiß er die verschiedenen Arten zu unterscheiden und zu erfassen, kennt ihre jeweiligen Lebensraumansprüche und weiß, wie sie zu schützen und zu fördern sind. Gemeinsam mit DIRK HERRMANN und mehreren freien Mitarbeitern hat er ABIA zu einem Fachbüro entwickelt, das bei der Begutachtung faunistischer Fragestellungen in der Region Hannover führend ist. Rückenwind hat ABIA durch den europäischen Artenschutz bekommen:

Dieser Hamster zieht um. (14)

In der FFH-Richtlinie sind viele streng geschützte Tierspezies aufgeführt, die bei Bauvorhaben speziell zu berücksichtigen sind und über deren Erhaltungszustand die europäischen Länder Bericht erstatten müssen.

Eine dieser Arten ist der Feldhamster (*Cricetus cricetus*; s. Kap. 3.6 ab Seite 107), mit dem TOBIAS WAGNER seit 2003 zu tun hat. Da häuften sich die Anfragen nach Hamsteruntersuchungen, weil ausgeschlossen werden musste, dass die streng geschützten Nager bei der Errichtung neuer Baugebiete oder landwirtschaftlicher Stall- und Biogasanlagen Schaden nähmen. TOBIAS WAGNER zog dann über die Äcker und suchte nach den charakteristischen Erdlöchern und –haufen, die auf Hamsterbaue hinweisen. Und er sprach mit den Bauern, sammelte im Auftrag der Regionsverwaltung historische Daten und aktuelle Hinweise und studierte Bodenkarten, um eine flächendeckende Einschätzung der Hamstervorkommen zu erhalten. Heute weiß er, dass nur im Bereich um Arnum, Pattensen und Schulenburg ein größeres geschlossenes Verbreitungsgebiet besteht. Darüber hinaus gibt es inselhafte Reliktpopulationen. Mit denen muss in der gesamten westlichen Börde gerechnet werden. TOBIAS WAGNER hat auch schon Hamsterumsiedlungen durchgeführt. Sie müssen gut vorbereitet sein und gelingen längst nicht immer. Die besten Voraussetzungen sieht

er, wenn die Tiere an den Rand eines bestehenden Hamsterlebensraums versetzt werden. Wenn dann auf „hamsterfreundliche Bewirtschaftung" umgestellt wird, kann sich die Siedlungsdichte erheblich erhöhen. Statt 2 – 3 Baue pro Hektar können bis zu 80 Baue entstehen. Was heißt hamsterfreundliche Bewirtschaftung? „Entscheidend sind zwei Dinge: Nach der Getreideernte sollten die Stoppel länger stehen bleiben, damit der Hamster Deckung hat. Und etwas Korn sollte auf den Feldern verbleiben, das die Nager dann in ihre Vorratskammern eintragen können."

Die Skabiosen-Flockenblume (Centaurea scabiosa) blüht am Wegrand auf kalkhaltigen Böden (Gehrdener Berg).

SERVICE   Siehe Karten 3a und 3b auf Seite 80 – 83

Sigwardskirche Idensen: Innenausmalung in Kalk-Secco-Technik (47)

Rad- und Wanderwege:
Grüner Ring, Europäischer Fernwanderweg
Nr. 1, Sigwardsweg, Deisterkreisel, Wennigser
Grüne Kette, RegionsRouten 1 – 6 sowie wei-
tere Wege aus Veröffentlichungen der HAZ
u.a.; Landwirtschaftspfad Hemmingen

Besondere Aussichtspunkte:
Kalihalde Empelde, Stemmer Berg (Paradies),
Burgbergturm Gehrdener Berg, Waldrand
Gehrdener Berg, Benther Berg, Wolfsberg

Naturinfozentren, landschaftsbez. Museen:
Touristinfo Springe (Altes Rathaus),
Nds. Museum für Kali- und Salzbergbau
(Empelde), Museum auf dem Burghof (Springe)

Kulturhistorische Tops:
„Sieben Trappen" (Benthe, bedeutsamste
Kreuzsteine in Nds.), Fluchtburg am Burgberg
(Gehrdener Berg); Sigwardskirche Idensen,
Michaeliskirche Ronnenberg, Barockkirche
St.Georg Jeinsen, St. Lucas-Kirche Pattensen,
Wunstorfer Stiftskirche, Abtei und Was-
serzucht (Altstadtstraße); Rittergüter, u.a.
Wasserschloss Wichtringhausen u. Gutspark
Eckerde; Tripsche Gartenanlage Gehrdener
Berg; Holländerwindmühle Wichtringhausen;
Landschaftskunst am Benther Berg

Ausflugsgaststätten:
Bergschänke Kreitz (Northen); Mutter Buer-
mann (Devese), Berggasthaus Niedersachsen
(Gehrdener Berg); Kückenmühle, Galerie-Café
Webstuhl (Bürgerholz), Bier- und Kaffeegarten
Waldwinkel (Benther Berg), Cafégarten Haren-
berg, Zum Weißen Ross (Gestorf), Café Scheune
(Mittelrode), Kaffeestube Idensen (Niengraben)

*Wunstorfer Stiftskirche, vor über 800 Jahren
aus Deistersandstein gebaut*

Westliche Geest (GW)
Unter den Schwingen des Adlers

Steinhuder Meer – Niederung von der Kapellenhöhe aus

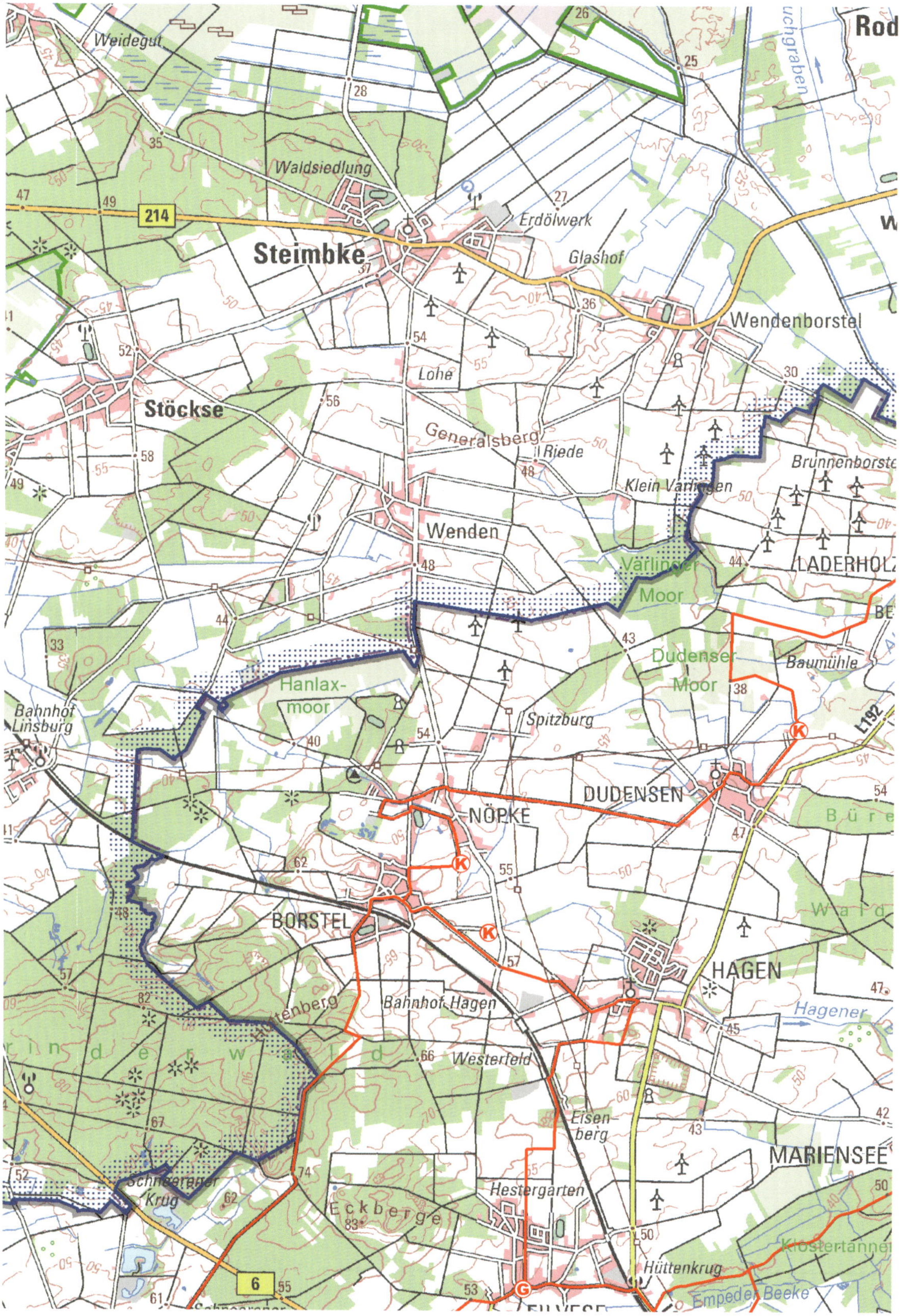

Rod

Weidegut

Waldsiedlung

26

25

28

35

47 49 **214** 27 Erdölwerk

Steimbke Glashof

Wendenborstel

36

54 Lohe 55 30

Stöckse 56

58 Generalsberg Riede Brunnenborste

48 Klein Vanhsen

55 Wenden 50

49 48 Varlinger

Moor LADERHOLZ

44 BE

44 43 Dudenser Baumühle

Hanlax- Moor 38

moor L18?

Bahnhof 40 Spitzburg K

Linsburg 54

DUDENSEN 54

62 Büre

NÖPKE 47

K 55

48 K

BORSTEL 50

57 enberg Bahnhof Hagen HAGEN 47

82 Westerfeld Hagener

67 66

Eisen- 45

berg 43 42

74 MARIENSEE

52 Hestergarten 50

Schnee Krug 62

83 Eckberge 50

61 **6** 55 53 Hüttenkrug

G Empeder Beeke

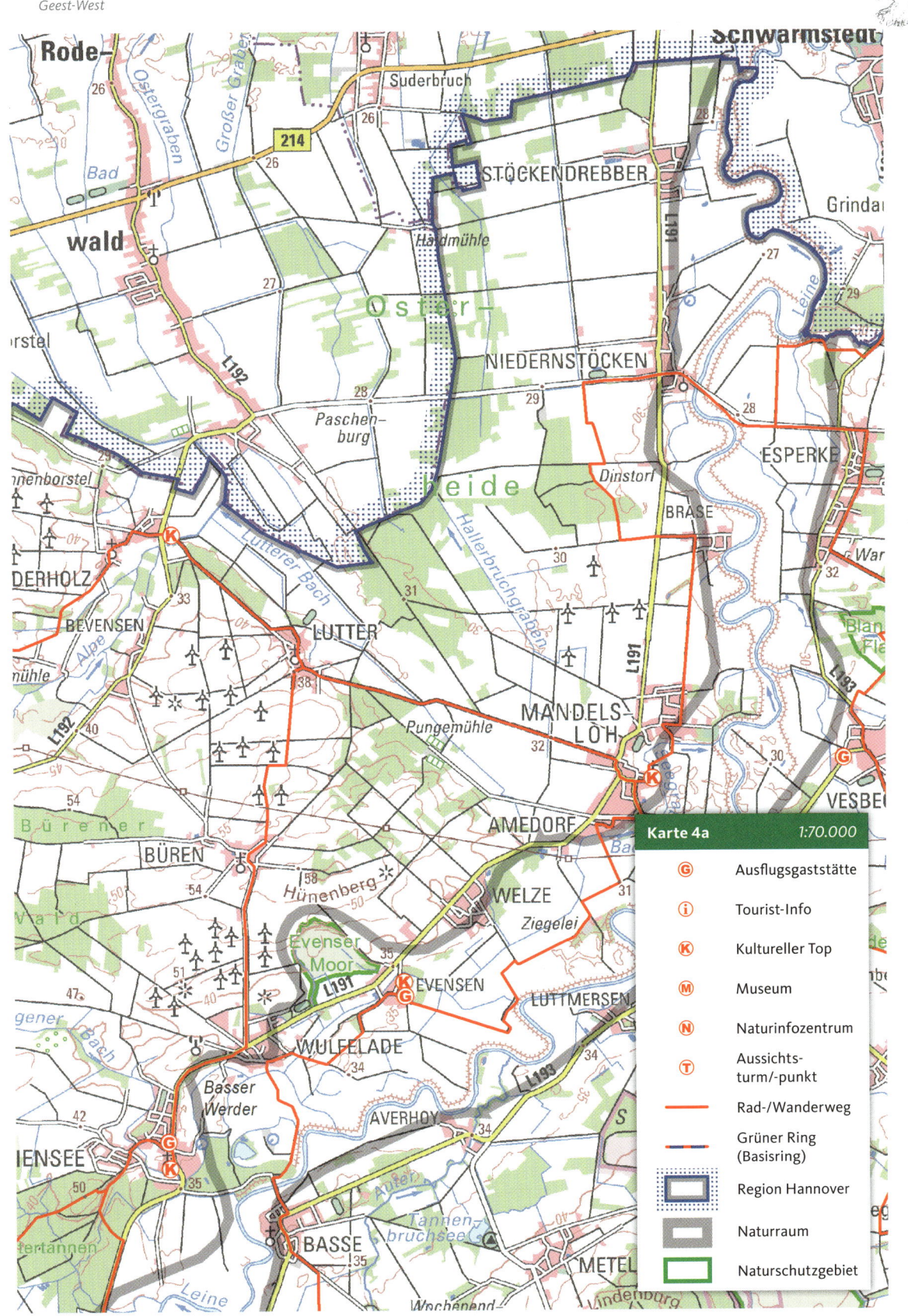

Rode-

wald

Suderbruch

214

Bad

Hardmühle

STÖCKENDREBBER

Grindar

L192

Oster-

NIEDERNSTÖCKEN

ESPERKE

Paschen-
burg

Heide

Dinstorf

BRASE

DERHOLZ

BEVENSEN

LUTTER

MANDELS-
LÖH

Pungemühle

AMEDORF

VESBE

BÜREN

Hünenberg

WELZE

Ziegelei

Evenser
Moor

L191

EVENSEN

LUTTMERSEN

WULFELADE

Basser
Werder

AVERHOY

IENSEE

BASSE

METEL

Karte 4a · 1:70.000

G	Ausflugsgaststätte
i	Tourist-Info
K	Kultureller Top
M	Museum
N	Naturinfozentrum
T	Aussichts-turm/-punkt
——	Rad-/Wanderweg
—·—	Grüner Ring (Basisring)
⬚	Region Hannover
⬚	Naturraum
⬚	Naturschutzgebiet

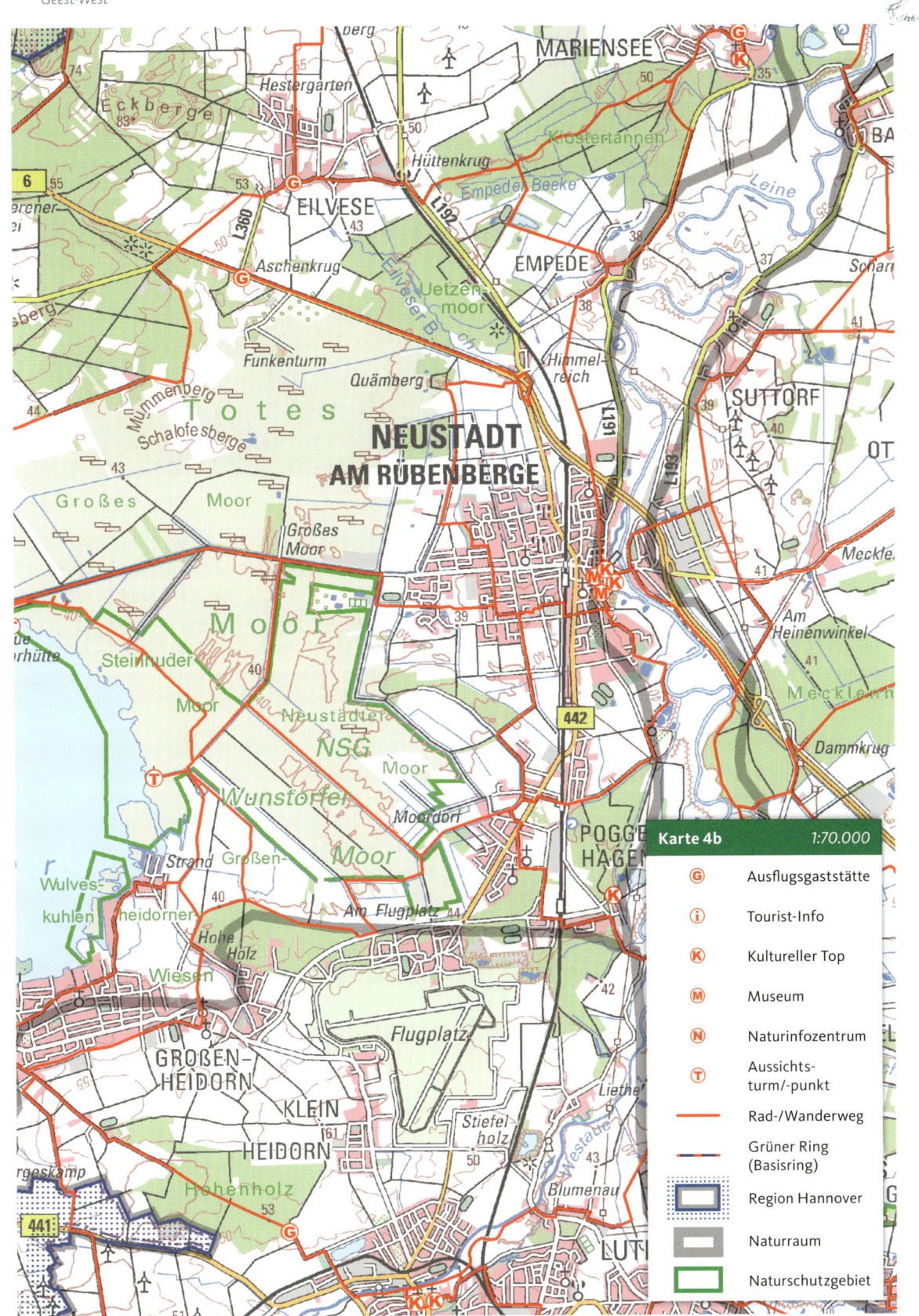

Karte 4b   1:70.000

Ⓖ	Ausflugsgaststätte
ⓘ	Tourist-Info
Ⓚ	Kultureller Top
Ⓜ	Museum
Ⓝ	Naturinfozentrum
Ⓣ	Aussichtsturm/-punkt
——	Rad-/Wanderweg
– · –	Grüner Ring (Basisring)
▦	Region Hannover
▭	Naturraum
▭	Naturschutzgebiet

Sandweg am Geestrand südwestlich von Mardorf

4.1 Grenzen und Binnengliederung des Naturraums

Wo nördlich und nordwestlich von Wunstorf die Löss-lehmauflage immer dünner und lückig wird, beginnt das eiszeitlich geprägte niedersächsische Flachland, die Geest. Sie beginnt mit einem fulminanten Auftakt: dem Steinhuder Meer. Das Steinhuder Meer ist mit einer Ausdehnung von etwa 30 km² der größte Flachwassersee Deutschlands. Seine Bedeutung für Naherholung und Tourismus, aber auch für die Artenvielfalt in der Region ist kaum zu überschätzen. Das Steinhuder Meer liegt inmitten einer vermoorten Niederung, die zum Naturraum „Hannoversche Moorgeest" gehört, ebenso wie die Schneerener Geest und die Dudenser Moorgeest, die sich westlich und nördlich anschließen. Die landschaftliche Situation lässt sich recht eindrucksvoll von der Kapellenhöhe an der Bundesstraße 441 westlich des Steinhuder Meeres überblicken: Nach Süden hin ist das bewegte Relief der Rehburger Berge und des Bückebergvorlandes zu sehen, nach Norden öffnet sich der Blick zur Steinhuder Meer – Niederung und in die dahinter liegende Geestlandschaft, die durch mehr oder weniger große Waldflächen und eher geringe Reliefunterschiede gekennzeichnet ist.

Während die Moorgeest immerhin ein flachwelliges Relief aufweist, das durch End- und Grundmoränen, Dünenzüge sowie flache, vielfach vermoorte Niederungen und Senken gestaltet wird, ist der nördlichste Teil der westlichen Geest – etwa ab einer Linie von Amedorf über Lutter nach Laderholz – völlig eben. Hier beginnt die Aller-Talsandebene, die durch das Aller-Weser-Urstromtal gebildet wurde. Dieses Urstromtal entstand im Warthestadium der Saale-Kaltzeit (SCHRADER 1970).

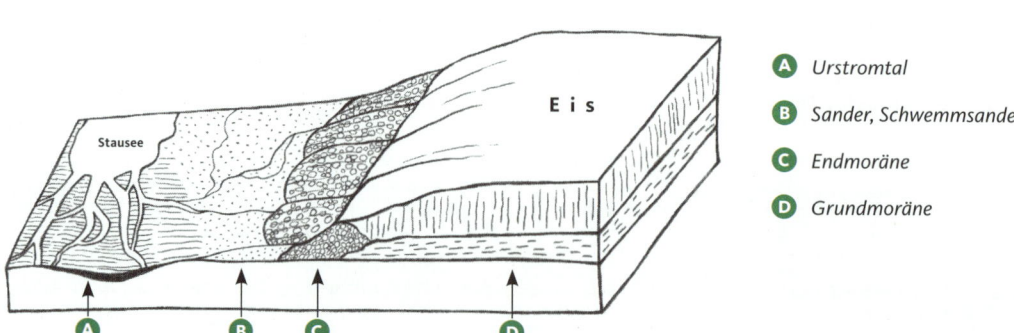

Ⓐ *Urstromtal*

Ⓑ *Sander, Schwemmsande*

Ⓒ *Endmoräne*

Ⓓ *Grundmoräne*

Schema eiszeitlich geprägter Landformen der „glazialen Serie" (nach Schrader 1970)

Der Paul-Woldstedt-Stein erinnert an einen Quartärforscher und an die Transportleistungen des Eises.

Die Grenzen des Naturraums Geest-West verlaufen nur im Osten eindeutig, wo er an das Leinetal stößt. Im Süden befindet sich zwischen Poggenhagen und Steinhude ein allmählicher Übergang zur Börde. Sonst deckt sich die Naturraumgrenze mit der politischen Grenze der Region: Im Südwesten schließt sich der Landkreis Schaumburg, im Westen der Landkreis Nienburg und im Norden der Heidekreis Soltau-Fallingbostel an. Während die West- und Nordgrenze überwiegend in abgelegenen Wäldern und Mooren verläuft, gehören im Süden bereits Teile der Steinhuder Meer – Niederung zu den Nachbarkreisen. Der Landkreis Nienburg reicht im Bereich der Meerbruchswiesen an zwei Stellen bis ans Seeufer heran. Der Adelsfamilie Schaumburg-Lippe gehört die Insel Wilhelmstein. Ursprünglich war das gesamte Steinhuder Meer im Besitz des Fürstentums Schaumburg-Lippe. Es wurde aber in zwei Schritten an den Landkreis Hannover abgetreten bzw. verkauft (1919 und 1974).

Zum Steinhuder Meer gibt es ein ausgezeichnetes Buch, das die von mir verfolgte Intention eines Naturführers für diesen Teil der Region erfüllt: „Naturerlebnis Steinhuder Meer – Ein Reise- und Freizeitführer" (BRANDT et al. 2002). Es wird als vertiefende Lektüre und Veranschaulichung empfohlen. Die westliche Geest ist mit 269 km² drittgrößter Naturraum der Region Hannover.

4.2 Geologie und Geomorphologie

Generell sind die Oberflächenformen der Geestlandschaften Norddeutschlands im Quartär durch eiszeitliche Aufschüttungen entstanden. Maßgeblich ist der glaziale Formenschatz, bestehend aus Grundmoränen, Endmoränen, Sanderflächen, Schmelzwasserrinnen und Urstromtälern (s. Abb. S. 120). In den Nach- und Zwischeneiszeiten sowie in der weiteren Umgebung des Eises kamen Verlagerungsprozesse durch starke Winde und Wasser hinzu, die ebenfalls die heutige Geländemorphologie geprägt haben. Die ausgeblasenen Feinpartikel, die vor der Mittelgebirgsschwelle als Löss abgelagert wurden, haben wir bereits kennen gelernt (s. Kap. 3.2). In der westlichen Geest kommen Sanddünen hinzu, die am Rand der Urstromtäler und Schwemmsandflächen aufgeblasen wurden. Die Flüsse und Bäche versuchten, ihre alten Betten, die vom Geröll des Eises „zugeschottert" waren, frei zu räumen. Das fließende Wasser schnitt sich in den Moränenschutt ein und formte Terrassenkanten, wobei entsprechend der drei Eiszeiten Ober-, Mittel- und Niederterrasse unterschieden werden. Vielfach reichte die Kraft des fließenden Wassers nicht aus, die Senken frei zu räumen, und es kam zu Vermoorungen.

Entscheidend für die Formung der Geestlandschaften in der Region Hannover ist die mittlere der drei Kaltzeiten, die Saale-Vereisung (s. Abb. S. 15). Während das Moränenmaterial der Elster-Kaltzeit

Sanddurchragung im Toten Moor

bei uns durch Ablagerungen der Saale-Kaltzeit weitgehend überschüttet oder auch abgetragen wurde, reichte der glaziale Materialtransport der Weichsel-Kaltzeit nur bis zur Elbe, also kaum nach Niedersachsen hinein. Insofern gehört die Geest innerhalb der Region zur Altmoränenlandschaft, bei der die geomorphologischen Formen gealtert sind und sich nicht mehr so klar und scharf abzeichnen wie noch in der jungeiszeitlichen Geest, z. B. in Ostholstein. Zudem sind die Böden der Altmoränenlandschaft länger ausgewaschen worden und dadurch oberflächlich entkalkt, was für die Pflanzen, die hier siedeln, von Bedeutung ist.

Während der Saale-Kaltzeit kam es zu mehreren Stillstandsphasen beim Vordringen und beim Rückzug des Eises: Das „Drenthe-Stadium" vor etwa 200.000 Jahren hat in der sogenannten „Rehburger Phase" einen Endmoränenzug hinterlassen, der von Holland bis nach Magdeburg reicht. Der Name geht auf den Quartärforscher PAUL WOLDSTEDT zurück, der ihn wählte, weil die nördlich von Rehburg liegende Endmoräne „Leierberg" mittig in dem Zug liegt (LOOK U. MEYER 1988). Hieran schließen sich innerhalb des Naturraums Geest-West weitere Endmoränen im Bereich Schneeren und Mardorf sowie weiter östlich bis zur Leine an. Als Zeuge der glazialen Vergangenheit liegt ein großer, ca. 20 Tonnen schwerer Granitfindling an einer Wegekreuzung nordwestlich von Mardorf. Er wurde von Schweden aus hierher verschoben, zu Ehren des Quartärforschers

„Paul-Woldstedt-Stein" genannt und als Naturdenkmal ausgewiesen (s. Foto S. 121). Auch Dünen finden sich vor allem in der Schneerener Geest und am Nordrand der Steinhuder Meer – Niederung, so der Weiße Berg und die Schwarzen Berge östlich des Ortskerns von Mardorf.

Die Entstehung des Steinhuder Meeres hat den Geowissenschaftlern lange Zeit Rätsel aufgegeben. Weder die Theorie einer großen Windausblasungsmulde noch ein Zusammenhang mit dem direkt darunter liegenden Salzstock haben sich bestätigen lassen. Sicher ist, dass der See in einer langgestreckten Mulde liegt, die von der historischen Leine genutzt wurde, um der Weser zuzufließen. Möglicherweise ist auch die historische Weser hier einmal geflossen (vgl. Kap. 1.4). Bohrungen haben ergeben, dass in dieser Senke, die durch Eismassen der Saale-Kaltzeit möglicherweise noch vertieft wurde, bereits in der Eem-Warmzeit (zwischen Saale- und Weichsel-Kaltzeit) ein See bestanden hat (STAESCHE 2002). Dieser See und die gesamte Senke wurden zwar in der Weichsel-Eiszeit zunächst durch abgelagerte Sande zugeschüttet, es bildeten sich unter den arktischen Klimabedingungen aber Eislinsen, die bei fortdauernder Wasser-Zulieferung immer dicker wurden und den darüber liegenden Boden anhoben. In sommerlichen Auftauphasen wurde der gelöste Boden abgetragen, so dass allmählich ein flacher Binnensee entstand (ebda.). Diese Art der Seenbildung ist aus den arktischen Dauerfrostgebieten Kanadas und Sibiriens bekannt.

Nördlich der B 6 hat der Eilveser Bach ein neues, naturnahes Bett bekommen.

Das Steinhuder Meer verlandet von der Westseite her. Hier lagern sich Mudden ab und entwickeln sich Niedermoorböden, während das dem Wind und Wellenschlag ausgesetzte sandige Ostufer immer weiter abgetragen wird. So verschiebt sich der Binnensee ganz allmählich nach Ostnordost. Das östlich angrenzende ausgedehnte Tote Moor ist im Übrigen nicht durch Verlandung entstanden, sondern wurzelt direkt auf dem sandigen Untergrund. Es ist das Größte von mehreren Hochmooren in diesem Naturraum. Geomorphologisch interessant sind einzelne Sanddurchragungen am Nordrand des Toten Moores; die größten heißen Mummenberg und Schalofesberge.

Der Naturraum hat insgesamt ein <u>bewegtes Relief</u>: Der höchste Punkt ist der Hüttenberg im Grinderwald südlich von Borstel mit 101 m ü. NN, die Endmoränen bei Schneeren liegen bei etwa 70 m ü. NN (Engelkenberg: 71 m) und die Wasserfläche des Steinhuder Meeres stellt mit ca. 38 m ü. NN im Süden den Tiefpunkt dar. Im Bereich des Geestrandes bei Lutter fällt das Gelände von knapp 50 m auf etwa 30 m in das fast ebene ehemalige Urstromtal ab. Ganz im Norden werden mit 26,5 m ü. NN die geringsten Höhen des gesamten Regionsgebiets erreicht. Sie gleichen denen der benachbarten Nördlichen Leineaue.

Der gesamte Bereich ist relativ arm an größeren Fließgewässern. Hagener Bach, Empeder Beeke und Eilveser Bach münden in die Leine. Die Alpe mit ihren Nebengewässern Lutterer Bach und Laderholzer Moorgraben entwässert in die Aller, die Nöpker Beeke über den Führser Mühlbach in die Weser unterhalb von Nienburg. Das Steinhuder Meer hat keinen nennenswerten Zufluss, jedoch einen Abfluss: der Steinhuder Meerbach fließt gen Westen der Weser zu. Zur Speisung des Sees tragen einige Quellen am Seeboden bei.

4.3 Nutzungsgeschichte und heutige Nutzungsverhältnisse

Auf Grund der nährstoffarmen sandigen Böden und der ausgedehnten Moor- und Sumpfgebiete ist die westliche Geest vergleichsweise dünn besiedelt: An der Nahtstelle zwischen Steinhuder Meer – Niederung und Leineaue liegt mit

Über den Steinhuder Meerbach fließt Seewasser ab.

Heidelandschaft am Nordrand des Toten Moores

Neustadt am Rübenberge die einzige Stadt, eine Gründung der Grafen von Wölpe. Einen Rübenberg sucht man allerdings vergeblich; der Name geht auf die ehemalige Burg „castrum Rouvenberg" zurück, die im 16. Jahrhundert durch die Burg Landestrost ersetzt wurde (s. Kap. 5.2). Die nächstgrößeren Orte sind die alte Fischersiedlung Steinhude und Mardorf, die beide ihren Aufschwung dem Fremdenverkehr und den Freizeitmöglichkeiten am Steinhuder Meer zu verdanken haben. Auf die am Niederungsrand der Leineaue gelegenen Dörfer wird in Kapitel 5 eingegangen. Hagen und Großenheidorn wurden als Hagenhufendörfer angelegt, die weiteren Siedlungen der Schneerener und der Dudenser Moorgeest sind überwiegend lockere Haufendörfer (vgl. KRUMM 2005).

Die nährstoffarmen Sandgebiete der Geest (niederdeutsch gest = trocken, unfruchtbar) waren ganz überwiegend nicht ackerfähig und sind im Mittelalter und bis weit in das 19. Jahrhundert hinein als gemeinschaftliche Schafweide genutzt worden. Es war eine sehr offene, durch Zwergsträucher geprägte Heidelandschaft, weil die Schafe aufkommende Bäume und Sträucher – mit Ausnahme des Wacholders (Juniperus communis) – verbissen. Auf den Triften, z. B. in Nähe der Schafkoben, wuchsen kurzrasige Borstgrasrasen. Wo auf Grund von Tritt der Sandboden offen gelegt wurde, konnten sich sekundäre Dünen entwickeln, die wiederum von Sandtrocken- und Magerrasen besiedelt wurden.

Die wenigen Ackerflächen lagen unmittelbar am Dorf. Sie wurden mit Plaggen gedüngt, die den Winter über als Einstreu in den Stallungen lagen und die Ausscheidungen der Tiere aufnahmen. Diese wurden durch „Abplaggen" der Rohhumusauflage in den Heideflächen gewonnen. Die Ackerflächen wuchsen allmählich an, es entstanden vergleichsweise fruchtbare Plaggeneschböden, die noch heute in der Landschaft feststellbar sind. Für die Sandheiden bedeutete diese Nutzungsweise aber eine schleichende Devastierung: Den Böden wurden ständig Nährstoffe entzogen; es entstanden saure Podsolböden, in denen die Aktivität der Bodenorganismen herabgesetzt ist, so dass die Streu nicht für die Pflanzen verfügbar umgesetzt werden kann. Verlagerungsprozesse

Alter Ortsrand von Lutter – Ansicht von Osten

Die bis an die Oberfläche vernässten Meerbruchswiesen sind ein wertvolles Rastvogelgebiet.

im Boden bewirken einen aschgrauen Auswaschungshorizont im Oberboden und eine verdichtete Ortsteinschicht im Unterboden. Die nahezu baumlose Heidelandschaft der Geest erreichte in der Mitte des 19. Jahrhunderts seine größte Ausdehnung. Danach ging sie in recht zügigem Tempo zurück, wofür im Wesentlichen zwei Faktoren ausschlaggebend waren: Durch billige Wollimporte aus Übersee (z. B. aus Neuseeland) lohnte sich die Haltung der Schafe nicht mehr. Und die Entwicklung und Einführung des Kunstdüngers machte die mühselige Plaggenwirtschaft überflüssig (vgl. ELLENBERG 1978, S. 664). Als die Heidschnuckenwirtschaft zusammenbrach, wurde die Heidelandschaft zum Ödland. Und das Ödland verlangte danach, in Kultur genommen zu werden:

Der überwiegende Teil der mageren und trockenen Podsolböden wurde mit der anspruchslosen Kiefer (*Pinus sylvestris*) aufgeforstet, der Rest kultiviert und in landwirtschaftliche Nutzfläche (Acker und Grünland) überführt. Mit Hilfe von Düngergaben und Bewässerung lassen sich die Defizite der armen Böden ausgleichen, wobei es sich bei den durchlässigen Sanden kaum vermeiden lässt, dass ein Teil der Stickstoffverbindungen in das Grundwasser ausgewaschen wird. Heute erinnern nur noch kleine Relikte und einige Flurbezeichnungen (z. B. die „Osterheide" westlich von Niedernstöcken) an die ehemalige Heidelandschaft, und die wild lebenden Tier- und Pflanzenarten, die sie besiedelten, stehen heute überwiegend auf den Roten Listen.

Ortsnahes Grünland auf Grund von Pferdehaltung (bei Laderholz)

Abtorfung im Torfstichverfahren (Totes Moor, im Hintergrund der Große Schalofesberg)

Auf den feuchten Niedermoorböden in den Randbereichen des Steinhuder Meeres ist bis heute nur Grünlandnutzung möglich. Als der Schriftsteller JOHANN GEORG KOHL in der Mitte des 19. Jahrhunderts das Steinhuder Meer besuchte, fand er bei Winzlar schwimmende Wiesen vor, sogenannte „Fledderwiesen", die sich über der abgelagerten Mudde des Meeres entwickelt hatten und beim Betreten stark zu schwingen begannen. Von den damaligen landwirtschaftlichen Praktiken berichtet er Folgendes: „Um diesen fruchtbaren Schlamm nutzbar zu machen, haben die hiesigen Seeleute ein eigentümliches Verfahren erfunden: Sie graben runde Löcher in den Teppich der schwimmenden Wiesen, fahren mit langen Stäben, an denen Querhölzer befestigt sind, in diese Löcher hinein, rühren darin ein wenig herum und auf und ab wie mit dem Quirl in einem Butterfass, holen dann den Schlamm, der sich auf den Querbrettern festsetzt, nach oben und düngen damit ihre Wiesen." (KOHL 1864, S. 51). Von dieser Nutzungsweise bis zur heutigen intensiven Grünlandwirtschaft auf stark entwässerten Niedermoorböden war es ein weiter Weg. Teilweise wird hier aber heute in Folge von Naturschutzprojekten wieder extensiv gewirtschaftet (Meerbruchswiesen). In den Großenheidorner Wiesen ist die traditionelle Flurverfassung des Hufendorfes an Hand der Baumreihen, Graswege und Grundstücksgrenzen noch gut erkennbar; der Bereich hat deshalb das Prädikat „Historische Kulturlandschaft" bekommen (v. RUSCHKOWSKI 2009b).

Die Hochmoore waren demgegenüber in früheren Jahrhunderten unwegsames Ödland und landwirtschaftlich nicht nutzbar. Allerdings gab es hier seit dem Mittelalter vom Rand her bäuerlichen Torfstich zur Gewinnung von Brennmaterial für den eigenen Bedarf. Fast allen Dörfern der Moorgeest sind Moorbereiche zugeordnet, in denen im Handtorfstichverfahren abgebaut wurde. Im Zusammenhang mit dem Toten Moor, dem mit etwa 30 km² größten Hochmoor der Region Hannover, liegen das Steinhuder Moor, das Wunstorfer Moor, das Klein Heidorner Moor, das Neustädter Moor und das Neustädter Bürgermoor sowie Mardorfer Moor und Mardorfer Feld. Um weiter in die Moore vorzudringen war der Bau von Dammwegen und Entwässerungsgräben erforderlich. Mitte des 18. Jahrhunderts begann am Toten Moor die systematische Moorkultivierung durch das Kurfürstentum Hannover, denn noch war der weitaus größte Teil des Moores in staatlichem Besitz. Bei Poggenhagen und westlich von Neustadt wurden die Kolonistensiedlungen Moordorf und „Großmoor" gegründet. Torfabbau wurde in größerem Stil betrieben, und in den Randlagen wurden Flächen nach Abbau kultiviert und in landwirtschaftliche Nutzung überführt. Mit Beginn des 20. Jahrhunderts setzte die großflächige industrielle Torfgewinnung ein. Torfe wurden nicht nur als Brennstoff, sondern zunehmend auch als Kultursubstrat im Gartenbau genutzt. Neben der traditionellen Sodengewinnung im Stichverfahren wurde auch das Fräsverfahren entwickelt, bei dem Torf

Insel Wilhelmstein (35)

flächenhaft maschinell aufgenommen wird (s. Foto in Kap. 4.7). Industrielle Torfgewinnung hat eine intensive Flächenentwässerung zur Voraussetzung, so dass sich die Moorlandschaft in wenigen Jahrzehnten erheblich veränderte. Eine in weiten Teilen unberührte Naturlandschaft war innerhalb eines Jahrhunderts nach den ökonomischen Interessen der wirtschaftenden Menschen ausgebeutet und nahezu zerstört worden.

Spätestens in den 1970er Jahren setzte massive Kritik an der großräumigen Moorzerstörung ein. „Torf gehört ins Moor" hieß der Kampfruf der Ökobewegung, Torfersatzstoffe wie Rindenhumus und verschiedene Kompostarten wurden entwickelt, und 1981 legte die Niedersächsische Landesregierung ein erstes Moorschutzprogramm auf. Die Zielrichtung bestand vor allem darin, den Torfabbau soweit zu begrenzen, dass eine Hochmoorregeneration im Anschluss möglich ist. An Stelle einer Nachnutzung als landwirtschaftliche Fläche trat die Renaturierung, d. h. eine Widmung für den Naturschutz. Die Torfabbauunternehmen wurden in die Pflicht genommen, die Moorflächen nach Abbau so herzurichten, dass bestmögliche Bedingungen für die Wiedervernässung und das Torfmooswachstum bestehen. Vor dem Hintergrund des Klimawandels und der deshalb erforderlichen CO_2-Bindung erhalten Moorschutz und Moorregeneration zusätzliches Gewicht (s. Förderprogramm „Klimaschutz durch Moorentwicklung" – NMUEK 2014).

Die Landschaft am Steinhuder Meer ist durch den Tourismus geprägt wie keine andere innerhalb der Region Hannover. Sie ist – neben der Landeshauptstadt selbst – wohl die einzige, der eine Bedeutung für den Fremdenverkehr zugesprochen werden kann, wenngleich das Gros der Gäste sicherlich auch hier aus Hannover und der Region stammt. Der Tourismus setzte am Ende des 18. Jahrhunderts ein, als v.a. die Feste Wilhelmstein, die ihre militärische Funktion 1787 bei der erfolglosen Belagerung durch hessische Truppen bewiesen hatte, Besucher anzog (vgl. FESCHE 2006, S. 74). Im 19. Jahrhundert und insbesondere nach dem Anschluss durch die Steinhuder Meerbahn 1898 nahm die Bedeutung für Hannoveraner stetig zu, die bei Steinhude, Hagenburg und später auch am Nordufer bei Mardorf Badefreuden genossen und bei Bootsfahrten Entspannung suchten. Besonderen Auftrieb verlieh dem Steinhuder Meer – Tourismus die Gründung von Segelvereinen Anfang des 20. Jahrhunderts. Heute ist das Steinhuder Meer ein weithin bekanntes und beliebtes Segelrevier, etwa 3.000 Boote sind an den vielen Stegen vertäut. Dazu kommen Surfer und Kitesurfer, Tretbootfahrer, Paddler und andere Wassersportler. Umgestaltungen in den Uferbereichen wie aufgeschüttete Strände bei Mardorf und die Badeinsel vor Steinhude, Steganlagen und Uferpromenaden sowie Wochenendhaussiedlungen, Pensionen und Campingplätze sind Ausdruck einer erfolgreichen touristischen Entwicklung. Sie beschränkt sich auf

Süd- und Nordufer, während am West- und Ostufer die Natur Vorrang hat. 1974 wurde der Naturpark Steinhuder Meer gegründet, um tragfähige Kompromisse zwischen Tourismus und Naturschutz zu entwickeln. Heute besuchen an sonnigen Wochenenden bis zu 50.000 Gäste den Naturpark.

Die Bedeutung des Steinhuder Meeres für die Berufsfischerei hat in den letzten Jahrzehnten stark nachgelassen. Heute sind es 7 Betriebe, die hier – zumeist im Nebenerwerb – Fische fangen (TATJE, Fischer in Steinhude, 2013 mdl.). Allerdings ist es das einzige Gewässer innerhalb der Region, in dem überhaupt professionell gefangen wird. Hauptnutzfischart ist traditionell der Aal (*Anguilla anguilla*), der hier mit Reusen gefangen wird, nachdem zunächst Jungtiere ausgesetzt werden. Auf Grund der Aufstiegshindernisse kann er – aus der Sargassosee vor der amerikanischen Atlantikküste kommend – das Binnenmeer nicht aus eigener Kraft erreichen (vgl. BRANDT et al. 2002, S. 50). Da Glasaale inzwischen sehr teuer geworden sind, werden heute am Steinhuder Meer v.a. Aale angeboten, die anderswo aufgewachsen sind. Auch Hechte (*Esox lucius*), Zander (*Stizostedion lucioperca*), und Schleie (*Tinca tinca*) haben für die Reusenfischerei Bedeutung (TATJE, mdl.).

Nördlich der Bundesstraße 6 wandelt sich die Kulturlandschaft der westlichen Geest. Während in der Umgebung des Steinhuder Meeres dem Fremdenverkehr und der Naherholung und somit auch dem Landschaftserleben und dem Naturerhalt große Bedeutung zukommt, steht hier die Energiegewinnung, insbesondere durch Windkraft, im Vordergrund. Zwischen Nöpke und Laderholz, Eilvese und

Windpark und Maisanbau bei Wulfelade (2)

Mandelsloh stehen insgesamt ca. 70 neuzeitliche Windenergieanlagen in fünf ausgewiesenen Windparks. Hier werden auch die ersten Erfahrungen mit dem Repowering gemacht: Dabei werden vorhandene Windenergieanlagen mit etwa 85 m Gesamthöhe durch größere und modernere Anlagen von bis zu 200 m Gesamthöhe und erheblich höherer Leistung ersetzt. Dazu kommen einige Biogasanlagen am Rand der Dörfer und in der Feldmark, in deren Umgebung Maisäcker die Agrarlandschaft dominieren. Die Energiegewinnung hat in dieser Landschaft Tradition: Nördlich von Neustadt führt die „Mühlenroute" den Radwanderer auf einer 45 km langen Strecke an diversen historischen Wind- und Wassermühlen vorbei (s. BIBOW o.J. a).

Badestrand am Weißen Berg

Blick übers Meer nach Süden

4.4 Haupt-Biotoptypen und wichtige Lebensräume

Steinhuder Meer

Der größte See Nordwestdeutschlands ist zunächst ein Anziehungspunkt für die Vogelwelt. Er hat sowohl für Brutvögel als auch für Gastvögel überragende Bedeutung. Dafür verantwortlich sind die Größe der Wasserfläche, die hohe biologische Produktivität des von Natur aus nährstoffreichen Flachgewässers und die Vielfalt der naturnahen Vegetationsstrukturen in den Randgebieten. Besonders in den Herbst- und Wintermonaten zieht der See zahlreiche Wasservögel in großer Zahl an. Mitarbeiter der Ökologischen Schutzstation Steinhuder Meer (ÖSSM) zählen seit vielen Jahren die Bestände. Regelmäßig werden dabei für mehrere Arten Höchstzahlen erreicht, die eine internationale Bedeutung als Rastgebiet belegen. Besonders zahlreich sind Blässgänse (*Anser albifrons*) und Graugänse (*Anser anser*), Tafelenten (*Aythya ferina*), Stockenten (*Anas platyrhynchos*), Pfeifenten (*Anas penelope*), Löffelenten (*Anas clypeata*) und Krickenten (*Anas crecca*), Blässrallen (*Fulica atra*), Gänsesäger (*Mergus merganser*), Zwergsäger (*Mergellus albellus*) und Kormorane (*Phalacrocorax carbo*), wobei die Bestände der einzelnen Arten von Jahr zu Jahr stark schwanken können (BRANDT et al. 2002). Auch Lach- und Sturmmöwen sowie Silbermöwen (*Larus ridibundus, L. canus, L. argentatus*), Fluss- und Trauerseeschwalben (*Sterna hirundo, Chlidonias niger*) lassen sich regelmäßig beobachten. Viele Vögel rasten hier auf ihrem Zug in weiter westlich und südlich gelegene Überwinterungsgebiete. Bei dem Gros der Wasservögel handelt es sich aber um Gäste aus nördlichen und nordöstlichen Ländern, die hier überwintern. Rastvögel und Wintergäste reagieren empfindlich auf Störungen. Sie benötigen Ruhe, um ihre Energiereserven für Rück- oder Weiterflug auffüllen zu können. Deshalb gilt seit 1995 für das Steinhuder Meer ein Winterbefahrensverbot für Wassersportler, zur Zeit zwischen dem 1. November und dem 20. März. Diese Regelung war für den Naturschutz ein großer Erfolg: Die Gastvogelzahlen haben sich seitdem vervielfacht (ebda., S. 137). Vor diesem Hintergrund verwundert es nicht, dass das Steinhuder Meer als Feuchtgebiet internationaler Bedeutung entsprechend der 1971 verabschiedeten internationalen Konvention von Ramsar (Iran) anerkannt ist.

Röhrichtzone am Ostufer

Löffelente (Anas clypeata) (1)

Bartmeise (Panurus biarmicus) (1)

Seeufer- und Verlandungsvegetation an der West- und Ostseite des Meeres haben große Bedeutung für Vogelarten, die sich hier fortpflanzen. Charakteristische Bewohner des Schilfgürtels sind Teich- und Schilfrohrsänger (Acrocephalus scirpaceus, A. schoenobaenus), Bartmeise (Panurus biarmicus), Rohrschwirl (Locustella luscinioides) und Rohrweihe (Circus aeruginosus), Wasserralle (Rallus aquaticus) und Tüpfelsumpfhuhn (Porzana porzana). Von den Schwimmvögeln brüten hier unter anderem Tafelente (Aythya ferina), Löffelente (Anas clypeata) und Haubentaucher (Podiceps cristatus). Der Röhrichtgürtel wird hauptsächlich vom Schilfrohr (Phragmites australis) aufgebaut; es finden sich zudem Partien, wo Rohrkolben (Typha latifolia und Typha angustifolia) oder Wasserschwaden (Glyceria maxima) vorherrschen. Hier wachsen zudem einige seltene und gefährdete Arten, so die hochwüchsigen Stauden Wasser-Schierling (Cicuta virosa) und Zungen-Hahnenfuß (Ranunculus lingua), die Steife Segge (Carex elata), der Kamm-Farn (Dryopteris

cristata) sowie immer wieder die auch als „Drachenwurz" oder „Sumpfschweinsohr" bezeichnete Sumpf-Calla (Calla palustris), die quasi als Charakterpflanze des Steinhuder Meeres gelten kann.

Vor dem geschlossenen Schilfgürtel finden sich im flutenden Wasser kleinflächig und inselhaft Herden der Teichsimse (Schoenoplectus lacustris). Nur in geschützten Buchten, die weniger dem Wellenschlag ausgesetzt sind, wachsen Schwimmblattbestände von Teich- und Seerosen (Nuphar lutea, Nymphaea alba). Unterwasservegetation findet sich auf Grund einer Trübung, die durch Algen hervorgerufen wird, nur spärlich. Charakteristisch und gefährdet sind die Laichkrautarten Potamogeton perfoliatus und Potamogeton obtusifolius (VAN 'T HULL 2007). Die Fischfauna des Sees ist stark durch Besatzmaßnahmen geprägt. Aus der Sicht des Artenschutzes bedeutsam ist der Schlammpeitzger (Misgurnus fossilis), eine aalähnliche Kleinfischart, die an das Leben auf schlammigen Gewässerböden angepasst ist.

Schilfröhricht im Naturschutzgebiet Wulveskuhlen

THEMEN-INFO: NATURPARK STEINHUDER MEER

Blick übers Meer nach Westen (5)

Ein Naturpark ist kein spezieller Schutzge-
bietstyp wie ein Nationalpark oder ein Naturschutzgebiet, sondern eine Planungskategorie:
Großräumige Gebiete mit besonderer Qualität
von Natur und Landschaft und besonderer Eig-
nung für Erholung und Fremdenverkehr sind
so zu entwickeln und zu pflegen, dass sich die
Erholungsansprüche entfalten können, ohne
die natürlichen Potentiale zu gefährden. Defini-
tionsgemäß bestehen Naturparke überwiegend
aus Landschaftsschutz- oder Naturschutzgebieten. Das ist am Steinhuder Meer gegeben:
65% des Naturparks stehen unter Landschaftsschutz, 10% unter Naturschutz.

Der Naturpark Steinhuder Meer wurde 1974
gegründet. Er hat eine Größe von 310 km² und
reicht auch in die Nachbarkreise Schaumburg
und Nienburg hinein. Zuständig ist eine Trä-
gergemeinschaft aus den beteiligten Landkreisen unter Federführung der Region Hannover.

Es gibt am Steinhuder Meer eine Vielzahl von
Konflikten, die die Naturparkverwaltung zu
lösen hat. Die Höhe des Wasserstandes, die
Entschlammung des Sees, die Bebauung der
Uferbereiche und die Lenkung der Touristen-
ströme bergen ebenso Konfliktpotential wie
die Einschränkungen der Surfer und Segler
zugunsten der Vogelwelt. Für die vorbildliche
Lösung dieser Interessenkonflikte zwischen
Naturschutz und Tourismus wurde der Naturpark Steinhuder Meer mehrfach ausgezeichnet.

Von zentraler Bedeutung ist die Vermittlung von
Wissen über die Vielfalt und die Empfindlichkeit
der Natur am Steinhuder Meer. Hierzu betreibt
der Naturpark drei Infostellen: in Steinhude, in
Mardorf und auf der Insel Wilhelmstein. Es gibt
eine Fülle von Möglichkeiten an geführten Touren – zu Fuß oder mit dem Fahrrad, und für jede
Altersklasse. Die Beschilderung mit Infotafeln
an den Wanderwegen ist vorbildlich.

Schwimmblattvegetation aus See- und Teichrosen (Nymphaea alba, Nuphar lutea) in der Nordbucht des Steinhuder Meeres

Fischadler (Pandion haliaetus)

Am Ende der Nahrungskette, die hier in ihrer Komplexität nicht annähernd dargestellt werden kann, stehen am Steinhuder Meer <u>drei große Beutegreifer</u>, die erst in den letzten ein bei zwei Jahrzehnten zurückgekehrt sind: Der Fischotter (Lutra lutra) ist seit 2010 hier mehrfach nachgewiesen worden, nicht zuletzt durch Fotofallen im Rahmen des Wiederansiedlungsprojektes für den Europäischen Nerz (Mustela lutreola; s. Kap. 4.6). Der Fischadler (Pandion haliaetus) brütet seit 2006 erfolgreich am Rand der Steinhuder Meer – Niederung. Er ist mit ein wenig Glück beim Fischfang über dem See zu beobachten, insbesondere im Spätsommer, wenn zu den heimischen Fischadlern durchziehende hinzukommen (BRANDT et al. 2002, S. 46). Der Seeadler (Haliaeetus albicilla), der seit etwa 2000 am Steinhuder Meer brütet, bevorzugt Wassergeflügel als Nahrung – neben Bisam und Fisch. Fischadler und Seeadler können als Leitarten dieses Landschaftsraums gelten (s. Kap. 4.6), der Fischotter wird als Leittierart der Nördlichen Leineaue behandelt (Kap. 5.6), über die er in dieses Gebiet eingewandert sein könnte.

Sumpfschweinsohr (Calla palustris),
eine Kennart der Bruchwälder

Niedermoore

Die westliche Geest enthält mehrere noch recht gut ausgeprägte Niedermoore mit einer entsprechenden Vielfalt von Vegetationstypen. An den Rändern des Steinhuder Meeres befinden sich – wie ein Kranz um die Wasserfläche und die Röhrichte gelegen – naturnahe und artenreiche <u>Erlen- und Birkenbruchwälder</u>. In diesen sehr nassen Bereichen, die von den Uferwegen südwestlich von Steinhude oder nordöstlich von Mardorf aus gut einsehbar sind, wachsen viele gefährdete Pflanzen in großer Zahl: Charakteristisch und häufig sind Sumpffarn (Thelypteris palustris), Walzen-Segge (Carex elongata), Sumpfdotterblume (Caltha palustris), Sumpf-Calla (Calla palustris) und Steife Segge (Carex elata). In den ausgedehnten und breiten Verlandungsbereichen am West- und Ostufer schließen sich an den Röhrichtgürtel <u>Seggenrieder</u> und <u>Grauweidengebüsche</u> an. Hier wachsen einige sehr seltene und hochgradig bedrohte Sumpfpflanzen, die eher nährstoffarme Verhältnisse anzeigen: Fieberklee (Menyanthes trifoliata), Faden-Segge (Carex lasiocarpa), Schwarzschopf-Segge (Carex appropinquata) sowie im Bereich des Hagenburger Moores auch die Binsenschneide (Cladium mariscus). Im <u>Hagenburger Moor</u> finden sich vielfältige Übergänge zwischen nährstoffreichem und nährstoffarmem Niedermoor bis hin zu sehr sauren, nur noch vom Regenwasser gespeisten Hochmoorstandorten. Hier lässt sich nachvollziehen, wie ein Hochmoor dadurch entsteht, dass es über den Grundwasserspiegel hinauswächst. Botanisch interessante Übergänge zwischen Nieder- und Hochmoor finden sich zudem am Ostufer. Dieses Gebiet ist durch den Rundweg nördlich des dortigen Beobachtungsturms („Vogeldamm") gut erschlossen.

Extensiv genutztes Moorgrünland mit Kuckucks-Lichtnelke (Silene flos-cuculi) am Wunstorfer Moor

Auch der heute fast vollständig verlandete Bannsee, der etwa anderthalb Kilometer nördlich des Steinhuder Meeres liegt, ist durch Niedermoorvegetation geprägt: Die ehemalige Seefläche wird fast vollständig von einem Binsensumpf bewachsen, in dem die Flatter-Binse (*Juncus effusus*) dominiert. Ähnliche Vegetationsbestände sind auch im Hochmoor anzutreffen, wenn der Torf so tief abgebaut wurde, dass das Grundwasser hineindrückt.

Gut ausgeprägte Übergänge zwischen Erlen-Eschen-Auwald, Erlenbruchwald und Birkenbruchwald finden sich zudem am Eilveser Bach nordwestlich von Himmelreich. Im sogenannten Ützenmoor wachsen zusätzlich zu den o.g. Kennarten der Bruchwälder weitere gefährdete Arten wie Stern-Segge (*Carex echinata*), Hirsen-Segge (*Carex panicea*), Kleiner Baldrian (*Valeriana dioica*) und Alpen-Hexenkraut (*Circea alpina*). Und auch am Steinhuder Meerbach sowie in vermoorten Auenabschnitten einiger Geestbäche (Obere Alpe und Laderholzer Moorgraben) ist wertvolle Niedermoorvegetation erhalten.

Niedermoorgrünland

Traditionell wird Niedermoor als Grünland genutzt. Ausgedehnte Bereiche mit Niedermoorgrünland finden sich heute noch am Rand des Steinhuder Meeres, und zwar im Bereich des Meerbruchs und der Meerbruchswiesen (West- und Südufer) sowie hinter dem Ostufer im Bereich der Großenheidorner Wiesen. Östlich der Siedlungsgebiete „Ostenmeer" und „Strand" sind die seenahen Flächen noch so nass, dass hier artenreiche Feucht- und Nasswiesen erhalten sind. Charakteristische Arten dieser wertvollen Bestände sind Faden-Binse (*Juncus filiformis*), Blasen-Segge (*Carex vesicaria*), Sumpfdotterblume (*Caltha palustris*) und Wasser-Greiskraut (*Senecio aquaticus*). Die Großenheidorner Wiesen, ein geschlossenes Grünlandgebiet im Übergang von Niedermoor- zu Hochmoor- und zu Sandböden, werden noch von charakteristischen feuchtigkeitsliebenden Heuschreckenarten besiedelt: Die Sumpfschrecke (*Stethophyma grossum*) fällt durch ihre charakteristischen Schnipplaute sowie durch ihre roten Beinschenkel auf. Sumpfgrashüpfer (*Chorthippus montanus*) und

Erlenbruch mit Walzen-Segge (Carex elongata) und Sumpf-Schwertlilie (Iris pseudacorus)

Hochstaudensumpf mit Gilbweiderich (Lysimachia vulgaris) am Bannsee

Meerbruchswiesen im Spätherbst

Kurzflüglige Schwertschrecke (*Conocephalus dorsalis*) sind als typische Bewohner feuchter Wiesen hier ebenfalls häufig (PGL 2014b).

Die Meerbruchswiesen beidseits des Steinhuder Meerbaches sind der größte zusammenhängende Feuchtwiesenkomplex in diesem Teil der Region (Geest-West). Und sie sind Teil des „Feuchtgebiets internationaler Bedeutung" (s. S. 129), das zu besonderen Anstrengungen zum Erhalt der avifaunistischen Bedeutung verpflichtet. In das Schutzgebiet „mit gesamtstaatlich repräsentativer Bedeutung" (sogenanntes GR-Gebiet; s. Themen-Info, S. 137) Meerbruch sind auch deswegen erhebliche Bundesmittel geflossen, damit eine extensive Nutzung gewährleistet und Maßnahmen zur Wiedervernässung und Optimierung des Lebensraumes durchgeführt werden konnten. Bis zum Jahr 2000 wurden fast 650 ha landwirtschaftliche Flächen erworben und anschließend den Landwirten zur kostenlosen Nutzung unter speziellen Auflagen zurückgegeben (REGION HANNOVER 2007b). Die Wiesen werden erst spät gemäht, um Störungen brütender Vögel zu vermeiden. Teile des Meerbruchs werden extensiv mit Wasserbüffeln beweidet. Zur Besucherlenkung wurden Wege verlegt und Beobachtungspunkte eingerichtet. Im Ergebnis haben diese großen Anstrengungen bewirkt, dass der Meerbruch heute der wichtigste

Großer Brachvogel (Numenius arquata) (1)

Bekassine (Gallinago gallinago) (1)

Laubfrosch (Hyla arborea) (1)

*Die Männchen des Moorfrosches (Rana arvalis)
laufen zur Paarungszeit blau an. (13)*

großflächige Lebensraum für Wiesenbrüter inner-halb der Region ist. Die stark gefährdeten Limiko-lenarten Großer Brachvogel (*Numenius arquata*), Kiebitz (*Vanellus vanellus*) und Bekassine (*Gallinago gallinago*) sowie der Wachtelkönig (*Crex crex*), die allesamt auf Grund der Abnahme und Intensi-vierung des Grünlands landes- und bundesweit zurückgehen, brüten hier regelmäßig mit meh-reren Exemplaren und machen den Wert dieses Gebietes aus. Dennoch ist die Entwicklung nicht nur positiv: Die Vorkommen der stark gefährdeten Feuchtwiesenarten Uferschnepfe (*Limosa limosa*) und Braunkehlchen (*Saxicola rubetra*) sind hier in jüngster Zeit erloschen (LRP, S. 207 u. S. 211).

Die Meerbruchswiesen haben auch eine erheb-liche Bedeutung für das Rastvogelgeschehen: Insbesondere Gänse und Enten sowie über

20 Watvogelarten nutzen in großer Zahl das Nah-rungspotential der offenen und nassen Wiesen. Durch die Anlage flacher Kleingewässer (soge-nannter „Blänken") ist das Gebiet für Rastvögel noch attraktiver geworden.

Diese Blänken sowie andere Kleingewässer, die z.B. am Rand des Wunstorfer Moores ausge-schoben wurden, haben auch eine erhebliche Bedeutung für Amphibien. Das großräumige Feuchtgebiet der Steinhuder Meer – Niederung ist schon immer ein Schwerpunktraum für Lur-che gewesen (vgl. BUSCHMANN et al. 2006). Die gefährdeten Arten Knoblauchkröte (*Pelobates fuscus*) und Kreuzkröte (*Bufo calamita*), Moorfrosch (*Rana arvalis*), Laubfrosch (*Hyla arborea*), Kleiner Wasserfrosch (*Pelophylax lessonae*) sowie Kamm-molch (*Triturus cristatus*) haben allesamt durch

Biotopanlage südöstlich des Wunstorfer Moores

Im Sommer steigt Torfstaub über den Frästorfflächen des Toten Moores auf.

die Anlage der Kleingewässer profitiert. Zudem ist durch die Wiedervernässungsmaßnahmen in den Bereichen Barloh (Wunstorfer Moor) und „Vogelbiotop" (Meerbruchswiesen) insbesondere die Moorfroschpopulation stark gefördert worden. Diese Lurchart ist heute in der Steinhuder Meer – Niederung wieder sehr zahlreich und kann als Leittier der Moorgebiete gelten. Der Seefrosch (*Pelophylax ridibundus*) nutzt die Seeufer, bevorzugt in den Bereichen mit Schwimmblattvegetation, und besiedelt in den angelegten Gewässern die tieferen Partien. Laubfrösche (*Hyla arborea*) sind im Rahmen eines behördlich genehmigten Verfahrens wieder angesiedelt worden, indem 2005 bis 2008 aus Laich gezogene Quappen in geeignete Gewässer der Meerbruchswiesen ausgesetzt wurden (BUSCHMANN et al. 2006, BRANDT 2013, mdl.) und bilden heute am Steinhuder Meer eine stabile und individuenstarke Population von mehreren Tausend Tieren (s. Kap. 4.8).

Naturentsprechende baumfreie **Hochmoore** gibt es in diesem Naturraum nicht mehr. Alle Hochmoore sind durch Entwässerung und Torfabbau relativ stark verändert. Sucht man in der Landschaft ein Hochmoor, so muss man sich in der Regel nach einem Wald umsehen. Günstigenfalls finden sich im Wald dann noch einige offene und halboffene Bereiche, in denen sich Reste der Hochmoorvegetation erhalten haben. Charakteristischerweise wachsen hier Birken-Kiefern-Moorwälder, die vielfach durch Anflug entstanden sind. Moorbirke (*Betula pubescens*), Sandbirke (*Betula pendula*) und Waldkiefer (*Pinus sylvestris*) bauen den Bestand auf, im Unterwuchs gedeihen spärlich Faulbaum (*Rhamnus frangula*), Eberesche (*Sorbus aucuparia*) und zunehmend die Späte Traubenkirsche (*Prunus serotina*), ein Neophyt aus Nordamerika. Unter den Lichtbaumarten herrscht am Boden meist eine dichte Vegetation. Oft dominieren Zwergsträucher

Die blaugrüne Farbe unterscheidet die Rauschbeere (Vaccinium uliginosum) von der zumeist dominierenden Heidelbeere (Vaccinium myrtillus).

Rosmarinheide (Andromeda polifolia) über dem Torfmoosteppich

THEMEN-INFO: GESAMTSTAATLICH REPRÄSENTATIVE NATURSCHUTZGROSSPROJEKTE

Im „GR-Gebiet" Meerbruch wurden Blänken ausgeschoben und eine Pflege mit Wasserbüffeln organisiert.

1979 hat die Bundesrepublik Deutschland ein Förderprogramm aufgelegt, durch das große Gebiete mit gesamtstaatlicher Naturschutzbedeutung (sogenannte „GR-Gebiete") gesichert werden sollen. Es handelt sich um einen bundesweiten Ansatz des systematischen Gebietsschutzes, um das „nationale Naturerbe" zu sichern, und ergänzt bzw. vertieft das europäische Schutzgebietssystem „Natura 2000" (s. Kap. 1.5). Dabei sollen Landschaftsteile geschützt werden, die innerhalb des Bundesgebietes repräsentativ sind hinsichtlich ihrer Lebensraumausstattung und ihres Artenspektrums. Die Gebiete sollen möglichst großflächig sein, um den besonders schützenswerten Tier- und Pflanzenarten genügend große Lebensräume zu verschaffen und um zugleich negative Außeneinflüsse aus dem Kern der Gebiete herauszuhalten. Dafür greift der Bund tief in die Tasche: Umfangreiche Untersuchungen der Tier- und Pflanzenwelt werden finanziert. Sie bereiten einen Pflege- und Entwicklungsplan vor, der verbindliche Maßnahmen festsetzt. In einem ca. 10jährigen

Förderzeitraum wird die Gebietsfläche möglichst vollständig erworben, um die erforderlichen Maßnahmen umsetzen zu können. Flächen, die weiterhin bewirtschaftet werden sollen, werden dann unter strengen Naturschutzauflagen neu verpachtet. Der Bund übernimmt 75% der Kosten, die restlichen 25% teilen sich das Land und der jeweilige Projektträger. Die Bundesforschungsanstalt Naturschutz wacht darüber, dass bei dem hohen Mitteleinsatz tatsächlich auch 100% Naturschutz herauskommen.

In der Region Hannover ist der Meerbruch das einzige Gebiet, das in dieses Förderprogramm des Bundes aufgenommen wurde. Zwischen 1990 und 2001 flossen 12,7 Mio. DM in das Wiesengebiet am westlichen Rand des Steinhuder Meeres (REGION HANNOVER 2007b). Ein zweites GR-Gebiet „Hannoversche Moorgeest" ist 2008 gescheitert. Der Bund zog sich zurück, als er feststellte, dass seine Vorstellungen von Moornaturschutz mit den Akteuren vor Ort nicht umzusetzen waren (s. Kap. 6.4).

Moorregeneration mit Wollgräsern (Eriophorum spec.)

Wiedervernässung im Toten Moor

wie Heidelbeere (*Vaccinium myrtillus*) und Preiselbeere (*V. vitis-idaea*) oder das Bentgras (*Molinia coerulea*), in den am stärksten entwässerten Bereichen auch der Adlerfarn (*Pteridium aquilinum*). Auch die weniger entwässerten Bereiche sind reich an Zwergsträuchern; hier kommen weitere Arten dazu, nämlich die Glockenheide (*Erica tetralix*) und – seltener – die Krähenbeere (*Empetrum nigrum*) sowie die Rauschbeere (*Vaccinium uliginosum*). Die leicht giftigen, blauen Beeren der Rauschbeere können mit Heidelbeeren verwechselt werden, das blaugrüne Laub der Rauschbeere ist aber unverwechselbar. In noch feuchteren Bereichen kommen eigentliche Hochmoorpflanzen wie die gefährdeten Zwergsträucher Moosbeere (*Vaccinium oxycoccus*) und Rosmarinheide (*Andromeda polifolia*) hinzu, sowie einige Torfmoose (*Sphagnen*) und die beiden Wollgrasarten *Eriophorum angustifolium* und *E. vaginatum*. Generell sind die Hochmoore eher arm an Pflanzenarten. In dem stark sauren und nährstoffarmen Milieu können nur wenige Spezialisten überleben, die zumeist auf den Roten Listen stehen, weil sie immer seltener werden – wie ihr Lebensraum. Ein solcher Spezialist ist der Sonnentau, der das geringe Stickstoffangebot des Bodens dadurch ausgleicht, dass er mit seinen tentakelbesetzten Blättern Insekten fängt. Mit dem Rundblättrigen und dem Mittleren Sonnentau kommen zwei Arten in den Hochmooren der Region vor (*Drosera rotundifolia, D. intermedia*). Sie bevorzugen gut besonnte, nasse und lückige Pionierstandorte.

Die offenen Bereiche sind entweder eher trockene Degenerationsstadien oder wiedervernässte Regenerationsstadien von Hochmoor. In den Degenerationsstadien herrschen zumeist Besenheide (*Calluna vulgaris*) oder Glockenheide (*Erica tetralix*) vor, oder es dominiert das Bentgras (*Molinia coerulea*). Die bultigen Bentgraswiesen sind häufig durch Verbrachung aus Hochmoorgrünland hervorgegangen. Im Toten Moor südlich der Kreisstraße 347 sind größere Bereiche nach Torfabbau wiedervernässt worden. Hier soll Torfmooswachstum einsetzen und das Hochmoor regenerieren. Teile des Wunstorfer Moores sind durch Grabenverfüllung so stark vernässt worden, dass die Birken absterben und eine offene

Mittlerer Sonnentau (Drosera intermedia), ein Pionier auf Torfschlamm

Schlingnatter (Coronella austriaca) (48)

Kraniche (Grus grus) brüten wieder im Moor. (1)

Sumpflandschaft entsteht. Diese Maßnahmen sind unter dem Motto „Das Tote Moor soll leben" als Pilotprojekt zur Weltausstellung EXPO 2000 durchgeführt worden.

Offene und wenig verbuschte Hochmoorbereiche haben eine große Bedeutung für viele Tierarten. In die trockeneren Degenerationsbereiche ziehen sich viele Arten der ehemaligen Heidelandschaft zurück. Charakteristische Vogelarten sind die Heidelerche (*Lullula arborea*) und der Ziegenmelker (*Caprimulgus europaeus*), der das Tote Moor in bemerkenswert großer Population besiedelt und als Leitart für die offenen Hochmoordegenerationsstadien gelten kann (s. Kap. 4.6). Bemerkenswert ist aber vor allem

die Reptilienfauna des Toten Moores: Mit Kreuzotter (*Vipera berus*) und Schlingnatter (*Coronella austriaca*), Ringelnatter (*Natrix natrix*) und Zauneidechse (*Lacerta agilis*) sowie den nicht gefährdeten Arten Waldeidechse (*Zootoca vivipara*) und Blindschleiche (*Anguis fragilis*) kommen hier alle heimischen Kriechtierarten vor, die gefährdeten Arten in bemerkenswert großen und stabilen Populationen. Besonders interessant sind die Bereiche am Nordrand des Moores, wo vielfältige Übergänge zur sandigen Geest bevorzugte Lebensräume für die wärmeliebenden Tiere darstellen. Kreuzotter (*Vipera berus*) und Schlingnatter (*Coronella austriaca*) sind in ihrem Vorkommen in diesem Naturraum auf Hochmoore und Übergangsbereiche zur Sandgeest

Die Krickente (Anas crecca) ist die kleinste der heimischen Entenarten. (1)

Der Moorerlebnispfad führt zum „Seerosenteich"; hier wächst die Glänzende Seerose (Nymphaea candida).

beschränkt. Die bis an die Oberfläche vernässten Regenerationsbereiche haben sich zu bedeutenden Brutvogellebensräumen entwickelt. Charakteristisch sind die überall im Rückgang begriffenen Limikolenarten Kiebitz (*Vanellus vanellus*), Bekassine (*Gallinago gallinago*) und Rotschenkel (*Tringa totanus*), die Krickente (*Anas crecca*) und auch der Kranich (*Grus grus*), der hier seit einigen Jahren in wenigen Paaren brütet.

Will man naturnahes Hochmoor kennenlernen, so ist der „Moorerlebnispfad" hinter dem Ostufer des Steinhuder Meeres zu empfehlen. Südöstlich der Neuen Moorhütte (zehn Minuten zu Fuß) ist – vom Vogeldamm ausgehend – auf Holzstegen ein kleiner Rundweg durch das trittempfindliche Moor angelegt. Hier finden sich noch Bulten und Schlenken mit den jeweils charakteristischen Pflanzen, die Gehölze sind entfernt worden und in den ehemaligen bäuerlichen Torfstichen wächst das Hochmoor.

Die weiteren Hochmoore dieses Naturraums liegen abgelegen und zerstreut an der Grenze zum Landkreis Nienburg. Sie sind weitgehend unerforscht und mögen manche floristische und faunistische Besonderheit bergen. Während die westlich gelegenen Ohlhagener Moor und Kreuzholzmoor sowie das Schneerener Moor noch größere offene Bereiche haben, sind Varlinger Moor, Hanlaxmoor und Dudenser Moor im Norden und auch das Bieförthmoor weitgehend verwaldet.

Pioniervegetation am Ufer des „Seerosenteichs": Bestände von Rundblättrigem Sonnentau (Drosera rotundifolia) und Sumpf-Bärlapp (Lycopodiella inundata)

Scheiden-Wollgras (Eriophorum vaginatum)
im Schneerener Moor

Englischer Ginster (Genista anglica), blühend und fruchtend

Heiden und Sandmagerrasen finden sich als Relikte der alten Heidelandschaft kaum noch in größerflächiger Ausprägung. Am Nordrand des Toten Moores (Bereich Mummenberg) sind Sandheiden im Übergang zu zwergstrauchreichen Hochmoordegenerationsstadien erhalten, so dass hier noch ein Eindruck von der ehemaligen Weite der Landschaft erahnt werden kann (s. Foto, S. 124). Die Zwergstrauchheide, die auch die Sandhügel im Moor (Schalofesberge) bewächst, wird überwiegend von der Besenheide (*Calluna vulgaris*) gebildet, teilweise ist die Glockenheide (*Erica tetralix*) eingestreut. Zwei niedrigwüchsige und gefährdete Ginsterarten (*Genista anglica, G. pilosa*) sind im Frühjahr als kleine gelbe Farbtupfer gut erkennbar. Wo häufiger gegangen wird, bilden die Horste des Borstgrases (*Nardus stricta*) oder des Dreizahns (*Danthonia decumbens*) lückige Grasbestände aus. Auf feuchten Sandwegen kommt die Sparrige Binse (*Juncus squarrosus*) hinzu (PGL 2014b).

Der Nordrand des Toten Moores und die Übergänge zur Geest sind auch Lebensraum mehrerer hochgradig gefährdeter und seltener Heuschreckenarten: Steppen-Grashüpfer (*Chorthippus vagans*) und Heidegrashüpfer (*Stenobothrus lineatus*) bevorzugen die Sandmagerrasen und Heideflächen im Übergang zu lichten Kiefernwäldern. Die Maulwurfsgrille (*Gryllotalpa gryllotalpa*), deren Vorderbeine als kräftige Grabschaufeln entwickelt sind, gräbt ihre Gänge bevorzugt in wechselfeuchte Moorböden, z. B. von Torfdämmen (BRANDT 2003).

Die **Wälder** in den höher gelegenen Grund- und Endmoränengebieten der westlichen Geest haben ganz überwiegend keinen naturnahen Charakter. Es herrschen Nadelforste vor, in denen zumeist die Waldkiefer (*Pinus sylvestris*), zudem Lärchen (*Larix spec.*) und Fichten (*Picea abies*) angepflanzt wurden. Standortentsprechende Laubhölzer wie Stiel- und Traubeneiche (*Quercus robur, Q. petrea*), Sandbirke (*Betula pendula*) und Vogelbeere (*Sorbus aucuparia*) finden sich teilweise randlich oder im Unterwuchs lichter Kiefernwälder. Grinderwald, Schneerener Wald, Tannenbruch und Osterheide stellen solche ausgedehnten Nadelforsten in diesem Naturraum dar.

Häufig im Unterwuchs von Kiefernforsten: Späte Traubenkirsche (Prunus serotina), ein Neophyt aus Nordamerika

Das Naturschutzgebiet Wulveskuhlen besteht aus Röhrichtinseln.

Etwas größere naturnahe Laubwaldanteile sind im Nordteil des Bürener Waldes, in den Klostertannen bei Mariensee und insbesondere im Häfern westlich von Schneeren enthalten. Hier wachsen bodensaure Buchen- und Eichenwälder. Als charakteristische Krautarten kommen auf armen Standorten Siebenstern (*Trientalis europaea*), Harzer Labkraut (*Galium saxatile*) und Wiesen-Wachtelweizen (*Melampyrum pratense*) vor, für etwas reichere Buchenwälder sind Flattergras (*Milium effusum*) und Schattenblümchen (*Maianthemum bifolium*) kennzeichnend. Auf alten Eichen im Häfern wurden Hirschkäfer (*Lucanus cervus*) festgestellt. Die männlichen Tiere dieser stark gefährdeten Art können bis zu 75 mm groß werden und gelten damit als die größten europäischen Käfer. Das prächtige „Geweih" der Männchen besteht aus umgewandelten und vergrößerten Oberkiefern.

4.5 Schutzgebiete und weitere Schutzaspekte

In der Geest-West sind insgesamt sieben Bereiche als Naturschutzgebiet (NSG) geschützt; sie liegen mit einer Ausnahme innerhalb der Steinhuder Meer – Niederung (s. Karte 4, S. 116):
- NSG HA 027 Hagenburger Moor (200 ha)
- NSG HA 060 Meerbruch (211 ha, davon 187 ha in der Region Hannover); das NSG setzt sich im Landkreis Nienburg fort.
- NSG HA 190 Meerbruchswiesen (1.020 ha, davon 453 ha in der Region Hannover); das NSG setzt sich in den Landkreisen Nienburg und Schaumburg fort.
- NSG HA 144 Bieförthmoor (198 ha)
- NSG HA 030 Ostufer Steinhuder Meer (360 ha)

- NSG HA 059 Wulveskuhlen (42,5 ha)
- NSG HA 154 Wunstorfer Moor (650 ha)

Der LRP weist zudem weitere Moorgebiete und das Waldgebiet Häfern als schutzwürdig im Sinne eines Naturschutzgebietes aus. Östlich des Steinhuder Meeres sollen bestehende NSG zusammengeführt und gemeinsam mit weiteren Bereichen des Toten Moores geschützt werden (REGION HANNOVER 2013). Es würde das größte NSG der Region Hannover entstehen.

Als Landschaftsschutzgebiete (LSG) sind ausgewiesen:
- LSG H 01 Feuchtgebiet internationaler Bedeutung Steinhuder Meer (4.251 ha)
- LSG H 02 Schneerener Geest – Eisenberg (8.566 ha)
- LSG H 03 Bürener Wald (800 ha)
- LSG H 06 Dudenser Moor (940 ha)
- LSG H 07 Niederungsrand bei Brunnenborstel (118 ha)
- LSG H 08 Osterheide – Welzer Grund (1.270 ha)

Weitere Schutzaspekte

Das Steinhuder Meer mit seinen Randbereichen ist das einzige EU-Vogelschutzgebiet (V 42) innerhalb der Region Hannover. EU-Vogelschutzgebiete bilden gemeinsam mit den FFH-Gebieten das europäische Schutzgebietssystem Natura 2000. Fast flächengleich ist die Steinhuder Meer – Niederung auch als FFH-Gebiet Nr. 94 „Steinhuder Meer (mit Randbereichen)" gemeldet worden. Mit den europäischen Schutzgebieten werden unter anderem folgende Erhaltungsziele angestrebt:

Das Naturschutzgebiet Ostufer Steinhuder Meer enthält einen Flachwasserbereich, der für Gastvögel große Bedeutung hat.

- Verbesserung des Wasserhaushalts in den Feuchtgrünland- und Moorbereichen
- Förderung extensiver Grünlandbewirtschaftung
- Hochmoorrenaturierung
- Erhalt der Röhrichte
- Minimierung von Störungen (insbesondere durch Erholungsverkehr)

Ein weiteres FFH-Gebiet ist der Laubwaldbereich Häfern (Nr. 312). Hier stehen der Schutz bodensaurer Eichen- und Buchenwälder sowie die Sicherung von Altholz für den Hirschkäfer (*Lucanus cervus*) im Vordergrund.

Weiterhin sind Bestandteile des europäischen Schutzgebietssystems Natura 2000 Kreuzholzmoor, Schneerener Moor sowie Bieförthmoor, die als Teile des Rehburger Moores (Nr. 93) gemeldet sind. Hier sollen Hochmoore renaturiert sowie Moorwälder und trockene Heiden geschützt werden.

Die Empeder Beeke ist im <u>Niedersächsischen Fließgewässerschutzsystem</u> als „Hauptgewässer" ausgewiesen. Sie soll die typische Arten- und Biotopvielfalt eines Fließgewässers in der Naturräumlichen Region Weser-Aller-Flachland repräsentieren und erhalten.

Als <u>schutzwürdige Böden</u> kommen im Nordteil der westlichen Geest Plaggenesche vor. Es sind Böden von kulturhistorischer Bedeutung, weil sie frühere Bewirtschaftungsformen dokumentieren. Die jahrhundertelange Düngung mit Plaggen

(s. S. 124) hat zu einer Aufhöhung dieser traditionellen Ackerstandorte geführt und in den Bodenprofilen charakteristische Spuren hinterlassen. Insbesondere sind die Eschböden durch mächtige humose Oberböden gekennzeichnet. Zwischen Borstel und Neustadt, Laderholz und Wulfelade sind diese schutzwürdigen Böden noch häufig anzutreffen.

Die Steinhuder Meer – Niederung ist ein „<u>Unzerschnittener verkehrsarmer Raum</u>" (UZVR). Darunter sind Gebiete von mehr als 100 km² zu verstehen, die nicht durch stark befahrene Straßen

Hirschkäfer (Lucanus cervus) (1)

Seeadler (Haliaeetus albicilla) beim Fischfang (1)

und Schienenverbindungen zerschnitten werden. Der Raum zwischen B 6, B 441 und B 442 sowie der Landesstraße 360 im Norden erfüllt diese Kriterien. Großflächig unzerschnittene Räume sind sowohl für viele Tierarten als auch für die Erholung und das Naturerleben von großer Bedeutung. Als unwiederbringliche Ressource sind sie vor weiterer Zerschneidung zu bewahren. In Deutschland gibt es noch 562 solcher Räume (Stand 2008), in der Region Hannover nur 2 (siehe auch Kap. 6.5).

In der westlichen Geest liegt zudem der einzige Naturpark der Region Hannover, der Naturpark Steinhuder Meer (s. Themen-Info, S. 131).

4.6 Leittierarten
Seeadler

Er ist der Größte unter den heimischen Greifvögeln, der „König der Lüfte". Mit über 2 Metern Flügelspannweite liegt er wie ein Brett in der Luft. Der Seeadler (*Haliaeetus albicilla*) brütet seit Beginn dieses Jahrhunderts wieder am Steinhuder Meer, mit aktuell 2 Brutpaaren (BRANDT 2013, mdl.). Durch menschliche Verfolgung und das Insektengift DDT war dieser majestätische Greif in ganz Niedersachsen ausgerottet gewesen, hatte mit nur wenigen Exemplaren an der Ostseeküste und den Seen in Mecklenburg-Vorpommern überlebt. Durch das DDT-Verbot, die Einstellung

der Bejagung sowie gezielte Horstschutzmaßnahmen konnten sich die Bestände ab Anfang der 1970er Jahre erholen. 1987 kehrte der Seeadler in den Osten Niedersachsens zurück; seitdem hat er sein Areal immer weiter nach Westen ausgedehnt. Durch Niedersachsen verläuft heute die Westgrenze seiner Verbreitung (PROJEKTGRUPPE SEEADLERSCHUTZ 2012). 2013 wurden bereits je eine Brut am Dümmer und an der Ems festgestellt (BRANDT 2013, mdl.).

Das Steinhuder Meer ist für ihn ein charakteristischer Lebensraum, denn er bewohnt gewässerreiche Landschaften, wo er sich von Fischen und Wassergeflügel ernährt. Dabei treibt er nicht mehr Aufwand als unbedingt nötig. Das Absammeln halbtoter und toter Fische oder das Aufgreifen eingefrorener Wasservögel zählt ebenso zu seinen Jagdmethoden wie das Schlagen junger Gänse. Gern sitzt er auf trocken gefallenen Sandbänken, die dem Ostufer vorgelagert sind, und wartet auf Beute. Oder er stößt auf eine der angelegten Blänken herab und greift sich dort eine Graugans. Besonders gut ist der Seeadler nordöstlich von Winzlar zu beobachten. Dort ist am Wegrand ein Fernrohr aufgebaut, das auf einen der Horste in einem Großbaum gerichtet ist. Und auch von den dort errichteten Beobachtungstürmen und -hütten (s. Karte 4, S. 116) kann der mächtige Greif mit etwas Glück beobachtet werden.

Seeadler im Anflug (1)

Ziegenmelker

Der Ziegenmelker (*Caprimulgus europaeus*) ist ein etwa amselgroßer Vogel, der wegen seiner dämmerungs- und nachtaktiven Lebensweise und seiner langen schmalen Flügel auch Nachtschwalbe genannt wird. Der Legende nach soll er nächtlich Ziegen melken, tatsächlich ist er vermutlich nur deshalb häufig in der Nähe des Weideviehs gesichtet worden, da hiervon Nachtinsekten angelockt werden. Tagsüber ruht er auf einem trockenen Ast oder am Boden, wo er mit seinem rindenartig gemusterten Gefieder bestens getarnt ist. Bei der Jagd auf Fluginsekten wirkt der breite, tief gespaltene Schnabel wie ein Kescher.

Ursprünglich war die wärmeliebende Nachtschwalbe in den Heiden und Mooren weit verbreitet, dann haben ihre Bestände mit dem Rückgang dieser Landschaftsformen stark abgenommen. Heute ist sie auch in der Geest selten und in ihrem Vorkommen auf die wenigen Heidereste und auf abgetrocknete, aber zumindest teilweise offene Hochmoore beschränkt. Durch stundenlang vorgetragene Schnurrlaute, mit denen die Männchen des Abends ihre Reviere anzeigen, ist die Art in der zweiten Maihälfte gut erkennbar.

Im Toten Moor leben noch 60 bis 80 Brutpaare dieses eigentümlichen Nachtvogels in den Sand- und Moorheiden, in lichten Kiefern- und Birkenwäldern und in sonstigen offenen Hochmoordegenerationsstadien (PGL 2014b). Es ist das größte geschlossene Vorkommen dieser gefährdeten Art, das in der Region Hannover bekannt ist.

Gut getarnt in der Laubstreu: der nachtaktive Ziegenmelker (Caprimulgus europaeus) (1)

Europäischer Nerz (Mustela lutreola) (1)

Europäischer Nerz

Der Europäische Nerz (*Mustela lutreola*) gehört zu den am stärksten gefährdeten Landsäugetieren in Europa. Nach Einschätzung der IUCN (International Union for Conservation of Nature) ist er in seinem gesamten ursprünglichen Verbreitungsgebiet (Europa, Westsibirien, Kaukasusregion) nahezu ausgelöscht und somit weltweit unmittelbar vom Aussterben bedroht. Kleine, voneinander isolierte Restpopulationen bestehen noch an der spanisch-französischen Atlantikküste, im Donaudelta, in Estland, Weißrussland und Russland und möglicherweise in den ukrainischen Karpaten. Hauptursachen des Rückgangs sind die Verfolgung des semiaquatisch lebenden Pelztieres durch den Menschen, die Zerstörung der Lebensräume (Sümpfe, naturnahe Gewässer) und die Konkurrenz durch den Amerikanischen Nerz (*Neovison vison*), auch Mink genannt, der aus Pelztierfarmen geflohen ist bzw. von radikalen Tierschützern frei gelassen wurde und der den schwächeren Europäischen Nerz aus weiten Teilen Europas vertrieben hat. In Deutschland ist der kleine Marder seit 1925 ausgestorben, das letzte Exemplar wurde in der Allerniederung bei Wolfsburg gesehen.

Vor dem Hintergrund dieser europaweiten Bedrohungssituation hat sich der Verein EURONERZ 1998 in Osnabrück gegründet. Seine Aufgabe ist

es, das Aussterben dieser Art zu verhindern. Ein Erhaltungszuchtprogramm wurde aufgelegt, um zunächst in der Zusammenarbeit mit Tiergärten, Wildparks und Artenschutzstationen einen ausreichend großen und gesunden Gehegebestand zu züchten. 2006 wurde im Saarland ein erstes Auswilderungsprojekt gestartet. Und seit 2010 läuft auch am Steinhuder Meer – in Zusammenarbeit mit der ÖSSM und der Wildtier- und Artenschutzstation Sachsenhagen (WASS) – ein Projekt zur Wiederansiedlung des kleinen Sumpfmarders mit der charakteristischen weißen Gesichtsmaske. Projektträger ist die Region Hannover, die Federführung obliegt der ÖSSM. Das Steinhuder Meer mit seinen naturnahen Uferlinien bot sich an für einen solchen Versuch, zumal der Mink hier noch nicht vorkommt. Es wurden bislang 80 Tiere ausgewildert (BRANDT mdl., 2013). Davon wurden etwa 35 mit einem Sender ausgestattet, um Erkenntnisse über Lebensweise und Verbleib zu gewinnen. Zudem wird die Bestandsentwicklung durch 35 Fotofallen kontrolliert. Nach den bisherigen Erfahrungen kommen die ausgewilderten Tiere in ihrem neuen Lebensraum gut zurecht. Schwerpunktmäßig besiedeln sie arttypische Lebensräume wie Röhrichte, Bruchwald und Grauweidengebüsche

Teichfrosch (Pelophylax esculentus) (1)

in Ufernähe. Bislang sind kaum Todesfälle festgestellt worden. Es wird erwartet, dass demnächst der Nachweis einer erfolgreichen Reproduktion gelingt (BRANDT et al. 2013). Langfristig stellt sich die Frage, ob die Größe des Steinhuder Meeres ausreicht für eine lebensfähige Population.

Kleiner Wasserfrosch

Bei den heimischen Fröschen ist generell zwischen Braunfröschen und Grünfröschen zu unterscheiden. Am Steinhuder Meer ist von den braunfarbigen Fröschen neben dem allgemein weit verbreiteten Grasfrosch (*Rana temporaria*) der Moorfrosch (*Rana arvalis*) zahlreich und charakteristisch (s. S. 136). Daneben gibt es hier eine Grünfroschart, die besonders bemerkenswert ist: Der in Niedersachsen gefährdete Kleine Wasserfrosch (*Pelophylax lessonae*) hat einen Verbreitungsschwerpunkt in Hochmooren und ist in der Steinhuder Meer – Niederung, z. B. im Toten Moor mehrfach nachgewiesen worden (BUSCH-MANN et al. 2006). Die Grünfrösche werden auch Wasserfrösche genannt, weil sie ganzjährig eng an Stillgewässer gebunden sind und keine saisonalen Wanderungen unternehmen, wie sie von Kröten, Braunfröschen und anderen Lurchen bekannt sind. Die Grünfrösche bilden eine Artengruppe, den „Wasserfrosch-Komplex". Dieser besteht aus drei Arten: Kleiner Wasserfrosch (*Pelophylax lessonae*) und Seefrosch (*Pelophylax ridibundus*) sind die „Elternarten" für den Teichfrosch (*Pelophylax esculentus*), einer Hybridform, die sehr viel häufiger und weniger spezialisiert ist als die beiden Ausgangsformen. Der Kleine Wasserfrosch wird nur 7 cm groß (im Unterschied zum etwa doppelt so großen Seefrosch) und insbesondere die Männchen sind fast einfarbig hellgrün, während die anderen Grünfroscharten deutliche dunkle Flecken und Zeichnungen besitzen. Am besten kann man die Grünfrösche an den Ruflauten der Männchen unterscheiden: Beim Kleinen Wasserfrosch ist es ein relativ leises, anschwellendes Schnarren, beim Seefrosch ein abgehacktes Keckern, das wie ein lautes Lachen klingt („*ridibundus*"). Der Teichfrosch liegt in seinen Merkmalen dazwischen.

Kleiner Wasserfrosch (Pelophylax lessonae) (49)

Wiesenblänke am Wunstorfer Moor

Wegen der schwierigen Unterscheidbarkeit und relativen Seltenheit ist die aktuelle Verbreitung des Kleinen Wasserfrosches unklar. In der Region Hannover scheint er vor allem im Bereich von Hochmooren vorzukommen, wobei er von den neu angelegten Teichen in den Meerbruchswiesen ebenso profitiert wie von den Wiedervernässungsmaßnahmen im Toten Moor.

4.7 Aspekte der Beeinträchtigung und Gefährdung

In der Geestlandschaft ist seit etwa 2000 außerhalb der Steinhuder Meer – Niederung eine starke Intensivierung der Landwirtschaft festzustellen, die über den heutigen Tag hinaus anhält. Maisanbau und Gülledüngung haben erheblich zugenommen, nicht zuletzt durch die vielen Biogasanlagen, die hier entstanden sind. In Schneeren und Mardorf sind z.B. insgesamt vier Biogasanlagen errichtet worden. In der Folge werden viele Sandäcker nördlich von Mardorf und in der Umgebung von Schneeren heute intensiv gedüngt. Bestimmte empfindliche Pflanzen- und Heuschreckenarten, die an den früher mageren Ackerrainen und Wegrändern vorkamen, sind hier inzwischen verschwunden. Auch gibt es heute durch die Veränderungen der EU-Subventionspolitik und den Nutzungsdruck, der insbesondere von dem Energiepflanzenanbau ausgeht, keine Stilllegungsflächen mehr, auf denen sich die Böden regenerieren konnten und Wildpflanzen und –tiere Rückzugsmöglichkeiten fanden.

In großen Teilen des Toten Moores wird nach wie vor intensiv und mit modernen Fräsverfahren Torf abgebaut. Dass die Flächen nach dem Abbau für die Moorrenaturierung hergerichtet werden, ist

Große Teile des Toten Moores werden noch heute im Frästorfverfahren abgebaut.

Windenergieanlagen werden zunehmend größer und sprengen die Maßstäblichkeit der Kulturlandschaft. (2)

sicher ein Erfolg des Naturschutzes. Aber angesichts der Erfordernisse des Klimaschutzes ist es unbefriedigend, dass die CO_2-Bilanz durch die großflächige Torfgewinnung noch für viele Jahre negativ sein wird; d. h. es wird auf absehbare Zeit im Toten Moor noch sehr viel mehr CO_2 freigesetzt als neu gebunden.

Die neu ausgebaute <u>B 6</u> stellt eine starke <u>Zerschneidung</u> der Landschaft dar. Leider ist es versäumt worden, hier ausreichend dimensionierte Querungsmöglichkeiten für Tiere vorzusehen. So trennt diese Bundesstraße die ehemals zusammenhängenden Moore Schwarzes Moor, Ützenmoor (nördlich der Straße) und Totes Moor (südlich der Straße), bezogen auf die Hydrologie, die Lebensraumstrukturen und die Tierwanderungen. Im Nordteil der westlichen Geest wird das Landschaftsbild durch <u>Windenergieanlagen</u> stark überprägt.

Nach dem Wiederauftauchen des Fischotters (*Lutra lutra*) gibt es zwischen Naturschützern und Fischern einen Streit, wie verhindert werden kann, dass die seltenen Wassermarder in den <u>Reusen</u> zu Tode kommen. Die Naturschützer möchten, dass sogenannte Otterkreuze in die Reusenöffnung gesetzt werden, so dass die Otter erst gar nicht hinein schwimmen können. Die Fischer befürchten, dass dann auch dicke Fische abgeschreckt werden und würden lieber den Ottern am Ende der Reusen eine „Ausstiegshilfe" (etwa über Reißnähte) ermöglichen.

4.8 Forschen und Schützen am Steinhuder Meer: der Ökologe Thomas Brandt

Thomas Brandt (1)

Seit 1994 ist er der Wissenschaftliche Leiter der „Ökologischen Schutzstation Steinhuder Meer" (ÖSSM), die 1991 von dem Realschullehrer KARL-HEINZ GARBERDING, dem Geographiestudenten THOMAS BEUSTER und weiteren aktiven Naturschützern gegründet worden war. Damals wurde deutlich, dass sich der ehrenamtliche Naturschutz professionalisieren muss, wenn er nicht beiseite gedrängt werden will. THOMAS BRANDT, der in Osnabrück Biologie und in Witzenhausen Ökologische Umweltsicherung studiert hat, brachte alles mit, was für den Job erforderlich ist: Profundes Wissen über die relevanten Tierartengruppen und über ökologische Erfassungsmethoden hatte er in Osnabrück bei den Professoren ZUCCHI, SCHRÖPFER und BERGMANN erworben, die naturschutzfachliche Vertiefung erfolgte in Witzenhausen. Zudem hatte er sich als Mitglied des Naturschutzbunds (NABU Schaumburg) frühzeitig für den Schutz des Steinhuder Meeres engagiert und innerhalb dieses Verbandes auch als Landesjugendsprecher politisches Einfühlungsvermögen und den notwendigen „Biss" gezeigt.

Die Arbeit der ÖSSM bestand zunächst in einer systematischen Bestandsaufnahme der Fauna und Flora am Steinhuder Meer. Regelmäßige Wat- und Wasservogelzählungen und Erfassungen der Brutvögel belegten ebenso den herausragenden Wert der Steinhuder Meer – Niederung wie die Untersuchungen zu Säugetieren, Lurchen, Reptilien, Heuschrecken und Pflanzen. THOMAS BRANDT hat sie in seinem Team selbst durchgeführt, hat die Daten ausgewertet und Rückschlüsse für die Erfordernisse des Naturschutzes abgeleitet. Und er hat die Ergebnisse in diversen Veröffentlichungen publiziert, so dass sie nicht mehr „aus der Welt zu diskutieren waren". Den diversen Nutzergruppen am Steinhuder Meer war das Erstarken des Naturschutzes zunächst nicht besonders angenehm. Landwirte und Fischer, Segler und Touristikunternehmen taten sich schwer mit den wissenschaftlich

Rastvögel im Winter *(1)*

fundierten Argumenten der Naturschützer, die ihnen hin und wieder Nutzungseinschränkungen abverlangten, wie z. B. das Winterfahrverbot für Boote zum Schutz der Rastvögel. Heute ist das Verhältnis weitgehend entspannt. Die meisten, die am Steinhuder Meer mit dem Tourismus Geld verdienen, haben verstanden und akzeptiert, dass eine intakte Natur die Grundlage für die Anziehungskraft dieser einzigartigen Landschaft ist.

Die ÖSSM hat inzwischen einen starken Schwerpunkt in der Umweltbildung: THOMAS BRANDT und andere zeigen auf Exkursionen die besonderen Tiere und Pflanzen und weisen auf die jeweiligen Empfindlichkeiten hin. Die „gelenkte Naturbeobachtung" ermöglicht außergewöhnliche Erlebnisse sowie ein besseres Verstehen des Erlebten, und sie vermindert zugleich die Störungen. Mit seinen Büchern, darunter ein Reiseführer und zwei Bildbände, wurde Sensibilität für den Naturraum geschaffen und zugleich Werbung für den sanften Tourismus gemacht. Ebenso wichtig ist die

Weiterführung der Forschungsarbeiten: Ca. 60 Diplom-, Bachelor- und Masterarbeiten (überwiegend von BiologiestudentInnen) hat THOMAS BRANDT inzwischen betreut. So können gezielt ökologische Kenntnisdefizite abgebaut werden.

Wenn THOMAS BRANDT auf ca. 20 Jahre Naturschutzarbeit zurückblickt, ist da vieles, auf das er stolz ist: Die Großvogelarten Seeadler (*Haliaeetus albicilla*), Fischadler (*Pandion haliaetus*) und Kranich (*Grus grus*) brüten wieder am Steinhuder Meer, der Fischotter (*Lutra lutra*) ist zurück, und die Wiederansiedlung des Europäischen Nerzes (*Mustela lutreola*) scheint zu gelingen. Durch die Anlage von Amphibienteichen sind die Populationsgrößen der meisten Lurcharten explodiert. Der Laubfrosch (*Hyla arborea*), der hier erst 2005 wieder angesiedelt wurde, ist heute zu mehreren Tausend Tieren im Meerbruch. „Es ist wichtig, dass genügend Nahrung in der Landschaft ist. Dann kommen auch die Großtiere am Ende der Nahrungskette zurück."

Beobachtungsturm am Nordufer des Steinhuder Meeres

Kasematte in der Festung Wilhelmstein (50)

Rad- und Wanderwege:
Rundweg Steinhuder Meer, Moorerlebnisweg
(Totes Moor), Wassertour Rehburg-Loccum, Loc-
cum-Mariensee, Neustädter Moorroute, Neu-
städter Mühlenroute, RegionsRing sowie weitere
Wege aus Veröffentlichungen der HAZ u.a.

Beobachtungstürme und Aussichtspunkte:
Kapellenhöhe, Turm der Inselfestung Wilhelm-
stein, Beobachtungstürme am Steinhuder Meer
(Ostufer, Nordufer, Westufer) sowie an den
Meerbruchswiesen und am Moorerlebnisweg,
Nordrand Totes Moor

**Naturinfozentren, land-
schaftsbez. Museen:**
Fischer- und Webermuseum
im Steinhuder Scheunen-
viertel, Torfmuseum Neu-
stadt (Schloss Landestrost),
Naturpark Steinhuder Meer
– Infozentrum Steinhude,
Tourist-Information Steinhude, Haus des Gastes in
Mardorf mit Tourist- und
Naturparkinformation,
ÖSSM in Winzlar, Moor-
garten und Findlingsgarten
in Hagenburg

Kulturhistorische Tops:
Inselfestung Wilhelmstein, Hagenburger
Schloss, Steinhuder Scheunenviertel, Stein-
huder Skulpturenpromenade, historische
Wind- und Wassermühlen im Neustädter Land

Ausflugsgaststätten:
Alte Moorhütte, Le Caf´Cave/Neue Moor-
hütte, Insel Wilhelmstein, Gasthaus Asche
(Schneeren), Rosen-Café Aschenkrug,
Kapellenhöhe sowie diverse Gastronomie-
betriebe in Steinhude und Mardorf

Wassermühle Laderholz

Nördliche Leineaue (LN)

Weite Wege geht der Otter

Leineaue am Rettmer Berg (2)

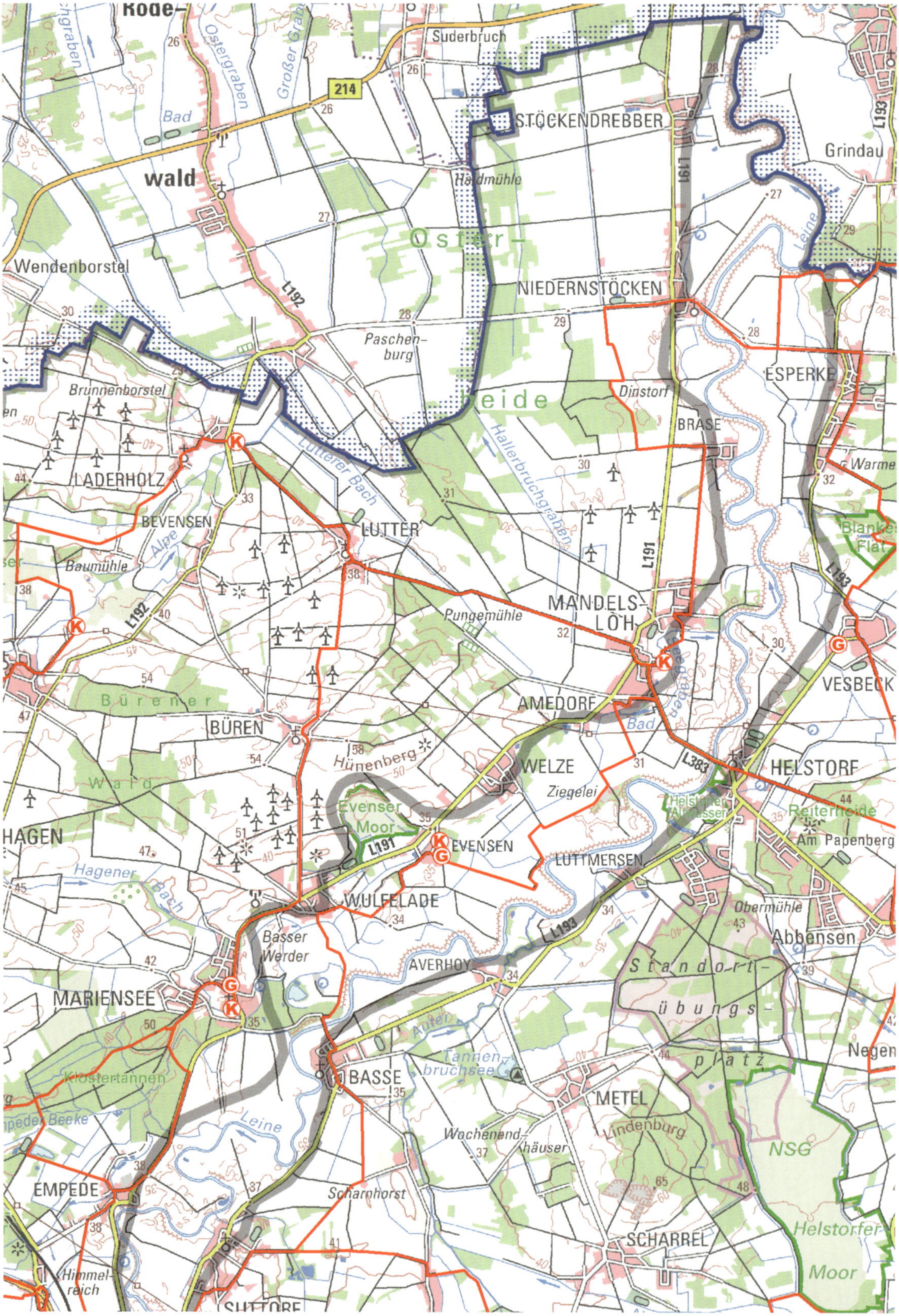

Rode-
Suderbruch
214
Bad
STÖCKENDREBBER
Grindau
Hardmühle
wald
Oster-
Wendenborstel
NIEDERNSTÖCKEN
Paschen-
burg
Dinstorf
ESPERKE
Brunnenborstel
BRASE
Heide
Warme
LADERHOLZ
Lutteret Bach
BEVENSEN
LUTTER
Baumühle
Alpe
Blanke
Flät
MANDELS-
LOH
Pungemühle
Bürener
AMEDORF
Bad
VESBECK
BÜREN
Hünenberg
WELZE
HELSTORF
Ziegelei
Wald
Evenser
Moor
HAGEN
L383
Reiterheide
Am Papenberg
Hagener Beeke
EVENSEN
LÜTTMERSEN
Obermühle
WULFELADE
Abbensen
Basser
Werder
Standort-
AVERHOY
übungs-
MARIENSEE
platz
Negen
Klostertännen
Aue
Tannen-
bruchsee
BASSE
METEL
Leine
Lindenburg
NSG
EMPEDE
Wochenend-
häuser
Scharnhorst
SCHARREL
Helstorfer
Himmel-
reich
Moor
SHTTORF

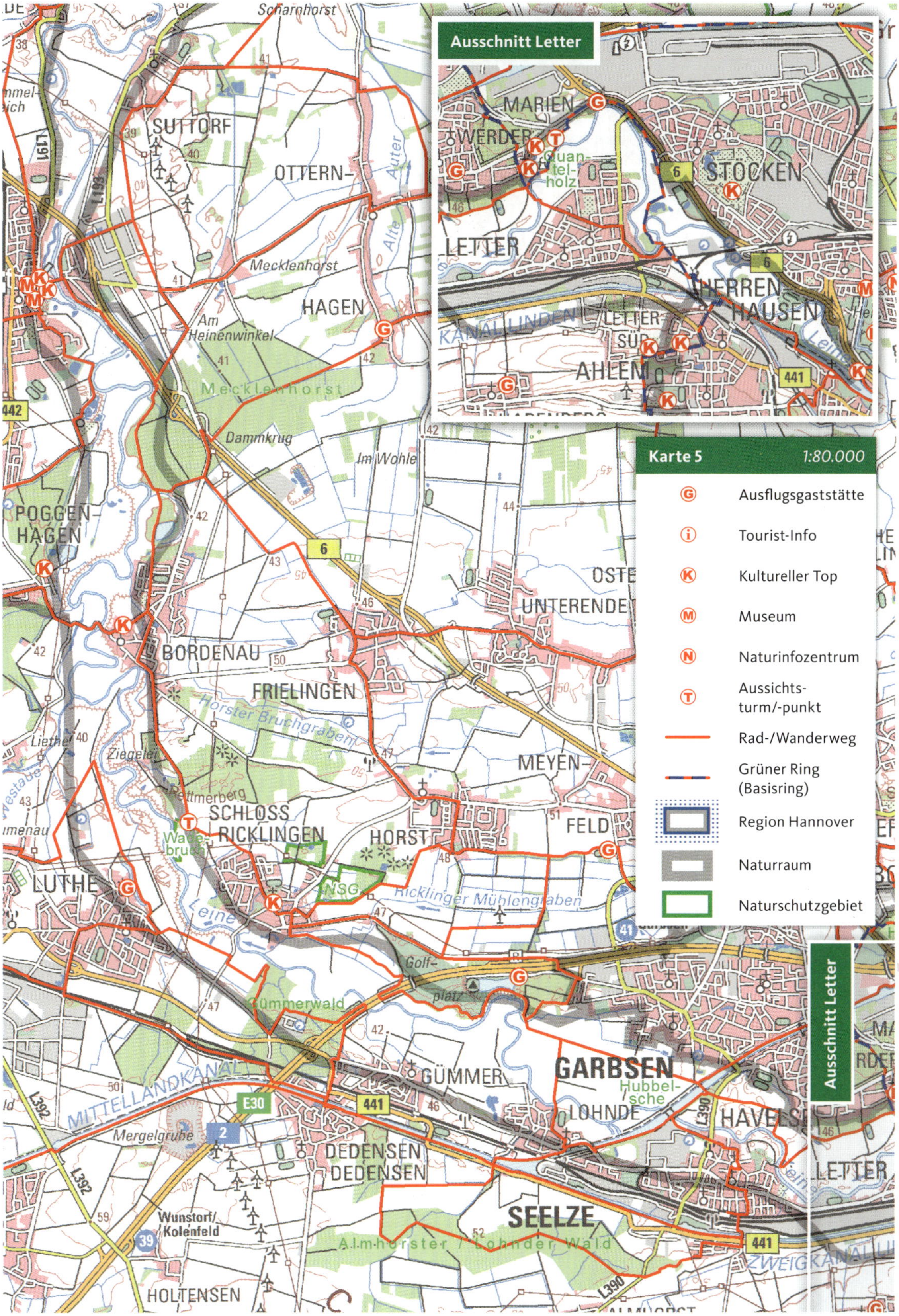

Ausschnitt Letter

MARIEN-
WERDER
Quan-
tel-
holz
LETTER
STOCKEN
LINDEN
LETTER
SÜD
AHLEM
HERREN-
HAUSEN
441

SCHARNHORST

SUTTORF

OTTERN-

Mecklenhorst

HAGEN

Am
Heinenwinkel

Mecklenhorst

Dammkrug

Im Wohle

POGGEN-
HAGEN

6

OSTE
UNTERENDE

BORDENAU

FRIELINGEN

Horster Bruchgraben

Liethe

Ziegelei

MEYEN-
FELD

SCHLOSS
RICKLINGEN

Wasser-
turm

HORST

NSG

LUTHE

Leine

Ricklinger Mühlengraben

41

Golf-
platz

Gümmerwald

GARBSEN

GÜMMER

Hubbel-
sche

LOHNDE

HAVELS

E30

441

MITTELLANDKANAL

Mergelgrube

2

DEDENSEN
DEDENSEN

LETTER

Wunstorf/
Kolenfeld

39

SEELZE

Almhorster / Lohnder Wald

441

HOLTENSEN

ZWEIGKANAL

Karte 5   1:80.000

G	Ausflugsgaststätte
i	Tourist-Info
K	Kultureller Top
M	Museum
N	Naturinfozentrum
T	Aussichts-turm/-punkt
—	Rad-/Wanderweg
- - -	Grüner Ring (Basisring)
▢	Region Hannover
▢	Naturraum
▢	Naturschutzgebiet

Unweit der Löwenbrücke bewacht dieser Löwe den Silberschatz der Grafen von Wölpe.

5.1 Grenzen und Binnengliederung des Naturraums

Dieser Naturraum ist lang, schlank und gewunden. Unterhalb der Staustufe Herrenhausen stellen sich Leinefluss und Leinetal als naturentsprechende Landschaft dar. Wie im Süden (s. Kap. 1.1) so schiebt sich auch im Norden von Hannover die Leineaue zungenartig weit in die Siedlungslandschaft der Landeshauptstadt und ihrer Randzonen hinein. Vom Wehr in Herrenhausen/Limmer beträgt der Abstand bis zum Stadtzentrum (Königsworther Platz) nur etwa 2 km. Die nördliche Leineaue wendet sich vom Zentrum Hannovers aus zunächst nach Westen und wird hier von verstädterten Siedlungsbereichen flankiert: Herrenhausen, Stöcken, Havelse und Alt-Garbsen im Norden sowie Limmer, Ahlem, Letter, Seelze und Lohnde im Süden. Im Norden markiert die in Dammlage geführte Bundesstraße 6 (der Westschnellweg) die Grenze des Naturraums, im Süden ein Siedlungs- und Verkehrsband, das durch den Stichkanal Linden, die Bundesstraße 441 und die in Ost-Westrichtung verlaufende Bahnstrecke Hannover – Seelze – Wunstorf verbunden ist.

Bei Wunstorf-Luthe ändert die Leine ihre Laufrichtung gen Norden und trifft in der ehemaligen Kreisstadt Neustadt auf eine Engstelle. Weiter im Norden reiht sich perlschnurartig eine Vielzahl an Dörfern beidseits des Leinetals aneinander. Sie wurden an den höher gelegenen, hochwasserfreien Talrändern gegründet. Die Aue schwingt zwischen Mariensee und Mandelsloh nach Nordosten zurück und tritt dann kaum merklich in das Aller-Urstromtal ein. Die Grenzen der Leineaue, die sich in die umgebende Landschaft eingetieft hat, sind im Gelände gut feststellbar: Zumeist sind deutliche Terrassenkanten ausgeprägt. Zudem begrenzt die nördliche Leineaue sowohl die westliche Börde nach Norden als auch die östliche Geest nach Süden. Im weiteren Verlauf stellt die Leineaue-Nord die östliche Grenze der Westlichen Geest und die westliche Grenze der Östlichen Geest dar. Trotz der erheblichen Länge von fast 50 Kilometern ist dieser Raum recht homogen. Es hat sich eine Unterscheidung in Mittlere Leine und Untere Leine eingebürgert, z.B. bei der Benennung der Landschaftsschutzgebiete. Als Grenze zwischen diesen Teilräumen gilt die Löwenbrücke in Neustadt.

Die nördliche Leineaue ist mit 67 km² zweitkleinster Naturraum der Region Hannover, aber immerhin doppelt so groß wie das südliche Leinetal. Als durchgehend naturbetonter und fast unbesiedelter Raum gliedert sie die Landschaft des nördlichen Regionsgebiets und ist ein wichtiger Verbindungskorridor für wandernde Tierarten.

Alteichen vor der Terrassenkante bei Mandelsloh

5.2 Geologie und Geomorphologie

Die Nördliche Leineaue ist eine sehr junge Landschaft, die erst nach der letzten Eiszeit entstanden ist, im <u>Alluvium</u> oder Holozän. Der Leinefluss mit seinen Hochwässern und Ablagerungen hat diese Niederung modelliert und in die umgebende Geestlandschaft, im Süden auch in die Lösslandschaft eingetieft. Teile dieses Raumes werden traditionell auch als „Marsch" oder „Masch" bezeichnet, was bereits auf den Charakter als feuchtes, immer wieder überschwemmtes

Land verweist. An den Talrändern sind <u>Terrassenkanten</u> ausgeprägt. Von hier aus können sich schöne Aussichtsmöglichkeiten über die Niederung ergeben. Vergleichsweise starke Höhenunterschiede finden sich insbesondere dort, wo der Leinefluss heute am Talrand steile Prallhänge ausbildet. Dies ist z. B. am Rettmer Berg nördlich von Bordenau (NSG Wadebruch) oder im Bereich der Garbsener Schweiz (südlich Blauer See) der Fall und auf Grund der Wegeführung jeweils auch gut wahrzunehmen.

Die nördliche Leineaue ist im Durchschnitt erheblich schmaler als die Leineaue südlich von Hannover (1 km bis 1,5 km gegenüber 2 km), was zunächst nicht logisch erscheint. Auch finden sich hier so gut wie keine Kiesteiche, die für die südliche Leineaue so charakteristisch sind. Auf die Gründe wurde bereits eingegangen (s. Kap. 1.2, Themen-Info Flussgeschichte S. 31): Während das südliche Leinetal einst von Weser und Leine gemeinsam genutzt wurde, ist die nördliche Leineaue ein relativ <u>junger Niederungsverlauf</u>, der allein von der Leine gebildet wurde. Der größere Abstand zum Bergland bewirkt zudem, dass hier kaum noch Grobkies abgelagert wurde. Auch die Böden unterscheiden sich von denen der Südlichen Leineaue: Sie sind hier etwas sandiger und

Gleithang der Leine bei Basse

Altwasser bei Bordenau

basenärmer, die Auelehmablagerungen sind weniger mächtig (MEISEL 1960, S. 51). Dennoch sind sie ebenfalls als Braunauenböden zu klassifizieren und von hoher natürlicher Fruchtbarkeit.

Bei sinkendem Gefälle mäandriert die Leine stark, pendelt von einer Talseite zur anderen und hinterlässt – nicht ohne anthropogenes Zutun – eine Vielzahl von Altwässern. Altarme (ehemalige Flussschleife) sind charakteristisch für diesen Naturraum. Sie sind als natürliche Stillgewässer anzutreffen oder in unterschiedlich weit fortgeschrittener Verlandung begriffen. Teilweise liegen diese Prozesse schon lange zurück: Das Evenser Moor stellt eine ehemalige Leineschleife aus der ausgehenden Weichselkaltzeit (etwa 10.000 v. Chr.) dar (vgl. NATURHISTORISCHE GESELLSCHAFT ZU HANNOVER u.a. 1979). In Höhe Fliegerhorst

befindet sich auf der westlichen Seite ein weiterer ehemaliger Flussarm, der vollständig verlandet ist; er wird durch die Bahnlinie Wunstorf-Neustadt durchschnitten. In den Senken und Altwässern der Leineaue hat sich vielfach lehmig-toniges Material abgesetzt, das als Rohstoff für mehrere Ziegeleien diente (siehe Foto unten).

Charakteristisch sind zudem die Sanddünen, die die nördliche Leine begleiten. Sie sind fast ausschließlich auf dem östlichen bzw. im Süden auf dem nördlichen Talrand anzutreffen, was auf die Hauptwindrichtung (aus Südwest) zurückzuführen ist. Starke Winde, denen die eingetiefte und nahezu ebene Niederung nichts entgegen zu setzen hatte, trafen ungebremst am gegenüber liegenden Talrand auf und hatten hier die Kraft, sandiges Material der Geestlandschaft zu Dünen

Trockenscheune der ehemaligen Ziegelei in Suttorf

Wasserfall oberhalb von Neustadt

Blick auf Neustadt vom Wasserfall

aufzublasen. Gut ausgeprägte Dünengebiete finden sich zwischen Esperke und Vesbeck, zwischen Bordenau und Schloss Ricklingen („Rettmer Berg") und bei Marienwerder („Glockenberg"). Im Bereich der Garbsener Schweiz („Garbser Berge") sind Sanddünen zur Gewinnung von Baustoffen abgegraben worden (HOLZNAGEL 2011).

Eine geologische Besonderheit stellt eine Sand-steinstufe in der Leine oberhalb von Neustadt dar. Der Wealdensandstein, den wir aus dem Deister und dem Deistervorland kennen gelernt haben, steht hier oberflächennah an und leistet den Abtragungskräften des fließenden Wassers erheblichen Widerstand. Diese Formation bildet im Übrigen auch das Fundament für das Schloss Landestrost und seine Vorläufer, baut also den „Rouvenberg" auf, aus dem dann später der „Rübenberg" wurde (s. Kap. 4.3). In der Leine bewirkte der Wealdensandstein natürliche Stromschnellen, aber auch einen strategisch wichtigen Flussübergang (MÖLLER 1992, S. 22). Die Sandsteinbänke sind schon im Mittelalter oberhalb von Neustadt künstlich verstärkt und als Wehr ausgebaut worden. Dies diente zunächst dem Zweck, den künstlich geschaffenen Graben „Kleine Leine" und die daran gelegene Mühle sowie die Festungsgräben von Schloss Landestrost mit genügend Wasser zu versorgen. Ferner sollte die Leineschifffahrt, die durch die Sandsteinschwelle generell erheblich

beeinträchtigt war und ist, über die Kleine Leine abgewickelt werden, was aber – trotz Bau einer Schleuse – nie wirklich funktioniert hat (s. STADT NEUSTADT 2013). Heute wird die ca. 1,20 m hohe Schwelle im Gewässerbett in Neustadt nicht ohne Stolz als Wasserfall bezeichnet und als Attraktion gesehen (BIBOW o.J.b).

Die Leineaue fällt von 48 m ü. NN am Herrenhäuser Wehr bis zur Regionsgrenze hin auf 26,5 m ü. NN ab. Hier werden die niedrigsten Höhen des gesamten Regionsgebiets erreicht (s. Kap. 4.2). Wichtige Nebengewässer der nördlichen Leine sind Westaue und Hagener Bach von Westen sowie Auter und Jürsenbach von Osten.

5.3 Nutzungsgeschichte und heutige Nutzungsverhältnisse

Da im Überschwemmungsgebiet der Leine keine festen Häuser errichtet werden konnten, erfolgte die Besiedlung dieses Raums von den Rändern her. Bestimmend für die Siedlungsentwicklung waren die Klöster in Mariensee und Marienwerder (s. KRUMM 2005) sowie die Burgen der Grafen von Wölpe in Neustadt sowie des Grafen von Roden in Lauenrode (heute Calenberger Neustadt in Hannover). Nördlich von Neustadt reihen sich Haufen- und Rodungsdörfer aneinander, verknüpft durch die Landesstraßen L 191 und L 193, die am jeweiligen Rand der Niederterrasse verlaufen. Die

Dinstorf oberhalb der Terrassenkante der Leineaue

wenig verkehrsgünstige Lage hat dazu beigetragen, dass diese Siedlungen ihren dörflichen Charakter weitgehend behalten haben. Am Beispiel kleiner Ortschaften wie Dinstorf, Brase, Basse und Averhoy lässt sich noch heute die jeweilige geomorphologische Situation, die zur Wahl des Siedlungsplatzes führte, gut nachvollziehen. An der Mittleren Leine sieht es dagegen anders aus: Die Nähe zur Landeshauptstadt und die gute Verkehrserschließung durch Eisenbahn, Autobahn, Bundesstraße B 441 und Kanal haben die Entfaltung von <u>Industrie und Gewerbe</u> sowie die Siedlungsentwicklung befördert und die Städte Seelze und Garbsen entstehen lassen. Umso näher man dem Ballungszentrum kommt, desto stärker ist die Aue durch bauliche Anlagen eingeengt. Kleingärten und Sportanlagen, Klärwerke und Industrieflächen schieben sich in die Niederung hinein. Vielfach wurde das Gelände aufgeschüttet, um von den Hochwässern verschont zu bleiben. Die ehemalige Chemiefabrik Riedel-de Haën, die sich am Nordrand der Stadt Seelze zwischen Mittellandkanal und Leine erstreckt, ist hierfür ein Beispiel. Als Ende der 1990er Jahre wieder einmal Erweiterungsbedarf bestand, gab es nur noch die Möglichkeit, die westlich angrenzende ehemalige Leineschleife „An der Niedermühle" zuzuschütten. Dies hat sich dann doch nicht realisieren lassen.

Die auf Dämmen geführten Straßen, Bahnlinien und Wasserstraßen engen das Überschwemmungsgebiet zusätzlich ein. Der Mittellandkanal kreuzt zwischen Lohnde und Havelse die Leineaue in Dammlage. Dies ist notwendig, weil die Leineaue tiefer liegt als die umgebende Landschaft und ein Kanal ohne Fließgefälle auskommen muss. Die Leine wird hier in einem Stahltrog überquert und über eine Hochwasser-Flutrinne führt eine zweite stählerne Kanalbrücke. Die Verknüpfung der beiden Wasserstraßen erfolgt über den Zweigkanal Linden und einen Verbindungskanal, der die Leine oberhalb des Herrenhäuser Wehres erreicht.

Der Mittellandkanal überquert die Leine.

Heckenlandschaft bei Stöckendrebber zur Zeit der Schlehenblüte

Er heißt auch Leineabstiegskanal, weil der Kanal-wasserspiegel hier in der Regel knapp zwei Meter über dem Leinewasserspiegel liegt, so dass die Boote mit Hilfe einer Schleuse zur Leine abstei-gen müssen. Unterhalb des Wehres in Herrenhau-sen/Limmer hat die Leine als Wasserstraße heute keine Bedeutung mehr.

Das Überschwemmungsgebiet der nördlichen Leine wird traditionell ganz überwiegend als Grün-land genutzt. Wie allerdings historische Karten zei-gen (Kurhannoversche Landesaufnahme von 1782, LGLN o.j.), sind Teile der Niederung auch schon

immer als Acker bewirtschaftet worden. Nach-dem in der ersten Hälfte des 20. Jahrhunderts an der Unteren Leine Sommerdeiche gebaut worden waren und weil sich die besonders schädlichen Sommer-Hochwässer durch Bau des Rückhaltebe-ckens in Salzderhelden reduzierten, hat die acker-bauliche Nutzung der fruchtbaren Auenböden stark zugenommen.

Charakteristisch sind an der nördlichen Leine die Heckengebiete. Sie wurden systematisch im Rah-men der Verkopplung in der zweiten Hälfte des 19. Jahrhunderts angelegt, als Gemeindeweiden (All-mendeflächen) in Privateigentum überführt wurden. Die Hecken markierten nun die Grundstücksgren-zen und dienten als lebende Zäune für die Viehwei-den. Es wurden deshalb bevorzugt Dornsträucher wie Weißdorn (*Crataegus spec.*) und Schlehe (*Prunus spinosa*) gepflanzt. Um entsprechend dicht zu blei-ben mussten sie regelmäßig geschnitten werden. Sogenannte Rezesse (rechtsetzende Vereinbarun-gen) regeln bis heute für jede Gemarkung, wie oft gepflegt werden muss und welche Höhe und Breite die Hecken erreichen sollen. Besonders gut ausge-prägte Heckengebiete befinden sich bei Helstorf, Niedernstöcken und Stöckendrebber sowie bei Luthe. Sie sind als „historische Kulturlandschaften" von besonderem Wert für die Dokumentation der Landschaftsentwicklung (KuG 2009).

Grünland mit Blänke und Kopfweiden
südlich von Alt-Garbsen

Außerhalb der Stadt: jüdischer Friedhof südlich Neustadt

Leineschleife in Höhe des jüdischen Friedhofs

Eine Besonderheit dieses Landschaftsraumes stellt die Vielzahl der Kläranlagen dar. Die Abwässer der Landeshauptstadt werden seit 1908 in einem Klärwerk in Höhe Herrenhausen gereinigt. Damit ist dieses Klärwerk das älteste in Norddeutschland (STADTENTWÄSSERUNG HANNOVER 2010). Seine Kapazitäten reichten Ende der 1960er Jahre nicht mehr aus. So wurde ein zweites Klärwerk „Gümmerwald" gebaut, das 1983 in Betrieb ging. Es ist über eine 13 km lange Verbundleitung mit der Kläranlage in Herrenhausen verknüpft. Insgesamt werden nun jeden Tag etwa 187.000 m³ Abwasser aus der Landeshauptstadt und den umliegenden Gemeinden Garbsen,

Seelze, Laatzen, Hemmingen, Ronnenberg und Gehrden behandelt und in gereinigtem Zustand wieder der Leine zugeführt (Stand 2010), wobei zwei Drittel davon das Klärwerk Gümmerwald übernimmt. Vier weitere Kläranlagen befinden sich in Wunstorf-Luthe, Empede, Basse und Helstorf, jeweils nahe am Leinefluss. Das wirkt sich auf die Wasserqualität der Leine offenbar nicht negativ aus: Sie hat sich in den vergangenen Jahrzehnten stetig verbessert und wird heute in der Güteklasse II (mäßig belastet) geführt. Als ausschlaggebend hierfür gelten Optimierungen bei der Klärtechnik und ein weitgehend vollständiger Anschluss an die Kanalisation.

Klärwerk Gümmerwald

Leine und Kleine Leine in Neustadt

Leine bei Herrenhausen

5.4 Haupt-Biotoptypen und wichtige Lebensräume

Leine und andere Fließgewässer

Die Leine unterhalb Hannovers zeichnet sich durch einen weitgehend naturentsprechenden, gewundenen Verlauf, eine unbefestigte Sohle mit sandig-feinkiesigem Substrat, zumeist unverbaute Ufer und eine günstige Wasserqualität aus. Teilweise mäandriert sie stark und bildet dann Prall- und Gleitufer aus. Der Fluss hat sich aber relativ stark eingeschnitten, weil durch Laufverkürzungen der Abfluss künstlich beschleunigt wurde. Durch abbrechende Ufer mit Auelehmdecke wird immer wieder Feinsubstrat in das Lückensystem der Flusssohle eingeschwemmt, was diesen entscheidenden Lebensraum für Wasserinsekten und andere Kleinorganismen schädigt. Dennoch kommen in der Leine empfindliche und gefährdete Kleinfischarten wie Steinbeißer (*Cobitis taenia*), Koppe (*Cottus gobio*) und Bachneunauge (*Lampetra planeri*, s. S. 176) vor. Auch die stark gefährdete Barbe (*Barbus barbus*), eine Charakterart für die Mittelläufe der Flüsse mit sandig-feinkiesigem Substrat („Barbenregion"), ist in der nördlichen Leine anzutreffen, und in den letzten Jahren werden zudem hier gelegentlich auch Lachse (*Salmo salar*) erfasst. Es handelt sich dabei ganz überwiegend um Rückkehrer aus dem Wiederansiedlungsprojekt von Leine-Lachs e. V. (s. Kap. 1.4). Die genannten Fischarten sind auch in den Unterläufen der Nebengewässer festgestellt worden, in Hagener Bach,

Empeder Beeke, Jürsenbach und Auter. Insbesondere die drei letztgenannten sind in der Niederung der Leine naturnah ausgeprägt. Das stark gefährdete Bachneunauge hat in der nördlichen Leineaue seine regionsweit größten Vorkommen (LRP, S. 235) und kann für diesen Naturraum als eine Leittierart gelten (s. Kap. 5.6).

Am Ufer der Leine wachsen vielfach Weidengebüsche, bestehend aus schmalblättrigen Weiden (*Salix viminalis, S. triandra*) oder jungen Silberweiden (*S. alba*). Andere Uferpartien sind offen und von Hochstaudenfluren bewachsen. Charakteristisch für das Leinetal sind nährstoffzeigende Arten wie der Knollige Kälberkropf

Fluss-Greiskraut (Senecio sarracenicus) in einer Hochstaudenflur an der Leine

Schwimmblattvegetation auf dem Luther Altwasser

Schwanenblume (Butomus umbellatus)

(*Chaerophyllum bulbosum*) und der Gefleckte Schierling (*Conium maculatum*). Das stark gefährdete Fluss-Greiskraut (*Senecio sarracenicus*) wächst als klassische Stromtalpflanze in diesen Beständen auf den erhöhten Uferrehnen der Leine, und zwar fast durchgängig von Stöckendrebber bis Herrenhausen. Die im Hochsommer auffallend gelb blühende, fast mannshohe Staude ist charakteristisch für das Leinetal und kommt sonst in Niedersachsen nur sporadisch an Weser und Elbe vor.

Der Fischotter (*Lutra lutra*) kann als eine Leittierart für die nördliche Leineaue gelten. Nachdem der Wassermarder Anfang der 1990er Jahre in Niedersachsen fast ausgestorben war, zeigen Spurennachweise (z. B. bei Niedernstöcken), dass er inzwischen an die Leine zurückgekehrt ist. Der Otter benötigt ausgedehnte Streifgebiete mit fischreichen Gewässern und ist so zur „Flaggschiffart" des Fließgewässerschutzes geworden. Auch der Biber (*Castor fiber*) ist an der nördlichen Leine schon gesichtet worden

(z. B. bei Seelze). Ansiedlungen konnten südlich von Neustadt sowie im südlichen Abschnitt, bei Letter, Ahlem und Herrenhausen/Limmer nachgewiesen werden (MANNSTEDT 2014).

Altwässer und andere Stillgewässer

Für die nördliche Leineaue sind die vielen naturnahen Kleingewässer typisch, die oftmals als abgeschnittene Flussarme entstanden sind oder Reste davon darstellen. Gut ausgeprägte Altwässer liegen (von Nord nach Süd) bei Helstorf („Helstorfer Altwasser"), Bordenau (alte Westaue), Luthe („Luther See"), Schloss Ricklingen („Wadebruch" u.a.), Garbsen („Hubbelsche" u.a.) und Seelze („An der Niedermühle"). Zudem sind eine Reihe weiterer naturnaher Kleingewässer im Zuge von Überschwemmungen als Auskolkungen entstanden oder haben sich aus ehemaligen Ziegeleiteichen entwickelt. Da sich all diese Gewässer zumeist durch flache Ränder und eine üppige Wasser- und Ufervegetation auszeichnen und weil sie häufig ohne

Helstorfer Altwasser, im Vordergrund das blaublühende Hechtkraut (Pontederia cordata), ein Neophyt aus Amerika (2)

Sumpffarn (Thelypteris palustris) auf Niedermoor-
Torfschlamm im Evenser Moor

Flutmulde bei Welze, kurz nach Rückzug des Hochwassers

fischereiliche Bedeutung sind, stellen sie wertvolle Laichhabitate für Amphibien dar. Darunter finden sich gefährdete Arten wie der Kammmolch (Triturus cristatus) und der Seefrosch (Pelophylax ridibundus). Der Seefrosch besiedelt die Kleingewässer der Leineaue so regelmäßig, dass er als Leittierart für diesen Lebensraum gelten kann (s. PGL 2002a u. Kap. 5.6). In den Altwässern wachsen häufig weiße See- und gelbe Teichrosen (Nymphaea alba, Nuphar lutea), am Ufer das Pfeilkraut (Sagitta sagittaria), diverse Röhrichtarten und sehr regelmäßig die gefährdete Schwanenblume (Butomus umbellatus), deren attraktiver rötlich-weißer Blütenstand im August kaum zu übersehen ist.

Verlandungssümpfe und Moore

Je nach Alter und Nutzung sind Teile der Altwässer mehr oder weniger stark verlandet. Es stellen sich hier zunächst Röhrichte und Großseggenrieder sowie hochstaudenreiche Sumpfvegetation ein, bevor die Bebuschung einsetzt. Häufig entwickeln sich Weidengebüsche, sumpfige Weiden-Auwälder oder Bruchwälder aus Erlen (Alnus glutinosa). Eine solche Vegetationsentwicklung lässt sich gut nachvollziehen im NSG Wadebruch bei Schloss Ricklingen und nördlich von Bordenau, wo die Verlandung ehemaliger Leinearme jeweils relativ weit fortgeschritten ist. In Hochstaudensümpfen des Leinetals ist häufig die gefährdete Gelbe Wiesenraute (Thalictrum flavum) zu finden.

Durch die Verlandung von Altarmen entstehen Niedermoore. Abgestorbenes Pflanzenmaterial sinkt zu Boden, kann sich auf Grund von Luftmangel

nicht oder nicht vollständig zersetzen und bildet so die Torfe des Niedermoores. Von einem Niedermoor wird gesprochen, wenn die Torfe mehr als 30 cm mächtig sind. Niedermoore sind nicht nur wertvolle Lebensräume für spezialisierte Arten, sondern auch sehr effektive Kohlenstoffspeicher.

Ein wertvolles Niedermoor stellt das Evenser Moor dar. Es entwickelte sich aus der Verlandung eines Leinealtarms der Weichselkaltzeit und enthält somit einen der ältesten noch auffindbaren Arme der Leine (KNICKREHM et al. 1995). Heute finden sich kaum noch offene Wasserflächen (mit Ausnahme einiger Handtorfstriche), stattdessen ist das Moor über den Grundwasserspiegel hinausgewachsen, so dass sich auch Hochmoorvegetation entwickelt hat. Da das Evenser Moor von den Leineüberschwemmungen und den damit verbundenen Nährstoffeinträgen nicht mehr erreicht wird, sind hier eine Reihe nährstoffmeidender, hochgradig gefährdeter Pflanzenarten gefunden worden, was zur Ausweisung des Moores als Naturschutzgebiet führte. Es handelt sich um kleinwüchsige, konkurrenzschwache Sumpfpflanzen, die sowohl eine hohe Bodenfeuchte als auch ausreichend Licht benötigen, unter anderen Igelschlauch (Baldellia ranunculoides), Weichwurz (Hammarbya paludosa), Fieberklee (Menyanthes trifoliata), Zwerg-Igelkolben (Sparganium natans) und Sumpf-Dreizack (Triglochin palustre) (ebda.). Daneben wachsen hier sehr viel Sumpffarn (Thelypteris palustris) und charakteristische Hochmoorpflanzen wie Moosbeere (Vaccinium oxycoccus) und Sonnentau (Drosera rotundifolia).

Flutrasen mit Knickfuchsschwanz (Alopecurus geniculatus) und Kriechendem Hahnenfuß (Ranunculus repens) im Basser Werder (16)

Dornige Hauhechel (Ononis spinosa) am Sommerdeich bei Suttorf

Grünländereien

In der nördlichen Leineaue ist das Relief des Talbodens von Natur aus bewegt: Hochwässer überformen immer wieder die Geländemorphologie, schaffen flussnahe Aufrehnungen, kleine Kuppen und Flutmulden, Kolke und Senken sowie Abbruchkanten an Prallhängen und Terrassenrändern. Teilweise sind entsprechende „Buckelwiesen" noch erhalten. Zumeist werden aber im Zuge intensiver Landwirtschaft die Unebenheiten ausgeglichen, vor der Neueinsaat als Intensivgrünland oder Acker. Der Grundwasserspiegel in der Aue, der mit dem Flusswasserspiegel korrespondiert, liegt mehrere Meter unter Gelände und ermöglicht eine intensive Landbewirtschaftung.

Artenreiches feuchtes Grünland findet sich deshalb nur wenig, am ehesten in Senken und Flutmulden. Hier wachsen Flutrasen mit charakteristischen, Überstauung ertragenden Arten wie Knickfuchsschwanz (*Alopecurus geniculatus*), Kriechendem und Gänse-Fingerkraut (*Potentilla reptans, P. anserina*), Flutschwaden (*Glyceria fluitans*), Kriechendem und Brennendem Hahnenfuß (*Ranunculus repens, R. flammula*) sowie Wasser-Knöterich (*Persicaria amphibia*).

Gut ausgeprägtes Nassgrünland mit gefährdeten Pflanzenarten wie Wasser-Greiskraut (*Senecio aquaticus*) und Breitblättrigem Knabenkraut (*Dactylorhiza majalis*) sowie mit Gelber Wiesenraute (*Thalictrum flavum*) an den Grabenrändern und in Brachestadien findet sich noch bei Stöckendrebber, am Helstorfer Altwasser, am Hagener Bach und auch zwischen Bordenau und Neustadt, weil hier – oberhalb der Staustufe bei Neustadt – das Grundwasser höher ansteht.

Besondere Pflanzenarten wachsen auch an höher liegenden Geländekanten, auf dem Sommerdeich und an anderen Trockenstandorten, die nicht vom Überschwemmungsgeschehen beeinflusst sind. Es handelt sich um einige nährstoffmeidende und trockenheitsliebende Arten wie Milder Mauerpfeffer (*Sedum sexangulare*) und Arznei-Thymian (*Thymus pulegioides*) sowie um Dornige Hauhechel (*Ononis spinosa*) und Zittergras (*Briza media*), kalkzeigende Arten, die im Tiefland selten sind.

Wasser-Greiskraut (Senecio aquaticus) (2)

In nassen Flutmulden auf Nahrungssuche: der Weißstorch (Ciconia ciconia) (3)

Die Grünlandgebiete der nördlichen Leineaue haben eine erhebliche <u>avifaunistische Bedeutung</u>: Der Weißstorch (*Ciconia ciconia*), der inzwischen wieder in mehr als zehn Dörfern zwischen Schloss Ricklingen und Stöckendrebber nistet, nutzt die Grünlandflächen zur Nahrungsaufnahme. Er ist an der nördlichen Leine stärker vertreten als in jedem anderen Landschaftsraum der Region. Der stark gefährdete Rotmilan (*Milvus milvus*) horstet in Altbaumbeständen am Auenrand und jagt über der Niederung und am Fluss. Gelegentlich brütet der ebenfalls stark gefährdete Wachtelkönig (*Crex crex*) in feuchten Brachen.

Während ortsnah die Grünländereien zumeist durch eine Vielzahl von Hecken gegliedert sind, haben die ortsfernen Bereiche einen offeneren Charakter. Hier war die Parzellierung und Einfriedung von Weiden nicht mehr erforderlich. Den offenen Grünlandgebieten kommt eine Bedeutung für <u>Gastvögel</u> zu. Dies ist zum Beispiel für die Niederungsabschnitte zwischen Neustadt und Bordenau sowie südlich von Bordenau belegt. Hier werden im Winter Blässgänse (*Anser albifrons*) und Graugänse (*Anser anser*) regelmäßig bei der Rast beobachtet. Die Gänse der Leineaue stehen im Austausch mit den Tieren, die in großer Zahl am Steinhuder Meer überwintern (s. Kap. 4.4). Offenbar zieht ein Teil der Gänse, die auf dem Meer übernachten, allmorgendlich an die Leine, um hier auf den ruhig gelegenen Wiesen und Weiden Nahrung aufzunehmen.

Heckengebiete

Heckenlandschaften sind ein Charakteristikum der nördlichen Leineaue. Unterhalb von Neustadt gehört zu jedem Dorf ein mehr oder weniger großes Heckengebiet, oberhalb von Neustadt gilt das nur für die Gemarkungen Luthe und Gümmer. Die Hecken sind über die jeweilige Landschaftsschutzgebietsverordnung geschützt. Solange aber die Region

Parkartige Heckenlandschaft bei Luthe

Der Gartenrotschwanz (Phoenicurus phoenicurus) brütet in Baumhöhlen. (1)

Hohe und dichte Weißdornhecke (2)

als zuständige Behörde keinen genauen Überblick über Zahl und Zustand hatte, war der Schutz kaum zu gewährleisten. Die Region entschloss sich deshalb, eine Inventarisierung aller Hecken der nördlichen Leineaue vornehmen zu lassen. Die Erfassung erfolgte zwischen 2002 und 2006 (PGL 2006). Gemarkung für Gemarkung wurde jede einzelne Hecke in Länge, Breite, Höhe und Dichte erfasst (s. Themen-Info „Heckenstatistik" S. 169). Der Pflegezustand, die Strauchartenzusammensetzung und wesentliche Beeinträchtigungen wurden festgehalten und für jede Gemarkung ein Schutz- und Entwicklungskonzept erarbeitet.

Die bei weitem wichtigste bestandsbildende <u>Strauchart</u> der Hecken ist der Eingriffelige Weißdorn (*Crataegus monogyna*), der wohl ursprünglich gepflanzt wurde (s. KUNZMANN 2010). Sehr häufig begleitend wachsen Heckenrosen (*Rosa canina, R.*

subcanina u. a.) und Schwarzer Holunder (*Sambucus nigra*), ohne jedoch die prägende Dominanz des Weißdorns zu erreichen. Weitere recht häufige Arten sind Schlehe (*Prunus spinosa*), Zweigriffeliger Weißdorn (*Crataegus laevigata*), Roter Hartriegel (*Cornus sanguinea*), Pfaffenhütchen (*Euonymus europaeus*) und Gemeiner Schneeball (*Viburnum opulus*). Mit dem Purgier-Kreuzdorn (*Rhamnus cathartica*) und der Feld-Ulme (*Ulmus minor*) sind auch zwei gefährdete Gehölzarten mehrfach festgestellt worden. Vegetationskundlich zählen die Gehölzbestände zu den Weißdorn-Schlehen-Gebüschen (*Crataego-Prunetum spinosae*), ein auf mesophilen Standorten (z.B. Auelehmböden) in Norddeutschland weit verbreiteter Vegetationstyp (s. WEBER 2003, S. 118 f.). In fast allen kartierten Hecken kommen auch Bäume vor: Am häufigsten sind Eichen (*Quercus robur*) und Eschen (*Fraxinus excelsior*) eingewandert, gefolgt von Feldahorn (*Acer campestre*), Weiden (*Salix spec.*), Erle (*Alnus glutinosa*) und Hainbuche (*Carpinus betulus*).

Am Fuß breiterer Hecken bei Luthe wachsen waldtypische Frühjahrsblüher, die im Tiefland selten sind, wie Aronstab (*Arum maculatum*), Hohler Lerchensporn (*Corydalis cava*) und Wald-Gelbstern (*Gagea lutea*).

Viele <u>Singvögel</u> brüten in den Hecken, insbesondere wenn diese etwas breiter sind und abseits von Wegen verlaufen. Besonders charakteristisch sind Nachtigall (*Luscinia megarhynchos*) und Gelbspötter (*Hippolais icterina*) sowie in Hecken mit alten Bäumen der Gartenrotschwanz (*Phoenicurus phoenicurus*).

Gelbspötter (Hippolais icterina) (51)

THEMEN-INFO: HECKENSTATISTIK

	Hecken-anzahl	Gesamt-länge Hecken (m)	Unter-suchungs-gebiet (ha)	Hecken-dichte (m/ha)
Stöckendrebber	168	16.063	118	136
Niedernstöcken	253	28.632	282	101
Luthe	306	22.351	300	74
Helstorf	162	10.491	157	67
Vesbeck	102	7.172	128	56
Mandelsloh	199	15.250	332	46
Wulfelade	155	7.969	176	45
Gümmer	128	7.671	188	41
Brase	55	4.164	111	38
Esperke	268	13.543	389	35
Amedorf	82	4.661	154	30
Welze	75	5.325	197	27
Luttmersen	56	3.388	137	25
Empede	78	4.952	195	25
Basse	80	4.306	194	22
Evensen	70	3.688	204	18
Averhoy	29	1.480	93	16
Mariensee	57	4.415	296	15
Suttorf	56	2.347	202	12
Summe	2.379	167.868	3.853	Ø 44

Die Hälfte aller Hecken (50 %) waren zum Zeitpunkt der Erfassung zwischen 1 und 3 m breit, 31 % lagen zwischen 3 und 6 m. Bezüglich der Höhe befanden sich 43 % in der Größenklasse 1 – 3 m, 40 % lagen zwischen 3 und 6 m. Dies ist natürlich abhängig von der Pflege. Die Hecken werden traditionell auf Hüfthöhe zurückgeschnitten, das entspricht den in den meisten Rezessen genannten 4 Fuß (116 cm). Sie wachsen dann innerhalb weniger Jahre auf über 3 m heran. Einige Hecken werden aber auch alljährlich zurückgeschnitten, andere nur sehr extensiv oder gar nicht gepflegt: In Esperke, Vesbeck und Mandelsloh werden viele Hecken intensiv gepflegt, hier überwiegen schmale und niedrige Hecken. In Basse, Mariensee, Luthe und Gümmer sind die Hecken breiter und höher. Zu einem großen Teil werden die Hecken hier nicht mehr regelmäßig gepflegt. Oder es wird nur noch seitlich, nicht aber in der Höhe geschnitten.

Die folgende Tabelle zeigt die Ergebnisse der Heckeninventarisierung in einer Zusammenschau. Es wurden insgesamt 2.379 Hecken und Heckenabschnitte in einem 38,5 km² großen Untersuchungsgebiet aufgenommen. Die Hecken sind alle zusammen ca. 168 km lang. Dies entspricht einer Entfernung von Hannover bis nach Wilhelmshaven! Die höchsten Heckendichten wurden in Stöckendrebber mit 136 m Hecke je Hektar und in Niedernstöcken (101 m/ha) ermittelt. Nach Blab (1993, S. 337) gelten 80 m/ha als hohe mittlere Heckendichte. Dieser Wert wird von weiteren Gemarkungen der Leineaue nicht erreicht, Luthe und Helstorf liegen am nächsten dran. Insgesamt nimmt im Bereich der Unteren Leine die Heckendichte von Norden nach Süden ab. Sie liegt durchschnittlich bei 44 m pro Hektar.

Als Heckentyp überwiegt die Strauchhecke (66 %); Baum-Strauch-Hecken (21 %) und Baumhecken (10 %) treten dahinter zurück. Fast alle Hecken sind alt und naturnah zusammengesetzt. Heckenneuanpflanzungen und Hecken mit standortfremden Gehölzen fanden sich praktisch nicht (2 % bzw. unter 1 %).

Häufiger und starker Rückschnitt kann zu einem schleichenden Verlust von Hecken führen, wenn die alten Stöcke nicht mehr ausschlagen und gleichzeitig – durch ackerseitige Düngereinträge begünstigt – von Hochstauden und Schlingpflanzen (z.B. Hopfen – Humulus lupulus) überwuchert werden. Erst kümmern einzelne Gehölze, dann wird die Hecke lückig und letztlich verkommt sie zu einem Ruderalstreifen. Insgesamt aber ist der Zustand der Hecken in der nördlichen Leineaue noch zufriedenstellend: 23 % der untersuchten Hecken sind geschlossen, 51 % haben einzelne, meist kleine Lücken (< 10 %). 19 % der Hecken weisen starke Lücken auf und nur 7 % wurden als „Restbestände" (Gehölzbewuchs < 50 %) kartiert.

Bärlauchblüte (Allium ursinum) im Gümmerwald (2)

Fledermäuse, die in den Dörfern oder in Altbaumbeständen ihre Quartiere haben, fliegen längs der Hecken in ihre Nahrungsgebiete. Sie jagen über den Gewässern und längs der mit alten Bäumen bestandenen Terrassenkanten. Das Ostholz bei Stöckendrebber, die Auwälder bei Basse und Gümmer sowie der Hinübersche Park bei Marienwerder haben besondere Bedeutung für Fledermäuse. Es wurden Wochenstuben verschiedener Arten und Winterquartiere des Großen Abendseglers (*Nyctalus noctula*) gefunden (LRP) und viele Arten jagen hier.

Auenwälder und -gebüsche
Auch in der nördlichen Leineaue haben sich (wie in Leineaue-Süd) nur kleinflächig naturnahe Auwaldreste erhalten. Im Gümmerwald ist die Hartholzaue am besten ausgeprägt, zumal die Bestände noch häufiger überschwemmt werden. Im Frühjahr fällt hier die Massenblüte des Bärlauchs (*Allium ursinum*) besonders ins Auge, aber auch andere Frühjahrsblüher, die im Flachland gefährdet oder selten sind, kommen vor: Mittlerer Lerchensporn (*Corydalis intermedia*), Hohe Schlüsselblume (*Primula elatior*) und Berg-Ehrenpreis (*Veronica montana*) sowie die beiden gefährdeten Ulmenarten *Ulmus laevis* und *Ulmus minor*, die charakteristisch für die Hartholzaue sind.

Weitere Reste der Hartholzaue finden sich im Bereich alter Flussschleifen bei Poggenhagen, östlich Mariensee sowie im Quantelholz bei Marienwerder. Sie wachsen oft im Kontakt zu kleinflächigen Erlenbrüchern in versumpften Senken oder zu Eichen-Hainbuchenwäldern auf etwas trockeneren, selten überschwemmten Standorten.

Öfters zu hören als zu sehen: der Kuckuck (Cuculus canorus) (1)

Wiesenbrache mit Großem Baldrian (Valeriana officinalis)

Obstwiese bei Luthe – ein seltener Biotoptyp in der Leineaue (2)

Reste der Weichholzaue finden sich entweder direkt am Leinefluss oder im Bereich alter Leinearme. Sie bestehen aus Baum- und Strauchweiden, wobei an der nördlichen Leine die Mandel-Weide (*Salix triandra*) vielfach dominiert. Als hochgradig schützenswerte Art kommt auch hier die Schwarz-Pappel (*Populus nigra*) in wenigen Exemplaren vor (z. B. Helstorfer Altwasser, Wadebruch). (nach KUNZMANN 2010). Auf Grund ihrer Strukturvielfalt (zumeist zwei Baumschichten, üppige Strauch- und Krautschicht) und ihres Nahrungsreichtums zählen Auwälder zu den Waldtypen mit der höchsten Brutvogeldichte überhaupt. Bei einer Untersuchung des Gümmerwalds wurden auf insgesamt ca. 80 Hektar 213 Brutreviere und 29 verschiedene Arten festgestellt, darunter mit Pirol (*Oriolus oriolus*), Grünspecht (*Picus viridis*) und Kuckuck (*Cuculus canorus*) drei gefährdete Arten (PGL 2013). Am häufigsten war die Mönchsgrasmücke (*Sylvia atricapilla*) mit 35 Brutpaaren.

5.5 Schutzgebiete und weitere Schutzaspekte

In der nördlichen Leineaue sind drei Bereiche als Naturschutzgebiet (NSG) geschützt; es handelt sich um mehr oder weniger vermoorte alte Leinearme (s. Karte 5, S. 154):

- NSG HA 085 Wadebruch (16 ha)
- NSG HA 183 Helstorfer Altwasser (30 ha)
- NSG HA 184 Evenser Moor (47 ha)

Der LRP weist zudem den Abschnitt des Leinetals zwischen Neustadt und Schloss Ricklingen als schutzwürdig im Sinne eines Naturschutzgebietes aus, und ebenso die Auwaldbereiche Gümmerwald und östlich Mariensee.

Als Landschaftsschutzgebiete (LSG) sind ausgewiesen:

- LSG H 27 Mittlere Leine (2.219 ha)
- LSG H 54 Untere Leine (3.328 ha)
- LSG H 67 An der Leine (262 ha)
- LSG HS 7 Mittlere Leine (auf stadthannoverschem Gebiet, 410 ha)

Mönchsgrasmücke (Sylvia atricapilla) (1)

Schloss Landestrost auf dem „Rouvenberg"

Weitere Schutzaspekte

Das <u>FFH-Gebiet</u> „Aller (mit Barnbruch), Untere Leine, Untere Oker" ist mit über 18.000 ha eines der größten in Niedersachsen. Innerhalb der Region erstreckt es sich von der Regionsgrenze im Norden bis zum Wehr in Herrenhausen, allerdings nicht in ganzer Breite der Aue. Geschützt werden soll der „bedeutendste Flussniederungskomplex im Weser-Aller-Flachland" (NLWKN 2009). Besonders wichtig sind die Hartholz-Auenwälder, Fließ- und Stillgewässerbiotope, feuchte Hochstaudenfluren und magere Flachlandmähwiesen sowie die Lebensräume von Fischotter und Biber. Das Überschwemmungsgebiet der Leine ist entsprechend § 78 des Wasserhaushaltsgesetzes festgesetzt worden. Hier sind unter anderem die Ausweisung von Baugebieten, die Errichtung baulicher Anlagen und die Umwandlung von Grünland in Acker untersagt.

Die Leine wurde im <u>Niedersächsischen Fließgewässerschutzsystem</u> als Verbindungsgewässer (s. Kap. 1.5), Auter, Jürsenbach und Empeder Beeke als „Hauptgewässer" bestimmt. Hier sollen der Erhalt der typischen Arten- und Biotopvielfalt eines Fließgewässers repräsentativ für die Naturräumliche Region Weser-Aller-Flachland gewährleistet werden.

Die fast flächendeckend vorliegenden Braunauenböden zählen zu den <u>schutzwürdigen Böden</u> in Niedersachsen, weil ihre natürliche Fruchtbarkeit sehr hoch ist (GUNREBEN U. BOESS 2008).

Naturnahe Auter bei Averhoy

THEMEN-INFO: WAS IST EIN LANDSCHAFTSRAHMENPLAN?

Der Landschaftsrahmen-plan (LRP) ist das wichtigste Planwerk des Naturschutzes. Er wird von den Landkreisen, kreisfreien Städten sowie von der Region Hannover aufgestellt, in ihrer Funktion als Naturschutzbehörde. Die Naturschutzbehörden schaffen sich auf diese Weise ihre Arbeitsgrundlage. Auf der Basis einer zumeist sehr umfangreichen Bestandsanalyse zu den Themen Boden, Wasser, Klima/Luft, Pflanzen, Tiere und ihre Lebensräume sowie Landschaftsbild werden die Ziele der Landschaftsentwicklung aus naturschutzfachlicher Sicht erarbeitet. Idealtypisch wird der LRP aus dem Landschaftsprogramm des Landes entwickelt, das in Niedersachsen allerdings aus 1989 stammt und damit deutlich veraltet ist. Gleichzeitig stellt der LRP

15 Pfund schwer, 726 Seiten stark: der LRP der Region Hannover

wiederum den Rahmen dar für die Landschaftspläne, die die Kommunen für die jeweiligen Stadt- und Gemeindegebiete aufstellen.

Die wesentlichen Inhalte des LRP sind die systematische Bestandsaufnahme und ihre Bewertung, die Entwicklung der naturschutzfachlichen Ziele, die Bestimmung der schutzwürdigen Gebiete (Naturschutzgebiete, Landschaftsschutzgebiete) sowie die Entwicklung von Artenhilfsmaßnahmen. Der LRP ist in Niedersachsen ein gutachtlicher Fachplan des Naturschutzes. Er soll nicht politisch abgewogen und beeinflusst werden, sondern alles enthalten, was für den Naturschutz wichtig ist. Seine Aussagen werden erst rechtswirksam durch Übernahme in das Regionale

Raumordnungsprogramm. Aber auch unabhängig davon haben die Bewertungen des LRP Gewicht: als Abwägungsmaterial bei zukünftigen Planungsprozessen.

Die Region Hannover hat 2013 nach etwa 10-jähriger Arbeit einen LRP neu aufgelegt. Er löst die Landschaftsrahmenpläne ab, die 1990 bzw. 1991 noch für den Landkreis und für die Stadt Hannover getrennt erarbeitet worden waren. Der neue LRP enthält – zum ersten Mal – ein Biotopverbundkonzept für die Region (s. Themen-Info: Biotopverbund S. 92).

Im Übrigen: Ohne die Mitarbeit am LRP hätte der Verfasser dieses Buch nicht schreiben können.

An den Spuren im Schnee ist der Fischotter (Lutra lutra) gut nachweisbar. (1)

5.6 Leittierarten

Fischotter

Der Fischotter (*Lutra lutra*) ist seit Jahren die Galionsfigur des Fließgewässerschutzes. Der einstmals weit verbreitete, knuffige Wassermarder drohte in Niedersachsen auszusterben, als sich 1979 die Aktion Fischotterschutz in Hankensbüttel gründete, um die anhaltenden Bestandsrückgänge in ein breites öffentliches Bewusstsein zu rücken, systematische Erhebungen anzustrengen und erste Maßnahmen der Fließgewässerrenaturierung zu ergreifen. Zehn Jahre später legte das Land Niedersachsen ein Fischotterprogramm auf (NMELF u. NMU 1989). Inzwischen gab es nur noch wenige Vorkommen im nördlichen Flachland beidseits der Weser, im Raum südlich der Aller war der Wassermarder ausgestorben. Nun wurden Gewässerrandstreifen angekauft, die Gewässerunterhaltung extensiviert und Störungen im Uferbereich zurückgedrängt. An Flüssen und Bächen wurden Ufergehölze zugelassen, damit der Otter Deckung hat. Diese Maßnahmen führten nur teilweise zum Erfolg: Um die Jahrtausendwende tendierte der Otterbestand westlich der Weser gegen Null, aber in der Ostheide, an Elbe und Aller hatten sich die Bestände stabilisiert (REUTHER 2002).

Auch in der Region Hannover tauchte der Otter wieder auf, zunächst an der Wietze (ebda.), später an der nördlichen Leine und am Steinhuder Meer. Hier gelang auch ein Fortpflanzungsnachweis (LRP, S. 234). Der Fischotter hat einen großen Aktionsradius. Bis zu 20 km wandert er in einer Nacht. So kann er geeignete Flusslandschaften zügig zurückerobern. Es kommt aber auch immer wieder zu Verkehrsunfällen, insbesondere weil kleine Nebengewässer häufig in nicht ausreichend breiten Durchlassbauwerken unter den Straßen hindurchgeführt werden und der Marder dann über die Fahrbahnen laufen muss. 2009 wurde an der Landesstraße 193 bei Suttorf ein verunglückter Otter gefunden (BRANDT 2013, mdl.).

Die nördliche Leineaue ist als Verbindungskorridor für den Fischotter von großer Bedeutung. Sie verknüpft die Steinhuder Meer – Niederung sowie die Westaue und ihre Nebengewässer mit der Alleraue und der Ostheide, von wo aus weitere Otter einwandern können.

Schwimmhäute kennzeichnen den Wassermarder. (1)

Der Weißstorch (Ciconia ciconia) ist längst zum Mäusejäger geworden. (3)

Weißstorch

Der Weißstorch (*Ciconia ciconia*) ist eine Charakterart in der gesamten Leineaue. An der nördlichen Leine ist er aber noch zahlreicher als südlich von Hannover (13 gegenüber 4 Brutplätzen 2013). Besetzte Horste befinden sich in Stöckendrebber, Niedernstöcken, Esperke, Brase, Amedorf, Helstorf, Welze, Wulfelade, Basse, Suttorf, Neustadt, Bordenau, Luthe, Schloss Ricklingen und Lohnde (LÖHMER 2014, mdl.), und auch die Störche in Blumenau und Mecklenhorst nutzen zur Nahrungsaufnahme hauptsächlich die Wiesen der Leineaue. Wie die Dörfer, so sind auch die Weißstörche der nördlichen Leineaue „perlschnurartig" verbreitet. In keinem Dorf brütet mehr als ein Paar. Denn nach wie vor sind geeignete Nahrungsflächen knapp. Vermutlich ist die Auenlandschaft zu trocken, weil sich der Fluss eingetieft hat. In der Folge fehlt es an Lurchen und anderen Nahrungstieren, die in Kleingewässern und sumpfigen Wiesen aufwachsen könnten. So entbrennen nach der Rückkehr aus den Winterquartieren heftige Kämpfe um die besten Horstplätze, und zu Koloniebruten, wie aus anderen Gegenden bekannt (Osteuropa, Neusiedler See), kommt es bei uns nicht.

Dennoch ist der Trend in der Nördlichen Leineaue recht positiv: 1987 hat es hier nur noch vier besetzte Horste gegeben, 1996 waren es dann sieben und 2010 neun (nach Unterlagen von LÖHMER). Verantwortlich für den Anstieg ist weniger eine Verbesserung der Lebensraumverhältnisse als eine Verhaltensänderung bei den im Westen überwinternden Störchen: Die Mehrzahl der „Westzieher" (vgl. Kap. 1.6) fliegt nicht mehr bis nach Afrika, sondern überwintert in Spanien und Südfrankreich, gern in der Nähe von Müllkippen. Sie sind dann schneller zurück und weniger Gefahren ausgesetzt (LÖHMER 2013).

Neunaugen

Neunaugen sind keine Fische, sondern „Rundmäuler". Sie haben an Stelle der Kiefer ein rundliches, mit Hornzähnen ausgestattetes Saugmaul, mit dem sie sich an ihren Beutetieren – zumeist Fischen – festsaugen, Blut trinken und Fleischstücke herausraspeln. Ihr Körper ist aalartig langgestreckt und an Rücken und Schwanz mit einem Flossensaum

Das Rundmaul des Meerneunauges (Petromyzon marinus) (52)

Leine bei Helstorf

besetzt. Der Name „Neunauge" beruht auf einem Missverständnis: An jeder Kopfseite befindet sich eine Reihe von neun Öffnungen, von denen aber nur eines ein Auge darstellt; die anderen sind Nasenloch und sieben Kiemenspalten. Bei den Neunaugen entwickeln sich aus dem Laich spezielle Jugendstadien, die Querder. Diese leben über mehrere Jahre in sandig-kiesigem Substrat der Flussoberläufe und ernähren sich von Kleinlebewesen und Detritus, die sie aus dem Gewässeruntergrund oder aus dem vorbeiströmenden Wasser filtrieren. Die wurmartigen Querder haben keine Augen.

In Niedersachsen gibt es drei Arten von Neunaugen, die alle in der nördlichen Leine festgestellt wurden:

- Das Meerneunauge (*Petromyzon marinus*) ist die größte (bis zu 120 cm) und zugleich seltenste von ihnen. Ehemals als Speisefisch sehr beliebt ist sie heute vom Aussterben bedroht. Von der Leine bei Neustadt ist ein Nachweis bekannt (LRP, S.235).
- Das etwas kleinere Flussneunauge (*Lampetra fluviatilis*) wurde am Fischpass bei Herrenhausen während der Laichzeit erfasst (ebda.). Flussneunauge und Meerneunauge wandern die Flüsse hinauf, um in den Oberläufen abzulaichen.
- Das Bachneunauge (*Lampetra planeri*) ist an der nördlichen Leine mehrfach festgestellt worden, außer in der Leine selbst auch in der Westaue, im Hagener Bach und in der Auter. Es lebt stationär, d.h. die Querder und die bis zu 20 cm großen erwachsenen Tiere besiedeln den gleichen Lebensraum.

Alle Neunaugenarten sind hochgradig gefährdet und nach der europäischen FFH-Richtlinie streng geschützt. Auf Grund der Lebensweise der Larven reagieren sie auf Veränderungen der Gewässerstruktur und Verschmutzung empfindlich. Den wandernden Neunaugenarten machen zudem die Aufstiegshindernisse im Flusslauf zu schaffen.

Seefrosch

Der Seefrosch (*Pelophylax ridibundus*) gehört zu dem Wasserfrosch-Komplex, den die Grünfrösche bilden, wie der gefährdete Kleine Teichfrosch (*Pelophylax lessonae*, s. Kap. 4.6). Während jener seinen Verbreitungsschwerpunkt in Hochmooren und an Kleingewässern hat, ist der Seefrosch an größeren Gewässern und in Flusstälern besonders charakteristisch. So wird er in der Leineaue regelmäßig festgestellt (z.B. PGL 2002a, LRP, S. 223). Der Seefrosch wird bis zu 15 cm groß und ist damit im ausgewachsenen Zustand etwa doppelt so groß wie der Kleine Teichfrosch. Seefrösche sind meistens olivgrün oder bräunlich mit deutlichen dunklen Flecken. Am besten sind sie von den anderen Grünfröschen an den Ruflauten zu unterscheiden: Als Paarungsruf lassen die Männchen ein abgehacktes Keckern ertönen, das wie ein lautes Lachen klingt.

Der „lachende Frosch" besiedelt eutrophe und wasserpflanzenreiche Gewässer und ist deshalb an Altarmen besonders typisch. Er hält sich ganzjährig unmittelbar im und am Gewässer auf und

Seefrosch (Pelophylax ridibundus) (1)

überwintert hier auch. Dazu vergräbt er sich im Schlamm des Gewässergrundes oder in Uferhöhlen und fällt in eine Art Kältestarre. Die Ausbreitung der Art erfolgt vorzugsweise über den Wasserweg, z. B. indem Kaulquappen durch Hochwässer verdriftet werden.

5.7 Aspekte der Beeinträchtigung und Gefährdung

Die nördliche Leineaue ist wegen der immer wiederkehrenden Hochwässer noch weitgehend als naturbetonte Landschaft zu erleben, in der Natur- und Landschaftsschutz Vorrang haben. Dennoch ist dieser Raum nicht unbeeinträchtigt.

Durch <u>Laufverkürzungen</u> ist der Leineabfluss beschleunigt worden und der Fluss hat sich eingeschnitten. In der Folge sind große Teile der Aue trockener geworden, zumal Häufigkeit, Dauer und Ausdehnung der Überschwemmungen durch das Rückhaltebecken Salzderhelden und die Sommerdeiche reduziert wurden. Auch Materialumlagerungen in der Aue finden nur noch in geringem Umfang statt.

In der Folge konnte die Landwirtschaft intensiver betrieben werden, Grünlandflächen wurden umgebrochen und der Ackerbau nahm zu. Die <u>Intensivierung der Landwirtschaft</u> führte zu einer Verarmung an Kleinstrukturen: Flutmulden, Flutrasen und viele der charakteristischen Buckelwiesen verschwanden, und ebenso manche Hecke, die einer großflächigen Ackernutzung im Wege stand. Es ist zu hoffen, dass die Landschaftsschutzverordnung diesen Trend wirksam aufhalten kann.

Das Landschaftsbild ist in weiten Teilen der Nördlichen Leineaue noch intakt. (5)

Spundwand und Uferbefestigung bei Bordenau

Anhaltende Niederschläge im Winter und Früh-jahr, oftmals verbunden mit der Schneeschmelze aus dem Harz und dem Leinebergland, aber auch intensive sommerliche Starkregenereignisse führen in der Leineaue immer wieder zu Über-schwemmungen. Teilweise werden dabei randlich gelegene Siedlungen in Mitleidenschaft gezogen. Bei einigen Ortschaften (Stöckendrebber, Borde-nau) sind in den letzten Jahren bauliche Maßnah-men durchgeführt worden, damit sie bei einem sogenannten 100-jährigen Hochwasserereignis (Hochwasser mit mittlerer Wahrscheinlichkeit) nicht mehr überströmt werden. Auch an anderen Orten steht eine entsprechende Errichtung von Deichen und Spundwänden an. Diese Maßnahmen sind nicht unumstritten, weil sie zu erheblichen Eingriffen in das Orts- und Landschaftsbild führen können. Teilweise wird auch befürchtet, dass alte Fehler wiederholt werden: Wenn die Hochwasser-Retentionsräume am Oberlauf verkleinert werden, potenzieren sich die Probleme flussabwärts.

Einen besonders starken Eingriff in diesen Land-schaftsraum würde die Realisierung des sogenann-ten „Leinesee-Projektes" bedeuten. Danach sollen große Teile der Flussaue zwischen Herrenhausen und Gümmer unter Wasser gesetzt werden und drei große Seen entstehen (s. Themen-Info: Das Leinesee-Projekt S. 180).

5.8 Naturschutzbeauftragter für den Weißstorch und mehr: der Biologe Dr. Reinhard Löhmer

Aufgewachsen ist er am Steinhuder Meer, in Altenhagen, Liethe und Wunstorf, wo sein Vater als Lehrer arbeitete und sich im Naturschutz enga-gierte. Ein starkes Interesse des Vaters galt den Weißstör-chen am Steinhu-der Meer und an

Dr. Reinhard Löhmer

der Unteren Leine, die er erfasste, betreute und beringte, wie er es in der Vogelwarte Rossitten im ehemaligen Ostpreußen gelernt hatte. Schon als Kind ist REINHARD LÖHMER ins Moor gefahren – mit den ortsansässigen Bauern und ihren Familien, die bis Mitte der 1950er Jahre im Hagenburger Moor Torf stachen, um Heizmaterial für den Eigenbedarf zu gewinnen. Besonders prägend für den späte-ren Doktor der Biologie waren zudem die vielen Ausfahrten und Erkundungen mit Gleichaltrigen im Deutschen Jugendbund für Naturbeobachtung (DJN). Hierarchiefrei und emanzipativ ging es dort zu, man fühlte sich als Avantgarde der Umweltbe-wegung und warf Leute über 25 hinaus.

Weißstorchhorst auf künstlicher Nisthilfe (3)

REINHARD LÖHMER hat in Kiel, Freiburg und Göttingen studiert, bevor er nach Hannover zurückkehrte, hier promovierte und danach eine Stelle als Zoologe an der Tierärztlichen Hochschule annahm, um zu lehren und zu forschen. Parallel dazu baute er – gemeinsam mit der Staatlichen Vogelschutzwarte – die Weißstorchbetreuung, die er von seinem Vater übernommen hatte, aus – vom Dümmer bis in den Raum Uetze. Seit 1967 ist er zuständig für die Störche, hat sich zunächst gegen ihren Rückgang gestemmt und seit Anfang der 1990er den allmählichen Wiederanstieg der Population begleitet, Daten erhoben, Schlupf- und Aufzuchterfolge registriert, Daten aufbereitet und einer interessierten Öffentlichkeit zur Verfügung gestellt bzw. in Planungsprozesse eingespeist, sich um verunglückte Störche gekümmert, beringt, bei Konflikten um den Horst geholfen und Überzeugungsarbeit geleistet, neue Horststandorte gesucht und Nisthilfen gebaut, um horstnahes Grünland gekämpft und die Anlage von Amphibienteichen gefordert – der Aufgaben sind viele für einen Weißstorchbetreuer. Und die Arbeit wird mehr, wenn er erfolgreich ist. Seit 2006 ist REINHARD LÖHMER von der Region Hannover als Naturschutzbeauftragter für den Weißstorch offiziell bestellt, da bekommt er nun immerhin seinen materiellen Aufwand entgolten.

Was er macht, macht er richtig – und mit langem Atem. Seit 1976 ist er im Landesvorstand des Bundes für Umwelt und Naturschutz (BUND), einem Naturschutzverband mit heute mehr als 30.000 Mitgliedern und Förderern in Niedersachsen, seit 1980 als Stellvertretender Vorsitzender. Und 1972 hat er zusammen mit einigen Mitstreitern die Faunistische Arbeitsgemeinschaft Moore (FAM) gegründet, deren Sprecher er bis heute ist. Diese Gruppe hatte es sich zunächst zur Aufgabe gemacht, Artenerfassungen in Hochmooren durchzuführen, um das Niedersächsische Moorschutzprogramm mit „harten Daten" zu unterfüttern. Da für die Fachleute nicht zu übersehen war, dass die Hochmoore durch zunehmende Verbuschung an Wert verloren, griffen sie selbst zu Axt und Säge. Seit 1975 werden von der FAM regelmäßig Pflegeeinsätze durchgeführt, vor allem im Bissendorfer Moor und im Helstorfer Moor (s. Kap. 6.4). Dass die nordhannoverschen Hochmoore zu den besten in Niedersachsen gehören ist auch ihr Verdienst. REINHARD LÖHMER hat für seinen jahrzehntelangen Einsatz zum Schutz der Moore 2013 den Niedersächsischen Ehrenamtspreis der Umweltstiftung „Bingo" bekommen.

THEMEN-INFO: DAS LEINESEE-PROJEKT

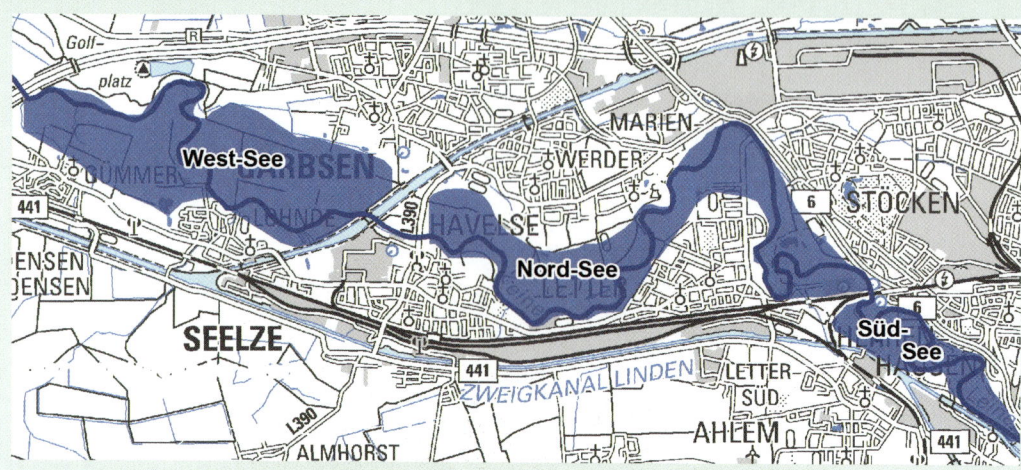

Geplante Seenlandschaft in der Mittleren Leineaue

Die Idee einer künstlichen Seenlandschaft in der nördlichen Leineaue wurde 2010 von dem hannoverschen Architekten PETER GROBE in die öffentliche Diskussion gebracht. Nach seinen Vorstellungen soll die Leineaue zwischen dem Wehr bei Herrenhausen und der Autobahnquerung am Gümmerwald auf etwa 900 ha abgegraben und unter Wasser gesetzt werden. Drei große Seen sollen entstehen: Der „Süd-See" zwischen Wehr und Bahnquerung westlich Herrenhausen, der „Nord-See" zwischen Bahnquerung und Mittellandkanal und der „West-See" zwischen Mittellandkanal und Autobahn A 2. Das abgetragene Material soll am Rand der Leineaue aufgeschüttet werden – als Aussichtshügel oder als hochwasserfreier Baugrund für neue und attraktive Wohnhäuser, Hotels und Freizeitanlagen. „Leinebogen" ist der Arbeitstitel des Projektes, wohl weil es den Auenabschnitt betrifft, in dem sich die Leine nach Westen wendet. Knapp 80 Jahre nach dem Bau des Maschsees soll nun auch das nördliche Hannover Freizeitseen erhalten, allerdings insgesamt ungefähr 11 mal so groß.

Das Motiv der finanzstarken Initiatorengruppe ist ökonomischer Natur: Der Wirtschaftsraum Hannover soll attraktiver werden, der Freizeitwert steigen, damit hochqualifizierte Arbeitskräfte sich hier wohl fühlen (v. MEDING 2012). Auch geht man von einer Aufwertung der angrenzenden Ortschaften aus, und es erschließen sich umfängliche Investitionsmöglichkeiten.

Den Anrainern jedoch erscheint diese Entwicklung nicht wünschenswert. Die politischen Gremien in Garbsen und Seelze haben dem gigantischen Seglerparadies bislang nur Absagen erteilt. Auch aus der Sicht des Natur- und Landschaftsschutzes ist eine Realisierung kaum vorstellbar: Die bestehenden Landschaftsschutzgebiete H 67 und HS 7, in denen jeder Eingriff in den Boden verboten ist, müssten komplett gelöscht werden. Das FFH-Gebiet, das für Flora und Fauna geschützt und entwickelt werden soll, würde auf ca. 15 km Länge zerstört, die Erhaltungsziele ließen sich nicht mehr verwirklichen. Wenn die Leine – wie bislang geplant – durch die Seen geführt würde, verlöre sie ihren Fließgewässercharakter und die daran angepassten Tiere. Die Höhenunterschiede zwischen den Seen müssten durch Schleusen überwunden werden, die Fischwanderungen verhindern. Fischotter und Biber, die menschenscheuen Zielarten des FFH-Gebietes, würden das Freizeitparadies meiden. So wird das ambitionierte Projekt vermutlich am europäischen Naturschutzrecht scheitern und die Bürger werden ihre grüne Leineaue als vielfältig nutzbaren Erholungsraum behalten.

Leineaue-Nord

SERVICE

Kulturhistorische Tops:
Schloss Landestrost, Klöster Mariensee und Marienwerder, St. Osdag – Kirche Mandelsloh, Liebfrauenkirche Neustadt, Barockkirche Schloss Ricklingen, Rittergüter Poggenhagen, Bordenau, Evensen, Landschaftspark „Hinüberscher Garten", Wasserkunst Herrenhausen

Kanzelaltar und Altarorgel in der Barockkirche Schloss Ricklingen

181

Östliche Geest (GO)

In einsamen Wäldern und Mooren

Weidelandschaft bei Osterwald-Unterende

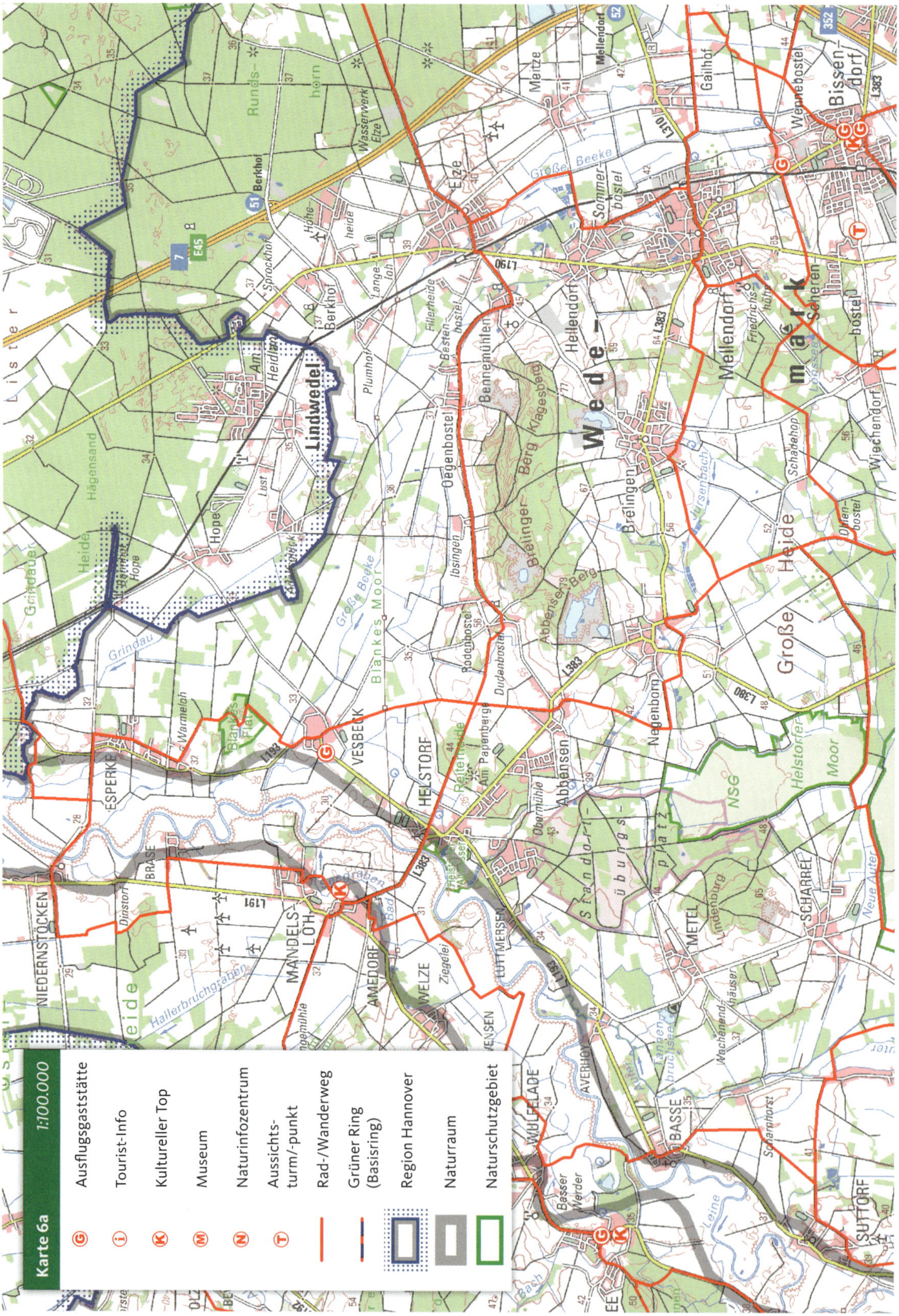

Gallhof
Bennigsen
Bissen-dorf
Mellendorf
m a r k
Scherten
bostel
Friedrichs-hof
Wiechendorf
NSG
Bissendorfer Moor
Muswillensee
MOOR-bruch
Altenhorst
Kiebitzkrug
Langenthagen-Kaltenweide
KALTENWEIDE
Heide-schlößchen
Eversburg
NSG
Heiltsorter
Moor
NSG
Große Heide
Otter-bostel
Resse
L380
NSG
Otternhagener Moor
Osterberg
Schwarzes Moor
Vorwerk Resse
HEIT-LINGEN
Scheide-graben
OSTE-LINGEN
ENGEL-BOSTEL
Schwarze Heide
BOSTEL
BEREN-
BOSTEL
MARIEN
LANGEN-HAGEN
Truppen-übungsplatz
Hohenhorst
Bayerschaft
Mesenbach
Wietze
Stadtpark
Hannover-Flughafen
Flughafen-Hannover
Schulen-burg Nord
Kananohe
L380
SCHULEN-BURG
GODSHORN
BURG
Kopelfangen
VAHREN-
HEIDE
VINNHORST
Engelbostel
Dreieck
Hannover-West
SCHARREL
Lindenborg
Wiechendorf
Neue Auter
Alte Auter
Mecklenhorst
OTTERN-HAGEN
Suttorf
Mecklenhorst
Am Heidewinkel
Dammkrug
BORDENAU
FRIELINGEN
MEYEN-FELD
HORST
SCHLOSS-RICKLINGEN
Sundermühlen
Leine
Mühlenbach
Ricklinger Mühlengraben
Leine
Ricklinger Mühlengraben
Zieger

185

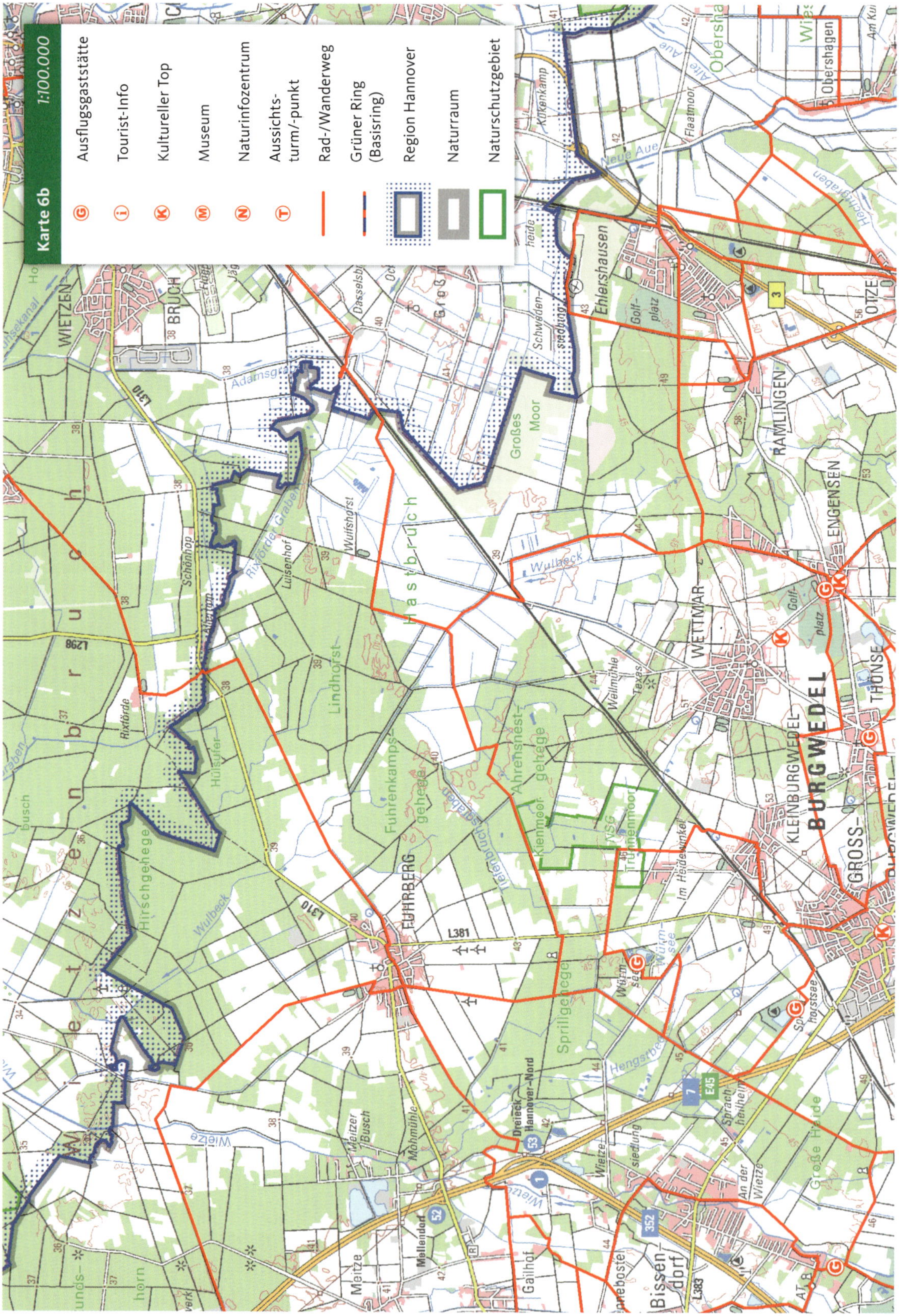

Karte 6b

1:100.000

G Ausflugsgaststätte

i Tourist-Info

K Kultureller Top

M Museum

N Naturinfozentrum

T Aussichts-turm/-punkt

Rad-/Wanderweg

Grüner Ring (Basisring)

Region Hannover

Naturraum

Naturschutzgebiet

BURGDORF

IMMENSEN

LEHRTE

AHLTEN

STEINWEDEL

ALTE

WEFERLINGSEN

DACHTMISSEN

HÜLPTINGSEN

SORGENSEN

SCHILLERSLAGE

OTZE

DEESEL

GROSS-KOLSHORN

RÖDDENSEN

ALIGSE

Lehrte

Klein Kolshorn

Bennhorn

Neuwarmbüchen

OLDHORST

Lohne

Gailenstedt

Kirchhorst

Stelle

Altwarmbüchener Moor

Kreuz Hannover/Kirchhorst

THÖNSE

BURGWEDEL

GROSS-

Heisterholz

Friederikenhain

Groß Hotst

Kirchhorst

Altwarmbüchen

MISBURG

Deponie

Sonnensee

Hannover-Buchholz

GROSS-HEIDE

Farster Bauerschaft

Kircher Bauerschaft

Isernhagen

ISERNHAGEN SÜD

Niederhägener Bauerschaft

Isernhagener Bauerschaft

Hannover-Misburg

Hannover-Lahe

Seck

LAHE

BOTH-FELD

GROSS-BUCHHOLZ

KLEEFELD

HANNOVER

Hohenhorster Bauerschaft

Hannover Bothfeld

Truppen-Übungsplatz

Wietze

Wiesenbach

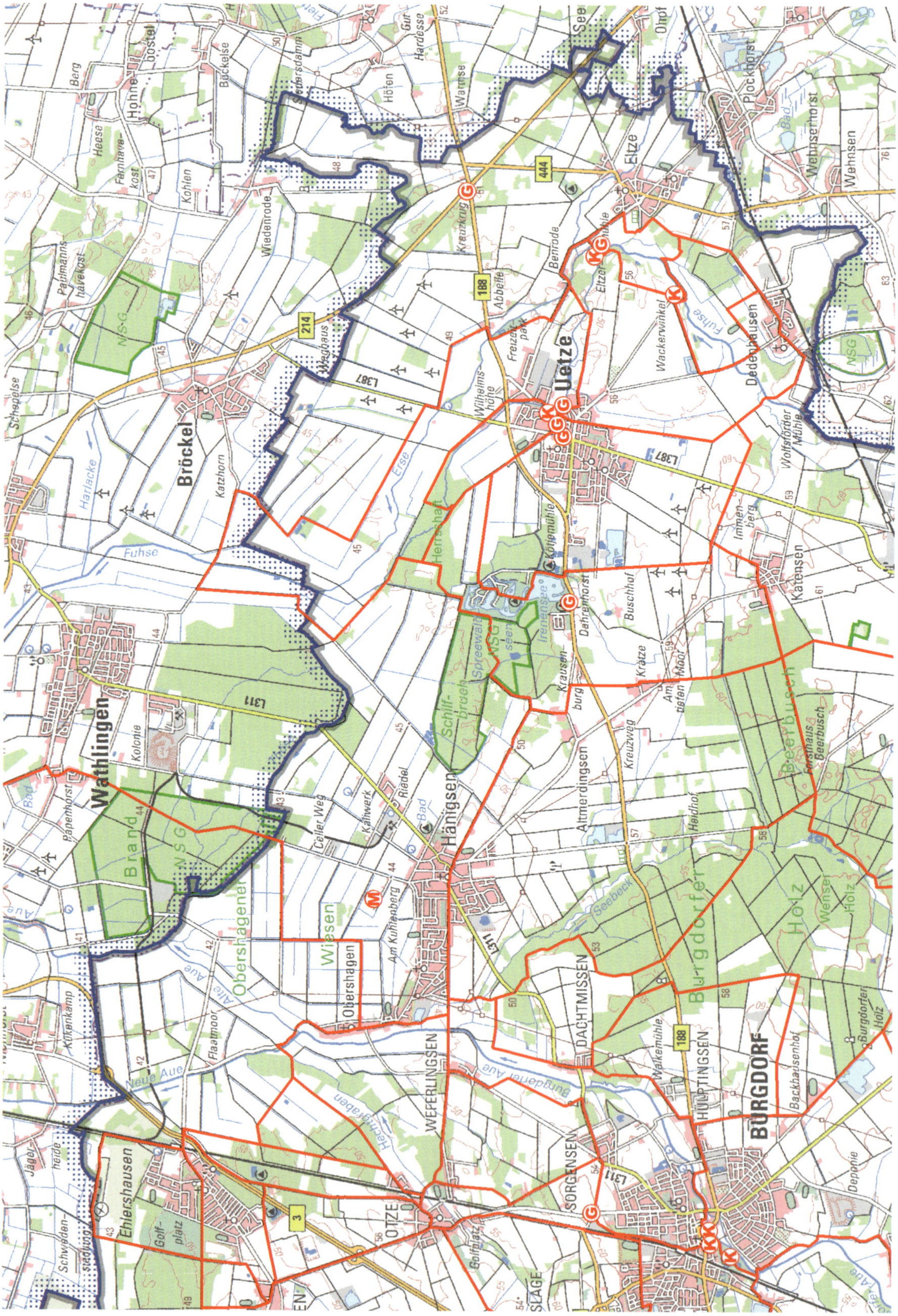

Elze
Wehnsen
Wehnsen
Plockhorst
444
Kreuzkrug
188
Abbeihe
Dädenhausen
214
Wackerwinkel
Uetze
L387
Bröckel
Katzhorn
Wolfsförder Mühle
Immen-berg
Erse
Herrschaft
Fuhse
Lohnemühle
Katensen
Wilhelms-höhe
Krätze
Beerbusch
Dahrenhorst
Buschhof
Wathlingen
Kolonie
Spreewald
Irenensee
NSG See
Krausen-burg
Am tiefen Moor
Brand
N.S.G.
Schilf-bruch
Altmerdingsen
Kreuzweg
Oershagener
Oershagen
Hänigsen
Burgdorfer Holz
Wiesen
Am Kuhlberg
Bad
Stahlwerk
Riedel
Dachtmissen
Wenser Holz
L311
Seebeck
Forsthaus Beerbusch
Weferlingsen
Burgdorfer Aue
Walkemühle
Höptingsen
188
Ehlershausen
Golf-platz
Sorgensen
Burgdorfer Holz
BURGDORF
3
OTZE
L311
Depohe

188

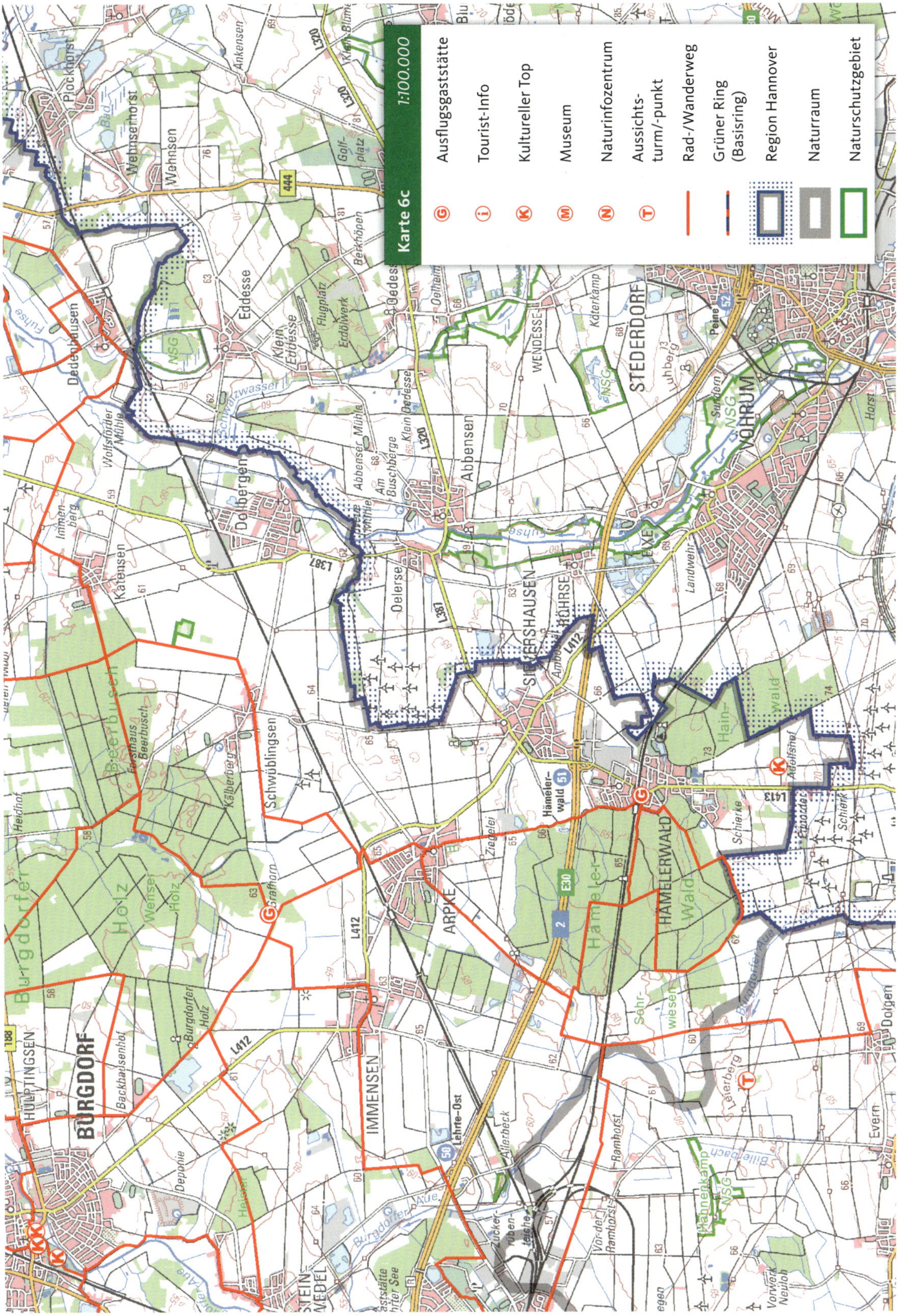

Karte 6c

1:100.000

- **G** Ausflugsgaststätte
- **i** Tourist-Info
- **K** Kultureller Top
- **M** Museum
- **N** Naturinfozentrum
- **T** Aussichtsturm/-punkt
- Rad-/Wanderweg
- Grüner Ring (Basisring)
- Region Hannover
- Naturraum
- Naturschutzgebiet

Zu breit für die Wietze: Flussniederung bei Hainhaus

6.1 Grenzen und Binnengliederung des Naturraums

Östlich der Leineaue (LN) und nördlich sowie nordöstlich der Stadtlandschaft Hannovers erstreckt sich eine ausgedehnte Geestlandschaft, ein Teil des Weser-Aller-Flachlands. Dieser Naturraum lässt sich in folgende drei Bereiche untergliedern (s. Abb. unten):

• Hannoversche Moorgeest
• Aller-Talsandebene (einschließlich Oberes Allertal)
• Burgdorf-Peiner Geestplatten

Die Hannoversche Moorgeest setzt den gleichnamigen Naturraum der westlichen Geest (s. Kap. 4.1) fort und ist durch End- und Grundmoränen sowie durch mehrere Hochmoore geprägt. Das breite Tal der Wietzeniederung (s. Themen-info: Flussgeschichte S. 31) untergliedert diesen Teil der Moorgeest in einen westlichen Teil (mit Helstorfer, Otternhagener und Bissendorfer Moor) sowie in einen östlichen Teil (mit Altwarmbüchener und Oldhorster Moor). Auch die Aller-Talsandebene ist bereits aus

Binnengliederung Geest-Ost   1:430.000

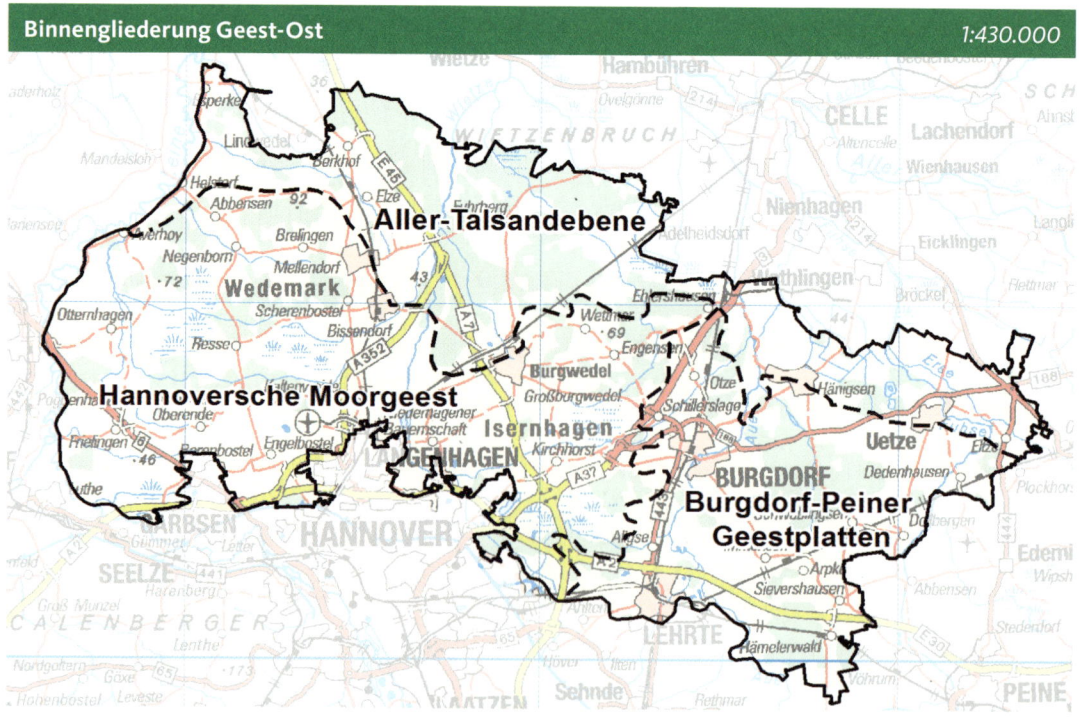

Brelinger Berg – Blick von Norden (2)

der westlichen Geest bekannt (s. Kap. 4.1). Bei dieser fast ebenen, tief liegenden und kaum besiedelten Niederungslandschaft handelt es sich um ein Urstromtal, das im Warthestadium der Saale-Kaltzeit entstand („Aller-Weser-Urstromtal"; s. u.). Einen abweichenden Charakter hat der südöstliche Teil der Burgdorf-Peiner Geestplatten, wo die Böden etwas fruchtbarer sind und die Landschaft entsprechend dichter besiedelt wird. Bei eher subkontinentaler Klimatönung kommen hier keine Hochmoore mehr vor. Die Grenzen des Naturraums Geest-Ost verlaufen im Westen und im Süden eindeutig, soweit er an das Leinetal und an die Stadtlandschaft (Garbsen, Langenhagen, Hannover) stößt. Weiter östlich, zwischen Anderten und Hämelerwald finden sich allmähliche Übergänge zur Börde. Sonst deckt sich die Naturraumgrenze mit der politischen Grenze der Region: Im Norden schließen sich der Heidekreis (Soltau-Fallingbostel) sowie die Landkreise Celle und Gifhorn an, im Osten der Landkreis Peine. Die östliche Geest ist mit 985 km² der bei weitem größte Naturraum innerhalb der Region Hannover.

6.2 Geologie und Geomorphologie

Das Entstehen der Geestlandschaft während der Eiszeiten und der geomorphologische Formenschatz sind in Kap. 4.2 (Geest-West) bereits beschrieben worden. Im Folgenden sollen die Besonderheiten der drei Teilräume hervorgehoben werden:

Das ehemalige Urstromtal der Aller-Talsandebene ist durch ebene, niedrig liegende Flächen, sandige Böden und hohe Grundwasserstände gekennzeichnet. Das Geländeniveau fällt in Fließrichtung – von 52 m ü. NN im Osten (Eltze) auf 32 m ü. NN im Westen (Esperke) – ganz allmählich ab, ebenso von Süden nach Norden, weil die zentrale Achse des ca. 30 km breiten Urstromtales weiter nördlich, außerhalb des Regionsgebietes, liegt. Deutliche Geländeunterschiede zur südlich anschließenden Moorgeest sind zwischen Helstorf und Bennemühlen – insbesondere am Brelinger Berg – feststellbar, sowie bei Wettmar und östlich von Hänigsen (Geestabfall zum Schilfbruch). Überwiegend ist das Urstromtal aber kaum merklich in die Geestlandschaft eingesenkt. Die ausgedehnten Sandflächen werden heute von Podsolböden und – bei Grundwassereinfluss – von Gleyböden eingenommen, wobei es vielfältige Übergänge gibt. Teile dieses Raumes sind vermoort gewesen, wobei die Niedermoore überwogen. Viele Flurbezeichnungen, die auf „-moor" oder „-bruch" enden, weisen darauf hin. Auf Grund umfänglicher Kultivierungen ist davon heute kaum noch etwas übrig geblieben (Trunnenmoor, Schilfbruch u. a.). Die Sandflächen sind teilweise zu Dünen aufgeweht worden, so am Rand der Leineaue („Blankes Flat"), östlich von Fuhrberg und am „Lahberg" bei Wettmar. Der östliche Teil, der bereits zum Naturraum „Obere Allerniederung" zählt, ist durch die Niederungen der Fuhse, Erse und Burgdorfer Aue geprägt. Bei Hope und Hänigsen liegen Salzstöcke im Untergrund, deren Ausbeutung aber vorläufig abgeschlossen ist.

Düne und Schlatt im Naturschutzgebiet Blankes Flat (2)

Die Hannoversche Moorgeest zeichnet sich östlich der Leine durch ein bewegtes Relief aus, das durch Endmoränen, Grundmoränen und Senken mit Hochmooren gebildet wird. Die höchste natürliche Erhebung stellt mit 92 m ü. NN der Brelinger Berg dar, eine Endmoräne aus der „Rehburger Phase" im Drenthe-Stadium der Saale-Kaltzeit (s. Kap. 4.2). Genau genommen ist der Brelinger Berg eine Stauch-Endmoräne; hier sind durch mehrmaliges Vorrücken und Zurückweichen der Eisrandlage mehrere Moränenrücken abgelagert und gegeneinander geschoben worden (vgl. SCHWIDURSKI 2009). Benachbart liegen mit Abbenser Berg und Klagesberg sowie mit mehreren Hügeln bei Mellendorf weitere End- und Stauchmoränen (NATUR-HISTORISCHE GESELLSCHAFT u. a. 1979). Östlich des Wietzetales befinden sich bei Großburgwedel, Isernhagen und Altwarmbüchen/Kirchhorst End- und Stauchmoränen in drei parallel verlaufenden Linien (ebda.). Die Landschaft ist gegliedert durch die Geestbachtäler von Auter und Jürsenbach, insbesondere aber durch die Wietzeniederung. Das breite Tal der Wietze wurde ursprünglich durch Weser und Leine geformt (vgl. Themen-info: Flussgeschichte S. 31). Eine Besonderheit stellen hoch anstehende Kreidegesteine im Süden der Moorgeest dar. Auf den Tonsteinrücken bei Neustadt, der aus dem Wealden (Unterkreide) stammt, wurde bereits im Zusammenhang mit dem „Rübenberg" hingewiesen (Kap. 5.2). Tonsteine der Unterkreide treten aber auch im Raum Osterwald/Berenbostel/Kananohe sowie bei

Schelpberg nördlich Wettmar – eine Grundmoräne der Saale-Kaltzeit

Burgdorfer Aue nordöstlich von Burgdorf

Isernhagen an die Oberfläche. Diese teilweise kalkhaltigen Formationen stellen innerhalb der bodensauren Geest Sonderstandorte mit abweichender interessanter Flora dar. Wo sie von eiszeitlichem Material überlagert sind, können sie über das Grundwasser wirken.

Die Burgdorf-Peiner Geestplatten sind eine flachwellige Landschaft, die aus Grundmoränen und Schmelzwassersanden der Saale-Kaltzeit (Drenthe-Stadium) aufgebaut ist. Nach Süden hin nimmt der Anteil der Geschiebelehmböden zu. Auch finden sich etwa ab der Höhe von Burgdorf bereits Bereiche mit Lössauflagen aus der Weichsel-Kaltzeit. Auf den besseren Standorten haben sich vergleichsweise fruchtbare Böden entwickelt

(Braunerden mit Übergängen zu Podsolen und Pseudogleyen). Insofern gibt es gleitende Übergänge zu dem sich südlich anschließenden Naturraum „Börde-Ost". Auch hier stehen am Südrand zwischen Misburg, Lehrte und Hämelerwald Ton- und Mergelsteine aus der Kreidezeit oberflächennah an. Die Landschaft ist gegliedert durch die Bach- und Flusstäler der Burgdorfer Aue, der Seebecke sowie der Fuhse, die zwischen Dollbergen und Dedenhausen am Ostrand der Region verläuft.

Der gesamte Raum fällt nach Norden hin sehr allmählich ab. Entsprechend fließen die Bäche und kleinen Flüsse nach Norden, der Aller zu. Nur die Bäche der westlichen Moorgeest, Auter und Jürsenbach, fließen nach Westen und über die Leine in die Aller.

Kalkmergel im Untergrund am Ahltener Wald

Stauwasserpfützen im Grünland am Ahltener Wald

6.3 Nutzungsgeschichte und heutige Nutzungsverhältnisse

Soweit die östliche Geest durch nährstoffarme sandige Böden und ausgedehnte Moor- und Sumpfgebiete geprägt wird, ist die Siedlungsdichte gering. Dies gilt insbesondere für die Aller-Talsandebene, die sich durch ausgedehnte Forsten (Rundshorn, Fuhrberger Wälder) und Niederungsbereiche (Blankes Moor, Hastbruch, Obershagener Wiesen, Fuhse-/Erse-Niederung u. a.) auszeichnet und in weiten Teilen unbesiedelt ist. Eine Ausnahme stellt Fuhrberg dar, ein alter Grenzort zwischen den Bistümern Hildesheim und Minden und zudem Standort des Forstamtes, das seit über 300 Jahren die umgebenden weitläufigen Wälder betreut. Andere Gründungen liegen am Südrand des Urstromtals (Großburgwedel, Kleinburgwedel, Wettmar, Hänigsen, Uetze und Eltze), am Rand des Leinetals (Esperke, Vesbeck, Helstorf) oder am Rand der Wietzeniederung (Bissendorf, Mellendorf, Hellendorf und Elze). Weiter südlich steigt die Siedlungsdichte an, vor allem im Bereich der Burgdorf-Peiner Geestplatten, wo mit Burgdorf und Lehrte auch zwei kleinere Städte liegen. Burgdorf ist eine mittelalterliche Stadtgründung (1433), die bis heute durch eine Vielzahl an Fachwerkbauten geprägt ist. Lehrte dagegen wurde erst Ende des 19. Jahrhunderts Stadt, nachdem sich das ehemalige Dorf als Eisenbahnknotenpunkt und Industriestandort enorm vergrößert hatte. Mit Burgwedel liegt eine dritte Stadt in der östlichen Geest. Sie stellt einen Zusammenschluss aus mehreren Gemeinden mit Großburgwedel als Zentrum dar, dem 2003 die Stadtrechte verliehen wurden. Die Städte Langenhagen und Garbsen werden im Zusammenhang mit der Stadtlandschaft Hannover behandelt (s. Kap. 8.3).

Fachwerkhäuser in der Burgdorfer Altstadt (2)

Während insgesamt im Naturraum Geest-Ost lockere Haufendörfer als historische Siedlungsstrukturen überwiegen, kommen mit Schwerpunkt in der Moorgeest auch einige Straßendörfer vor, die charakteristischerweise auf „-hagen" enden: Otternhagen, Isernhagen, Obershagen, aber auch Osterwald-Oberende und –Unterende. Es handelt sich um Hagenhufendörfer. Charakteristisch sind die langen, schmalen Bewirtschaftungsparzellen („Hufen"), die die Breite der Hofanlagen nicht überschreiten. Der Begriff „Hagen" weist auf Hecken und Baumreihen hin, mit denen die Parzellen abgegrenzt wurden und die zum Teil

Das Burgdorfer Schloss steht seit 1843 an der Stelle der ehemaligen Burg.

Reiterheide bei Helstorf (2)

noch heute in der Landschaft sichtbar sind. In Isernhagen (Farster Bauerschaft) und Oster-wald-Unterende sind die Hufenfluren besonders gut erhalten, so dass hier historische Kulturland-schaften ausgewiesen wurden (RUSCHKOWSKI 2009c und 2009d). Generell ist die Landschaft der östlichen Geest reich an Gehölzstrukturen. Vielfach sind die Wegränder und Parzellengrenzen der Kulturlandschaft mit alten Eichen, Birken und Zitterpappeln bestanden, so dass oftmals ein parkartiger Charakter entsteht.

Isernhagen, Burgwedel und Wedemark gehören im Übrigen nach dem durchschnittlichen Einkommen ihrer Bürger zu den wohlhabendsten Kommunen Niedersachsens, der Lage im „Speckgürtel" der Landeshauptstadt sei Dank.

Die nährstoffarmen Sandgebiete der östlichen Geest sind bis weit in das 19. Jahrhundert hinein durch Schafbeweidung geprägt gewesen. Viele Orts- und Flurbezeichnungen verweisen auf die ehemalige Heidelandschaft (Heitlingen, Große Heide südlich Negenborn und Große Heide nord-westlich Großburgwedel, Schwarze Heide, Meck-lenheide), deren Entstehung, Charakteristika und Niedergang in Kap. 4.3 (Geest-West) ausführlich beschrieben sind. Heute finden sich nur noch klein-flächige Reste wie die Reiterheide bei Helstorf. Große Teile dieses Naturraums wurden aufgefor-stet. Insbesondere in der Umgebung von Fuhrberg prägen heute ausgedehnte Nadelforsten die Land-schaft bis weit in den Landkreis Celle hinein. Hier finden sich auch einige Waldpartien, die auf Grün-dungen des Königshauses Hannover zurückgehen:

Parkartige Landschaft im Landschaftsschutzgebiet Hahle nördlich von Isernhagen FB (Farster Bauerschaft)

In Sprillgehege, Hirschgehege, Ahrensnestgehege und weiteren Gehegen wuchs einst das Wildbret heran, das für die Fleischversorgung am königlichen Hof benötigt wurde. Und auch „Rundshorn" ist ein ehemals königlicher Forst, der sich bis ins 14. Jahrhundert zurückverfolgen lässt. Die ausgedehnten Waldungen schützen die großen Grundwasservorkommen im Fuhrberger Feld, aus denen die hannoverschen Bürger ganz überwiegend ihr Trinkwasser beziehen. Die Stadtwerke setzen als Betreiber der Trinkwassergewinnung und maßgeblicher Flächeneigentümer zunehmend auf Mischwälder, weil diese für Schutz und Speisung des Grundwassers die besten Ergebnisse erzielen (NLÖ 2000). So sind in den letzten Jahren die monotonen Kiefernforsten vielfach mit Buchen unterpflanzt worden. Ausgedehnte Nadelforsten gibt es zudem im Bereich Burgdorfer Holz/Beerbusch, auf dem Brelinger Berg, auf dem Standortübungsplatz Luttmersen und im Umfeld der großen Hochmoore. Nach Süden und Osten hin nimmt der Laubholzanteil zu. Insbesondere im Hämeler Wald, aber auch in Teilen des Ahltener Waldes und des Misburger Waldes kommen artenreiche Laubwälder (Buchen- und Eichen-Hainbuchenwälder) vor.

Eine Besonderheit dieses Naturraums stellen zwei Standortübungsplätze dar: Bei Luttmersen und nördlich von Hannover-Bothfeld sind Teile der alten Heidelandschaft in Folge des militärischen Übungsbetriebes erhalten geblieben. Hier finden sich heute relativ ausgedehnte Sandheiden sowie Magerrasen und -wiesen.

Vielfach sind die Heideflächen, aber auch die flachgründigen Moore und Brücher im Aller-Urstromtal kultiviert und in landwirtschaftliche Nutzung genommen worden. Mit Hilfe intensiver Beregnung und Düngung lassen sich auch die mageren Podsolböden wirtschaftlich beackern. Traditionell werden hier Roggen und Kartoffeln angebaut. Heute dehnen sich Maisäcker immer weiter aus, insbesondere auch auf bisherigen Grünlandstandorten. Auf den lockeren Sandböden wird zudem Edelgemüse produziert: Das Burgdorfer Land zählt zu den herausragenden Spargelanbaugebieten in Niedersachsen. In der östlichen Geest gibt es auch größerflächige Grünlandgebiete: Traditionell sind das vor allem

Kiefernforst im Burgdorfer Holz (2)

Gelbes Windröschen (Anemone nemorosa) im Hämeler Wald (8)

Feuchtes Moorgrünland südlich Otternhagener Moor

Kartoffelanbau mit Bewässerung auf den Sandböden nördlich von Rodenbostel (2)

die breite Wietzeniederung, weitere Bachnie-derungen und Hochmoorränder, feuchte Teile des Aller-Urstromtales wie der Hastbruch und die Obershagener Wiesen, sowie die staunas-sen Pseudogleyböden im Südosten. Vielfach sind diese Gebiete entwässert worden und die Ackernutzung ist weit vorgedrungen; nur der Hastbruch stellt sich noch als nahezu reine Grün-landniederung dar. Grünland hat sich zudem vielfach in unmittelbarer Ortsnähe gehalten. Hierfür ist die Pferdehaltung verantwortlich, die in diesem Raum eine besondere Tradition hat: Die Kommunen Burgdorf, Burgwedel, Isernhagen, Langenhagen, Uetze und Wedemark bezeichnen

sich als besonders pferdefreundlich und haben sich zur „Pferderegion Hannover" zusammenge-schlossen (NOLTE 2010).

Auch in diesem Naturraum dienten die <u>Hoch-moore</u> über viele Jahrhunderte bis in die Mitte des 20. Jahrhunderts der Gewinnung des Ener-gieträgers Torf. Aber anders als im Toten Moor (vgl. Kap. 4.3) ist hier nie industriell abgetorft worden. Die Hochmoore waren in bäuerlichem Besitz. Die langen und schmalen, streifenförmi-gen Parzellen sind noch heute im Luftbild gut zu erkennen (z. B. Otternhagener und Helstor-fer Moor). Aber auch der bäuerliche Torfstich erforderte eine Entwässerung sowie die Anlage von Dämmen zum Abtransport des Torfes, die Eingriffe waren jedoch nicht so gravierend wie in den industriell genutzten Torfabbaugebie-ten. Als 1981 die Niedersächsische Landesregie-rung ein erstes Moorschutzprogramm auflegte, gehörten die Moore dieses Naturraums zu den besterhaltenen Mooren Niedersachsens und rechtfertigten eine sofortige Unterschutzstel-lung als Naturschutzgebiet (Helstorfer Moor, Otternhagener Moor, Schwarzes Moor und Bis-sendorfer Moor). Seit der damaligen Inventur gilt das Bissendorfer Moor, in dessen Zentrum nie-mals Torf gestochen wurde, als das wertvollste Hochmoor Niedersachsens.

Weithin sichtbar in der umgebenden Niederungslandschaft: die Marienkirche in Isernhagen KB (Kircher Bauerschaft) (2)

Der Alte Postweg von Hannover nach Celle führt am Parksee Lohne vorbei.

Der Raum ist durchzogen von etlichen Verkehrswegen, die die Verkehrsgunst Hannovers begründen. Da sind zunächst die Autobahnen A 2 und A 7, die sich östlich von Hannover, im Ahltener Wald, kreuzen. Die A 2 wurde in den 1930er Jahren als Reichsautobahn gebaut. Die Ost-West-Verbindung führt nördlich an Hannover vorbei, weil hier die sandigen Böden einen guten Baugrund versprachen und weil eine Verknüpfung mit dem damaligen Flughafen Hannover-Vahrenwald angestrebt wurde. Sie bildet auf weiter Strecke die Südgrenze des Naturraums Geest-Ost und grenzt ihn gegenüber der Stadtlandschaft ab (s. Karte 6, S. 185 ff.). Die A 7 ist die Nord-Süd-Achse im deutschen Autobahnnetz und wurde in der Region Hannover Anfang der 1960er Jahre fertiggestellt. Zudem führen mit der Bundesstraße 6 (von Nienburg), der Bundesstraße 3 (von Celle) und der Bundesstraße 188 (von Gifhorn) drei weitere Fernstraßen durch diesen Raum sternförmig auf die Landeshauptstadt zu. Die B 3 ist zwischen

Hannover-Misburg und Schillerslage als „Moorautobahn" A 37 ausgebaut, zudem liegt in diesem Raum die Autobahneckverbindung A 352 westlich und nördlich von Langenhagen. Auch mehrere wichtige Eisenbahnverbindungen verlaufen durch die östliche Geest: Die Fernverkehrsverbindungen nach Hamburg über Celle und nach Berlin über Gifhorn und über Braunschweig sowie zudem im Nahverkehr die S-Bahn-Linien nach Langenhagen-Flughafen, nach Elze-Bennemühlen und über Burgdorf nach Celle.

Der Flughafen Langenhagen wurde als Nachfolger des im Zweiten Weltkrieg zerstörten Flugplatzes Hannover-Vahrenwald am Südrand dieses Naturraums errichtet (Eröffnung 1952). Mit über fünf Millionen Passagieren im Jahr ist er heute der bedeutendste internationale Flughafen zwischen Hamburg, Berlin, Düsseldorf und Frankfurt.

Mit Schwerpunkt an den Straßen und Autobahnen, in der Wietzeniederung und am Brelinger Berg, ansonsten aber dispers verteilt, finden sich in diesem Naturraum Baggerseen sowie sonstige Abbaustätten von Sand und Kies. Viele der Stillgewässer werden heute für die Naherholung genutzt, z. B. der Altwarmbüchener See, der Sonnensee bei Misburg und der Irenensee bei Uetze, Parksee Lohne (Isernhagen), Springhorstsee (Großburgwedel) und Tannenbruchsee bei Metel, die Wietzeseen zwischen Langenhagen und Isernhagen sowie viele andere mehr. Der Würmsee nordwestlich von Kleinburgwedel ist ein weiterer Erholungssee, der aber durch Torfabbau entstanden ist. Bei Immensen, Arpke

Der Altwarmbüchener See ist durch den Bau der Moorautobahn (A 37) entstanden.

THEMEN-INFO: HERMANN LÖNS UND DIE HEIDELANDSCHAFT

Wer sich von Hannover aus nach Norden begibt, in die Moorgeest und in die Südliche Lüneburger Heide, der wandelt auf den Spuren von HERMANN LÖNS. Wie vielleicht kein zweiter hat diese schillernde Persönlichkeit das Verhältnis der Hannoveraner zu Natur und Landschaft geprägt. 1866 in Westpreußen geboren kam er 1893 nach Hannover, schrieb hier für verschiedene Zeitungen und verfasste Gedichte, Lieder, Geschichten und Romane. Seit 1909 lebte er als freier Schriftsteller. Populär waren zunächst seine satirischen Gedichte und Glossen, die er unter den Pseudonymen „Fritz von der Leine" und „Ulenspiegel" verfasste, dann seine Tier- und Jagdgeschichten: „Mümmelmann", eine rührende Hasengeschichte, sowie „Mein grünes Buch" und „Mein goldenes Buch",

gesammelte Erzählungen, in denen er die Pflanzen- und Tierwelt der Lüneburger Heide lebendig werden ließ. LÖNS, der ein abgebrochenes Studium der Naturwissenschaften hinter sich hatte, versuchte sich auch an einer „Wirbeltierfauna Hannovers". Facettenreich und nicht ohne Brüche waren seine Persönlichkeit und sein Wirken: Einerseits ein Intellektueller und Stadtmensch, der es bis zum Chefredakteur des Hannoverschen Anzeigers brachte (ein Vorläufer der Hannoverschen Allgemeinen Zeitung), andererseits ein Naturliebhaber, Jäger und Tierbeobachter, den es immer wieder hinauszog und der es meisterhaft verstand, seine Erlebnisse in Texte zu fassen, die seine Leser begeisterten. Er war Jäger und früher Naturschützer zugleich und hat die Einstellung vieler Jäger, denen es weniger um Abschuss und Trophäen als um Pirsch und Hege geht, geprägt. In der Stadtgesellschaft erregte er Aufsehen durch streitbare Texte, weiße Anzüge und unkonventionelle Vorstellungen von Liebe und Ehe. In Heide, Moor und Wald suchte er die Einsamkeit und das unverfälschte Naturerleben. Als der Erste Weltkrieg begann, meldete er sich freiwillig nach Frankreich und fiel wenige Wochen später 48jährig bei Reims. Nicht zuletzt dieser frühe Tod hat ihn zum Mythos werden lassen. Es gibt unglaublich viele Straßen, Schulen, Plätze, Gedenkstätten und -steine, die nach ihm benannt sind. Allein in Hannover erinnern eine Lönsstraße, ein Lönshaus und v.a. der Hermann-Löns-Park (s. Kap. 8.4) an den Heidedichter. Die Nationalsozialisten nahmen ihn als Vordenker in Dienst, wobei zuzugestehen ist, dass sich in LÖNS´ Bauern- und Geschichtsromanen („Der letzte Hansbuhr", „Der Wehrwolf") durchaus Anklänge an die spätere Blut-und-Boden-Ideologie der Nazis finden lassen. Sie stilisierten seinen verunglückten Kriegseinsatz zum Heldentod, gruben 1934 seine vermeintlichen Überreste aus und überführten sie nach Walsrode, wo sie mit politischem Kalkül am Jahrestag des Beginns des Ersten Weltkriegs in einem Wacholderhain unter einem Findling begraben wurden.

Hermann Löns als Bronzestatue in Walsrode (35)

Abbaugewässer südlich Ramlingen

und Sievershausen sowie im Raum Lohne und bei Altwarmbüchen wurde Ton gewonnen und in Ziegeleien verarbeitet. Auch der Lönssee südwestlich von Mellendorf geht auf Tonabbau zurück.

Mit etwa 122 m ü. NN ist die Mülldeponie in Altwarmbüchen heute die höchste Erhebung in diesem Raum – etwa 30 m höher als der Brelinger Berg (s. Kap. 6.2). Die hannoversche Zentraldeponie wurde 1937 im Altwarmbüchener Moor angelegt, das als wertloses Unland galt. Hier waren beim Bau des Mittellandkanals (s. Kap. 7.3) bereits große Mengen Aushub (Kalkmergel) „versenkt" worden. Noch höher wird die Deponie nicht mehr wachsen, denn seit 2009 werden hier keine Abfälle mehr aufgebracht. Der Müllberg wird abschnittsweise rekultiviert und begrünt. Die hannoverschen Abfälle werden heute überwiegend nach einer

Vorbehandlung verbrannt, die dabei entstehende Energie wird verwertet. Das Müllaufkommen ist seit Mitte der 1990er Jahre deutlich zurückgegangen, insbesondere weil verwertbare Abfälle (organischer Müll, Altpapier, Altglas, Metalle) gesondert erfasst und kompostiert bzw. recycelt werden.

Der sonst eher landwirtschaftlich geprägte Raum besitzt in Hänigsen und Lehrte zwei Städte mit industrieller Geschichte: In beiden Orten ist Kalisalz abgebaut worden. Hänigsen rühmt sich diesbezüglich eines Rekordes: Hier befindet sich das weltweit tiefste Kali-Salz-Bergwerk (1.525 m unter Flur). Und Hänigsen ist auch der Standort des ältesten, urkundlich erwähnten Erdölvorkommens in Norddeutschland („Hänigser Teerkuhlen", 1546; HEIMATBUND NIEDERSACHSEN – ORTSGRUPPE HÄNIGSEN 2014). Noch heute fallen

Nordberg der Mülldeponie Altwarmbüchen (2)

Erdölförderung bei Hänigsen (2)

Moorkolk im Bissendorfer Moor

in der Landschaft die Pumparme der Erdölförderung auf. In Lehrte sind die Kali-Förderanlagen erhalten und zeugen von der Bergbaugeschichte. Zudem sind hier über viele Jahre Zuckerrüben verarbeitet worden. Die Klärteiche haben sich zu einem wertvollen Brut- und Rastvogelgebiet entwickelt (s. Kap. 7.4).

6.4 Haupt-Biotoptypen und wichtige Lebensräume

Hochmoore

Im Zentrum der Hannoverschen Moorgeest liegen mit Helstorfer Moor, Otternhagener Moor, Schwarzem Moor und Bissendorfer Moor vier Hochmoore in unmittelbarer Nähe zueinander. Sie werden als „Nordhannoversche Moore" zusammengefasst und sind besser erhalten als fast alle anderen Hochmoore in Norddeutschland. In dem zentral gelegenen Moorinformationszentrum „Mooriz" in Resse werden sie auf vielfältige Weise den Besuchern nahe gebracht. Von hier aus gehen Wanderwege in die Moore und starten geführte Exkursionen.

Auch diese Moore sind durch frühere bäuerliche Torfgewinnung und Entwässerung verändert, es finden sich aber jeweils noch – bzw. wieder – größere Bereiche, die als „naturnahes, lebendes Hochmoor" bezeichnet werden können. Insbesondere in wiedervernässten ehemaligen Torfstichen wachsen die Torfmoose (*Sphagnum spec.*) und leiten die Regeneration des Moorkörpers ein. Zwar herrschen auch hier Birken- und Kiefern-Moorwälder vor, diese sind aber vergleichsweise nass und licht und weisen im Unterwuchs charakteristische Hochmoorarten auf, wie die Zwergsträucher Moosbeere (*Vaccinium oxycoccus*), Rosmarinheide (*Andromeda polifolia*), Glockenheide (*Erica tetralix*) und Rauschbeere (*Vaccinium uliginosum*). Oft sind auch größere offene Bereiche enthalten, die teilweise von Schwingrasen aus Wollgräsern und Torfmoosen eingenommen werden, oder es wachsen auf Torfschlamm lückige Rasen aus Weißem Schnabelried (*Rhynchospora alba*) und Sonnentau (*Drosera intermedia, Drosera rotundifolia*). Andere waldfreie Partien werden von Glocken- sowie Besenheide (*Erica*

Raubwürger (Lanius excubitor) (1)

Baumfalke (Falco subbuteo) (1)

tetralix, *Calluna vulgaris*) und Scheiden-Wollgras (*Eriophorum vaginatum*) oder von dem Bentgras (*Molinia coerulea*) dominiert.

Nur das Bissendorfer Moor hat einen großen waldfreien Kern: Auf einer Fläche von fast 5 km² bestimmen baumfreie nasse Moorheidestadien das Bild, teilweise gehen sie in naturentsprechende torfmoosreiche Bult-Schlenken-Komplexe über, und Moorkolke sowie der zentral gelegene kleine Muswillensee bereichern die Biotopausstattung. Von den beiden randlich gelegenen Beobachtungstürmen aus kann der Charakter eines intakten, baumfreien Hochmoores nachempfunden werden. Dies ist den Pflegeeinsätzen der Faunistischen Arbeitsgemeinschaft Moore (FAM) zu danken, die seit vielen Jahren

die aufkommenden Bäume und Sträucher entfernt (s. Kap. 5.8). Dadurch hat das Bissendorfer Moor auch eine besondere avifaunistische Bedeutung: Schwarzkehlchen (*Saxicola rubicola*), Braunkehlchen (*Saxicola rubetra*), Bekassine (*Gallinago gallinago*) sowie in einzelnen Jahren Raubwürger (*Lanius excubitor*) und Großer Brachvogel (*Numenius arquata*) brüten hier (LRP, S. 214). Gelegentlich kann man den Baumfalken (*Falco subbuteo*) bei der Jagd auf Libellen beobachten.

Seit einigen Jahren brüten in jedem der nordhannoverschen Moore sowie im Trunnenmoor und im Moor bei Ehlershausen einzelne Kranichpaare (*Grus grus*). Diese Entwicklung deckt sich mit einem insgesamt positiven Trend in Niedersachsen: der Kranich gilt hier heute nicht mehr als

Rastende Kraniche (Grus grus) vor dem Ahltener Wald

Moosbeere (Vaccinium oxycoccus) im Helstorfer Moor (2)

gefährdete Art. In den abgetrockneten und lichten Moorwäldern dieses Naturraums ist die Turteltaube (*Streptopelia turtur*) charakteristisch. Der zarte und vergleichsweise kleine Taubenvogel, der durch sein ausgeprägtes Balzverhalten zu einem Liebessymbol geworden ist, steht nach anhaltendem Rückgang heute auf der Roten Liste, nicht zuletzt weil er als Langstreckenzieher auf dem Flug nach Afrika und in den dortigen Überwinterungsquartieren diversen Gefahren ausgesetzt ist.

Charakteristische und gefährdete <u>Wirbeltierarten</u> der Hochmoore in der östlichen Geest sind zudem Schlingnatter (*Coronella austriaca*), Kreuzotter (*Vipera berus*), Moorfrosch (*Rana arvalis*) und Kleiner Wasserfrosch (*Pelophylax lessonae*), die bereits aus der westlichen Geest bekannt sind (s. Kap. 4.4).

Hochmoore sind darüber hinaus geeignete Lebensräume für eine Reihe spezialisierter und gefährdeter <u>Insektenarten</u>: Von den Tagschmetterlingen können mit Hochmoor-Bläuling (*Plebejus optilete*), Hochmoor-Perlmutterfalter (*Boloria aquilonaris*) und Großem Wiesenvögelchen (*Coenonympha tullia*) drei stark gefährdete Arten relativ regelmäßig in den nordhannoverschen Mooren festgestellt werden. Die Raupen des Hochmoor-Bläulings fressen an Zwergsträuchern wie Moosbeere (*Vaccinium oxycoccus*), Rosmarinheide (*Andromeda polifolia*) und Rauschbeere (*Vaccinium uliginosum*), was das individuenstarke Vorkommen im Helstorfer, Otternhagener und Bissendorfer Moor erklärt. Auch Hochmoor-Perlmutterfalter bevorzugen die Moosbeere als Raupenfutterpflanze, während die Larven des Großen Wiesenvögelchen an Wollgräsern (*Eriophorum spec.*) fressen.

Hochmoor-Perlmutterfalter (Boloria aquilonaris) (53)

Späte Adonislibelle (Ceriagrion tenellum) (43)

Erstaunlich artenreich ist die Libellenfauna der Hochmoore: Auf Grund von Untersuchungen im Rahmen des Naturschutzgroßprojekts „Hannoversche Moorgeest" (FISCHER et al. 2009) können wir davon ausgehen, dass die folgenden, teilweise hochgradig gefährdeten Arten in den nordhannoverschen Mooren anzutreffen sind: Hochmoor-Mosaikjungfer (*Aeshna subarctica*), Späte Adonislibelle (*Ceriagrion tenellum*), Speer-Azurjungfer (*Coenagrion hastulatum*), Kleine Moosjungfer (*Leucorrhinia dubia*), Nordische Moosjungfer (*Leucorrhinia rubicunda*), Große Moosjungfer (*Leucorrhinia pectoralis*) und Arktische Smaragdlibelle (*Somatochlora arctica*). Die Gründe für die Bindung an Hochmoorlebensräume sind unterschiedlich: Kleine und Nordische Moosjungfer legen ihre Eier an Torfmoosen ab. Die Hochmoor-Mosaikjungfer sticht ihre Eier in die Torfmoospflanzen ein. Die Arktische Smaragdlibelle lässt die Eier im Flug über Torfmoos-Schwingrasen fallen, in denen sich die Larven in sehr kleinen Wasserstellen entwickeln können. Alle Moorlibellen haben als gemeinsames Merkmal eine recht lange, mehrjährige Larvalentwicklung. Sie ist der Nährstoffarmut der Aufwuchsgewässer geschuldet.

Abschließend sei auf einige floristische Besonderheiten hingewiesen, die in diesen Mooren vorkommen: Nur im Otternhagener Moor wächst der Sumpf-Porst (*Ledum palustre*). Dieser weißblühende, stark aromatische Kleinstrauch hat seinen Verbreitungsschwerpunkt weiter im Osten, in den Mooren Polens und im Baltikum und stößt hier an

seine westliche Verbreitungsgrenze. Etwas häufiger und etwas größer ist der Gagelstrauch (*Myrica gale*), eine eher atlantisch verbreitete Art. Seine Blätter duften ebenfalls charakteristisch, weil sie aus Drüsen ätherische Öle absondern. Der Gagelstrauch ist am besten im Frühjahr vor dem Blattaustrieb an den kupferroten männlichen Blüten zu erkennen. Im Helstorfer und im Otternhagener Moor wächst an oft etwas quelligen Stellen die gelbblühende Moorlilie (*Narthecium ossifragum*). Für sie ist auch der Name „Beinbrech" gebräuchlich, wohl weil sie früher auf mageren und buckeligen Moorweiden häufig war, wo sich das Vieh oftmals Knochenbrüche zuzog.

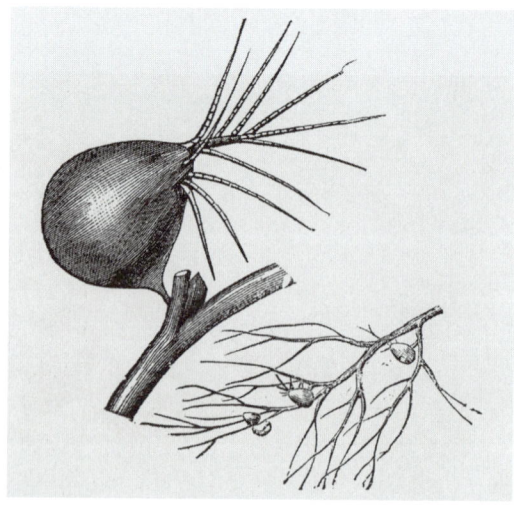

Saugfalle des Wasserschlauchs (Utricularia spec.) (54)

Weiße Waldhyazinthe (Platanthera bifolia) (6)

Wald-Läusekraut (Pedicularis sylvatica) (6)

Ein Ernährungsspezialist in nährstoffarmen Moorgewässern ist der Kleine Wasserschlauch (*Utricularia minor*). Ähnlich wie der Sonnentau (*Drosera spec.*) fangen Wasserschläuche tierische Zusatznahrung ein. Sie verwenden dabei sogenannte Fangblasen, die nach dem Saugfallenprinzip arbeiten: Auf Grund von Unterdruck werden Kleintiere in die Kapseln eingesaugt, die sich daraufhin schließen. Wasserschläuche stellen die artenreichste Gattung bei den carnivoren Pflanzen dar. Der Kleine Wasserschlauch ist eine wurzellose Schwimmpflanze, die ihre blassgelben Blüten im Sommer über die Wasseroberfläche schiebt. Letztlich sei auf zwei besonders seltene und hochgradig gefährdete Orchideenarten hingewiesen, die in den Mooren dieses Naturraums noch einzelne Wuchsorte haben: das Torfmoos-Knabenkraut (*Dactylorhiza sphagnicola*) und der Weichwurz (*Hammarbya paludosa*).

Etwas abweichende Verhältnisse zeigt das Altwarmbüchener Moor: Vermutlich in der Folge der Einlagerungen von Kalkmergel (s. Kap. 6.3) wachsen hier – unmittelbar am Rand der Mülldeponie – das Binsenschneiden-Ried (*Cladietum marisci*) in größeren Partien sowie weitere basenzeigende und gefährdete Arten wie der Zwerg-Igelkolben (*Sparganium natans*) und die Steife Segge (*Carex elata*). Am Südostrand dieses Hochmoores finden sich interessante Übergänge zwischen Birken-Moorwäldern auf Torfboden und Eichen-Hainbuchenwäldern sowie Buchenwald auf Mineralboden, welcher teilweise basenhaltig ist.

Das Trunnenmoor nordwestlich von Wettmar ist kein Hochmoor sondern ein nährstoffarmes Niedermoor, das sich teilweise aus vergleichsweise basenreichem Grundwasser speist. Entsprechend groß ist das floristische Artenspektrum, das neben einigen Hochmoorspezies weitere nährstofffliehende Arten umfasst, die früher in der kargen Heidelandschaft verbreitet waren: Charakteristisch sind Lungen-Enzian (*Gentiana pneumonanthe*), Wald-Läusekraut (*Pedicularis sylvatica*), Borsten-Schmiele (*Deschampsia setacea*) und Braunes Schnabelried (*Rhynchospora fusca*), alles hochgradig gefährdete Arten, die aus der stark gedüngten Agrarlandschaft verdrängt worden sind. Die abgeschirmte Lage des Trunnenmoores innerhalb eines größeren Waldgebiets hat bislang das Überleben dieser Arten ermöglicht.

Moorheide mit Glockenheide (Erica tetralix) und Lungen-Enzian (Gentiana pneumonanthe)

Vereinzelt am Rand der Hochmoore, auf den beiden Standortübungsplätzen, auf nicht gedüngten Wiesen auf dem Gelände des Flughafens Langenhagen und verstreut in der Aller-Talsandebene befinden sich noch einige anmoorige Wiesen und Heidereste mit nährstoffarmem Milieu. Auch hier kommen Lungen-Enzian (*Gentiana pneumonanthe*), Wald-Läusekraut (*Pedicularis sylvatica*) und Braunes Schnabelried (*Rhynchospora fusca*) vor, zusammen mit den Orchideenarten Weiße Waldhyazinthe (*Platanthera bifolia*) und Geflecktes Knabenkraut (*Dactylorhiza maculata*) und einer kleinwüchsigen Farnpflanze, der Natternzunge (*Ophioglossum vulgatum*). Von diesen sehr selten gewordenen Arten sind wiederum bestimmte Tierarten abhängig. Ein Beispiel ist der hochgradig gefährdete Lungenenzian-Ameisenbläuling (*Maculinea alcon*), ein hoch spezialisierter Tagfalter, der seine Eier an die Blüten des Enzians legt. Da der Lungen-Enzian innerhalb der Region nur in der östlichen Geest vorkommt, kann auch dieser Schmetterling nur hier existieren. Er ist noch seltener als seine Wirtspflanze: nur eine Population ist hier bekannt. Die genannten sehr wertvollen Pflanzenbestände sind zugleich höchst empfindlich und schutzbedürftig. Schon bei geringfügigen Nutzungsintensivierungen (einmaliger Grünlandumbruch und Neueinsaat, Gülle- und Mineraldüngung) verschwinden sie ebenso wie

bei Verbuschung auf Grund ausbleibender Pflege. So wurden einige der kleinflächigen Bereiche als Naturdenkmale geschützt. Die Pflege der Orchideenwiesen wird vielfach ehrenamtlich – per Handmahd – durch aktive Mitglieder des Arbeitskreises heimischer Orchideen (AHO) durchgeführt.

Lungenenzian-Ameisenbläuling (Maculinea alcon) (55)

Blühende Besenheide (Calluna vulgaris) auf der Helstorfer Reiterheide

Sandheiden und Magerrasen

Die historische Heidelandschaft der östlichen Geest ist heute nur noch in Relikten erhalten: größerflächig, aber nur eingeschränkt zugänglich auf den militärischen Übungsplätzen in Luttmersen und Hannover-Bothfeld (zwischen Langenhagen

Wacholderbestand (Juniperus communis) am Blanken Flat (2)

und Isernhagen-Süd), eher kleinflächig in dem Naturschutzgebiet „Blankes Flat" sowie in der Reiterheide bei Helstorf.

Am Blanken Flat wird auf knapp 50 ha Fläche eine idealtypische Heidelandschaft geschützt, mit trockener und feuchter Sandheide, Sandtrockenrasen, einem nährstoffarmen Kleingewässer mit vermoorten Rändern, vielfältigen Übergängen zwischen trockenen und feuchten Standorten sowie einem umgebenden Wald aus Kiefern, Eichen und Birken. Das Gebiet hat sich auf Talranddünen der Leine entwickelt und zeichnet sich durch ein bewegtes Relief und durch ein Mosaik verschiedener nährstoffarmer Biotope aus. Auffällig sind die vielen Wacholderbüsche (*Juniperus communis*), Relikte aus der Zeit der Schafbeweidung, sowie der große Seerosenbestand (*Nymphaea alba*) in dem Heideweiher. Die Heideflächen wären längst verbuscht und zugewachsen, wenn sie nicht regelmäßig gepflegt würden, wofür hier der Heimatbund verantwortlich zeichnet.

Ein wenig südlich liegt die Helstorfer Reiterheide, eine trockene Sandheide, in der die Besenheide (*Calluna vulgaris*) dominiert. Wenn im Spätsommer (August, September) die recht einheitlichen und dichten *Calluna*-Bestände blühen, erstrahlt hier die parkartige Landschaft in satt-rotvioletter Farbe.

Das Silbergras (Corynephorus canescens) besiedelt offene Sandböden (Blankes Flat) (2)

Warzenbeißer (Decticus verrucivorus) (1)

Charakteristische Tierarten dieser Heidereste sind z. B. die Heidelerche (*Lullula arborea*) und die Zauneidechse (*Lacerta agilis*) sowie diverse Heuschreckenarten. In der Helstorfer Reiterheide ist der Warzenbeißer (*Decticus verrucivorus*) festgestellt worden, eine inzwischen sehr seltene Heuschrecke, deren eigentümlicher Name daher rührt, dass sie früher wegen ihrer ätzenden Verdauungssäfte zur Bekämpfung von Warzen eingesetzt wurde.

Auf den <u>Standortübungsplätzen</u> in Luttmersen und bei Hannover-Bothfeld überwiegen Sandtrockenrasen und Magerwiesen, die ebenfalls hervorragende Heuschrecken-Lebensräume darstellen. Charakteristische und gefährdete Arten sind der Heidegrashüpfer (*Stenobothrus lineatus*), der Kleine Heidegrashüpfer (*Stenobothrus stigmaticus*) und der Wiesen-Grashüpfer (*Chorthippus*

dorsatus). Diese Arten finden sich auch in kleinflächigen Heideresten in den Fuhrberger Wäldern (Forst Rundshorn). Nur vom Standortübungsplatz in Luttmersen ist die Feldgrille (*Gryllus campestris*) bekannt. Diese bei uns hochgradig gefährdete und seltene Art ist in Süddeutschland häufiger. Sie hat ein besonderes Wärmebedürfnis und kommt deshalb nur in besonders warmen und trockenen Lebensräumen vor. Die schwarz gefärbten, bis zu zwei Zentimeter langen Feldgrillen verhalten sich in mehrfacher Hinsicht anders als andere Heuschrecken: Sie springen und fliegen nicht, sondern sie laufen – ziemlich schnell – am Boden umher. Auch graben sie bis zu 40 cm lange Röhren in den Sandboden, um sich zu verstecken. Das auffällige und weithin hörbare Zirpen der Männchen geschieht durch ein Aneinanderreiben der verkümmerten Flügel.

Feldgrille (Gryllus campestris) (56)

Sandmagerrasen mit Berg-Sandglöckchen (Jasione montana) südöstlich von Ramlingen

In <u>Sandmagerrasen</u> wächst eine Vielzahl charakteristischer, an die besonderen warmtrockenen und nährstoffarmen Verhältnisse angepasster Pflanzenarten. Bezeichnend sind Eigenschaften wie Kleinwüchsigkeit und Verdunstungsschutz. So verhindert beim Kleinen Filzkraut (*Filago minima*) die dichte Behaarung die Austrocknung, der Scharfe Mauerpfeffer (*Sedum acre*) hält als sukkulente Pflanze viel Flüssigkeit in den Zellen seiner dickfleischigen Blätter zurück. Auffällige Blühpflanzen sind Heide-Nelke (*Dianthus deltoides*) und Berg-Sandglöckchen (*Jasione montana*), die aber zumeist nur vereinzelt an Böschungen, in Bodenabbaustellen und an Wegrändern dieses Naturraums wachsen. Häufig dominieren Süßgräser wie Draht-Schmiele (*Deschampsia flexuosa*), Rotes Straußgras (*Agrostis capillaris*) und Schafschwingel (*Festuca ovina*) die mageren Rasen. Weniger verbreitet, aber kennzeichnend für gut ausgeprägte Sandtrockenrasen sind die folgenden niedrigwüchsigen Gräser: Frühe Haferschmiele (*Aira praecox*), Nelken-Haferschmiele (*Aira caryophyllea*), Silbergras (*Corynephorus canescens*) und Sand-Segge (*Carex arenaria*).

Nadelwälder

In den großflächigen Forsten im Norden der östlichen Geest herrscht überwiegend die Waldkiefer (*Pinus sylvestris*) vor. Die Fuhrberger Wälder setzen die ausgedehnten Kiefernwälder der Südheide im Raum Celle fort, die im Zuge der Aufforstung von Heidelandschaft gegründet wurden. Diese Nadelwälder haben eine eigene Tierwelt: Charakteristisch in älteren Beständen sind z.B. die Höhlenbrüter Haubenmeise (*Parus cristatus*) und Raufußkauz (*Aegolius funereus*). Die Haubenmeise besiedelt Nadelwälder aller Art und scheint dabei Bestände aus Kiefern als Bruthabitat zu präferieren. Der Raufußkauz kommt innerhalb der Region nur in den Fuhrberger Wäldern vor, vermutlich, weil er hierher aus dem Bereich der Lüneburger Heide eingewandert ist. Zum Brüten benötigt er Baumhöhlen einer bestimmten Größe, wie sie vor allem der Schwarzspecht (*Dryocopus martius*) schlägt. Auch der Sperlingskauz (*Glaucidium passerinum*) ist als Nadelholzbewohner schon in den Wäldern bei Fuhrberg festgestellt worden (LRP, S. 211).

Die ausgedehnten und weitgehend ungestörten Wälder in der Umgebung Fuhrbergs sind Rückzugsräume von Tierarten, die die Nähe des Menschen

Raufußkauz (*Aegolius funereus*) (1)

Eine typische Art der Geestwälder:
der Siebenstern (*Trientalis europaea*)

Haubenmeise (*Parus cristatus*) (1)

Königsfarn (Osmunda regalis) in den Fuhrberger Wäldern

Zauneidechsen-Weibchen (Lacerta agilis) (7)

meiden: Der Rothirsch (*Cervus elaphus*) hat hier neben dem Deister ein zweites Vorkommensgebiet innerhalb der Region. Der Schwarzstorch (*Ciconia nigra*), der über Jahrhunderte von den Menschen verfolgt wurde, brütet hier regelmäßig. Als Kulturflüchter ist er besonders charakteristisch für einsame Wälder, die von Bächen durchzogen werden (s. Kap. 6.6). An denen nimmt er Nahrung auf. Und auch der heimliche Fischotter (*Lutra lutra*) hat an der Wietze und der Hengstbeeke schon Spuren hinterlassen.

Waldlichtungen und -ränder, aufgelassene Bodenabbaustellen sowie Böschungen an Bahnstrecken und auch an der Autobahn sind Lebensräume von Reptilien. Die gefährdeten Arten Schlingnatter

(*Coronella austriaca*) und Zauneidechse (*Lacerta agilis*) sind in den Fuhrberger Wäldern regelmäßig anzutreffen (insbesondere Forst Rundshorn). Die Fuhrberger Wälder sind zudem bei Beeren- und Pilzsammlern beliebt. Unter den Kiefern wachsen Heidelbeeren (*Vaccinium myrtillus*) und Preiselbeeren (*Vaccinium vitis-idaea*) in großen Mengen, und von den beliebten Speisepilzen kann man hier Maronen, Steinpilze und Birkenpilze finden.

Laubwälder

Bodensaure Buchen- und Eichenwälder, die in weiten Teilen dieses Naturraums die natürlichen Endstadien der Waldentwicklung darstellen würden, finden sich in der östlichen Geest kaum

Naturschutzgebiet Schilfbruch – Blick von Süden

In der Geest sehr selten: Die Frühlings-Platterbse (Lathyrus vernus) im Hämeler Wald (8)

Die Blüte des Aronstabes (Arum maculatum) ist eine Kesselfalle.

(Kananoher Forst, Wenser Holz im Burgdorfer Holz). Besser erhalten sind Laubwälder auf Niedermoor und Nassböden. Gut ausgeprägte Erlenbrücher kommen z. B. im NSG Schilfbruch östlich von Hänigsen, in der Hechtgraben-Niederung bei Otze, im Moorbruch südlich von Bissendorf sowie im Ahrensnestgehege südöstlich von Fuhrberg vor. Charakteristische und gefährdete Pflanzenarten sind Walzen-Segge (*Carex elongata*), Sumpffarn (*Thelypteris palustris*), Wasserfeder (*Hottonia palustris*) und Kleiner Baldrian (*Valeriana dioica*). An Grabenrändern und anderen vernässten Stellen der Fuhrberger Wälder wächst als Besonderheit der bis zu 2 m große Königsfarn (*Osmunda regalis*).

Gut ausgeprägte Erlen-Eschen-Auwälder kommen in noch wenig veränderten Abschnitten von Bachniederungen vor, oft in engem Kontakt und kleinräumigem Wechsel mit Erlenbruch, so im Schilfbruch (beidseits der Thöse) und am Hechtgraben. Auch an der Fuhse nordwestlich von Uetze sowie an der Seebecke im Burgdorfer Holz sind entsprechende Erlen-Auwälder anzutreffen. Eine charakteristische Blütenpflanze ist hier die Hain-Sternmiere (*Stellaria nemorum*), die im Tiefland selten ist. Südlich von Bennemühlen, wo der Mühlenbach entspringt, ist ein Erlen-Eschen-Quellwald erhalten. Hier wächst als Besonderheit der Zungen-Hahnenfuß (*Ranunculus lingua*), eine gefährdete Sumpfpflanze, die deutlich größer wird als andere Hahnenfußarten (> 100 cm).

Im Süden und Osten des Naturraums Geest-Ost verlassen wir die sauren, nährstoffarmen Sand- und Moorböden und damit auch die monotonen Kiefernforste. Im Misburger und im Ahltener Wald, insbesondere aber im Hämeler Wald treffen wir auf gut ausgeprägte Laubwälder, die alle Übergänge zwischen bodensauren und mesophilen Eichen- und Buchenwäldern zeigen und die teilweise den artenreichen Eichen-Hainbuchenwäldern der sich südlich anschließenden Börde ähneln. Hier beginnt bereits der Einfluss der Kalkmergelschichten im Untergrund, die für die östliche Börde von besonderer Bedeutung sind (s. Kap. 7.2). Auch die kleinflächigen Wäldchen an der Oberen Wietze und die Laubwälder an der Fuhse (nordwestlich von Uetze und an der Eltzer Mühle) zeigen ein reiches Krautartenspektrum, das für die Geestlandschaft eigentlich untypisch ist. In diesen Wäldern wachsen, teilweise in großer Zahl, Kräuter, die aus dem Berg- und Hügelland bekannt sind, wie Bärlauch (*Allium ursinum*), Gefleckter Aronstab (*Arum maculatum*) und Wald-Bingelkraut (*Mercurialis perennis*). Der Märzenbecher (*Leucojum vernum*) hat im Hämeler Wald eines seiner nördlichsten Vorkommen und selbst die wärmeliebende Elsbeere (*Sorbus torminalis*) ist im Hämeler Wald und im Hainwald – am Südostrand dieses Naturraums – festgestellt worden (KUNZMANN 2009). Auch der Ahltener Wald, der durch die sich hier kreuzenden Autobahnen „geviertteilt" ist, weist im Südteil botanische Kostbarkeiten auf: Auf dem hier an die Oberfläche

Vogel-Nestwurz (Neottia nidus-avis) (57)

Erse nordwestlich Uetze

tretenden Mergelkalk wachsen Leberblümchen (*Hepatica nobilis*) sowie das sehr seltene Lockerblütige Rispengras (*Poa remota*).

Das Krautartenspektrum der aufgeführten Wälder zeigt bereits einen leicht subkontinentalen Klimaeinfluss: Wald-Labkraut (*Galium sylvaticum*) und Wolliger Hahnenfuß (*Ranunculus lanuginosus*) sind östliche Arten, die in Nordwestdeutschland nicht mehr vorkommen. Zudem wächst in diesen Wäldern eine eigentümliche Orchideenart, die ohne Blattgrün auskommt: Die Vogel-Nestwurz (*Neottia nidus-avis*), ein hellbrauner Vollschmarotzer, hat seinen Namen den nestartig verflochtenen,

fleischigen Wurzeln zu verdanken, in denen Pilze leben, die die Pflanze mit Wasser und Nährstoffen aus Baumwurzeln versorgen.

Fließ- und Stillgewässer

Die Bäche dieses Naturraums sind überwiegend naturfern ausgebaut. Relativ naturnah sind Abschnitte der Auter und des Jürsenbaches, der Fuhse und Erse sowie der Wulbeck, der Hengstbeeke und der Seebecke. Die Besiedlung durch aquatische Lebewesen ist aber zumeist eingeschränkt, weil Sand- und Schlammfrachten das Lückensystem der Bachsohlen zuschwemmen und weil die kleinen Gewässer immer wieder trocken fallen. Letzteres kann auch natürliche Ursachen haben. So gibt es an der Wulbeck natürliche „Bachschwinden", wo das Bachwasser im sandigen Untergrund versickert. Bemerkenswert ist das Vorkommen einiger seltener und gefährdeter Fließgewässerlibellen: Grüne Flussjungfer (*Ophiogomphus cecilia*) und Gemeine Keiljungfer (*Gomphus vulgatissimus*) wurden in Wietze, Wulbeck, Burgdorfer Aue (unterhalb Weferlingsen), Fuhse und Erse festgestellt (LRP, S. 143). In der Wulbeck pflanzt sich zudem die Blauflügel-Prachtlibelle (*Calopteryx virgo*) fort. Die komplett blau gefärbten Flügel der männlichen Imagines unterscheiden sie von der häufigeren Gebänderten Prachtlibelle (*Calopteryx splendens*) und auch der bevorzugte Lebensraum ist anders: *Calopteryx virgo* bevorzugt kleinere, saubere und nährstoffarme Fließgewässer und kann auch an beschatteten Bachufern festgestellt werden.

Blauflügel-Prachtlibelle (Calopteryx virgo) (40)

Bei der Gebänderten Prachtlibelle (Calopteryx splendens) sind die Flügel nicht durchgängig blau. (1)

Kreisrunder Bombentrichter im Ahltener Wald

In der östlichen Geest befinden sich viele naturnahe <u>Kleingewässer</u>, die sich aus aufgelassenen Fischteichen entwickelt haben oder gezielt als „Biotope" zu Naturschutzzwecken angelegt wurden. Im Bereich des Altwarmbüchener Moores und des Ahltener Waldes ist zudem eine Vielzahl kreisrunder Bombentrichter erhalten, die aus den Jahren 1944 und 1945 stammen, als die Alliierten versuchten, die Ölraffinerie der Deurag-Nerag zu zerstören. Diese Fabrik produzierte kriegswichtige Motorenöle für Flugzeuge. Viele dieser Kleingewässer sind wertvolle Amphibienbiotope. Neben den verbreiteten Arten Grasfrosch (*Rana temporaria*), Teichfrosch (*Pelophylax esculentus*), Erdkröte (*Bufo bufo*) und Teichmolch (*Lissotriton vulgaris*) laichen hier auch

die gefährdeten Arten Laubfrosch (*Hyla arborea*), Kammmolch (*Triturus cristatus*) und Knoblauchkröte (*Pelobates fuscus*), teilweise kommen der Kleine Wasserfrosch (*Pelophylax lessonae*) oder die Kreuzkröte (*Bufo calamita*) hinzu. Räumlicher Schwerpunkt dieser Lurchtümpel ist die Grundmoränenlandschaft nördlich und östlich von Hannover, von Osterwald im Westen über die Schwarze Heide (nördlich von Hannover-Stöcken), den Raum Kananohe/Krähenwinkel, den Ahltener Wald und die Umgebung von Burgdorf bis hin nach Hänigsen bzw. nach Arpke. Erstaunlich ist die gute Präsenz des Laubfrosches: Diese in Niedersachsen stark gefährdete Art kommt in dem skizzierten Raum inzwischen wieder an mehr als 50 Laichgewässern vor (LRP). Zu dieser positiven Entwicklung haben zweifellos die inzwischen vielfach durchgeführten Biotopanlagen, z. B. in der Schwarzen Heide, beigetragen. Oftmals werden dabei gleichzeitig interessante Libellen-Habitate geschaffen, und Pionierpflanzen wie der stark gefährdete Pillenfarn (*Pilularia globulifera*) finden einen temporären Lebensraum (OSSENKOPP 2007). Auch im Zuge von Sand- und Kiesabbau können nährstoffarme Stillgewässer mit wertvoller Pioniervegetation geschaffen werden: Bei Ramlingen hat sich in einem Abbausee eine große Population der extrem seltenen und hochgradig gefährdeten Flutenden Moorbinse (*Isolepis fluitans*) eingestellt, an anderen Teichen wächst der Sumpf-Bärlapp (*Lycopodiella inundata*) im Bereich nasser Sandufer (PGL 2014a). An einem angelegten Kleingewässer zwischen Kananohe und Resse konnte kürzlich

Knoblauchkröte (Pelobates fuscus) (1)

Die Flutende Moorbinse (Isolepis fluitans) bildet ovale Inseln im Flachwasser.

der stark gefährdete, gelb blühende Fadenenzian (*Cicendia filiformis*) wiederentdeckt werden, eine niedrig wüchsige, zarte und lichtbedürftige Pflanze, die hier offene, nährstoffarme Böden besiedelt und dadurch der Konkurrenz mit größer werdenden Arten ausweicht (KATENHUSEN 2013).

Grünland

Das größte geschlossene Grünlandgebiet im Naturraum Geest-Ost ist der Hastbruch nordöstlich von Wettmar. Seit Jahren unterstützt die Region Hannover im Rahmen von Vertragsnaturschutz die hier wirtschaftenden Landwirte, damit das Grünland erhalten bleibt. Das Gebiet hat vor allem avifaunistische Bedeutung: Großer Brachvogel (*Numenius arquata*), Kiebitz (*Vanellus vanellus*), Braunkehlchen (*Saxicola rubetra*), Wachtelkönig (*Crex crex*) und Wiesenpieper (*Anthus pratensis*) brüten hier als wertbestimmende Arten (LRP, S. 211). Kiebitz und Wachtelkönig sind als Brutvögel auch noch in der Wiesenbach-Niederung südlich von Isernhagen sowie in den Sohrwiesen westlich des Hämeler Waldes recht regelmäßig festzustellen. Generell ist aber der Kiebitz (*Vanellus vanellus*) als Folge der Nutzungsintensivierung im Grünland auch in diesem Naturraum stark zurückgegangen, z.B. in der Wietzeniederung

bei Fuhrberg (THEN-BERGH 2010, mdl.). In diesem Raum dominieren inzwischen Feldvogelarten wie Schafstelze (*Motacilla flava*), Feldlerche (*Alauda arvensis*), Rebhuhn (*Perdix perdix*) und Wachtel (*Coturnix coturnix*), zudem kommen hier in den Randbereichen zu den Fuhrberger Wäldern Heidelerchen (*Lullula arborea*), Neuntöter (*Lanius collurio*), Schwarzkehlchen (*Saxicola rubicola*) und der Wespenbussard (*Pernis apivorus*) vor (ebda.).

Braunkehlchen (Saxicola rubetra) (1)

Wiesenbach-Niederung südlich von Isernhagen NB (Niedernhägener Bauerschaft)

Weißstörche (*Ciconia ciconia*) nutzen die ortsnahen Grünlandgebiete, bevorzugt in den Bachniederungen. An der Burgdorfer Aue gibt es inzwischen wieder drei Brutstandorte in Obershagen, Burgdorf und Steinwedel (PGL 2014a).

Seltener und fast immer nur kleinflächig finden sich botanisch wertvolle Grünlandflächen. Entscheidend ist hierbei eine gewisse Nährstoffarmut. Ein Beispiel sind die Wiesen auf und am Flughafengelände westlich von Langenhagen, die nicht gedüngt werden und auf denen mehrere Orchideenarten wachsen (AHO 2013, S. 11). Zerstreut, aber an mehreren Stellen kommt in diesem Naturraum auf ungedüngten Feuchtwiesen das Breitblättrige Knabenkraut (*Dactylorhiza majalis*) vor, oft zusammen mit anderen Magerkeitszeigern wie Hirsen-Segge (*Carex panicea*) und Teufelsabbiss (*Succisa pratensis*).

Schwarzkehlchen (Saxicola torquata) (1)

Breitblättriges Knabenkraut (Dactylorhiza majalis)

215

Noch eine Art ungedüngter Geestwiesen:
Geflecktes Knabenkraut (Dactylorhiza maculata) (6)

Kornblumenfeld (Centaurea cyanus) bei Abbensen (2)

Am Südrand der östlichen Geest wirkt sich in gut ausgeprägten Feuchtwiesen bereits die Kalkmergelschicht im Untergrund aus. Auf den staunassen bzw. wechselfeuchten Pseudogleyböden an der Oberen Wietze (s. Nussbaum 2007), im Seckbruch östlich von Misburg und in den Sohrwiesen am Hämeler Wald kommen kalkholde Pflanzenarten vor, die im Tiefland selten und stark gefährdet sind. Heil-Ziest (*Betonica officinalis*), Wiesen-Silge (*Silaum silaus*) und Wiesen-Kümmel (*Carum carvi*) sind Beispiele hierfür.

Die **Ackerwildkräuter** der Geest unterscheiden sich auf charakteristische Weise von denen der Börde. Wenngleich die Ackerbegleitflora generell immer weiter zurückgedrängt wird, kann man auf Lössäckern noch Unkrautfluren antreffen, in denen der tiefrote Klatsch-Mohn (*Papaver rhoeas*) dominiert. Auf Sandäckern der Geest bestimmen in vergleichbaren Situationen die blau blühenden Kornblumen (*Centaurea cyanus*) den Aspekt. In Hackfruchtäckern können auch Saat-Wucherblumen (*Chrysanthemum segetum*) zur Dominanz kommen und dann eine Ackerpartie in gelbe Farbe tauchen (s. Foto S. 217). In der Geest ist zudem der Sand-Mohn (*Papaver argemone*) charakteristisch, der kleiner und etwas heller als der Klatsch-Mohn ist und dessen Blütenblätter sich nicht überlappen. Überall häufig ist der Saat-Mohn (*Papaver dubium*),

dessen Äußeres zwischen den beiden genannten Mohnarten vermittelt. Ehemalige Charakterarten der Sandäcker auf nährstoffarmen, sauren Böden wie der Lämmersalat (*Arnoseris minima*), das Kahle Ferkelkraut (*Hypochaeris glabra*) und die Feuerlilie (*Lilium bulbiferum ssp. croceum*) kommen heute nur noch ganz vereinzelt im Norden dieses Naturraums vor. Ohne spezielle Schutzmaßnahmen (Ackerwildkrautstreifen ohne Spritzmitteleinsatz und Düngung) können sie in der heutigen nährstoffgesättigten Kulturlandschaft nicht überleben.

Abschließend seien einige **Siedlungsbiotope** angesprochen. Der Burgdorfer Stadtpark hat eine herausragende Bedeutung für Fledermäuse: Die Kombination aus altem Baumbestand, extensiv gepflegten Parkwiesen, Teichen und dem Gewässerlauf der Burgdorfer Aue kommt besonders der Wasserfledermaus (*Myotis daubentonii*) entgegen, die in Baumhöhlen Quartiere besitzt und über den Wasserflächen Insekten jagt. Vom Großen Abendsegler (*Nyctalus noctula*) sind hier Überwinterungsquartiere in Nistkästen bekannt. (PGL 2014a)

Stelingen wird auf Grund einer besonders hohen Dichte an Brutplätzen der Schleiereule (*Tyto alba*) auch das „Dorf der Schleiereulen" genannt. 2009 brüteten hier 5 Paare (Holznagel 2009).

Feldrain mit Saat-Wucherblume (Chrysanthemum segetum)

6.5 Schutzgebiete und weitere Schutzaspekte

In der Geest-Ost sind insgesamt siebzehn Bereiche als <u>Naturschutzgebiete</u> (NSG) geschützt (s. Karte 6, S. 184), mehr als in jedem anderen Naturraum. Die flächenmäßig größten Naturschutzgebiete sind die Hochmoore in der Hannoverschen Moorgeest.

- NSG HA 003 Blankes Flat (47,5 ha)
- NSG HA 034 Otternhagener Moor (974 ha)
- NSG HA 044 Altwarmbüchener Moor (40 ha)
- NSG HA 045 Im Himmelreich (9 ha)
- NSG HA 046 Bissendorfer Moor (498 ha)
- NSG HA 047 Trunnenmoor (171 ha)
- NSG HA 056 Helstorfer Moor (417 ha)
- NSG HA 069 Ricklinger Entenpool (14,6 ha)
- NSG HA 070 Bissendorfer Moor II (95 ha)
- NSG HA 102 In den sieben Bergteilen (16,5 ha)
- NSG HA 105 Brand (478 ha, davon nur 6,5 in der Region Hannover); das Gebiet setzt sich im Landkreis Celle fort.
- NSG HA 113 Brandmoorwiesen (28 ha)
- NSG HA 152 Düvels Kamp (8,7 ha)
- NSG HA 162 Schwarzes Moor bei Resse (140 ha)
- NSG HA 194 Kienmoor (39 ha)
- NSG HA 195 Kananohe (45 ha)
- NSG HA 196 Schilfbruch (274 ha)

Die Abgrenzung des heutigen NSG Altwarmbüchener Moor ist kurios: Es liegt fast zur Hälfte unter einem Autobahnkreuz begraben. Auch nach dem Bau der Moorautobahn (A 37) sind große Teile des Altwarmbüchener Moores naturschutzwürdig. Die Region Hannover plant deshalb eine Neuausweisung des NSG – auf größerer Fläche und ohne Autobahnkreuz. Der LRP weist zudem viele weitere Gebiete als schutzwürdig im Sinne eines Naturschutzgebietes aus, darunter Teile der Standortübungsplätze in Luttmersen und bei Hannover-Bothfeld, die Helstorfer Reiterheide, Hämeler Wald und Sohrwiesen, Ahltener Wald und Misburger Wald, Großes Moor bei Ehlershausen, Oldhorster Moor sowie Teile der Niederungen an Auter, Hengstbeeke und Fuhse.

Als <u>Landschaftsschutzgebiete</u> (LSG) sind ausgewiesen:
- LSG H 09 Brelinger Berge (988 ha)
- LSG H 10 Moorgeest (556 ha)
- LSG H 11 Obere Wietze (1.434 ha)
- LSG H 12 Wietzetal (3.145 ha)
- LSG H 13 Forst Rundshorn-Fuhrberg (8.939 ha)
- LSG H 14 Wulbecktal (2.870 ha)
- LSG H 15 Schilfbruch (1.494 ha)
- LSG H 16 Burgdorfer Holz (5.957 ha)

- LSG H 17 Obere Burgdorfer Aue (752 ha)
- LSG H 19 Altwarmbüchener Moor – Ahltener Wald (3.358 ha)
- LSG H 28 Warmeloher Heide (468 ha)
- LSG H 36 Jürsenbach (564 ha)
- LSG H 37 Hämelerwald (1.266 ha)
- LSG H 39 Hainwald (153 ha)
- LSG H 44 Boxhoop (11,7 ha)
- LSG H 45 Hahle (619 ha)
- LSG H 46 Oldhorster Moor (783 ha)
- LSG H 47 Ersetal (28,6 ha)
- LSG H 48 Fuhsetal (1.303 ha)
- LSG H 49 Hechtgraben (90 ha)
- LSG H 51 Hastbruch (1.440 ha)
- LSG H 53 Gelbe Riede (610 ha)
- LSG H 55 Blankes Moor (2.214 ha)
- LSG H 58 Auterniederung (1.400 ha)
- LSG H 59 Sohrwiesen (520 ha)
- LSG H 61 Garbsener Moorgeest (1.210 ha)
- LSG H 62 Toteismoor (112 ha)
- LSG H 63 Ellernbruch (3.702 ha)
- LSG H 64 Suttorfer Bruchgraben (497 ha)
- LSG H 65 Heisterholz (355 ha)
- LSG H 66 Hagenbruch (727 ha)
- LSG H 68 Osterwalder Moorgeest (2.786 ha)
- LSG H 69 Im Flethe (71,5 ha)
- LSG HS 08 Fuhrbleek (193 ha)
- LSG HS 11 Altwarmbüchener Moor (262 ha)
- LSG HS 13 Wietzeaue (250 ha)
- LSG HS 15 Altwarmbüchener See (123 ha)
- LSG HS 17 Mecklenheide/Vinnhorst (164 ha)

Forst Rundshorn-Fuhrberg ist das größte LSG in der Region, das Burgdorfer Holz das drittgrößte.

Weitere Schutzaspekte

In der östlichen Geest gibt es eine Vielzahl von FFH-Gebieten. Eine Übersicht enthält die Tabelle unten auf dieser Seite.

Auter, Wulbeck und Fuhse sind im Niedersächsischen Fließgewässerschutzsystem als „Hauptgewässer erster Priorität" ausgewiesen. Sie sollen die typische Arten- und Biotopvielfalt eines Fließgewässers in der Naturräumlichen Region Weser-Aller-Flachland repräsentieren und erhalten. Der Jürsenbach mit Todtbruchsgraben fungiert als Hauptgewässer zweiter Priorität. Als wichtige „Nebengewässer", in die sich Wasserorganismen bei Störungen im Hauptgewässer zurückziehen können, wurden in der östlichen Geest bestimmt: Wietze, Erse und Tiefenbruchsgraben.

Die Geestlandschaft im Bereich Otternhagener und Helstorfer Moor stellt einen „Unzerschnittenen verkehrsarmen Raum" (UZVR) dar, den einzigen neben der Steinhuder Meer – Niederung (s. Kap. 4.5 – Geest-West) innerhalb der Region Hannover. Die Grenzen verlaufen längs der Bundesstraße B 6 sowie der Landesstraßen L 193, L 380 und L 383.

Wasserschutzgebiete (WSG) sichern in den Fuhrberger Wäldern die Qualität des Grundwassers.

Nr.	FFH-Gebiet (GO)	Schutzgegenstand
95	Helstorfer, Otternhagener und Schwarzes Moor	Hochmoorlebensräume sowie mesotrophe Niedermoorvegetation, feuchte und trockene Heiden, Borstgrasrasen, Sandtrockenrasen und Pfeifengraswiesen; Große Moosjungfer (*Leucorrhinia pectoralis*)
96	Bissendorfer Moor	naturnahe Hochmoorvegetation, Moorheide-Degenerationsstadien, dystropher Moorweiher und randlich Birken-Kiefern-Moorwälder; Große Moosjungfer (*Leucorrhinia pectoralis*)
97	Trunnenmoor	Übergangsmoor-Stadien und nährstoffarme Kleingewässer mit Vorkommen zahlreicher gefährdeter, z. T. sehr seltener Pflanzenarten
98	Brand (ganz überwiegend im Lk Celle)	Laubwald auf feuchten Talsanden: Feuchte bis frische Eichen-Hainbuchenwälder, Buchen-Eichenwald und Erlen-Eschenwälder im Bereich kleiner Bachläufe
303	Fuhse-Auwald bei Uetze (Herrschaft)	Sternmieren-Eichen-Hainbuchenwald mit Übergängen zu Eichen-Buchenwald bzw. zu Auwald an naturnahem Tieflandfluss, feuchte Hochstaudenfluren
314	Quellwald bei Bennemühlen	bachbegleitender Erlen- und Erlen-Eschen-Quellwald
328	Altwarmbüchener Moor	Birken-Kiefern-Moorwälder mit dystrophen Seen, kalkreichen Seen (mit Armleuchteralgen) und kalkreichen Sümpfen mit Schneiden-Röhricht (*Cladietum marisci*), Übergangsmoor und Eichen-Hainbuchenwald; Kammmolch (*Triturus cristatus*)
346	Hämeler Wald	Eichen- und Buchen-Mischwälder auf frischen bis feuchten, basenreichen bis bodensauren Standorten; am Westrand feuchtes Grünland und mehrere nährstoffreiche Kleingewässer; Kammmolch (*Triturus cristatus*)
459	Erse	Fließgewässer mit flutender Wasservegetation; Grüne Flussjungfer (*Ophiogomphus cecilia*)

Schwarzstorch (Ciconia nigra) (1)

Abhängig vom Abstand zu den Brunnen der Wasserwerke Elze-Berkhof, Fuhrberg, Wettmar und Ramlingen gelten in den verschiedenen Zonen der WSG jeweils unterschiedlich scharfe Bestimmungen. Insgesamt ist der ganze zentrale Bereich der östlichen Geest zwischen Brelingen im Westen und Ehlershausen im Osten sowie zwischen der nördlichen Regionsgrenze und Langenhagen-Krähenwinkel bzw. Isernhagen-Neuwarmbüchen im Süden dem Schutz des Grundwassers gewidmet.

6.6 Leittierarten

Schwarzstorch

Er ist in vielerlei Hinsicht der Antipode des beliebten Weißstorchs (*Ciconia ciconia*), der in der Volksmythologie das Glück und die Kinder bringt und deshalb ein gern gesehener Gast auf dem First des Bauernhofes ist. Der Schwarzstorch (*Ciconia nigra*) meidet die Nähe der Menschen, für die er im christlich geprägten Mittelalter als Unglücksbote und als Signum für das Böse galt. Dazu mag seine schwarze Farbe und seine zurückgezogene Lebensweise beigetragen haben, vor allem aber die hohe Wertschätzung, die er in vorchristlicher Zeit als vermeintlicher Begleiter Odins genoss. In Skandinavien wird der Schwarzstorch noch heute als Odensvala (zu deutsch: Odins Schwalbe) bezeichnet (JANSSEN et al. 2004), und es ist ja nicht ungewöhnlich, dass Dinge und Wesen, die in heidnischer Zeit in hohem Ansehen standen, nach der Christianisierung tabuisiert und verteufelt wurden. Auch galt er als Fischräuber und wurde entsprechend verfolgt. Der Kulturflüchter hat sich dadurch noch stärker in abgeschiedene Wälder zurückgezogen, und sein Bestand nahm immer weiter ab. 1930 gab es in Niedersachsen nur noch 3, 1965 nur noch 7 Brutpaare, fast alle in der östlichen Lüneburger Heide (JANSSEN et al. 2004). Dann setzten gezielte Artenschutzmaßnahmen ein; insbesondere wurden die wenigen verbliebenen Horste systematisch geschützt und abgeschirmt, weil Verfolgung, Forstarbeiten und Störungen am Horst als entscheidende Rückgangsfaktoren erkannt worden waren. Seitdem geht es langsam aufwärts mit dem schwarzen Storch. Inzwischen brütet er in Nord- und Südheide wieder regelmäßig und auch im Leinebergland und im Harz ist er zurück (KRÜGER et al. 2008a).

Die ausgedehnten und einsamen Fuhrberger Wälder sind ein charakteristischer Lebensraum für den scheuen Waldstorch: Hier gibt es noch

Schling- oder Glattnatter (Coronella austriaca) (7)

ungestörte Nadelwaldpartien, in denen er horsten kann und Geestbäche wie Wietze, Hengstbeeke und Wulbeck, in denen er Fische und andere Nahrungstiere findet. Der Schwarzstorch ist ein erstaunlich wendiger Flieger im Wald. Und er kann weite Strecken (20 km und mehr) zurücklegen, um geeignete Nahrungsreviere aufzusuchen. Als Zugvogel überwintert er in Afrika. Wenn er weitere Strecken fliegt, nutzt er nach Möglichkeit thermische Aufwinde, um energiesparend zu segeln.

Schlingnatter und Kreuzotter
In der Region Hannover sind drei Schlangenarten heimisch und zudem die Blindschleiche (*Anguis fragilis*), die ähnlich aussieht, jedoch näher mit den Eidechsen verwandt ist. Während Blindschleiche und Ringelnatter (*Natrix natrix*) noch häufiger angetroffen werden, sind die beiden anderen heimischen Schlangenarten deutlich zurückgegangen und stark gefährdet (PODLUCKY U. FISCHER 2013). Für die östliche Geest können sie als charakteristisch gelten, denn hier gibt es noch die Lebensräume, die sie benötigen: Hochmoore, Sand- und Moorheiden sowie lichte Kiefern- und Birkenwälder. Für die Kreuzotter (*Vipera berus*), die sich bei uns vor allem von Fröschen ernährt (BLANKE 2014a), ist die Nähe zu Gewässern wichtig. Sie hat einen höheren Feuchtigkeitsbedarf

Reptilien-Lebensraum Sandheideweg (bei Ehlershausen)

Kreuzotter (Vipera berus) mit gut ausgeprägtem Zickzackband auf dem Rücken (48)

als die Schling- oder Glattnatter (*Coronella austriaca*), die hauptsächlich Mäuse und Eidechsen frisst. Die Kreuzotter ist gekennzeichnet durch ihre Giftzähne, die sie aufstellen und mit denen sie zubeißen und Gift injizieren kann, um Beutetiere zu überwältigen oder um sich zu verteidigen. Schlitzförmige Pupillen und vorgewölbte Schilder über den Augen verleihen ihr einen „grimmigen" Gesichtsausdruck. Schlingnattern haben demgegenüber runde Pupillen und dadurch ein weniger „gefährliches", nahezu niedliches Aussehen. Sie umschlingen und erwürgen ihre Opfer.

Beide Arten werden häufig miteinander verwechselt. Das für die Kreuzotter charakteristische durchgehende Zickzackband auf dem Rücken kann fehlen. Schlingnattern haben ebenfalls eine dunkle Zeichnung auf dem Rücken, wobei die einzelnen Elemente jedoch meist nicht miteinander verbunden sind. Sichere Unterscheidungsmerkmale sind neben den Pupillen die Hautschuppen, die bei der Kreuzotter gekielt und bei der „Glatt"-natter ohne Kiel sind. Auch die Proportionen sind andere: Schlingnattern sind schlanker und zarter, während sich die Kreuzotter durch einen kräftigen, etwas gedrungenen Körper auszeichnet, von dem der Kopf deutlich abgesetzt ist. Vielen Menschen ist gar nicht bewusst, dass neben der – zu Unrecht – gefürchteten Kreuzotter noch eine andere Schlange in Moor und Heide lebt. Aus dieser Unkenntnis heraus sind schon viele Schlingnattern erschlagen worden.

Beide Schlangenarten sind als wechselwarme Kriechtiere besonders abhängig von Windschutz und guten Besonnungsverhältnissen. Insbesondere in den Übergangszeiten verbringen sie große Teile des Tages mit Sonnenbädern, und auch die trächtigen Weibchen versuchen möglichst viel Strahlungswärme aufzunehmen (BLANKE 2014a). So besiedeln sie die halboffenen Lebensräume auf Sand- und abgetrockneten Torfböden, die sich schnell erwärmen, wo sie sich bei großer Hitze aber auch in schattenspendendes Gebüsch zurückziehen können. Kreuzottern wurden früher häufig zwischen aufgestapelten Torfsoden angetroffen. Die Torfarbeiter, die die Soden per Hand umlagern mussten, haben immer mit Handschuhen gearbeitet.

Die Schlingnatter ist in der Region etwas weiter verbreitet als die Kreuzotter. Sie besiedelt – außer Hochmooren – auch verschiedenartige Übergänge zwischen offener und bewaldeter Landschaft, z. B. sonnige Waldränder mit angrenzenden Wiesen, Heiden und Brachen sowie lichte Kiefernwälder (BLANKE 2014b).

Der Rückgang der Kreuzotter geht mit dem Rückgang ihrer Lebensräume einher; er ist aber auch durch direkte Verfolgung bedingt. Immer noch werden Schlangen erschlagen, weil man sich vor giftigen Bissen fürchtet. Dabei greifen die Ottern den Menschen nicht an. Nur wenn sie getreten werden oder sich in die Enge gedrängt fühlen, beißen sie zu. Dabei wird zunächst häufig nur ein

Maisanbau nördlich von Rodenbostel (2)

Scheinbiss, ein harmloses Zuschnappen ohne Gift, getätigt. Wenn dann ein giftiger Biss erfolgt, liegt die Giftmenge zumeist weit unter der tödlichen Dosis (BLANKE 2014a). Als Betroffener gilt es vor allem, panische Reaktionen zu vermeiden und in Ruhe einen Arzt aufzusuchen.

6.7 Aspekte der Beeinträchtigung und Gefährdung

Die Intensivierung in der Landwirtschaft führt vor allem bei den leichten Sand- und Moorböden dieses Naturraums zu erheblichen Problemen. Die Nitratauswaschung nach Düngergaben ist hier extrem. Dies bedeutet zum einen eine schleichende Eutrophierung der Landschaft und einen entsprechenden Rückgang an Lebensgemeinschaften und Arten, die an die ursprünglich mageren Bedingungen angepasst sind. Zum anderen kommt es zu Nitrateinträgen in das Grundwasser in einem Raum, der auf Grund hervorragender Grundwasserleiter für die Trinkwassergewinnung prädestiniert ist.

Wiesen und Weiden sind in diesem Naturraum stark zurückgegangen, häufig zugunsten von Maisäckern. Wo noch Grünland bewirtschaftet wird, sind die Standortunterschiede vielfach durch Düngung und Entwässerung nivelliert worden. Häufiger Umbruch mit Neueinsaat sowie Pestizideinsatz verhindern die Entwicklung artenreicher Lebensräume. Die letzten Reste der Heidelandschaft und der artenreichen, wenig gedüngten Wiesen sind nicht nur durch Nährstoffeinträge

bedroht, sondern auch abhängig von dauerhaften Pflegemaßnahmen. Wenn diese Pflege nicht mehr geleistet wird, drohen Verbuschung und Wiederbewaldung und damit geht zwangsläufig der unwiederbringliche Verlust vieler hochgradig gefährdeter Pflanzen- und Kleintierarten einher.

In diesem Raum bewirken Autobahnen und Bundesstraßen erhebliche Zerschneidungseffekte und Verlärmungen. Insbesondere von den inzwischen durchgängig sechsspurigen Autobahnmagistralen A 2 und A 7 gehen starke Wirkungen aus. Ein zukünftiger achtstreifiger Querschnitt ist angedacht. Zweifellos ist es umweltverträglicher, bestehende Autostraßen zu verbreitern als neue zu bauen. Die A 7 sowie die A 2 führen aber östlich von Hannover durch mehrere sehr wertvolle Naturgebiete, die bei einem achtstreifigen Ausbau Schaden nehmen würden, nämlich Altwarmbüchener Moor, Misburger Wald, Ahltener Wald und Hämeler Wald.

Diese Ausbauprojekte sind vor allem durch den stetig steigenden Güterverkehr motiviert, ebenso wie ein Neubauprojekt der Bahn, das unter dem Namen „Y-Trasse" seit vielen Jahren für Aufregung in der Wedemark sowie in Isernhagen, Burgwedel und Burgdorf sorgt. Der y-förmige Verlauf resultiert aus einer Gabelung dieser Strecke, weil sowohl Hamburg als auch Bremen mit der Nord-Südverbindung bei Hannover verknüpft werden sollen. Die Neubaustrecke würde nach amtlicher Planung bei Großburgwedel von der Bahnlinie Hannover-Celle abzweigen, nach Nordwesten schwenken und diagonal durch die Wedemark Richtung Walsrode führen. Zur Zeit sieht es nicht danach aus, als würde dieses Projekt zeitnah verwirklicht, denn die Kosten sind hoch und der Widerstand vor Ort beträchtlich (HAASE 2014). Starke Verlärmungen gehen in diesem Raum auch von dem Flughafen Langenhagen aus.

Für Unmut sorgt noch ein anderes Infrastrukturprojekt, das einer guten Sache dient: Eine 800 km lange Nord-Süd-Verbindung, der sogenannte „Südlink", soll Windstrom von der Küste nach Bayern leiten und auf diese Weise die Atomwende voranbringen. Die vorgeschlagene Variante der neuen Stromtrasse mit 70 m hohen Masten durchschneidet die Region in Nord-Süd-Richtung, und zwar knapp östlich des Ballungszentrums Hannover. Sie führt östlich an Fuhrberg und westlich an Wettmar vorbei und stößt bei Beinhorn auf die Moorautobahn A 37. Der folgt sie bis zur A 7, schwenkt dann nach Süden und verläuft parallel zur Autobahn durch Altwarmbüchener Moor und Ahltener Wald, später auch durch die naturschutzwürdigen Wälder Gaim und Bockmer Holz (s. Kap. 7, Börde-Ost). Hier ist offenbar versucht worden, Eingriffe zu mindern, indem mehrere Störfaktoren gebündelt werden. Allerdings wirken Autobahn und Hochspannungsleitung sehr unterschiedlich, so dass die Parallelführung kaum zu einer Reduktion der Beeinträchtigungen des Landschaftsbildes führt.

6.8 Im Einsatz für Eidechsen und Schlangen: die Biologin Ina Blanke

INA BLANKE ist in Lehrte aufgewachsen, und hier lebt sie auch heute noch. Lehrte passt zu ihr, denn von hier aus kann sie ihre wilden Lieblingstiere im Ahltener Wald schnell besuchen, und ihre Lieblingslandschaften, die Lüneburger Heide und das Harzvorland, sind gleich gut erreichbar.

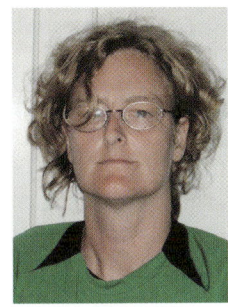

Ina Blanke (7)

In Lehrte kreuzen sich die Bahnlinien, und sie war eine der ersten, die deren Bedeutung als Lebensräume von Zauneidechsen erkannt hat. Überhaupt die Bahn: Als INA BLANKE Mitte der 1990er Jahre ihr Biologie-Studium in Hannover mit einer Arbeit über die Zauneidechse abgeschlossen hatte, boomten die Verkehrsprojekte Deutsche Einheit. Überall sollten Schienenverbindungen in Ost-West-Richtung ergänzt und ausgebaut werden. INA BLANKE war plötzlich als Expertin für Reptilien gefragt, denn in den Plänen waren der Artenschutz zu berücksichtigen und die Eingriffe in Lebensräume so gering wie möglich zu halten. So konnte sie sich selbstständig machen und gleichzeitig etwas für die Kriechtiere erreichen.

Die Geländeuntersuchungen zu ihrer Diplomarbeit führte sie auch im Ahltener Wald durch, in einem Gebiet, in dem sie schon als Kind

Zauneidechsen-Männchen (Lacerta agilis) (7)

Die regelmäßige Pflege ist gut für das Bissendorfer Moor. Für Reptilien fehlen aber teilverbuschte Übergänge zum Wald.

gespielt hatte. Heute betreut sie dort mit dem Naturschutzverband BUND einen Reptilienlebensraum. INA BLANKE weiß viel über die Reptilien und sie gibt dieses Wissen gerne weiter. 2004 hat sie ein Buch über die Zauneidechse geschrieben, mit dem bezeichnenden Untertitel: „Zwischen Licht und Schatten". Sie hat darin noch offene Fragen dargelegt und dadurch viele Forschungsarbeiten angeregt. Die Begleitung dieser Arbeiten und der Austausch mit anderen Wissenschaftlern und Naturschützern sind ihr wichtig. Auch hat sie eine Website eingerichtet, auf der man sich über alle heimischen Kriechtiere informieren kann: „Reptilien brauchen Freunde". Sie setzt sich nicht nur beruflich für den Artenschutz ein, sondern versteht das auch als eine politische Aufgabe. Mehr als 10 Jahre lang hat sie den Umweltausschuss der Region Hannover als Beisitzerin beraten, sie engagiert sich in der Reptilienschutzgruppe des BUND (Kreisverband) und arbeitet im Landesfachausschuss Feldherpetologie des NABU mit.

Und dennoch: Wenn sie zurückschaut, fällt das Fazit nicht positiv aus. Zunehmend verschwinden die Reptilienlebensräume aus der Kulturlandschaft. Säume werden untergepflügt, durch Energiemais beschattet oder fallen dem Ausbau von Feld- und Waldwegen zum Opfer. Nicht selten richten auch Maßnahmen, die eigentlich für den Naturschutz gedacht sind, Schaden an: Durch die Aufforstung von Waldlichtungen, die Verkürzung von Waldrändern und die Unterpflanzung lichter Kiefernwälder mit Rotbuche gehen Reptilienlebensräume verloren. „Die Grenzen zwischen Wald und Offenland sind häufig wie mit dem Lineal gezogen, es fehlen die wichtigen teilverbuschten Übergangsbereiche." Die Pflege von Schutzgebieten durch Beweidung ist für Schlangen und Eidechsen kritisch: Strukturunterschiede werden nivelliert und viele Tiere zertreten. Und die jagdlich motivierte Anlage von Schneisen und Fütterungsstellen führt – auch in Naturschutzgebieten – zu einem Falleneffekt: Reptilien werden angelockt, verstecken sich unter den Abdeckungen von Kirrungen und werden hier von Wildschweinen gefunden und gefressen.

Für INA BLANKE gibt es also noch viel zu tun. Da trifft es sich gut, dass sie für die Erfassungen nun eine neue Mitarbeiterin hat: Die Vorstehhündin LOTTE spürt mit ihrer feinen Nase nicht nur Reptilien, sondern auch Molche, Frösche und Kröten sowie Fischotterlosung auf.

Kapelle in Engensen, im 14. Jh. aus Raseneisenstein und Findlingen gebaut

SERVICE Siehe Karten 6a bis 6c auf den Seiten 184 – 189

Junkernhof Uetze

Rad- und Wanderwege:

Grüner Ring, Nordhannoversche Moorroute, Radtouren durch das Burgdorfer Land, Natura Trail 5: Neustadt-Kaltenweide, Natura Trail 6: Naturfreundehaus Grafhorn – Hämeler- wald, Storchentour und Mühlentour Uetze, Eiszeitlicher Erlebnispfad Wedemark, Was- sererlebnispfad Fuhrberger Feld, Weser- Elbe-Radweg, Europäischer Fernwanderweg E1, RegionsRouten 8 bis 12, RegionsRing sowie wei- tere Wege aus Veröffentlichungen der HAZ u.a.

Beobachtungstürme und Aussichtspunkte:

Beobachtungstürme nördlich und südlich am Bissendorfer Moor, Wietzeblick Langenhagen- Ost, Ortsränder Isernhagen KB und FB, Brelinger Berg, Stelinger Berg, Schwarzer Berg nördlich von Kleinburgwedel, Husalsberg bei Scherenbostel, Nordberg der Mülldeponie Altwarmbüchen

Naturinfozentren, landschaftsbez. Museen:

Moorinformationszentrum MooriZ in Resse, Hänigser Teerkuhlen und Erdölmuseum, Nordhan- noversches Bauernhausmuseum Isernhagen NB

Kulturhistorische Tops:

Burgdorfer Schloss, Rathaus und Stadtpark, St. Petrikirche Großburgwedel, St. Marienkir- che Isernhagen KB, Barockkirche Osterwald, Kapelle Engensen, Kapelle St. Nicolaus (Kirch- horst), Gut Heitlingen, Junkernhof Uetze, Zwei- ständerhallenhaus in Wackerwinkel (von 1596), Amtshaus Bissendorf, Eltzer Wassermühle, Bockwindmühle Wettmar, Gut Adolphshof

Ausflugsgaststätten:

Hotelrestaurant Perl (Otternhagen), Ristorante Firenze (Bissendorf), Kaffeehus Bissendorf, Gasthaus Bludau (Wennebostel), Zum Alten Zöllnerhaus (Schlage-Ickhorst), Gaststätte Meyenfeld, Waldkater bei Maspe, Seehaus Wietzepark, Naturfreundehaus am Blauen See (Misburg), Meyer´s Gasthaus (Isernhagen FB), Gasthaus am Würmsee, Restaurant und Café am Springhorstsee, Kastens Café in Engensen, Kleines Hofcafé in Thönse, Sorgenser Mühle (Burgdorf), Naturfreundehaus Grafhorn bei Immensen, Pistors und Bistro am Irenensee, Café zur Alten Wassermühle, Restaurant La Rocca und Eislokal Dal Cin (jeweils in Uetze), Kreuzkrug östlich Uetze, Café Eltzer Mühle, Gaststätte Schaper (Hämelerwald) sowie diverse Gastronomiebetriebe in der Innenstadt von Burgdorf und in Großburgwedel

Eltzer Wassermühle

THEMEN-INFO: DER WÜRGER VOM LICHTENMOOR UND ANDERE WÖLFE

(1)

Der Wolf (*Canis lupus*) galt in Deutschland seit etwa Mitte des 19. Jahrhunderts als ausgerottet. Zwar gab es hin und wieder Beobachtungen und Begegnungen mit aus Polen stammenden, westwärts ziehenden Einzeltieren, eine erfolgreiche Reproduktion wurde aber im letzten Jahrhundert auf bundesdeutschem Boden nicht festgestellt. Im Nordwesten des Regionsgebiets hatte sich wenige Jahre nach Ende des 2. Weltkriegs ein einzelner Wolfsrüde für einige Zeit aufgehalten und als „Würger vom Lichtenmoor" große Bekanntheit erlangt. Er soll zahlreiche Wildtiere, Schafe und Rinder gerissen haben und löste nahezu hysterische Reaktionen aus. Einer vom damaligen Landwirtschaftsminister GERECKE organisierten, groß angelegten Treibjagd konnte er noch entwischen, in der Abenddämmerung des 27. August 1948 wurde er dann von dem Landwirt GAATZ aus Eilte (Landkreis Nienburg) auf einer Waldwiese erschossen (HOSANG 1998). Er teilte damit das Schicksal aller anderen „Wanderwölfe", die im 19. und 20. Jahrhundert nach Niedersachsen kamen. Denn der Wolf galt als Inbegriff des „Bösen", tötete als Nahrungskonkurrent das Vieh der Bauern und das Wild der Jagdherren und scheute in der Legendenbildung auch nicht vor Übergriffen auf Menschen zurück. Dabei ist kein anderes großes Raubtier scheuer und für den Menschen weniger gefährlich als der Wolf (NLÖ 1997). Der „Würger vom Lichtenmoor" hat im Übrigen vermutlich deutlich weniger Tiere gerissen, als ihm „angehängt" wurden. In den Hungerjahren der deutschen Nachkriegszeit scheint er vielmehr für Teile der darbenden Landbevölkerung willkommener Anlass für verbotene Schwarzschlachtungen gewesen zu sein. So waren die Wundränder der getöteten Rinder und Schafe teilweise auffallend glatt und sauber, wie mit einem Messer geschnitten. Und dass ein Wolf gleichzeitig mehrere Tiere reißt, dann aber nicht mehr zu seiner Beute zurückkehrt, ist ebenfalls ganz untypisch (s. WIBORG 2008). Von dem legendären Rüden konnte nur der Kopf präpariert werden. Er war über viele Jahrzehnte im hannoverschen Landesmuseum zu besichtigen und prägte mit seinen mächtigen Eckzähnen sicherlich die Einstellung vieler Hannoveraner zum Wolf.

(1)

Seit Mitte der 1970er Jahre, als die Bundesrepublik Deutschland dem Washingtoner Artenschutzabkommen beitrat, ist der Wolf bei uns geschützt. 1992 kam der strenge europaweite Schutz durch die FFH-Richtlinie hinzu. Seitdem geht es aufwärts mit *Canis lupus*. Zunächst hatten sich verbliebene Restbestände in Polen, Weiß- und Westrussland sowie dem Baltikum etwas erholt. Nach 1990 kamen verstärkt einzelne Tiere über die Oder und wurden im Bereich von Truppenübungsplätzen gesichtet. Erstmals Anfang dieses Jahrhunderts (2000) wurde in der sächsischen Lausitz nahe der polnischen Grenze eine erfolgreiche Fortpflanzung auf deutschem Boden nachgewiesen. Seitdem erobert sich der Wolf in rasantem Tempo seinen angestammten Lebensraum zurück: Rehwild, Hirsche und Wildschweine als Nahrungsgrundlage gibt es genug und auch die von Autobahnen durchschnittene Landschaft bereitet den intelligenten Dauerläufern keine unüberwindbaren Probleme. 2013 lebten in der Lausitz (Sachsen und Brandenburg) bereits wieder vierzehn Rudel, zudem drei weitere in Brandenburg sowie zwei Paare mit Nachwuchs in Sachsen-Anhalt. Beim Vordringen nach Westen wurde 2011 das niedersächsische Wendland

erreicht. Inzwischen sind dort, aber auch auf den Truppenübungsplätzen in Munster und Bergen, Jungwölfe (Welpen) und damit eine erfolgreiche Fortpflanzung festgestellt worden. Es ist heute keine Frage mehr, ob der Wolf auch in die Region Hannover zurückkommen wird. Fragen sind allenfalls: wann und wo? Innerhalb der östlichen Geest bieten sich die ausgedehnten und einsamen Wälder um Fuhrberg an oder der Truppenübungsplatz in Luttmersen mit den angrenzenden Mooren. Denkbar ist auch eine Einwanderung weiter im Westen: vom Lichtenmoor über den Grinderwald in das Tote Moor bei Neustadt (s. Kap. 4). Der Norden der Region liegt bereits im Streifgebiet des Bergener Rudels: Wölfe wandern etwa 70 km in einer Nacht, ihr Revier ist 200-300 km² groß (HABBE, Wolfsbeauftragte der Landesjägerschaft, 2013 mdl.). Da verwundert es nicht, dass 2013 bereits ein Wolf im Bereich Engensen/Oldhorst gesehen wurde (HAZ vom 22.02.2013). Im Frühjahr 2014 tauchte ein weiterer Wolf am Beerbusch bei Katensen auf (HAZ vom 05.04.2014) und im November 2014 wurden zwei Wölfe in der Feldmark bei Fuhrberg gefilmt (HAZ vom 14.11.2014). Seitdem wird der Wolf im Norden der Region immer öfter gesichtet.

Östliche Börde (BO)

Von Wiesenblumen und Schmetterlingen

Mohnblüte am Kronsberg

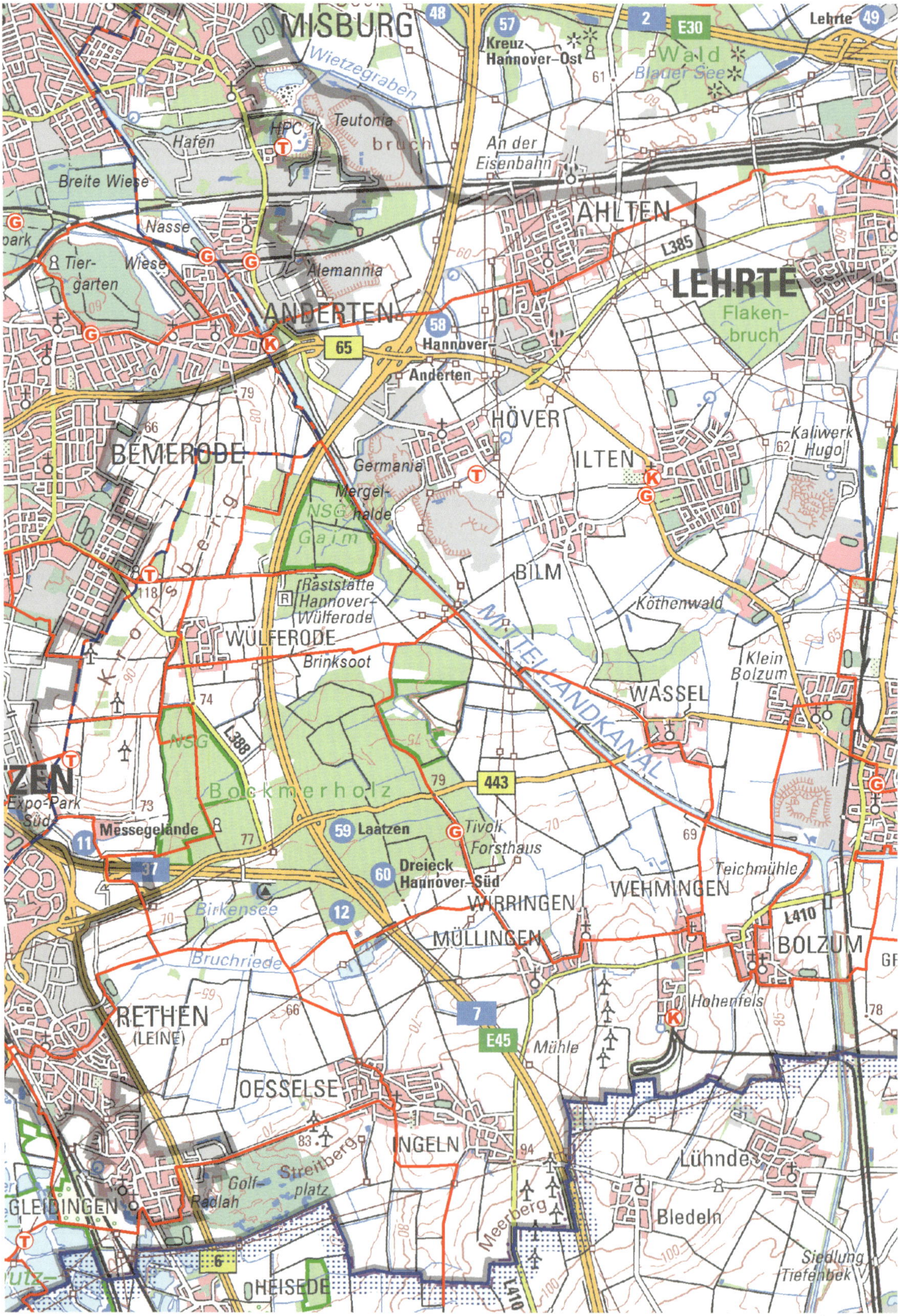

MISBURG 48 57 2 E30 Lehrte 49

Kreuz
Hannover-Ost

Wald
Blauer See

Wietzegraben

HPC
Teutonia
bruch

Hafen

Breite Wiese

An der
Eisenbahn

AHLTEN

L385

Nasse

park

Tier-
garten

Wiese

Alemannia

LEHRTE

Flaken-
bruch

ANDERTEN

58

65

Hannover

Anderten

HÖVER

Kaliwerk
Hugo

62

ILTEN

BEMERODE

Germania

Mergel-
NSG halde

Gaim

BILM

Köthenwald

Klein
Bolzum

K r o n s b e r g

118

Raststätte
Hannover+
Wülferode

R

WÜLFERODE

Brinksoot

WASSEL

MITTELLANDKANAL

NSG

74

L388

B o c k m e r h o l z

75

79

443

ZEN

Expo-Park
Süd

73

Messegelände

77

59 Laatzen

11

37

60

Dreieck
Hannover-Süd

12

Birkensee

Bruchriede

Tivoli
Forsthaus

69

Teichmühle

WEHMINGEN

L410

BOLZUM

WIRRINGEN

MÜLLINGEN

7

E45

Mühle

Hohenfels

K

GR

RETHEN
(LEINE)

OESSELSE

NGELN

94

Lühnde

Bledeln

GLEIDINGEN

Golf
Radlah

Strenberg
platz

83

Meerberg

6

HEISEDE

Siedlung
Tiefenbek

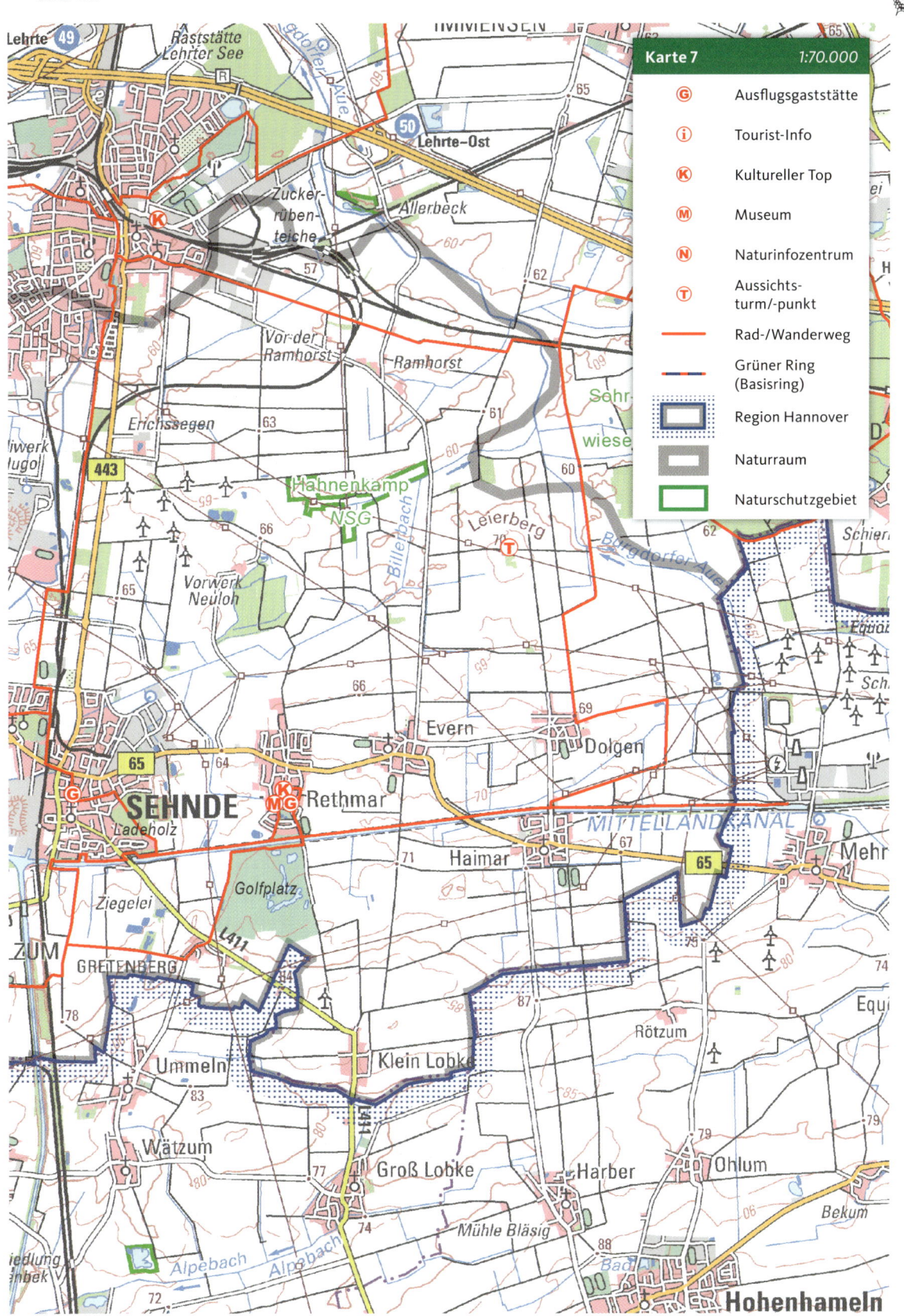

Karte 7	1:70.000
G	Ausflugsgaststätte
i	Tourist-Info
K	Kultureller Top
M	Museum
N	Naturinfozentrum
T	Aussichts-turm/-punkt
	Rad-/Wanderweg
	Grüner Ring (Basisring)
	Region Hannover
	Naturraum
	Naturschutzgebiet

Hochspannungsleitungen auf dem Weg zum Kraftwerk Mehrum

7.1 Grenzen und Binnengliederung des Naturraums

Südöstlich der Landeshauptstadt kehren wir in die Bördelandschaft zurück. Der Naturraum Börde-Ost ist Teil der Braunschweig-Hildesheimer Lössbörde, die südlich an die Geest und östlich an die Leineaue anschließt. Charakteristisch für diesen Bereich sind neben einer vergleichsweise dünnen und lückigen Lössdecke oberflächennah anstehende Gesteine aus dem Erdmittelalter, vor allem aus der Ober- und Unterkreide. Auch eiszeitliche Ablagerungen finden sich noch unter und neben dem Lössschleier, so dass die Übergänge zu den nördlich angrenzenden Burgdorf-Peiner Geestplatten (s. Kap. 6.1) gleitend sind (Bördenvorland). Zwischen Leineaue und Börde-Ost hat sich das Siedlungsband der Stadtlandschaft geschoben, das nur an einer schmalen Stelle südlich von Gleidingen unterbrochen ist. Die östliche Börde reicht im Westen bis an die Stadtlandschaft (SH) heran. Dabei gehören Teile des Stadtgebiets wie der Kronsberg und die Laubwälder Gaim und Bockmer Holz bereits zur siedlungsfreien Landschaft, und damit zu Börde-Ost. Nach Süden und Osten grenzt dieser Naturraum an die Landkreise Hildesheim und Peine.

Der dominierende Charakter der östlichen Börde ist der einer flachwelligen Ackerlandschaft, die nur teilweise durch einige Laubwälder sowie durch kleine, zumeist kahle Hügel gegliedert wird. Das Landschaftsbild bestimmen menschengemachte Strukturen: Zementfabriken, Mergelabbauten, Kalihalden, Verkehrstrassen, Industrie- und Logistikflächen sowie Windräder und eine Vielzahl von Hochspannungsleitungen. Letztere gehen zu einem großen Teil von dem Umspannwerk westlich von Lehrte und dem Heizkraftwerk Mehrum (knapp außerhalb im Landkreis Peine) aus. Das wenig attraktive Äußere mag dazu führen, dass die Qualitäten dieses Naturraums unterschätzt werden. Das ist schade, denn auf Grund der besonderen geologischen Verhältnisse gedeiht hier eine spezifische Flora, an die wiederum viele Kleintierarten gebunden sind. Zudem haben Bereiche wie der Kronsberg, das Bockmer Holz und die Gaim auch eine besondere Bedeutung für die Naherholung. Die östliche Börde gehört mit 157 km² zu den mittelgroßen Naturräumen der Region Hannover.

Mergelgrube Anderten vor dem Zementwerk in Misburg (2)

Bördelandschaft am Meerberg an der Regionsgrenze südlich von Ingeln

7.2 Geologie und Geomorphologie

Auf die Entstehung der <u>Lössbedeckung</u> in der Nacheiszeit ist bereits in Kap. 3.2 eingegangen worden. Die Schluffauflage ist in diesem Naturraum deutlich geringer als im Calenberger Land und sie ist auch nicht durchgehend vorhanden. Teilweise kommen mesozoische Gesteine an die Oberfläche und teilweise (eher im Norden) stehen sandig-lehmige Ablagerungen aus der Saale-Kaltzeit an. Die Lössauflage ist am stärksten im Süden dieses Naturraums, zwischen Gleidingen und Gretenberg. Hier steigt die Landschaft etwas an und bekommt einen hügeligen Charakter. Der Bereich zählt zu den „Gödringer Bergen", die nach einem Dorf im Landkreis Hildesheim benannt sind. Der Meerberg südlich von Ingeln und der Rote Berg südlich von Wehmingen erreichen Höhen

von knapp über 100 m. Noch etwas höher ist der <u>Kronsberg</u>, ein etwa 6 km langer Rücken aus <u>Kalkmergelgestein</u>, das in der Oberkreide (Cenoman, Turon) abgelagert wurde (NLFB 2000). Der Kronsberg hat eine natürliche Höhe von 106 m; es sind aber Aussichtshügel aus Kalkgestein aufgeschüttet worden, so dass die Höhe heute bei 118 m ü. NN liegt. Von hier aus hat man einen sehr schönen Ausblick auf die Landeshauptstadt – sowie auf die Mittelgebirgsschwelle und auf den Naturraum Börde-Ost.

In großen Teilen dieses Naturraums sind die Böden unterlagert von Ton- und Mergelgesteinen aus der Kreidezeit. Westlich einer Linie von Lehrte nach Sehnde überwiegen Gesteine der Oberkreide (Cenoman, Turon, Santon und Campan),

Blick vom Kronsberg nach Süden, im Hintergrund die Schwelle bei Hildesheim

Mergelabbau bei Bilm (2)

während in der Osthälfte Ablagerungen der Unterkreide dominieren (Apt und Alb). Das tonhaltige Kalkgestein, das seit Ende des 19. Jahrhunderts in Mergelgruben abgebaut wird, war Ausgangspunkt der Zementindustrie in Misburg, Anderten und Höver. Heute erstrecken sich mehrere großflächige Mergelabbaugebiete am Westrand der östlichen Börde.

Geologisch bedeutsam ist zudem ein unterirdischer Salzstock, der sich von Steinwedel über Lehrte und Sehnde bis nach Bledeln im Landkreis Hildesheim erstreckt. Im Zuge salztektonischer Aufwölbungen (vgl. Kap. 3.2) in den Randbereichen wurden beidseits von Sehnde und Bolzum sowie bei Ilten und Müllingen ältere mesozoische Gesteine (Lias, Keuper, Muschelkalk und Buntsandstein) an die Oberfläche gehoben. Aus dem Salzstock sind bei

Lehrte, Ilten und Sehnde Kalisalze abgebaut worden. Zwei große Abraumhalden bezeugen den mehr als 100 Jahre währenden Salzabbau in diesem Raum (s. Foto unten). Stauwasserbeeinflusste Pseudogleye in unterschiedlicher Ausprägung sind der am stärksten verbreitete Bodentyp. Auf dem Kronsberg kommen zudem Kalkverwitterungsböden (Rendzinen und Pararendzinen) vor. Im Bereich der Gödringer Berge befinden sich bei stärkerer Lössauflage besonders fruchtbare Böden, die Anklänge an Schwarzerden zeigen.

Die Börde-Ost ist arm an natürlichen Gewässern. Es finden sich nur wenige schmale Bäche, die meist begradigt und naturfern ausgebaut sind. Burgdorfer Aue, Lehrter Bach und Billerbach entwässern die Osthälfte nach Norden, dem Geländegefälle folgend. Nach Südwesten

Die Abraumhalde bei Ilten wird nach dem Kalibergwerk „Monte Hugo" genannt.

Blick vom Leierberg auf den Hämeler Wald, Teil des legendären Nordwalds (2)

fließt die Bruchriede der Leine zu. Das bedeutsamste Gewässer ist der Mittellandkanal, der diesen Raum in einem weiten, von Nordwest nach Südost verlaufenden Bogen durchquert. Am südlichen Stadtrand von Sehnde schließt der Stichkanal nach Hildesheim an.

7.3 Nutzungsgeschichte und heutige Nutzungsverhältnisse

Zwischen Hannover, Hildesheim und Peine liegt ein <u>traditioneller</u> <u>Siedlungsraum</u>, der über Jahrhunderte als „Das große Freie" bezeichnet wurde. Die Bewohner trugen nur geringe Steuerlasten und verfügten über besondere Rechte, z. B. das Recht auf freie Jagd, freizügigen Handel und eine eigene Gerichtsbarkeit (KRUMM 2005, S. 413). Sie wurden auch „die Freien vor dem Nordwalde" (*comitia liborum iuxta nortwalt*) genannt.

Dies verweist auf ein durchgehendes Waldgebiet, das es im frühen Mittelalter zwischen Hannover und Braunschweig an der Nordgrenze der fruchtbaren Börde gegeben haben soll. Alten Überlieferungen zu Folge konnte ein Eichhörnchen (*Sciurus vulgaris*) von Hannover nach Braunschweig kommen, ohne einmal den Boden zu berühren. Misburger Wald, Ahltener Wald, Hämeler Wald, Gaim und Bockmer Holz sind Überbleibsel dieses Waldbandes und vermutlich gehörte auch die stadthannoversche Eilenriede dazu. Die Ursprünge des „Großen Freien" gehen mindestens bis in das 13. Jahrhundert zurück. Es wurde etwa ab 1500 von Ilten aus verwaltet (Vogtei Ilten, Amt Ilten) und ging im 19. Jahrhundert in den Landkreis Burgdorf über (KRUMM 2005, S. 431). Durch die niedersächsische Gemeinde- und Gebietsreform 1974 verloren die einzelnen Dörfer ihre Eigenständigkeit und wurden überwiegend der neuen Großgemeinde Sehnde zugeschlagen, die 1997 Stadtrecht erhielt. Die folgenden 14 Ortschaften gehörten bis zuletzt zum „Großen Freien":

Im Zuge der Hildesheimer Stiftsfehde wurde das ehemals freie Dorf Gilgen zur Wüstung.

Anderten	Rethmar
Ahlten	Evern
Lehrte	Dolgen
Höver	Haimar
Bilm	Gretenberg
Ilten	Klein Lobke
Sehnde	Harber (Lk Peine)

Bördelandschaft bei Müllingen, im Hintergrund der Wasserturm von Wehmingen

Die östliche Börde ist unterschiedlich dicht besiedelt. Längs der Bundesstraße 65 und im Bereich der Gödringer Berge mit ihren besonders fruchtbaren Böden liegen die Dörfer in dichtem Abstand. Im Nordosten zwischen Lehrte, Sehnde und Dolgen findet sich demgegenüber kein Dorf, und auch der Westteil zwischen Stadtlandschaft und Mittellandkanal ist nur dünn besiedelt. Möglicherweise waren die Böden hier zu schwer, um beackert werden zu können. Charakteristischer Siedlungstyp ist das Haufendorf, Reihendörfer wie Wirringen, Wehmingen und Klein Lobke sind in der Minderzahl. In den alten Dorfkernen wird das Bild von Niederdeutschen Hallenhäusern in Vierständerbauweise bestimmt (KRUMM 2005, S. 98).

Die Landschaft hat überwiegend einen weiträumig offenen Charakter und wird traditionell durch Ackerbau geprägt. Schon im 18. Jahrhundert wurden große Teile des Gebietes als Felder bewirtschaftet (Kurhannoversche Landesaufnahme von 1781). Durch Flurbereinigungen und systematische Entwässerungen (Fließgewässerbegradigung und –ausbau, Drainagen) wurden Wald- und Grünlandflächen immer weiter zurückgedrängt und Gehölzstrukturen beseitigt. Insbesondere der hügelige Südwesten mit den besonders fruchtbaren Böden ist stark ausgeräumt. Straßenbäume und Windenergieanlagen stellen hier die einzigen Vertikalstrukturen dar (s. Foto S. 233). Insgesamt überwiegt der Weizenanbau deutlich; daneben finden sich Rapsfelder und Zuckerrübenäcker sowie einzelne Spargelfelder. Nur vereinzelt und mit Schwerpunkt in der Osthälfte fügen sich noch Grünlandflächen in die Agrarlandschaft ein. Grünland findet sich zudem in Ortsnähe, und – in geringem Umfang – am Rand der Wälder und an den Bächen (v.a. Billerbach-Niederung).

Wälder sind vor allem in der Westhälfte erhalten: In den Stauwassersenken östlich des Kronsberges liegen mit Bockmer Holz und Gaim ausgedehnte, wertvolle Laubwälder. Weitere, kleinere Bauernwälder auf schlecht nutzbaren Pseudogleyböden sind der Flakenbruch bei Lehrte und das Ladeholz bei Sehnde. Auf dem ehemals kahlen Kronsberg ist im Zuge von Ausgleichs- und Ersatzmaßnahmen eine Kammbewaldung angelegt worden.

Für die Ortschaft Höver hat das ansässige Zementwerk überragende Bedeutung. (2)

Die östliche Börde ist stärker durch industrielle und großmaßstäbige gewerbliche Nutzungen geprägt als alle anderen Naturräume der Region. Im Westteil sind es zum einen der <u>Mergelabbau</u> und die <u>Zementindustrie</u>. Die Anfänge der Zementproduktion reichen in die 1870er Jahre und in das damalige kleine Dorf Misburg zurück. Neben dem tonhaltigen Kalkgestein im Untergrund war der Gleisanschluss (Güterbahn Hannover – Lehrte) entscheidend für Entstehung und Entwicklung der „Hannoverschen Portland Cementfabrik" (HPC) an dieser Stelle. Der neue Baustoff, der formbar, langlebig und preiswert war, trat alsbald einen Siegeszug im Hoch-, Tief- und Brückenbau an; bis 1900 waren bereits sechs Zementfabriken in Misburg und ein Werk in Lehrte entstanden. Die Namen lauteten „Germania" und „Teutonia", 1908 kam auch noch das Werk „Alemannia" in Höver hinzu. Entsprechend wuchsen die Mergelgruben, denen ebenfalls diese Namen zugeordnet wurden. Heute erstrecken sich zwischen Misburg und Bilm mehrere großflächige Mergelabbaugebiete am Westrand der östlichen Börde (und am Südrand der östlichen Geest). Zwei große Fabriken konzentrieren die Zementproduktion in Misburg und in Höver und prägen weithin das Landschaftsbild. Die derzeitige Mergelgewinnung erfolgt in Misburg (Grube Teutonia), Anderten und südlich von Höver mit modernen Abbaumethoden. Um Lärmwirkungen zu vermindern, wird auf Sprengungen weitgehend verzichtet; große Raupenfahrzeuge lösen das Gestein mit ihren „Reißzähnen" (STEINE UND ERDEN 2011). Und auch die Zeiten, in denen die Dächer in Höver weiß waren, sind vorbei:

Mergelkuhle Alemannia bei Höver

Mittellandkanal bei Höver

Durch verbesserte Filtertechniken konnte der Ausstoß von Stäuben und Abgasen reduziert werden (s. SCHRÖDER et al. 2010, S. 93).

Die Zementindustrie hat den Ausbau der Verkehrswege in diesem Raum zweifellos stark befördert. Für die energieintensive Produktion und den Transport des schweren Massengutes waren Straßen- und Schienenverbindungen sowie der Wasserweg von Bedeutung. Als 1928 der Mittellandkanal in diesem Abschnitt fertiggestellt wurde (s. Themen-Info S. 239), führte er unmittelbar an der Grube „Alemannia" vorbei und band das Zementwerk in Höver an. Die beiden wichtigsten Straßenverbindungen in diesem Raum sind die in Nord-Süd-Richtung verlaufende Autobahn A 7 und die Bundesstraße B 65, die die östliche Börde von Nordwest nach Südost durchquert. Diese Straßen sind mit einem Anschlussbauwerk verknüpft, das unmittelbar neben der Zementfabrik Höver liegt.

Hier haben sich mehrere Logistikfirmen angesiedelt, die die Verkehrsgunst ebenfalls nutzen. Bei Höver und Ahlten prägen die großen Lagerhallen der Logistikunternehmen das Landschaftsbild und die Ortsansichten. Östlich von Lehrte ist ein Güterverkehrszentrum entstanden. Hier wird das Schienenkreuz und der Anschluss an die Autobahn A 2 genutzt.

Zwischen Lehrte und Sehnde beherrschen zwei große Kalihalden das Landschaftsbild. Kalibergbau begann am Ende des 19. Jahrhunderts in Wehmingen mit dem Bau des Bergwerks „Hohenfels", in dem allerdings nur bis 1926 gefördert wurde. 1905 ging das Kaliwerk „Friedrichshall" in Sehnde in Betrieb, 1909 das Kaliwerk „Hugo" in Ilten und 1913 das Kaliwerk „Bergmannssegen" in Lehrte (SCHRÖDER et al. 2010). Bergmannssegen und Hugo wurden frühzeitig (1916) miteinander zu einer Doppelschachtanlage verbunden; nach einer späteren Durchschlagung wurde 1983 auch das Bergwerk Friedrichshall unterirdisch angeschlossen. Kalibergbau war über Jahrzehnte der wichtigste

Industriearchitektur aus den Anfängen des 20. Jahrhunderts: In Wehmingen begann der Kalibergbau.

THEMEN-INFO: DER MITTELLANDKANAL

Kalkholde Vegetation am Kanalufer:
Kleiner Odermennig (Agrimonia eupatoria)

Der Mittellandkanal (MLK) ist mit knapp 325 km die längste künstliche Wasserstraße Deutschlands. Er beginnt am Dortmund-Ems-Kanal im Westen und endet an der Elbe bei Magdeburg. Über weitere Kanäle ist auch die Verknüpfung mit Ems und Rhein sowie im Osten mit Havel und Oder möglich.

Da in Norddeutschland alle größeren Flüsse von Süden nach Norden fließen, ist frühzeitig die Idee einer schiffbaren Querverbindung aufgekommen: Erste Pläne schmiedete HERZOG JULIUS ZU BRAUNSCHWEIG-LÜNEBURG im 16. Jahrhundert, NAPOLEON BONAPARTE verfolgte sie zur Zeit der französischen Besatzung weiter und auch die preußischen Herrscher hatten nach der Annexion Hannovers starkes Interesse an einer direkten Schiffverbindung zwischen dem Ruhrgebiet und ihren östlichen Industrieregionen (SCHRÖDER et al. 2010). Aber erst 1905 begann der Bau im Westen, 1916 wurde Hannover-Misburg erreicht. 1928 weihte der damalige Reichspräsident PAUL VON HINDENBURG die seitdem nach ihm benannte Anderter Schleuse ein und 1929 war der Kanal im Bereich der Region Hannover fertiggestellt. Durch die Lage am südlichen Rand der norddeutschen Tiefebene waren kaum Höhenunterschiede zu überwinden, so dass Schleusen und damit einhergehende Zeitverluste für die Schifffahrt vermieden werden konnten. Die Anderter Schleuse ist von Westen aus die erste; hier ist ein Höhenunterschied von 14,70 m zu überwinden, weil das Gelände nach Südosten hin ansteigt. Innerhalb des Regionsgebietes zweigen drei Stichkanäle vom Hauptkanal ab: der Stichkanal Linden, der Stichkanal Misburg, der die Mergelindustrie in Misburg/Anderten anbindet, und der Stichkanal Hildesheim, der südlich von Sehnde abzweigt, insgesamt 8 m höher liegt und deshalb eine weitere Schleuse bei Bolzum nötig macht.

In ökologischer Hinsicht stellen die zusammenhängenden europäischen Wasserstraßen ein ausgedehntes Wanderwegsystem für aquatische Lebewesen dar. Die Kanäle sind nicht nur untereinander verbunden, sondern sie verknüpfen auch die großen Ströme und Flüsse und ihre Einzugsbereiche miteinander. Dies hat nicht nur Vorteile. Auch invasive Arten können sich auf diese Weise ausbreiten. Die Schwarzmund-Grundel (*Neogobius melanostomus*), eine Kleinfischart aus den Randbereichen des Schwarzen Meeres und des Asowschen Meeres, ist über den Main-Donau-Kanal nach Mitteldeutschland gekommen und besiedelt nun unter anderem Main, Rhein, Mosel und auch den Nord-Ostseekanal, und zwar in erheblichen Mengen. Inzwischen hat sie den Mittellandkanal bei Osnabrück erreicht und es wird befürchtet, dass sie von hier aus die niedersächsischen Flüsse erobert. (KAUTENBURGER 2013)

Schwarzmund-Grundel (Neogobius melanostomus) (52)

Wasserturm der Lehrter Zuckerfabrik

Blick vom Golfplatz Gleidingen in die Hildesheimer Börde (2)

Industriezweig in Sehnde; es wurden vor allem Düngemittel und Streusalz produziert. Bis 1994 dauerte der Salzabbau an, dann wurden die Bergwerke Bergmannssegen-Hugo und Friedrichshall geschlossen. Die unterirdischen Anlagen wurden geflutet, und die beiden Abraumhalden blieben zurück. Weitere Zeugen der bergbaulichen Vergangenheit können auf dem Gelände des Straßenbahnmuseums in Wehmingen besichtigt werden: hier sind alte Betriebsgebäude als Baudenkmale geschützt (s. Foto S. 238).

Auch die Zuckerproduktion hat in diesem Raum lange Zeit eine wichtige Rolle gespielt. In den Fabriken in Lehrte und Sehnde wurden über 100 Jahre lang die Zuckerrüben verarbeitet, die auf den fruchtbaren Bördeböden der Umgebung wuchsen. 1988 ist zunächst die Zuckerfabrik in Sehnde, die 1875 gegründet wurde, aufgegeben worden. In Lehrte wurde bis 1998 Zucker produziert. Hier sind die Klärteiche, die das Wasser aus der Rübenreinigung aufgenommen hatten, erhalten geblieben sowie der Wasserturm der Fabrik, der jetzt als Wahrzeichen Lehrtes dient. Die in der Region produzierten Rüben werden inzwischen zur Verarbeitung nach Clauen und Nordstemmen im Landkreis Hildesheim verbracht.

Trotz der aufgezeigten Beeinträchtigungen hat auch dieser Raum Bedeutung für die Naherholung: Insbesondere der am Stadtrand Hannovers gelegene Kronsberg mit seinen Aussichtshügeln und extensiv bewirtschafteten Flächen wird stark von Radlern und Spaziergängern frequentiert. Über ihn führt der Grüne Ring, ein gut ausgebauter Radweg, auf dem man Hannover umrunden kann (s. Themen-Info S. 265). Im Süden dieses Naturraums befinden sich in hügeliger Landschaft zwei großflächige Golfplätze, bei Gleidingen und bei Rethmar bzw. Gretenberg. Hier kann man nicht nur putten und schlagen, sondern auch die Aussicht in die umgebende Landschaft genießen.

Zuckerrübenernte bei Wülferode

Sibirische Schwertlilie (Iris sibirica)

Schlangen-Knöterich (Bistorta officinalis)

7.4 Haupt-Biotoptypen und wichtige Lebensräume

Kalk-Pfeifengraswiesen

Besonders charakteristisch, wenn auch nur noch kleinflächig anzutreffen, sind in diesem Naturraum artenreiche Wiesen auf nassen bzw. wechselfeuchten Böden, die von der Mergelschicht im Untergrund beeinflusst sind. Bei extensiver Mähnutzung – oder einer entsprechenden Pflege – entwickeln sich auf diesen basenreichen und kalkhaltigen Standorten buntblühende Pflanzengemeinschaften mit einer Fülle von Pflanzenarten, die selten und gefährdet sind. Für diesen Wiesentypus ist der Begriff „Kalk-Pfeifengraswiese" gebräuchlich, wenngleich das Pfeifengras (*Molinia coerulea*) hier viel weniger zahlreich als in den sauren Hochmooren ist. Als Beispiele für typische Pflanzenarten mit auffälligem Blühaspekt seien genannt (in der Reihenfolge des Blühzeitpunktes): Bach-Nelkenwurz (*Geum rivale*), Schlangen-Knöterich (*Bistorta officinalis*), Breitblättriges und Geflecktes Knabenkraut (*Dactylorhiza*

majalis, D. fuchsii), Sibirische Schwertlilie (*Iris sibirica*), Heil-Ziest (*Betonica officinalis*), Weidenblättriger Alant (*Inula salicina*), Färber-Scharte (*Serratula tinctoria*), Nordisches Labkraut (*Galium boreale*) und Wirtgen-Labkraut (*G. wirtgenii*), Großer Wiesenknopf (*Sanguisorba officinalis*), Wiesen-Silge (*Silaum silaus*) und Kümmel-Silge (*Selinum carvifolia*), Großes Flohkraut (*Pulicaria dysenterica*) und Teufelsabbiss (*Succisa pratensis*). Eine Vielzahl verschiedener Seggen- und Binsenarten komplettieren diese Pflanzengemeinschaft (s. FEDER 2014). Die besten Kalk-Pfeifengraswiesen sind in den Naturschutzgebieten „Holzwiese im Bockmer Holz" und „Hahnenkamp" am Billerbach geschützt und werden regelmäßig gepflegt.

Auf jeweils eine botanische Besonderheit sei hingewiesen: Auf der Bockmer Holz – Wiese wächst die Herbstzeitlose (*Colchicum autumnalis*), eine in Süddeutschland häufigere Art, die hier aber an die nördliche Grenze ihres Verbreitungsgebietes stößt und entsprechend selten ist. Ihre blassvioletten Blüten,

Wiesen-Silge (Silaum silaus) (6)

Herbstzeitlose (Colchicum autumnalis) – Fruchtkapsel (8)

Primelreiche Grabenränder im Expo-Park Süd (Primula veris)

die an Krokusse erinnern, zeigen sich erst im Oktober, später als bei jeder anderen Wiesenpflanze. Die breitlanzettlichen Blätter des giftigen Liliengewächses sind dann schon vergangen. Im Frühjahr erscheinen Spross, Blattgrün und jeweils eine reife Fruchtkapsel, die in der unterirdischen Knolle herangewachsen ist. Auf diese Weise legt die Herbstzeitlose zwei Ruhepausen ein, in denen sie in der Knolle überdauert. Dieser Lebensrhythmus ist charakteristisch für mediterrane Arten, die sowohl der Winterkälte als auch der Sommertrockenheit ausweichen müssen (MEYER 1969, S. 53). Er ist zudem praktisch im extensiven Mähgrünland, weil die Pflanzen durch den Sommerschnitt nicht zurückgeworfen werden.

Im NSG „Hahnenkamp" südöstlich von Lehrte wächst in einem weithin isolierten Vorkommen die Sumpf-Brenndolde (*Cnidium dubium*), die in Niedersachsen sonst nur aus dem mittleren Elbtal und aus dem Wendland bekannt ist (GARVE 2007). Der weißblühende Doldenblütler gilt als Kennart wechselnasser Auenwiesen im subkontinentalen Klimabereich (Brenndolden-Auenwiesen – *Cnidion dubii*). Am Billerbach kommt sie in einer individuenstarken Population vor.

Kleinflächige Ansätze von Kalk-Pfeifengraswiesen finden sich in diesem Naturraum überall da, wo regelmäßig aber nicht zu oft gemäht wird, wo die Mergelschicht hoch ansteht oder freigelegt ist und wo wechselfeuchte, nicht zu nährstoffreiche Standorte vorliegen. Diese Voraussetzungen sind vielfach an

Grabenrändern erfüllt, z. B. am südlichen Kronsberg, in der Bruchriede-Niederung, östlich von Anderten und im Umfeld von Gaim und Bockmer Holz. Auch die Ufer des Mittellandkanals entsprechen teilweise diesen Kriterien. Eine charakteristische Art solcher wechselfeuchten Kalkstandorte ist die Echte Schlüsselblume (*Primula veris*), die anhand der dunkelgelben Blüten von der Hohen Schlüsselblume (*Primula elatior*) unterschieden werden kann. Im Expo-Park Süd am Stadtrand von Laatzen leuchten einige Grabenböschungen gelb, wenn Anfang Mai die Primeln blühen. Hier sind Ausgleichsmaßnahmen durchgeführt worden, die nötig wurden, um den Eingriff durch das Weltausstellungsgelände zu kompensieren (PGL 2002b). Dabei sollte auch die Vegetation der Kalk-Pfeifengraswiesen gefördert werden.

Sumpf-Brenndolde (Cnidium dubium)

THEMEN-INFO: EINGRIFFSREGELUNG

Beim Neubau von Logistikhallen fallen Ausgleichs- und Ersatzmaßnahmen an.

Was ist eigentlich Eingriffsregelung?

Die Eingriffsregelung ist ein Instrument des Naturschutzes und seit 1976 im Bundesnaturschutzgesetz verankert. Sie folgt dem Grundsatz, dass in die Natur nur eingegriffen werden darf, wenn das nicht zu ihrer Verschlechterung führt (Verschlechterungsverbot). Unter einem Eingriff wird jede Veränderung der Gestalt oder Nutzung von Grundflächen verstanden, sofern damit erhebliche Beeinträchtigungen des Naturhaushalts oder des Landschaftsbildes verbunden sind. Wenn ein Eingriff geplant ist, dann ist zunächst zu prüfen, ob er sich nicht vermeiden lässt. Ist er unvermeidbar, so sind Maßnahmen zu ergreifen, die die negativen Wirkungen auf die Natur ausgleichen oder zumindest für gleichwertigen Ersatz sorgen. Kernbotschaft war und ist: Auch wenn wir weitere Eingriffe in die Landschaft nicht vermeiden können, darf der Zustand von Natur und Landschaft nicht immer schlechter werden.

Die Eingriffsregelung ist ein Kind der Umweltbewegung. Zu Grunde liegt der Gedanke, dass in einer endlichen Welt der Landschaftsverbrauch nicht immer weiter voranschreiten darf, dass das Prinzip der Nachhaltigkeit in den Fortgang der baulichen Entwicklung integriert werden muss. Auch war erkannt worden, dass sich ein wirksamer Naturschutz nicht auf Schutzgebiete und -objekte beschränken darf, sondern dass ein flächendeckender Ansatz für die Gesamtlandschaft nötig ist. Und nicht zuletzt: Durch die Eingriffsregelung wurde das Verursacherprinzip in den Naturschutz eingeführt: Zahlen muss der Vorhabenträger – für die vorbereitenden Untersuchungen, für die Pläne, die aufzeigen, zu welchen Beeinträchtigungen es kommt und wie sie ausgeglichen werden sollen, für die Kompensationsflächen, die Durchführung der Maßnahmen und die dauerhafte Pflege. Bei dem Eingriffsverursacher liegt auch die Beweislast, dass er alles versucht hat, um das Vorhaben so naturverträglich wie möglich zu planen.

Insofern gehört die Eingriffsregelung zu den bedeutendsten und erfolgreichsten Instrumenten des Naturschutzes in Deutschland (DRL 2007). Da kann es nicht verwundern, dass es immer wieder politische Initiativen gibt, um sie zu schwächen oder auch ganz abzuschaffen. Schließlich haben andere Länder Europas nichts Vergleichbares, und die von ihr ausgehenden Hemmnisse für die wirtschaftliche Entwicklung sind offenkundig. Auch werden langsam die Flächen knapp: Wenn Landwirte Äcker und Wiesen für neue Baugebiete und für den dafür erforderlichen Ausgleich zur Verfügung stellen müssen, wissen sie bald nicht mehr, wo sie noch wirtschaften sollen. Eine vernünftige Schlussfolgerung hieraus besteht allerdings nicht in der Abschaffung der Eingriffsregelung, sondern in einer deutlichen Reduktion des Flächenfraßes.

An entsprechenden Grabenrändern wächst zudem der Große Wiesenknopf (*Sanguisorba officinalis*), sofern nicht zu intensiv gemäht wird. An dieser Hochstaude leben die Raupen eines seltenen und hochgradig gefährdeten Schmetterlings, des Dunklen Wiesenknopf-Ameisenbläulings (*Maculinea nausithous*). Dieser Tagfalter kommt in der östlichen Börde noch vor, ist aber deutlich seltener als seine Nahrungspflanze. Die Art kann als Leittierart für diesen Raum gelten, denn sie kommt nur hier vor und der Große Wiesenknopf hat in der östlichen Börde seinen Schwerpunkt innerhalb der Region. Die blütenreichen Kalk-Pfeifengraswiesen stellen für viele Schmetterlingsarten einen geeigneten Lebensraum dar. Darunter sind auch seltene Arten wie der Schwalbenschwanz (*Papilio machaon*), der zu den größten und schönsten Tagfaltern Europas zählt und in Niedersachsen als stark gefährdet gilt (LOBENSTEIN 2004; s. Kap. 7.6).

THEMEN-INFO: HEUBLUMENANSAAT

Aufrechte Trespe (Bromus erectus) und Zittergras (Briza media) am Aussichtshügel auf dem Kronsberg

Sibirische Schwertlilie (Iris sibirica) an der Kalsaune im Expo-Park Süd

Unter Heublumenansaat wird die Erstbegrünung von Rohböden durch samenhaltiges Mahdgut von ökologisch ähnlichen Standorten in der Nachbarschaft verstanden. Es handelt sich um die naturschutzverträgliche Alternative zur Begrünung mit zentral vermehrtem, züchterisch überformtem Handelssaatgut. Samenhaltiges Mahdgut kann bei der Pflege wertvoller Offenlandbiotope in der Umgebung gewonnen werden, zumal es häufig zu den Naturschutzauflagen gehört, das bei der Pflege anfallende Schnittgut abzutransportieren. Es kann dann auch zur Erstbegrünung vergleichbarer Rohböden genutzt werden.

Heublumenansaat hat gegenüber herkömmlichen Begrünungsverfahren mehrere Vorteile (ROHRPASSER 1998, HÖLZEL 2011):

- Sie führt zu einer zeitnahen Ansiedlung der charakteristischen und wertbestimmenden Arten bestimmter Pflanzengesellschaften, die Zielbiotope von Naturschutzmaßnahmen darstellen. Häufig sind diese Arten inzwischen so selten geworden, dass sie nicht aus eigener Kraft oder nur über sehr lange Zeiträume einwandern können.
- Sie stützt sich ausschließlich auf autochthones Saatgut und vermeidet das Einschleppen von Sippen, die nicht regionaltypisch sind. Erst dadurch wird die Zielstellung des Naturschutzrechts erreicht, wonach die biologische Vielfalt dauerhaft zu sichern ist, denn dies bedeutet, dass auch die Vielfalt innerhalb der Arten, also die Subspezies, Kleinarten, Ökotypen etc. zu gewährleisten sind. Im Übrigen unterliegt das Ausbringen von Saatgut außerhalb der jeweiligen Vorkommensgebiete nach § 40 BNatSchG ab dem 1.3.2020 einem Genehmigungsvorbehalt. Durch eine nachhaltig erfolgreiche Wiederausbreitung von seltenen und gefährdeten Arten werden die vorhandenen Populationen gestützt, die Gefahr des Aussterbens sinkt.

Wichtig ist es, Florenverfälschung zu vermeiden. Deshalb dürfen keine Arten heimischer Wildpflanzen außerhalb ihres angestammten Verbreitungsareals ausgebracht werden.

Winter-Schachtelhalm (Equisetum hyemale) in der Gaim

Eichen- und Hainbuchen-Mischwälder und Buchenwälder

In der östlichen Börde sind – wie in der Börde-West (s. Kap. 3.4) – in flachen Mulden und auf Pseudogleyböden naturnahe Laubwälder erhalten, die von Eichen (Quercus robur, Q. petrea), Hainbuchen (Carpinus betulus) und Buchen (Fagus sylvatica) aufgebaut werden. Charakteristisch und weit verbreitet sind hier Eichen-Hainbuchenwälder (Carpinion betuli), die durch historische Nutzungen und staufeuchte Böden begünstigt wurden (vgl. HÄRDTLE et al. 2008, S. 142 ff.). Ihre Artenzusammensetzung ist in Kap. 3.4 ausführlich beschrieben. Daneben finden sich auch mesophile Buchenwälder, also Buchenwälder auf „mittleren" Standorten (mäßig feucht, mäßig nährstoffversorgt). Auf Grund der Mergelschicht im Untergrund sind basenhaltige Standorte und basenzeigende Pflanzenarten verbreitet.

In Bockmer Holz und Gaim kommen Eichen-Hainbuchenwälder und mesophile Buchenwälder in ausgedehnten und artenreichen Beständen vor. In der Krautvegetation fallen einige gefährdete und seltene Arten auf: Insbesondere in der Gaim bildet der Winter-Schachtelhalm (Equisetum hyemale) große, immergrüne Bestände. Die steif aufrechten, in der Regel unverzweigten, dunkelgrünen Halme dieser Art sind unverwechselbar. Nur im Bockmer Holz kommt mit dem Gelben Eisenhut (Aconitum lycoctonum) eine charakteristische Art des Berglands vor, die hier an die Nordgrenze ihres Verbreitungsareals stößt. Zudem sei auf einige gefährdete Orchideenarten hingewiesen, die in diesen Wäldern nachgewiesen wurden: Großes Zweiblatt (Listera ovata), Stattliches Knabenkraut (Orchis mascula), Grünliche Waldhyazinthe (Platanthera chlorantha) sowie – nur im Bockmer Holz: Violette Stendelwurz (Epipactis purpurata).

Gelber Eisenhut (Aconitum lycoctonum) im Bockmer Holz

Die Ährige Teufelskralle (Phyteuma spicatum) besiedelt anspruchsvolle Laubwälder.

Gut ausgeprägte Laubwälder befinden sich zudem in folgenden Bereichen: Flakenbruch südwestlich Lehrte, Laubwäldchen westlich Köthenwald, Ladeholz bei Sehnde und Laubwald bei Vorwerk Neuloh.

Als charakteristische Vogelarten nisten in diesen Wäldern der Mittelspecht (*Dendrocopus medius*), ein Eichenwaldspezialist (s. Kap. 2.4), und die Hohltaube (*Columba oenas*), die in Baumhöhlen brütet. Ganz überwiegend nutzt sie Stammhöhlen, die der Schwarzspecht (*Dryocopus martius*) geschlagen hat. Die Laubwälder westlich von Köthenwald (bzw. nördlich von Wassel) haben besondere Bedeutung für Fledermäuse: Hier sind wichtige

Quartier- und Jagdgebiete für den Kleinen Abendsegler (*Nyctalus leisleri*) und das Braune Langohr (*Plecotus auritus*) festgestellt worden (LRP).

Bemerkenswert ist zudem die Schmetterlingsfauna dieser artenreichen Laubwälder. Mehrfach wurden in Gaim und Bockmer Holz die gefährdeten Tagfalterarten Kaisermantel (*Argynnis paphia*), Großer Schillerfalter (*Apatura iris*) und Kleiner Eisvogel (*Limenitits camilla*) nachgewiesen (LRP), so dass hier von beständigen Populationen ausgegangen werden kann. Es handelt sich um Waldschmetterlinge, die aber innerhalb und am Rand von Wäldern auf besonnte Teilhabitate angewiesen sind.

Hohltaube (Columba oenas) am Nest (1)

Kaisermantel (Argynnis paphia) (1)

Weißes Waldvögelein (Cephalanthera damasonium)

Bienen-Ragwurz (Ophrys apifera) (58)

Waldwiesen und -lichtungen, breite Waldwege und Waldränder mit Strauchbewuchs sind ihre bevorzugten Lebensräume. Die Raupen des Kleinen Eisvogels fressen vor allem an Roter Heckenkirsche (*Lonicera xylosteum*), einem Kleinstrauch auf kalkhaltigen Böden, der hier an die Nordgrenze seiner Verbreitung stößt.

Kalkmagerrasen

Wo der Kalkmergel aus dem Untergrund an die Oberfläche geholt und zu kleinen trockenen und besonnten Hügeln aufgeschüttet wurde, haben sich in diesem Naturraum teilweise wertvolle Pflanzengesellschaften mit seltenen Arten

Ein Sonnenröschen auf der Anderter Kippe:
Helianthemum nummularium ssp. obscurum

entwickelt. Zum Beispiel ist im Zuge des Kanalbaus (Anfang des 20. Jahrhunderts, s. Themen-Info: Mittellandkanal S. 239) in den geologischen Untergrund eingegriffen worden. Der nicht benötigte Aushub wurde beidseits der Wasserstraße in Kippen abgelagert. So entstanden die Mergelhalde Anderten und die Höversche Kippe, die heute von wertvollen Trocken- und Halbtrockenrasen bewachsen sind. Kennzeichnende Arten sind Schopfiges Kreuzblümchen (*Polygala comosa*), Aufrechte Trespe (*Bromus erectus*), Kleiner Odermennig (*Agrimonia eupatoria*), Golddistel (*Carlina vulgaris*) und Stängellose Kratzdistel (*Cirsium acaule*). Auf der Höverschen Kippe wachsen zudem mehrere Orchideenspezies, die für Kalkmagerrasen charakteristisch sind: Braunrote Stendelwurz (*Epipactis atrorubens*), Fliegen-Ragwurz (*Ophrys insectifera*) und Bienen-Ragwurz (*O. apifera*) sind sehr seltene Arten, die in der östlichen Börde an ihre nördliche Arealgrenze stoßen. Ragwurze (*Ophrys spec.*) zeichnen sich durch eine spezifische Bestäubungsbiologie aus: Ihre Blüten stellen Imitate weiblicher Insekten dar, so dass die entsprechenden Männchen angelockt und zu einer sogenannten Pseudokopulation angeregt werden. Auf diese Weise werden die Pollen übertragen. Am Fuß der Höverschen Kippe sowie am Kanalufer in diesem Bereich wachsen mit dem Fuchs-Knabenkraut (*Dactylorhiza fuchsii*) und dem Weißen Waldvögelein (*Cephalanthera damasonium*) weitere Orchideenarten, die auf den Basenreichtum des Standorts verweisen.

Wiesen-Salbei (Salvia pratense) und Aufrechte Trespe (Bromus erectus) am Kronsberg-Aussichtshügel

Blaugrünes Labkraut (Galium glaucum)

Weitere Kalkmagerrasen befinden sich im Bereich künstlicher Aufhöhungen auf dem Kronsberg. Die älteste von ihnen ist eine Aufschüttung an einem Wasserhochbehälter unmittelbar am östlichen Rand der Kronsbergsiedlung (Stadtteil Bemerode), die regelmäßig gemäht wird. Hier wächst als Besonderheit das in Niedersachsen vom Aussterben bedrohte Blaugrüne Labkraut (*Galium glaucum*) in großer Zahl. Diese Magerrasenart besiedelt trockenwarme Kalkböden in kontinentaler (bis pannonischer) Lage. Am Kronsberg hat sie ein isoliertes Vorkommen, das westlich ihres geschlossenen Verbreitungsareals liegt (vgl. GARVE 2007).

Im Zuge der landschaftlichen Neugestaltung von Teilen des Kronsbergs im Vorfeld der Weltausstellung Expo 2000 wurden weitere Kalkmagerrasen geschaffen: Die beiden Aussichtshügel, die den flachen Kronsbergrücken überhöhen, wurden jeweils mit Kalkschotter aufgeschüttet und mit Hilfe einer Heublumenansaat begrünt (s. Themen-Info S. 244). Heute wachsen hier mit dem Kleinen Wiesenknopf (*Sanguisorba minor*), Wiesen-Salbei (*Salvia pratense*) und Aufrechter Trespe (*Bromus erectus*) entsprechende Kennarten. Im Expo-Park Süd wurde in südexponierter Lage ein Kalkmagerrasen als Ausgleichsfläche für Eingriffe durch das Weltausstellungsgelände initiiert.

Die Fläche wurde ebenfalls durch eine Heublumenansaat begrünt. Es wurde samenhaltiges Mahdgut aufgebracht, dass bei der Pflege der Trockenrasen auf der Höverschen Kippe, auf der Anderter Halde und auf dem Gelände am Wasserhochbehälter anfiel. Die Ansaat sowie die Vegetationsentwicklung sind ausführlich dokumentiert worden (DRANGMEISTER 1999, PGL 2000, PGL 2002b). Es hat sich hier inzwischen ein Kalkmagerrasen etabliert, in dem gefährdete Kennarten wie Zittergras (*Briza media*), Wiesen-Salbei (*Salvia pratense*) und auch das Blaugrüne Labkraut (*Galium glaucum*) zahlreich vorkommen.

Kleingewässer und Sümpfe

Zwischen Gaim und Bockmer Holz liegt das Naturdenkmal „Brinksoot", ein kleines Feuchtgebiet mit einem Weiher, der durch Tonabbau entstanden ist (THIEL et al. o.J.), mit angrenzenden Sümpfen, Wiesen und Gebüschgruppen, in denen der Neuntöter (*Lanius collurio*) brütet. In dem Gewässer fällt der große Bestand der Krebsschere (*Stratiotes aloides*) auf, die sich hier allerdings vermutlich nicht auf natürliche Weise eingestellt hat (s. GARVE 2007). Das kleine Feuchtgebiet hat insbesondere Bedeutung für einige hochgradig gefährdete Sumpfpflanzen, die nur auf kalkhaltigem bzw. basenreichem Boden gedeihen: Hier

Feuchtgebiet Brinksoot am Rand des Bockmer Holzes (18)

wachsen Filz-Segge (*Carex tomentosa*) und Salz-Bunge (*Samolus valerandi*) in großen Beständen. Auch eine Vielzahl an Lurch- und Libellenarten können beobachtet werden. Kröten, Frösche und Molche führen regelmäßige saisonale Wanderungen zwischen dem Laichgewässer und den umgebenden Wäldern durch, die sie als Landlebensräume nutzen und in denen viele von ihnen (z. B. die Erdkröte (*Bufo bufo*)) auch geeignete Verstecke für die Überwinterung finden.

Am Fuß des Kronsbergs entspringt die <u>Kalsaune</u>, ein schmales Gerinne, das den Expo-Park Süd mit mehreren Quellläufen und geringem Gefälle durchfließt. Im Zuge der Parkgestaltung sind Bacherweiterungen und flache Mulden geschaffen worden, die je nach Wasserführung überstaut werden (PGL 1997). Es haben sich – durch Heublumenansaat begünstigt – Pflanzenarten der Kalksümpfe angesiedelt. Charakteristisch sind Blaugrüne Segge (*Carex flacca*) und Blaugrüne Binse (*Juncus inflexus*). Zudem wachsen hier hochgradig gefährdete Arten wie Filz-Segge (*Carex tomentosa*), Stumpfblütige Binse (*Juncus subnodulosus*), Fuchs-Knabenkraut (*Dactylorhiza fuchsii*) und Sibirische Schwertlilie (*Iris sibirica*). Letztere ist zweifelsfrei durch die Heublumenansaat (Mahdgut von der Bockmer Holzwiese) eingebracht worden.

Am östlichen Stadtrand von Lehrte liegt ein wertvolles Feuchtgebiet, die ehemaligen <u>Zuckerrübenteiche</u>. Der Bereich ist größer als die Klärteichkomplexe an den früheren Zuckerfabriken in Weetzen, Groß Munzel und Rethen (s. Kap. 3.4

Kleingewässer mit Massenbestand der Krebsschere (Stratiotes aloides)

Erdkröten (Bufo bufo) bei der Wanderung –
die Weibchen tragen die Männchen (1)

Rothalstaucher (Podiceps grisegna) (1)

und 1.4) und deren avifaunistische Bedeutung wird hier noch übertroffen. Neben offenen Wasserflächen finden sich auch ausgedehnte Röhrichtbereiche. Entsprechend vielfältig ist die Brutvogelwelt: Schnatterenten (*Anas strepera*), Tafelenten (*Aythya ferina*) und Reiherenten (*Aythya fuligula*) können regelmäßig und zahlreich als Brutvögel beobachtet werden (Thye 2014a), zudem nisten hier alljährlich Haubentaucher (*Podiceps cristatus*), Zwergtaucher (*Tachybaptus ruficollis*) und auch die seltenen Rothalstaucher (*Podiceps grisegna*). Der Rothalstaucher, eine Art mit nordöstlichem Verbreitungsareal, hat hier seit mehreren Jahren ein isoliertes Brutvorkommen mit bis zu 5 Paaren (Lieber mdl. 2014). Er ist im Sommerkleid durch die rotbraune Halsfärbung, die von dem weißlichen Kopf scharf abgesetzt ist, gut von anderen Tauchern zu unterscheiden und besiedelt bevorzugt kleinere, flache

Gewässer mit üppigem Wasserpflanzenbewuchs. Einige der ehemaligen Teiche sind nicht mehr mit Wasser bespannt. Dort haben sich ausgedehnte Röhrichte und Sumpfbiotope entwickelt, die noch nicht oder nur wenig verbuscht sind. Hier brüten viele charakteristische Arten wie Rohrammer (*Emberiza schoeniclus*), Teichrohrsänger (*Acrocephalus scirpaceus*) und Wasserralle (*Rallus aquaticus*). Auch die Rohrweihe (*Circus aeruginosus*) zählt dazu, die mit ca. 3 Brutpaaren an den Klärteichen vorkommt und häufig in ihrem charakteristischen Jagdflug über dem Feuchtgebiet beobachtet werden kann. Ein typischer Röhrichtbewohner ist der gefährdete Rohrschwirl (*Locustella luscinioides*). Er ist im April durch seinen ausdauernden Gesang gut zu erkennen, ein fast endloses Schwirren oder Surren, das an Fluggeräusche von Insekten erinnert.

Für Brut- und Rastvögel gleichermaßen bedeutsam: die Lehrter Zuckerrübenteiche

Tafelente (Aythya ferina) (1)

Schnatterente (Anas strepera) (1)

In der gewässerarmen Bördelandschaft üben die Lehrter Klärteiche eine starke Anziehungskraft auf Zugvögel aus. Zu den charakteristischen und häufigen Durchzüglern und Rastvögeln zählen Pfeifente (*Anas penelope*) und Löffelente (*Anas clypeata*), und auch der Flussuferläufer (*Actitis hypoleucos*) wird regelmäßig auf dem Durchzug festgestellt (LIEBER mdl. 2014).

Mergelgruben

Die ausgedehnten Mergelgruben bei Misburg, Anderten, Höver und Bilm stellen innerhalb der Kulturlandschaft der Region Hannover eigene Welten dar, die sich nach und neben dem Abbau weitgehend ungestört und wenig beachtet – entsprechend natürlicher Prozesse – entwickeln können. Zwar ist die Mergelgewinnung mit erheblichen Eingriffen in die ursprüngliche und gewachsene Landschaft,

Rohrschwirl (Locustella luscinioides) (1)

Ausgedehnte Röhrichte kennzeichnen den Ostteil des Lehrter Teichkomplexes.

ihre Böden und Biotope verbunden, aber sie schafft auch neue Lebensräume. Der Abbau nimmt zumeist nur Teile der Gruben in Anspruch, während sich in anderen Teilen wieder Vegetation und Tierwelt einstellen können. Durch den Abbau wird das Geländeniveau um 30 bis 40 Meter und mehr abgesenkt. Steile Grubenwände entstehen und schirmen das Innere des Abbaus ab. In Vertiefungen der Grubensohle sammelt sich Wasser, das während des Abbaus teilweise abgepumpt wird. Hier finden sich Kleingewässer mit dauerhafter und mit nur zeitweiliger Wasserführung neben Kalksümpfen und trockeneren Standorten und neben türkisfarbenen Seen in den tiefsten Partien der Grube. Das Betreten ist zumeist untersagt; zum Teil ist es aber möglich, sich im Rahmen geführter Wanderungen in das Grubeninnere zu begeben. Auch sind in den letzten Jahren einige Aussichtsmöglichkeiten am Grubenrand geschaffen worden, so eine Aussichtskanzel an der ältesten Grube „HPC 1". Dennoch ist das Grubeninnere weitgehend ungestört, wo nicht gerade der Abbaubetrieb läuft.

Die Kalkrohböden werden nach und nach von verschiedensten Pflanzengesellschaften erobert: Ruderalfluren und Gebüschfragmente, Röhrichte und Pionierfluren auf wechselfeuchten Kalkstandorten. In den Gewässern siedeln sich Armleuchteralgen (*Chara spec.*) an. Viele gefährdete Pflanzenarten, die aus der Kulturlandschaft verdrängt werden, finden auf den mageren Rohböden neue Lebensmöglichkeiten. Eine Charakterart der Grubensohlen ist das Fleischfarbene Knabenkraut (*Dactylorhiza incarnata*). Und auch die Sumpf-Stendelwurz (*Epipactis palustris*), eine weitere hochgradig

Steinschmätzer (Oenanthe oenanthe) (1)

gefährdete Orchideenart der Kalkflachmoore, blüht hier. In den flachen Tümpeln wächst das Gefärbte Laichkraut (*Potamogeton coloratus*), eine wärme- und kalkliebende Art, die nur sehr nährstoffarme Gewässer besiedeln kann und deshalb aus der Kulturlandschaft praktisch verschwunden ist.

Die vielfältig strukturierten Mergelgruben mit ihren unterschiedlichen Gewässerbiotopen haben für eine Vielzahl an Amphibien- und Libellenarten Bedeutung (s. auch Kap. 3.4). Und sie stellen einen besonderen Vogellebensraum dar: In den Steilwänden brüten Uferschwalben (*Riparia riparia*) und der Uhu (*Bubo bubo*), auf den kahlen oder nur schütter bewachsenen Rohböden Steinschmätzer (*Oenanthe oenanthe*) und Flussregenpfeifer (*Charadrius dubius*). Weitere Bodenbrüter wie der

Die Grubensohle von HPC 1 – ein Feuchtgebiet auf Kalkgestein

Sumpf-Stendelwurz (Epipactis palustris) (40)

Die Blätter des Gefärbten Laichkrauts (Potamogeton coloratus) sind etwas rötlich.

Kiebitz (*Vanellus vanellus*), die es in der intensiv bewirtschafteten Agrarlandschaft schwer haben, nutzen den ungestörten, überwiegend offenen Lebensraum als Nistplatz (LIEBER 2014, mdl.). Und im Luftraum macht der Baumfalk (*Falco subbuteo*) Jagd auf Großlibellen und Schwalben.

Auch für wärmeliebende Tagschmetterlinge sind die Mergelgruben ein geeigneter Lebensraum. Das Grubeninnere ist windberuhigt und die Kalkböden heizen sich bei Besonnung auf. Zudem findet sich in den Ruderalfluren und Säumen eine Vielzahl von Futterpflanzen für die Raupen und von Nektarpflanzen für die Falter. Besonders charakteristisch ist der Schwalbenschwanz (*Papilio machaon*), der in allen Mergelgruben am östlichen Stadtrand Hannovers nachgewiesen wurde (LRP) und deshalb als

eine Leitart für diesen Raum gelten kann. Für den Natur- und Artenschutz besonders wertvoll ist die Mergelgrube HPC 1, die bereits Ende der 1970er Jahre aus der Nutzung gegangen ist. Sie soll auch zukünftig dem Naturschutz gewidmet bleiben, weshalb es erforderlich ist, das zulaufende Grundwasser ständig abzupumpen (NUSSBAUM 2011).

Am östlichen Ortsrand von Gleidingen liegt die aufgelassene Ziegelei-Tongrube „Am Radlah". Der Ton stammt aus dem Santon, einer kalkhaltigen Formation der Oberkreide (KRÜGER 1993). Unter nährstoffarmen Bedingungen hat sich auch hier eine interessante, kalkholde Flora entwickelt: Sumpf-Stendelwurz (*Epipactis palustris*) und Großes Flohkraut (*Pulicaria dysenterica*) kennzeichnen die feuchten Standorte, der Fransen-Enzian (*Gentianella*

Magere Pionierfluren auf Kalk bei Radlah (Gleidingen)

Weidenblättriger Alant (Inula salicina) blüht
in der Grube HPC 1.

Strand-Wegerich (Plantago maritima) (59)

ciliata) wächst trockener. Die letztgenannte Art ist typisch für Kalkstandorte des Berglands und erreicht hier die Nordgrenze ihrer Verbreitung.

Binnensalzstellen

Am Fuß der Kalihalden von Ilten und Sehnde sowie südlich von Lehrte (ehemaliges Kaliwerk Ottoshall) finden sich Krautfluren, in denen salztolerante Pflanzen (Halophyten) wachsen. Die Artenzusammensetzung ähnelt entsprechenden Pflanzengemeinschaften in der westlichen Börde (vgl. Kap. 3.4 sowie GARVE u. GARVE 2000). Auch hier sind die „Nordseepflanzen" Queller (Salicornia europaea), Strandaster (Aster tripolium) und Strand-Sode (Suaeda maritima) zahlreich. Zudem können in den Halophytenfluren der östlichen Börde angetroffen werden: Strand-Wegerich (Plantago maritima), Strand-Dreizack (Triglochin maritimum) und Salz-Binse (Juncus gerardii). (FEDER 2003)

Löss- und Kalkäcker

In den Ackerfluren der östlichen Börde sind die Habitatverhältnisse vielfach ähnlich wie in Kap. 3.4 (Börde-West) beschrieben. Dies gilt insbesondere für die Brutvogelwelt, in der Offenlandarten wie Feldlerche (Alauda arvensis), Schafstelze (Motacilla flava) und Rebhuhn (Perdix perdix) vorherrschen. Hinsichtlich der Durchzügler und Rastvögel ist die Bedeutung hier geringer. Allerdings gibt es südlich von Haimar ebenfalls ein Gastvogelgebiet, das sich durch Gehölzarmut und ein flachwelliges Relief auszeichnet, und in dem im Herbst und im Frühjahr durchziehende Kiebitze (Vanellus vanellus) in großer Zahl sowie Goldregenpfeifer (Pluvialis apricaria) rasten.

Klatsch-Mohn (Papaver rhoeas) im Kornfeld (Kronsberg)

Acker-Rittersporn (Consolida regalis)

Eiblättriges Tännelkraut (Kickxia spuria) (60)

Der Feldhamster (*Cricetus cricetus*), die Leittierart der westlichen Börde, kommt in diesem Naturraum nur noch sporadisch vor. Dies liegt insbesondere an den weniger geeigneten Bodenverhältnissen: Die Mächtigkeit der grabfähigen Lössauflage ist hier in der Regel geringer und zähe Kreidetone, über denen sich unangenehme Staunässe verbreitet, stehen hoch an. Dennoch sind östlich von Rethen sowie bei Oesselse, Ingeln und Müllingen, also im Bereich der hügeligen „Gödringer Berge", wo die Lössschicht stärker ist (s. Kap. 7.2), noch Feldhamster festzustellen (LRP). Als Eldorado für Ackerwildkräuter ist der Kronsberg bekannt. Viele der Getreideäcker werden hier ohne Spritz- und Düngemittel bewirtschaftet, nachdem sie von der Stadt Hannover aufgekauft wurden. An anderen Feldern werden zumindest Randstreifen extensiv und pestizidfrei bewirtschaftet (SCHIERDING u. a. 1997). Bei den besonderen Standortverhältnissen – der oberflächennahe Kalkmergel wird nur teilweise von einem dünnen Lössschleier überdeckt – zeigt sich hier eine Vielzahl von Ackerbegleitpflanzen. 127 verschiedene Arten wurden nachgewiesen (PFEIFFER 2007), darunter viele seltene und gefährdete Spezies. Häufig und auffällig ist der Klatsch-Mohn (*Papaver rhoeas*), der ganze Felder in ein sattes Rot tauchen kann. Daneben sind Bestände des blaublühenden Acker-Rittersporns (*Consolida regalis*), der weißblühenden Acker-Lichtnelke (*Silene noctiflora*) und der leuchtend pinkroten Knollen-Platterbse (*Lathyrus tuberosus*) – alles gefährdete Arten – nicht selten. Am Kronsberg wachsen zudem mit Spießblättrigem und Eiblättrigem Tännelkraut (*Kickxia elatine, K. spuria*), Frauenspiegel

(*Legousia hybrida*) sowie Grünblütigem Labkraut (*Galium spurium*) hochgradig gefährdete Besonderheiten der Kalkäcker (LRP), die hier die Nordgrenze ihrer Verbreitung in Deutschland erreichen. Wer die buntblühenden Feldränder genießen oder studieren möchte, kann die von der Stadt Hannover ausgewiesenen „Ackerwildkraut-Entdeckungspfade" (SCHIERDING u.a. 1997) nutzen, die von Bemerode (Kronsbergsiedlung) und von Laatzen (Expo-Gelände) ausgehen (s. Karte 7, S. 230).

7.5 Schutzgebiete und weitere Schutzaspekte

In der Börde-Ost sind folgende Bereiche als Naturschutzgebiet (NSG) geschützt (s. Karte 7, S. 230):
- NSG HA 64 Holzwiese – Bockmer Holz (49 ha)
- NSG H 80 Mergelhalde (4 ha)
- NSG H 133 Hahnenkamp (46 ha)
- NSG H 165 Gaim (91 ha)
- NSG H 173 Bockmerholz (121 ha)

Der LRP weist darüber hinaus weitere Bereiche als schutzwürdig im Sinne eines Naturschutzgebietes aus. Dazu zählen einige Eichen-Hainbuchenwälder, aber auch die Lehrter Klärteiche, die Höversche Kippe und die Mergelgrube Teutonia-Süd östlich von Anderten.

Als Landschaftsschutzgebiete (LSG) sind ausgewiesen:
- LSG H 18 Neuloh (102 ha)
- LSG H 20 Gaim – Bockmer Holz (1.595 ha)
- LSG H 42 Kanalkippe Bolzum (19 ha)
- LSG H 50 Ladeholz (34 ha)
- LSG H 60 Billerbachwiesen (214 ha)
- LSG HS 03 Kronsberg (820 ha)

Kalk-Pfeifengraswiese im NSG Hahnenkamp mit Wirtgen-Labkraut (Galium wirtgenii) und Großem Wiesenknopf (Sanguisorba officinalis)

Nach dem LRP sind weitere Gebiete schutzwürdig im Sinne eines Landschaftsschutzgebietes, unter anderem das Gastvogelgebiet südlich von Haimar.

Weitere Schutzaspekte

Gaim, Bockmerholz, Brinksoot, Anderter Kippe und Bockmer Holzwiese einschließlich der verbindenden Acker- und Wiesenflächen sind als <u>FFH-Gebiet</u> Nr. 108 („Bockmerholz, Gaim") gemeldet worden. Hier steht die Sicherung verschiedener Laubwaldtypen sowie von Kalktrockenrasen und Kalk-Pfeifengraswiesen im Vordergrund. Zudem sind die Populationen des Kammmolchs (*Triturus cristatus*) und des Dunklen Wiesenknopfbläulings (*Maculinea nausithous*) zu fördern.

Das Naturschutzgebiet „Hahnenkamp" ist als FFH-Gebiet 109 gemeldet worden. Hier sollen die Kalk-Pfeifengraswiesen sowie magere Mähwiesen mit Großem Wiesenknopf (*Sanguisorba officinalis*) und feuchte Hochstaudenfluren gesichert werden. Zudem ist die Misburger Mergelgrube HPC 1 Bestandteil des europäischen Schutzgebietssystems Natura 2000 (Nr. 345). Hier sollen v.a. nährstoffarme, kalkreiche Sümpfe sowie Gewässer mit Armleuchteralgen geschützt werden. Das erfordert ein dauerhaftes Abpumpen des zulaufenden Grundwassers.

In diesem Naturraum kommen südlich einer Linie, die von Laatzen-Süd über Müllingen und Bolzum bis nach Gretenberg reicht, <u>schutzwürdige Böden</u> vor. Hier herrschen Parabraunerden und andere Typen von Lössböden vor, die sich durch eine äußerst hohe natürliche Bodenfruchtbarkeit auszeichnen (Gunreben u. Boess 2008). Zudem kommen auf dem Kronsberg flachgründige Rendzinen vor, die aus landesweiter Sicht wegen ihrer Seltenheit als schutzwürdig einzustufen sind (ebda.).

7.6 Leittierarten

Schwalbenschwanz

Er ist einer der größten und schönsten heimischen Tagschmetterlinge, der einzige hier vorkommende Vertreter der Ritterfalter (*Papilionidae*). Der Schwalbenschwanz (*Papilio machaon*) hat eine Flügelspannweite von bis zu 7,5 cm. Seinen Namen verdankt er den geschwänzten Hinterflügeln. Die wärmeliebende Art, die in Süddeutschland deutlich häufiger ist, kann als besonders

Nährstoffarmer Kalksumpf in der Mergelkuhle HPC 1 mit Salz-Bunge (Samolus valerandi)

Schwalbenschwanz (Papilio machaon) (1)

charakteristisch für die östliche Börde gelten, denn hier kommen ihre bevorzugten Lebensräume und Raupenfutterpflanzen vor: Sie besiedelt Kalktrockenrasen, blütenreiches mesophiles Grünland und auch Feuchtwiesen sowie Ruderalfluren, Brachen und Raine, sofern Wilde Möhren (*Daucus carota*), Pastinak (*Pastinaca sativa*), Wiesen-Kümmel (*Carum carvi*), Wiesen-Silge (*Silaum silaus*) und andere verwandte Doldenblütler wachsen. Relativ regelmäßig können Schwalbenschwänze in den Mergelgruben angetroffen werden (LRP), vermutlich weil im Inneren der Abbauten ein günstiges Kleinklima herrscht.

Auch werden hier die Möhrenpflanzen, an denen die Raupen fressen, nicht gemäht. Schwalbenschwänze bilden bei uns in der Regel jährlich zwei Generationen aus, wobei die Tiere der zweiten Generation als Puppe überwintern.

Auf den Aussichtshügeln des Kronsberges können im Mai mit etwas Glück die Balzflüge der flugfreudigen Falter beobachtet werden: Es sammeln sich hier die paarungswilligen Schwalbenschwänze der Umgebung zum „hilltopping", rasanten Flugspielen, die der Auswahl der Partner dienen (s. LOBENSTEIN 2003, S. 52).

Nördlicher Aussichtshügel am Kronsberg

Magere Mähwiese mit Großem Wiesenknopf (Sanguisorba officinalis)

Dunkler Wiesenknopf-Ameisenbläuling

Noch seltener und hochgradig gefährdet ist eine andere Tagfalterart, die gleichwohl für die östliche Börde charakteristisch ist: Der Dunkle Wiesenknopf-Ameisenbläuling (*Maculinea nausithous*) kommt in Niedersachsen nur im Südosten Hannovers sowie am Solling und im Wesertal vor (Raum Uslar, Holzminden, Karlshafen; THEUNERT 2008b). Er gilt bundesweit als vom Aussterben bedroht und ist streng geschützt nach der europäischen FFH-Richtlinie und nach dem Bundesnaturschutzgesetz. Die rosaroten Raupen fressen an den Blüten des Großen Wiesenknopfes (*Sanguisorba officinalis*), deren Farbe sie imitieren. Nach der dritten Häutung lassen sie sich fallen und strömen am Boden liegend einen speziellen Duft aus, der Knotenameisen (*Myrmica rubra*) veranlasst, sie in ihren Bau zu tragen (BfN 2014). Dort leben sie räuberisch von den Larven der Ameisen und überwintern auch. Erst im nächsten Sommer erfolgt die Verwandlung zum Schmetterling. Die Tiere verlassen dann schleunigst die Ameisenbauten und suchen wiederum Wiesenknopf-Bestände auf, wo sie zwischen Mitte Juni und Mitte August zu beobachten sind. Die dunkelroten Blütenköpfe der Feuchtwiesenpflanze

sind für den hochspezialisierten Falter Nahrungsquelle, Schlaf- und Ruheplatz und auch der Ort für Balz, Paarung und Eiablage (ebda.).

Nun zählt der Große Wiesenknopf selbst zu den gefährdeten Arten. In der östlichen Börde wächst er in den wenigen verbliebenen Kalk-Pfeifengraswiesen (s. Kap. 7.4) sowie an Grabenrändern am südlichen Kronsberg und in der

Dunkler Wiesenknopf-Ameisenbläuling (Maculinea nausithous) (42)

Uhu (Bubo bubo) im Anflug (1)

Bruchriede-Niederung. *Maculinea nausithous* kann sich aber nur dort entwickeln, wo die Wiesen nicht zur Zeit der Wiesenknopfblüte gemäht werden und wo gleichzeitig die Wirtsameisen in ausreichender Dichte vorkommen. Der seltene Schmetterling wird deshalb am ehesten an Grabenrändern gefunden, die nur einmal im Jahr, und zwar entweder vor oder nach der Blüte (Juni bis September) gemäht werden.

Im Übrigen zeigt sich dieser „Bläuling" fast nur in bräunlicher Farbe. Die Flügelunterseiten beider Geschlechter sind zimtbraun, und nur beim Männchen haben die Flügeloberseiten eine dunkelblaue Färbung. Die männlichen Falter klappen die Flügel jedoch nur sehr selten auf, und zwar wenn es gilt, im Rahmen des Paarungsspieles die Weibchen zu beeindrucken.

Uhu

Die größte heimische Eule ist in Niedersachsen vor allem aus der Mittelgebirgsregion bekannt, wo sie in unzugänglichen Steilwänden von Steinbrüchen brütet (s. Kap. 2.4). Sie dehnt ihren Bestand aber inzwischen auch in das Flachland aus. Dabei war der Uhu (*Bubo bubo*) in Niedersachsen Anfang des 20. Jahrhunderts auf Grund direkter Verfolgung – er wurde als Jagdkonkurrent gesehen – ausgerottet gewesen. In den 1960er Jahren starteten Wiedereinbürgerungsversuche, verknüpft mit Bewachungsmaßnahmen an den Horsten. Nesträuber sollten abgeschreckt werden und es war zu verhindern, dass Brutplätze auf Grund von Störungen durch Klettersportler und Fotografen aufgegeben werden. Die Maßnahmen waren überaus erfolgreich: Ausgehend von Südniedersachsen gewann die große Eule mit den leuchtend orangenen Augen und den auffälligen Federpuscheln auf den Ohren ihr verloren gegangenes Terrain zurück. 1995 wurden im niedersächsischen Berg- und Hügelland 35 Brutpaare gezählt (HECKENROTH U. LASKE 1997), heute wird der Bestand mit ca. 170 Brutpaaren angegeben (KRÜGER et al. 2014).

In der östlichen Börde nistet der Uhu seit Mitte der 1990er Jahre recht regelmäßig mit einzelnen Brutpaaren in den Steilwänden der Mergelgruben zwischen Misburg und Bilm (s. LRP, S. 219). Vermutlich jagen die Nachtgreife nicht nur in den Abbaustätten, sondern auch in der umgebenden Agrarlandschaft. Uhus jagen und erbeuten in der

Regel mittelgroße Säuger und Vögel wie Ratten, Kaninchen, Hasen, Igel, Tauben, Feldhühner und Enten. Als Standvögel müssen sie auch im Winter hinreichend Nahrung finden. Da wird auch gelegentlich Aas nicht verschmäht. Im Spätherbst und Winter ist Balzzeit. Insbesondere unverpaarte Uhus rufen dann im Umfeld möglicher Brutplätze sehr ausdauernd und intensiv. Sie rufen ihren Namen, vorzugsweise den wissenschaftlichen: „Bubo bubo".

7.7 Aspekte der Beeinträchtigung und Gefährdung

Einige Beeinträchtigungen dieses Landschaftsraumes sind „offensichtlich": <u>Hoch- und Höchstspannungsleitungen</u> durchziehen die östliche Börde zwischen dem Kraftwerk Mehrum im Osten und dem Umspannwerk bei Ahlten im Westen sowie in Nord-Süd-Richtung zwischen Ahlten und Ingeln/Oesselse. Sie entwerten das Landschaftsbild, so dass teilweise von einer „verdrahteten Landschaft" gesprochen werden muss. Auch die zukünftige „Hauptschlagader der Energiewende" – der Südlink (s. Kap. 6.7) – durchquert nach jetzigem Planungsstand die Landschaft zwischen Ahlten und Ingeln in Nord-Süd-Richtung. Diese Führung der 500 kV-Gleichstromleitung entspricht damit dem Bündelungsgebot der Raumordnung, was die betroffenen Bewohner der angrenzenden Orte kaum trösten dürfte.

Die wertvollen Laubwälder Gaim und Bockmerholz werden mehrfach durch <u>stark befahrene Straßen</u> zerschnitten: durch die Nord-Süd-Autobahn A 7, durch den „Messestutzen" im Zuge der A 37 und durch die Bundesstraße B 443 von Sehnde nach Pattensen. In der Folge werden Erholungswälder verlärmt und Tierlebensräume zerstückelt.

Die Augen des Uhus sind wie bei allen Eulen starr nach vorn gerichtet. (1)

Die gute verkehrliche Anbindung fördert die Ansiedlung sowie die weitere Ausweitung von Gewerbebetrieben, insbesondere im Logistikbereich. Zwischen Hannover-Anderten, Höver und Ahlten sowie bei Lehrte nehmen <u>großmaßstäbige Gewerbebauten</u>, Parkplatzflächen und Zufahrtsstraßen inzwischen breiten Raum ein. Entsprechend gehen siedlungsfreie Landschaft und wohnungsnahe Freiräume verloren und wertvolle Bördeböden werden zerstört und versiegelt. Auch auf dem Kronsberg mit seinen besonderen Standortverhältnissen und Freiraumqualitäten schreitet die bauliche Entwicklung voran: von Laatzen aus mit gewerblichen Bauflächen und von Wülferode aus mit Wohnbebauung.

Flächenfraß durch Logistik und Verkehrsanlagen südöstlich von Lehrte

Verdrahtete Landschaft südöstlich von Lehrte (2)

Mergelgewinnung und Zementindustrie prägen das Landschaftsbild zwischen Misburg und Bilm. Der Abbau der Kreideschichten östlich von Anderten und westlich von Bilm geht immer schneller voran und frisst riesige Löcher in die herkömmliche Landschaft. Zwar entstehen dadurch auch interessante neue Lebensräume für Pflanzen und Tiere, inwieweit diese aber dauerhaft gesichert werden können, ist unklar. Die Planung für die Ausdehnung des Abbaubetriebs nach Norden bedroht den Misburger Wald (s. Kap. 6.4) und lässt nicht erkennen, wie die besonderen Standortverhältnisse für die Natur genutzt werden sollen.

Die Pflege der wertvollen Offenlandbiotope stellt in diesem Raum eine große Herausforderung dar. Das besondere Artenspektrum der Kalk-Pfeifengraswiesen, Kalkmagerrasen und ähnlicher Vegetationsbestände an Weg- und Grabenrändern kann nur erhalten werden, wenn regelmäßig gemäht und das Mahdgut auch abtransportiert wird. Unterbleibt die Pflege, siedeln sich Hochstauden, Stickstoffzeiger und Gebüsche an und verdrängen die wertvollen und gefährdeten Charakterarten der Magerrasen. Um Aufwand und Kosten zu sparen wird vielfach nur gemulcht, d. h. nach der Mahd bleibt das Schnittgut auf den Flächen und Randstreifen zurück. Dadurch

setzt eine schleichende Eutrophierung ein und die empfindlichen Magerkeitszeiger gehen zurück. Dies lässt sich z. B. in Teilen des Expo-Parks Süd beobachten. Auch das Potential des Kronsbergs für den Ackerwildkrautschutz wird nicht optimal

Die Ästhetisierung großdimensionierter Windenergieanlagen ist südlich von Wirringen gelungen. (2)

Schwalbenschwanz (Papilio machaon) – Raupe (61)

Schwalbenschwanz (Papilio machaon) – Falter (1)

genutzt. Zwar sind breite Randstreifen an den Feldern vorhanden, sie werden aber zumeist nicht in die Ackernutzung einbezogen, sondern nur gemäht und gemulcht.

7.8 Bei Raupen, Puppen und Faltern – der Schmetterlingsexperte Ulrich Lobenstein

Von seiner Wohnung in Laatzen aus braucht er mit dem Rad nicht lange zu fahren, um die Schmetterlingshabitate der östlichen Börde zu erreichen. Gaim, Bockmer Holz und die Primelwiesen am Kronsberg hatten es dem gebürtigen Hannoveraner schon als Schüler angetan. Hier hat er sich – gemeinsam mit einem Schulfreund – Anfang der 1970er Jahre von Schmetterlingen faszinieren lassen, hat Raupen und Puppen gesammelt und ihnen zuhause bei der

Metamorphose zugeschaut. Bald trat er in den Verein für Insektenkunde Hannover ein, wo er gleichaltrige Mitstreiter fand und sich spannende Diskussionen über biologische Zusammenhänge ergaben. Er führte nun auch nächtliche Lichtfänge durch und arbeitete sich in das Reich der Spinner, Spanner, Schwärmer und sonstigen Nachtfalter ein. Bei diesen ausgeprägten Interessen lag ein Biologiestudium nahe, das ULRICH LOBENSTEIN 1981 in Hannover begann. Vorher hatte er bereits seinen Zivildienst in Rinteln-Todenmann bei REINHOLD TÜXEN, dem Altmeister der Pflanzensoziologie, absolviert. Gute Florakenntnisse sind für den Entomologen hilfreich, gehen doch viele Insekten enge Bindungen zu bestimmten Pflanzenspezies ein. Das Studium ließ dem jungen Naturforscher genügend Zeit für nächtliche Lichtfänge

Schmetterlingshabitat blütenreiche Wiese (Expo-Park Süd)

Spiegelfleck-Dickkopffalter (Heteropterus morpheus) (62)

Aussichtskanzel am FFH-Gebiet HPC 1

und die anschließende Bestimmungsarbeit. Als Mitte der 1980er Jahre jemand für die erste niedersächsische Rote Liste der Schmetterlinge gesucht wurde, trauten die Fachleute des Landesverwaltungsamtes (Fachbehörde für Naturschutz) dem Studenten diese schwierige Aufgabe zu, die er 1986 zum Abschluss brachte (LOBENSTEIN 1986). Diese Arbeit hat seinem Renommee als Schmetterlingskundler erheblichen Auftrieb verliehen. So war es möglich, dass er sich nach dem Studium als Biologe und Gutachter selbstständig machte.

ULRICH LOBENSTEIN hat sich früh für den Naturschutz eingesetzt. Mitte der 1980er Jahre trat er dem BUND bei. Hier hat er über viele Jahre Stellungnahmen zu laufenden Planverfahren verfasst. Auch war es ihm ein Anliegen, sein Wissen um die Ökologie der Arten, ihre Bestandsentwicklung und Gefährdung sowie mögliche Schutz- und Hilfsmaßnahmen publik zu machen. So entstand 2003 die „Schmetterlingsfauna des mittleren Niedersachsens" (LOBENSTEIN 2003) und parallel dazu die Neuauflage der bis heute gültigen Roten Liste „der in Niedersachsen und Bremen gefährdeten Großschmetterlinge mit Gesamtartenverzeichnis" (LOBENSTEIN 2004).

Fragt man ihn nach seiner Einschätzung zur Entwicklung der Schmetterlingsfauna in der östlichen Börde während der letzten 40 Jahre, so fällt die Bilanz nicht positiv aus: Zwar ist das Potential auf Grund der besonderen Standortverhältnisse hervorragend, zu klein und isoliert liegen aber die wertvollen Lebensräume in einer zunehmend lebensfeindlichen Agrarlandschaft, entsprechend klein und geschwächt sind die schutzbedürftigen Populationen. Bei negativen Veränderungen (falscher Mahdzeitpunkt, ungünstige Witterung) erlöschen die Restbestände und werden nicht mehr durch Zuwanderer ersetzt. So sind in den letzten Jahrzehnten mit Skabiosen-Scheckenfalter (*Euphydryas aurinia*), Frühlings-Scheckenfalter (*Hamearis lucina*), Spiegelfleck-Dickkopffalter (*Heteropterus morpheus*) und Feuchtwiesen-Perlmutterfalter (*Boloria selene*) mehrere Offenlandarten aus diesem Raum verschwunden. Wichtig wäre die Schaffung zusätzlicher Schmetterlingshabitate und ihre Verknüpfung innerhalb eines Verbundsystems, damit einmalige Katastrophen ausgeglichen werden können.

SERVICE   Siehe Karte 7 auf Seite 230

Die Hindenburgschleuse in Hannover-Anderten ist aus Granitblöcken gebaut, die bei der Schleifung der Festung Helgoland nach dem verlorenen 1. Weltkrieg gewonnen wurden.

Rad- und Wanderwege:
Grüner Ring, Ackerwildkrautentdeckungspfade auf dem Kronsberg, RegionsRouten 12–14, RegionsRing sowie weitere Wege aus Veröffentlichungen der HAZ u.a.

Aussichtspunkte:
Aussichtshügel auf dem Kronsberg, Hügel wie Leierberg nördlich Dolgen, Streitberg zwischen Gleidingen und Oesselse, Meerberg südlich Ingeln, Aussichtskanzel HPC 1, Ränder der Mergelkuhlen, Bahnüberführungen, Kanalbrücken

Naturinfozentren, landschaftsbez. Museen:
Regionalmuseum Rethmar

Kulturhistorische Tops:
Gutshof Rethmar, Pfarrkirche Ilten, Hindenburgschleuse, Straßenbahnmuseum Wehmingen/ehem. Kalibergwerk Hohenfels

Ausflugsgaststätten:
Müllinger Tivoli, Gutshof Rethmar, Eiscafé Cortina (Sehnde), Café Tessen (Ilten), Alter Bahnhof Anderten

Ehemaliges Rittergut Rethmar

THEMEN-INFO: GRÜNER RING

Der Grüne Ring ist blau markiert.

Der Grüne Ring ist einer der beliebtesten Radwege der Region Hannover. Auf etwa 80 km Länge umrundet er die Stadtlandschaft Hannovers und gewährt dabei Einsichten in die angrenzenden Landschaftsräume wie in die Randgebiete der Großstadt. Die östliche Börde erreicht er – von Norden kommend – am Stadtrand von Anderten, bei der Hindenburgschleuse. Dann folgt er dem Mittellandkanal, erklimmt den Kronsberg, passiert hier die Aussichtshügel, den Parc Agricole und den Expo-Park Süd, um daraufhin in die Siedlungslandschaft Laatzens einzutauchen und der Südlichen Leineaue zuzustreben. Auf diese Weise verknüpft der Grüne Ring die landschaftlichen Freiräume am Stadtrand und lässt die verschiedenen Naturräume erlebbar werden. Aber auch an den Rand gedrängte Nutzungen wie Gewerbegebiete, Mülldeponie und Gartengelände werden erfahrbar. Neben dem Basisring wurden auf noch einmal 80 km Länge weitere Innen- und Außenschleifen angelegt. Kartenwerk und Begleitheft (KuG 2000) helfen den Interessierten zu verstehen, was sie sehen. Der Grüne Ring ist auf künstlerische Weise blau markiert, so dass man sich auch ohne Karte gut zurechtfinden kann. Die Markierungen sind 2014 durch – ebenfalls blaue – „Wasserzeichen" ergänzt worden, die im Landartstil auf querende Wasserläufe verweisen.

Der Grüne Ring ist aber mehr als nur ein Fahrradrundweg, er ist auch ein raumordnerisches Konzept: Die Freiräume, die er durchfährt, werden durch ihn aufgewertet. Das unterstützt letztlich ihre Sicherung. So erhält sich am Rand der Kernstadt eine grüne Zäsur, ein grüner Gürtel von Freiräumen, die der Naherholung dienen und hoffentlich nicht einem ungesteuerten Wachstum der Großstadt zum Opfer fallen.

Wasserzeichen: Leineverlauf mit Standort

Stadtlandschaft Hannover (SH)
Zwischen Grünem Ring und Rotem Faden

Blick vom Rathausturm auf Leine, Landtag und den historischen Stadtkern

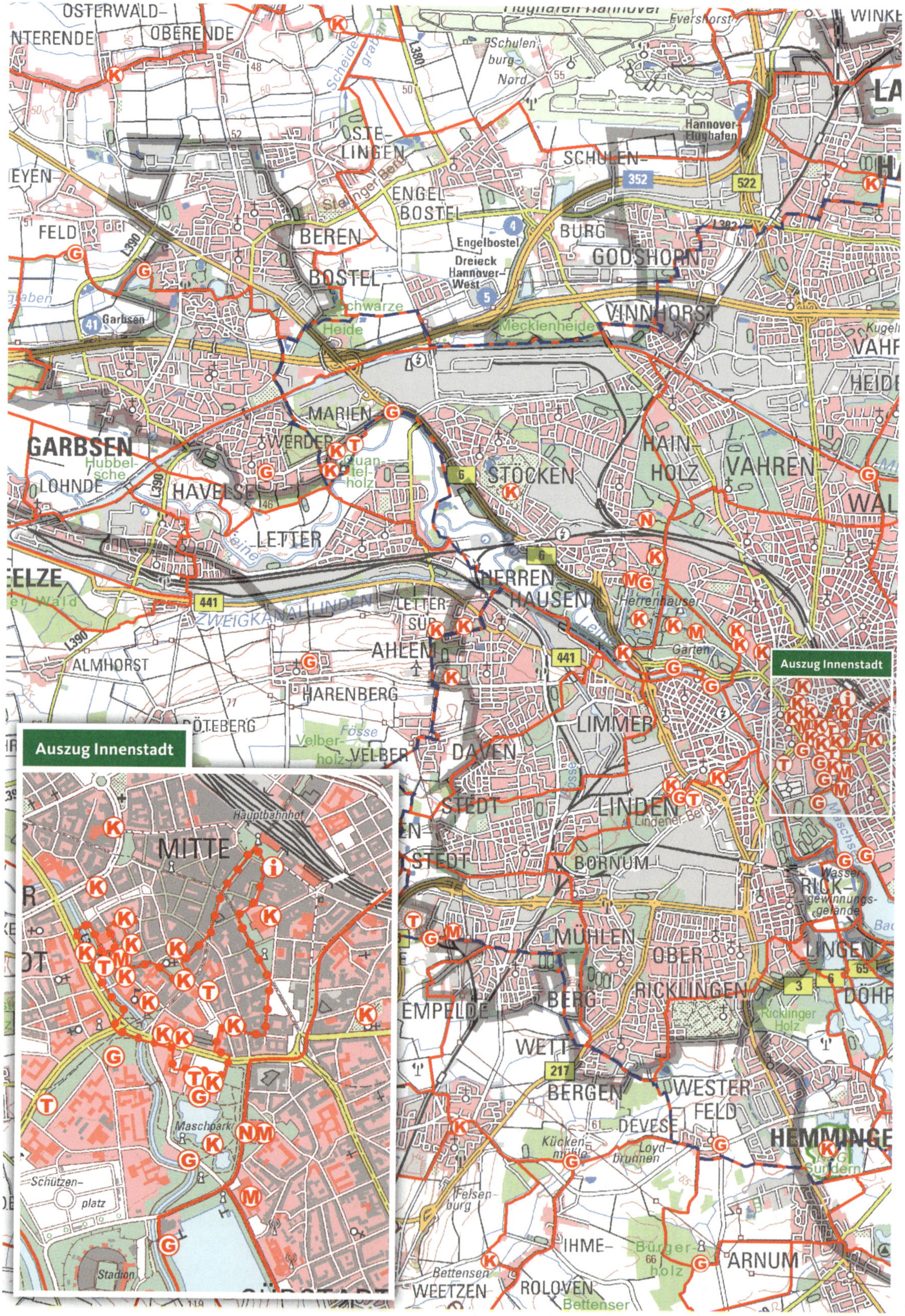

OSTERWALD-
UNTERENDE
OBERENDE
OSTER-
LINGEN
ENGEL-
BOSTEL
BEREN-
BOSTEL
SCHULEN-
BURG
GODSHORN
VINNHORST
EYEN
FELD
Garbsen
GARBSEN
Hubbel-
sche
LOHNDE
HAVELSE
MARIEN
WERDER
Guan-
del-
holz
STOCKEN
HAIN-
HOLZ
VAHREN
WAL-
LETTER
ALMHORST
LETTER
SÜD
HERREN-
HAUSEN
Garten
AHLEM
HARENBERG
DÖTEBERG
Velber-
holz
VELBER
LINDEN
LIMMER
BORNUM
LINDEN
Lindener Berg
RICK-
LINGEN
DÖHR-
EMPELDE
MÜHLEN-
BERG
OBER-
RICKLINGEN
WETT-
BERGEN
WESTER-
FELD
DEVESE
Loyd-
brunnen
HEMMINGE-
IHME-
Bürger-
holz
ARNUM
WEETZEN
ROLOVEN

Auszug Innenstadt

Auszug Innenstadt

MITTE
Hauptbahnhof
Maschpark
Schützen-
platz
Stadion

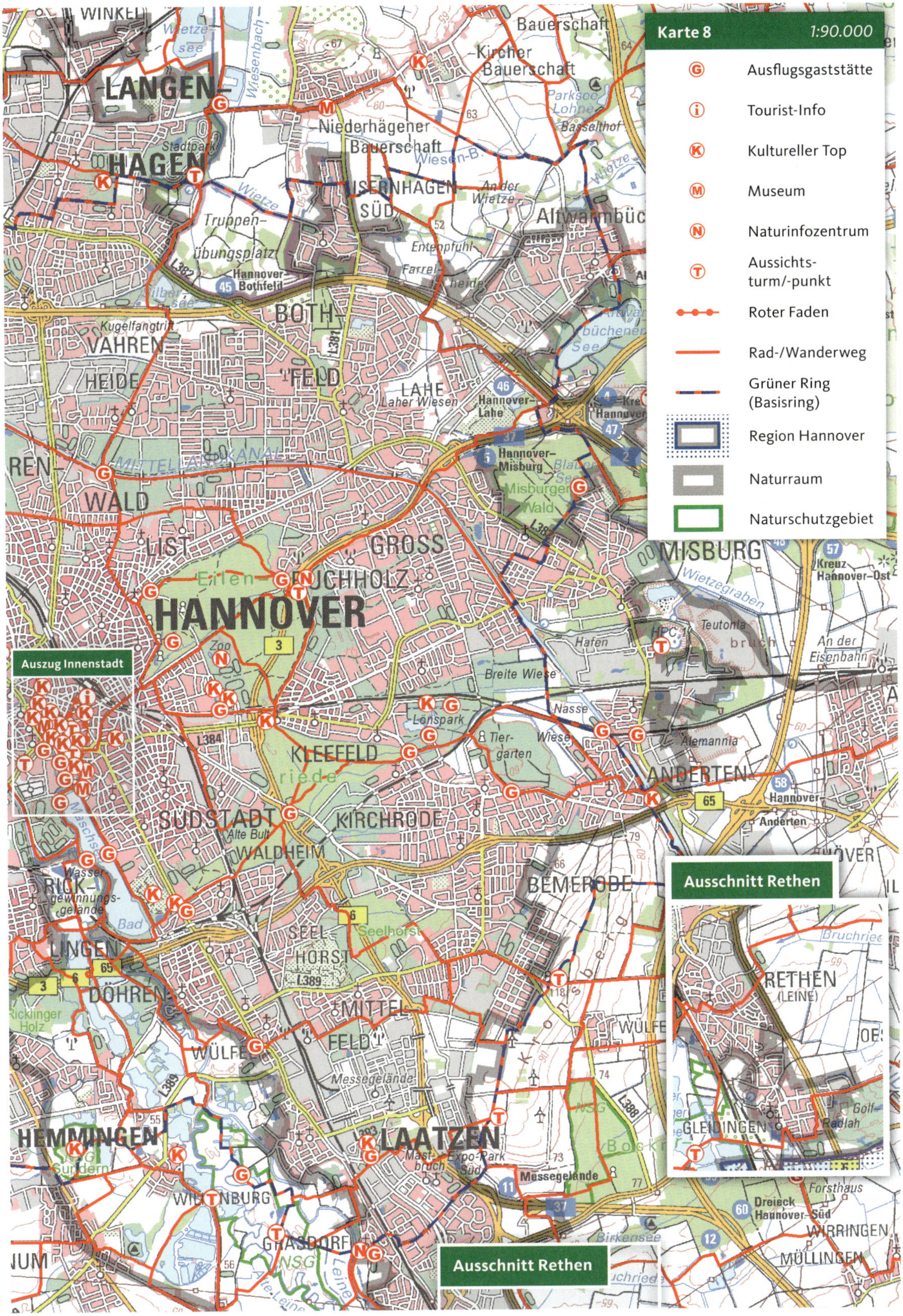
Karte 8
1:90.000
Ausflugsgaststätte
Tourist-Info
Kultureller Top
Museum
Naturinfozentrum
Aussichts-
turm/-punkt
Roter Faden
Rad-/Wanderweg
Grüner Ring
(Basisring)
Region Hannover
Naturraum
Naturschutzgebiet
Auszug Innenstadt
Ausschnitt Rethen
Ausschnitt Rethen
HANNOVER
LANGEN
HAGEN
BOTH-
FELD
VAHREN
HEIDE
WALD
LIST
GROSS
BUCHHOLZ
MISBURG
KLEEFELD
KIRCHRODE
SÜDSTADT
WALDHEIM
BEMERODE
ANDERTEN
SEEL-
HORST
MITTEL-
FELD
DÖHREN
WÜLFEL
HEMMINGEN
LAATZEN
WILKENBURG
GRASDORF
RETHEN
(LEINE)
GLEIDINGEN
MÜLLINGEN
WIRRINGEN

Verdichtete Wohngebiete in Laatzen, im Hintergrund die Schwelle

8.1 Grenzen und Binnengliederung der Stadtlandschaft

Bei unserer Rundfahrt durch die Region kehren wir zuletzt in die Mitte zurück. Die Stadtlandschaft Hannover umfasst den zentralen urbanen Teil dieses Ballungsgebietes. Ihre äußeren Grenzen liegen da, wo der Verdichtungsraum an die siedlungsfreie Landschaft stößt. Sie entsprechen damit ausdrücklich nicht den politischen Grenzen der Landeshauptstadt. Denn zum einen werden direkt angrenzende verstädterte Bereiche benachbarter Kommunen mit einbezogen; das gilt vor allem für Langenhagen, Laatzen, Garbsen, Altwarmbüchen (Isernhagen) und Empelde (Ronnenberg). Zum anderen wurden randlich gelegene stadthannoversche Freiräume wie Kronsberg, Misburger Wald und Altwarmbüchner Moor, Mecklenheide und Schwarze Heide, Wettberger Holz und Ihmeaue sowie landschaftlich geprägte Teile der Leineaue den angrenzenden Naturräumen zugeordnet. Mit Wülferode liegt auch ein ländlich geprägter Ortsteil der Landeshauptstadt, der ohne Anschluss an die zentrale Siedlungsagglomeration ist, in dem benachbarten Raum Börde-Ost.

Die angrenzenden Naturräume wirken aber in die Stadtlandschaft hinein und prägen vielfach die standörtlichen Voraussetzungen der Freiräume, die innerhalb des verdichteten Gebietes – quasi wie grüne Oasen innerhalb des Häusermeeres – verblieben sind. Dabei handelt es sich durchaus nicht nur um Parkanlagen und gärtnerisch gestaltetes Grün, sondern auch um naturnahe Lebensräume wie Wald und Fließgewässer sowie um landwirtschaftlich geprägte oder entsprechend gepflegte Gebiete. Der zentral gelegene Stadtwald Eilenriede ist dafür ein besonders prominentes Beispiel, die Grünlandgebiete Breite Wiese/Nasse Wiese sowie die Laher Wiesen im Nordosten des Stadtgebietes weitere. Zudem finden sich typisch städtische Lebensräume im innenstadtnahen Bereich, der über ein besonderes Stadtklima verfügt. Charakteristisch sind wärmeliebende Pflanzengesellschaften auf „ruderalen", vom Menschen veränderten Standorten.

In Kap. 8.4 wird aufgezeigt, was von den Naturräumen Leineaue-Süd, Börde-West, Leineaue-Nord, Geest-Ost und Börde-Ost innerhalb der Stadtlandschaft noch zu entdecken ist. Die Abbildung auf der folgenden Seite zeigt die naturräumlichen Grenzen im Bereich der Stadtlandschaft.

Die Stadtlandschaft Hannover gehört mit 189 km² zu den mittelgroßen Landschaftsräumen der Region Hannover. Der verdichtete Kern der „Großstadt im Grünen" nimmt weniger als ein Zehntel der Regionsfläche ein (8,25 %).

Binnengliederung Stadtlandschaft Hannover 1:160.000

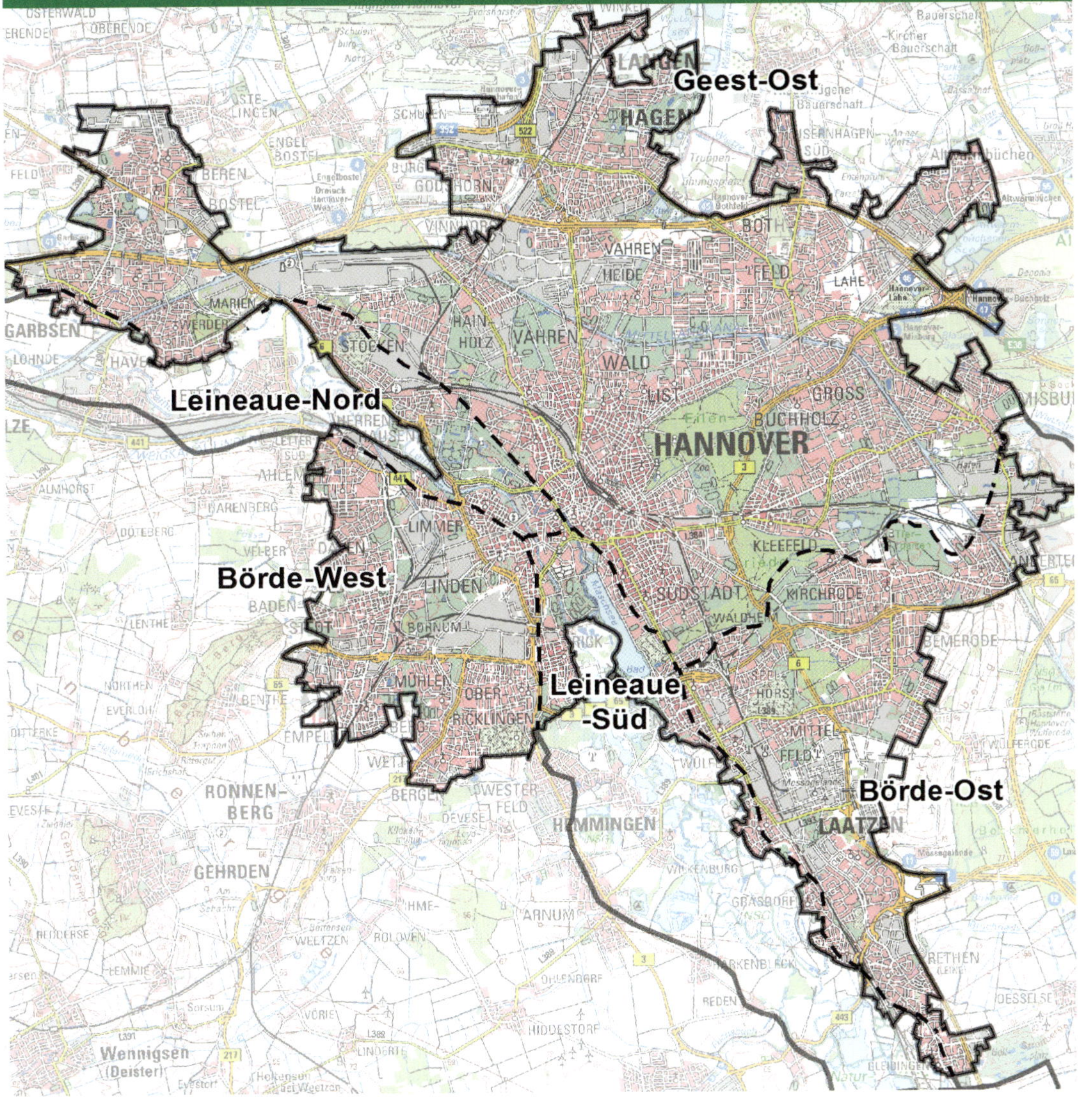

Geest-Ost

Leineaue-Nord

HANNOVER

Börde-West

Leineaue -Süd

Börde-Ost

8.2 Geologie und Geomorphologie

Der Impuls der Siedlungsgründung Hannover geht auf einen Leineübergang zurück, der günstig zu frühzeitigen Verkehrsbeziehungen lag. Wo das Leinetal zum einen durch den Lindener Berg (westlicher Rand), zum anderen durch eine Reihung von Sanddünen (östlicher Rand) verschmälert ist und sich zudem ein Werder, also eine Flussinsel, befand, ließ sich der Fluss vergleichsweise einfach queren. Der älteste Teil der Siedlung ist nun auf der Ostseite der Leine auf einem leicht erhöhten und damit hochwasserfreien Teil der Niederterrasse am Rand dieser Furt entstanden (Bereich Marktkirche

– Altes Rathaus). Vermutlich haben sich auch hier dünenartige Aufhöhungen befunden (vgl. KÜSTER u. VOLZ 2005, S. 76), die inzwischen weitgehend abgetragen sind. Es handelt sich im Übrigen um die Dünenkette, die auch für das Abknicken der Leine in westliche Richtung verantwortlich war (s. Kap. 1.4). Einige dieser ursprünglichen Sandhügel leben in Straßenbezeichnungen wie „Auf dem Emmerberge" am Rand der Südstadt, „Oberstraße" und „Schneiderberg" in der Nordstadt sowie „Am Winkelberge", „Dünenweg", „Hasenberg" und „Grebenberg" in Herrenhausen und Leinhausen fort. Weitgehend erhalten geblieben ist die Sanddüne

271

Hohes Ufer mit dem Beginenturm (Teil der alten Stadtbefestigung)

im Bereich des alten jüdischen Friedhofes in der Nordstadt (s. Foto) und auch der „Berggarten" in Herrenhausen liegt auf einem nacheiszeitlich aufgewehten Hügel (NLFB 2000).

Generationen hannoverscher Schulkinder haben gelernt, dass der Name Hannover von der Lage „am hohen Ufer" herrührt. Schließlich hatte schon der Stadtgenius GOTTFRIED WILHELM LEIBNIZ 1704 befunden: „C´est Honovere alta ripa" (Honovere ist hohes Ufer) (zitiert nach RÖHRBEIN 2012). Als Grabungen des hannoverschen Stadthistorikers HELMUT PLATH 1955 ergaben, dass das Hohe Ufer zum größten Teil künstlich aufgeschüttet war, löste dies Irritationen aus. Andere Namensdeutungen wurden in Erwägung gezogen, die aber letztlich nicht überzeugen konnten. Es spricht einiges dafür, dass die ursprüngliche Deutung richtig ist, dass sie sich aber auf den hochwasserfreien Geestrand der Siedlung und nicht auf das unmittelbare Flussufer bezieht. Denn zu der Funktion einer bedeutsamen Leinefurt passt ein flaches Ufer besser.

Im Bereich des Stadtkerns treffen also Geest und Börde aufeinander, nur getrennt durch das Leinetal, das hier besonders schmal ist und nach

Westen verschwenkt. Die ursprüngliche Leineniederung führt als breite, mehr oder weniger feuchte Ebene strikt gen Norden, wo sie in der heutigen Wietzeniederung (s. Kap. 6.2) ihre Fortsetzung findet. Soweit diese Ebene nicht bebaut wurde, wächst hier seit Urzeiten die Eilenriede, der hannoversche Stadtwald. Auf weitere geologische und geomorphologische Aspekte wird bei der Beschreibung der Lebensräume (Kap. 8.4) eingegangen.

Der Judenfriedhof in der Oberstraße wurde auf einer Sanddüne angelegt.

Hannover 1689 – Modell im Neuen Rathaus (2)

8.3 Nutzungsgeschichte und heutige Nutzungsverhältnisse

Die Siedlung an der Leinefurt, die unter dem Namen „Hanovere" 1150 zum ersten Mal urkundlich erwähnt wird, hat sich in Schüben entwickelt. Dass dieser Siedlung frühzeitig Stadtrechte zukamen, ist erstmals in einer Urkunde aus dem Jahr 1241 verbrieft (RÖHRBEIN 2012, S. 15). Mitte des 14. Jahrhunderts wurde die Stadt mit einer steinernen Mauer befestigt, die wiederum von Wassergräben umgeben war. Das städtische Vorfeld wurde durch Landwehr und Warttürme gesichert. Durch Stadtmauer, Wallanlagen und Befestigungsgräben wurde für mehrere Jahrhunderte die mittelalterliche Stadtgestalt festgelegt. Sie bestand im Wesentlichen aus dem mandelförmigen Altstadtkern östlich der Leine sowie seit Mitte des 17. Jahrhunderts aus der Calenberger Neustadt am westlichen Leineufer. Das mittelalterliche Hannover ist in einem Stadtmodell in der Kuppelhalle des Neuen Rathauses nachgebaut (Stand 1689). Auch die Kurhannoversche Landesaufnahme von 1781 (s. Abb. S. 274) zeigt den ursprünglichen Stadtgrundriss. Hier ist der Schnelle Graben erkennbar, der das Leinewasser unterhalb von Ricklingen in die tieferliegende Ihmeniederung überführt und dadurch den Bereich der Calenberger Neustadt vor Hochwässern schützt. Er wurde schon 1449 urkundlich erwähnt (HARRENDORF 2014). Westlich der Ihme liegt das eigenständige Dorf Linden, am Fuß des Lindener

Berges. In der Kurhannoverschen Landesaufnahme ist auch die Barockanlage des Großen Gartens in Herrenhausen mit der von der Stadt zuführenden Lindenallee erkennbar. 1636 hatte HERZOG GEORG VON CALENBERG die befestigte Stadt zu seiner Residenz gemacht. Es setzte eine Blütezeit ein, die mit den Namen der KURFÜRSTIN SOPHIE und dem Universalgelehrten GOTTFRIED WILHELM LEIBNIZ verbunden ist und mit dem Aufstieg der hannoverschen Welfenlinie auf den englischen Königsthron 1714 einen Höhepunkt fand (s. Themen-Info „Die Welfen", S. 44). Hannover entwickelte sich als Verwaltungssitz zunächst eines Kurfürstentums, dann eines Königsreiches (seit 1814).

Kurfürstin Sophie hat im Großen Garten Platz gefunden.

Kurhannoversche Landesaufnahme
Hannover und Umgebung 1782
© 2015 LGLN

Die Grenzen der mittelalterlichen Stadt wurden in der ersten Hälfte des 19. Jahrhunderts gesprengt. Die Stadterweiterung und –erneuerung ist eng mit dem Namen des Hofbaurats GEORG LUDWIG FRIEDRICH LAVES verbunden, der zwischen 1814 und 1864 die Residenzstadt als leitender Stadtplaner umgestaltete und als ein führender Vertreter des Klassizismus zahlreiche architektonische Akzente setzte (unter anderem das Opernhaus, das Wangenheimpalais, Waterlooplatz und Waterloosäule). Im Laufe des 19. Jahrhunderts schritt die Entwicklung der Stadtlandschaft in rasantem Tempo voran: Hannover wurde 1843 an die Bahn angeschlossen und entwickelte sich zügig zum Eisenbahnknotenpunkt. Durch die Eingemeindungen umliegender Dörfer und Vorstädte vergrößerte sich die Stadtfläche 1859 von 157 ha auf 2.334 ha, die Einwohnerzahl von 28.000 auf 60.000 (WENDT 2007). Zugleich setzte die Entwicklung von Industriegebieten ein, zunächst in Linden, dann auch in den neu entstehenden nördlichen Stadtteilen. Ein Ausgangspunkt war die Kalkbrennerei von JOHANN EGESTORFF am Lindener Berg, aus der sich später die Maschinen- und Fahrzeugfabrik „Hanomag" entwickelte. Die Reifenfabrik Continental, die Schreibwarenhersteller Pelikan und Geha und die Süßwarenproduzenten Sprengel und Bahlsen beanspruchten in Nordstadt und List große Areale, ebenso die Brauereien in Linden, Wülfel, Herrenhausen und Südstadt („Gilde") sowie die Wollwäscherei in Döhren u.v.m. Die Industriebetriebe zogen Arbeitskräfte und Dienstleister an, und so wuchs die Stadtbevölkerung rasant: 1873 wurden erstmals über 100.000 Einwohner gezählt, 1910 waren es bereits über 300.000 (ebda.). Dabei ist zu berücksichtigen, dass 1907 in großem Maßstab weitere Dörfer im Umland eingemeindet worden waren (unter anderem Stöcken, Bothfeld, Kirchrode und Döhren). Die dicht bewohnte Arbeiterstadt Linden, die erst 1865 Stadtrecht erhalten hatte, kam 1920 zu Hannover (zusammen mit Ricklingen, Badenstedt, Limmer u.a.); dadurch wurde die Zahl von 400.000 Einwohnern erreicht. Die Funktion einer wichtigen Verwaltungsstadt hatte Hannover weiterhin inne. Zwar war das Königreich Hannover 1866 von Preußen annektiert worden, als Provinzhauptstadt hatte Hannover aber nach wie vor eine hervorragende Stellung in einem großen Flächenland.

Baujahr 1382: Der Döhrener Turm sicherte einst das städtische Vorfeld. (2)

Mittelalterliche Fachwerkhäuser im Umfeld der Kramerstraße

Historische Kleingartenkolonie im Hermann-Löns-Park

*Großzügige Straßenanlagen im Zuge
des Wiederaufbaus (Lavesallee)*

Die starke Verdichtung der Wohngebiete, die Umweltbelastungen infolge der Industrialisierung und die teilweise miserablen Lebensbedingungen der Arbeiterschaft verlangten nach einem Ausgleich durch Grün. Ende des 19. Jahrhunderts werden die ersten Kleingartenkolonien gegründet. Die Stadt richtet ein Gartenamt ein (1890) und besetzt es mit JULIUS TRIP. Mit seinem Namen sind die Anfänge einer bewussten Freiraumpolitik in Hannover verbunden. Er schuf den Maschpark am Neuen Rathaus, erweiterte den Stöckener Friedhof zu einem Parkfriedhof, legte die ersten städtischen Spielplätze an und beförderte den Bau von Sportplätzen (LUDWIG u. WOLSCHKE-BULMAHN 2008).

Im Vorfeld des 1. Weltkrieges nehmen militärische Liegenschaften immer mehr Raum ein: 1912 gab es 14 Kasernen und mehrere Übungsplätze (WENDT 2007), vornehmlich auf den kargen Böden im Norden der Stadt. Der Bau des Mittellandkanals (ca. 1915, s. Themen-Info Kap. 7.3) verleiht der Industrieentwicklung weitere Impulse. In den 1920er und 1930er Jahren wird das Grünsystem der Stadt ausgebaut (s. STRUCK 2008, S. 100f.): Die Herrenhäuser Gärten (Großer Garten, Georgengarten und Berggarten) wurden instandgesetzt, in der Leineaue wird auf 78 ha Fläche der Maschsee ausgehoben (1934-1936), und durch den Hermann-Löns-Park wird die Eilenriede mit dem Tiergarten verknüpft (1939). Unter den Bedingungen der Diktatur ließen sich Projekte umsetzen, die in der Zeit der Weimarer Republik konzipiert worden waren.

Eine gewaltige Zäsur in der Stadtentwicklung stellt die Zerstörung der Stadt im Zuge der Bombardierungen des 2. Weltkrieges dar. Insgesamt flogen die Alliierten zwischen 1940 und 1945 88 Luftangriffe. Das Ausmaß der Zerstörungen kann anhand von Stadtmodellen (1939, 1945) im Kuppelsaal des Neuen Rathauses eindrucksvoll nachvollzogen werden. Die Innenstadt wurde fast vollständig in Schutt und Asche gelegt.

Der Wiederaufbau währte bis etwa 1961. Er vollzog sich unter der weitsichtigen Leitung des Stadtbaurates RUDOLF HILLEBRECHT, der die Zerstörungen als Chance begriff und die Wiederauferstehung Hannovers als Messestadt und als Hauptstadt des jungen Landes Niedersachsen städtebaulich steuerte. Seine Vision einer autogerechten Stadt mit einem System von Schnellstraßenringen konnte er weitgehend umsetzen. Dies hat der Stadt in den 1960er Jahren zu einem fortschrittlichen und modernen Image verholfen und ist als Wunder von Hannover gefeiert worden. HILLEBRECHT, der von 1948 bis 1975 in Hannover wirkte, prägte die Stadtgestalt wie kein Zweiter nach LAVES (s. STRUCK 2008, S. 100). Heute mischt sich Kritik in die Würdigung des visionären Stadtbaurats, weil er historische Bausubstanz seinen Plänen opferte und weil er der Automobilisierung allzu unkritisch gegenüberstand.

Das Stadtgebiet Hannovers hat sich zuletzt 1974 im Rahmen der großen niedersächsischen Kommunalreform vergrößert. Misburg, Ahlem, Bemerode,

Verdichtete Wohngebiete in Linden und auf dem Mühlenberg

Wettbergen u.a. wurden damals eingemeindet, die Einwohnerzahl stieg auf ca. 570.000 (WENDT 2007). Heute wird Hannover mit 515.000 Einwohnern angegeben (Stand 2013), das bedeutet Rang 13 der deutschen Großstädte. Da zur Stadtlandschaft auch Laatzen, Langenhagen, Garbsen, Altwarmbüchen und Empelde gehören, dürfte sich die Einwohnerzahl des urban geprägten Ballungszentrums auf ca. 650.000 belaufen. Laatzen verdankt seine Bedeutung dem Messegelände, Langenhagen dem Flughafen. Beide sind eigenständige Städte, Langenhagen seit 1959, Laatzen wurde – wie auch Garbsen – 1968 das Stadtrecht verliehen.

Großstadttypische Flächennutzungen sind v.a. die verdichteten Gebäudekomplexe der Innenstadt, eng bebaute innenstadtnahe Wohngebiete sowie Industrie- und Gewerbeflächen mit großmaßstäbigen Baukörpern. Die hannoversche Innenstadt wird in etwa durch den inneren Ring der Hauptstraßenzüge Berliner/Hamburger Allee, Schiffgraben, Friedrichswall, Leibnizufer/Brühlstraße und Schlosswender Straße/Arndtstraße begrenzt. Von einer zentralen Hochhausbebauung ist Hannover weitgehend verschont geblieben. HILLEBRECHT hatte für den Wiederaufbau die Maßgabe formuliert, innerhalb des inneren Ringes solle kein Gebäude den Marktkirchenturm überragen. An den Stadtkern schließen sich die überwiegend gründerzeitlich und zu Beginn des 20. Jahrhunderts entstandenen citynahen Wohngebiete an, für die eine vierstöckige Blockrandbebauung charakteristisch ist. Südstadt, Oststadt, Nordstadt, Teile

von Linden, List und Vahrenwald sind in dieser Weise gebaut. In den äußeren Stadtbezirken lockert sich die Bebauung. Ausgedehnte Einfamilienhausgebiete liegen z.B. in Oberricklingen, Kirchrode, Groß Buchholz und Bothfeld. Auch flächenintensive Industrie- und Gewerbebetriebe siedeln eher an der Peripherie und zugleich an den Hauptverkehrswegen. Schwerpunkte befinden sich in Stöcken, Vinnhorst und Vahrenwald sowie in Misburg/Anderten am Mittellandkanal, in Linden/Davenstedt/Bornum an der Güterumgehungsbahn, in Langenhagen/Godshorn an der A 352, in Altwarmbüchen an der A 2, in Wülfel/Laatzen sowie Rethen an der B 6 und in Badenstedt/Empelde an der B 65. Bedeutsamster Industriestandort ist der Nordhafen am Mittellandkanal in Stöcken. Hier haben die beiden größten Industriebetriebe der Region ihre Produktionsstätten: VW AG Nutzfahrzeuge und Continental AG.

Industriegebiet Nordhafen am Mittellandkanal

Wie ein Keil läuft die Eilenriede auf die Innenstadt zu.

Hannover ist stolz auf sein <u>Grünsystem</u>. Bereits 1914 wirbt die Stadt mit dem Slogan der „Großstadt im Grünen" (STRUCK 2008, S. 76) und dieses Markenzeichen wird nach dem Zweiten Weltkrieg wieder aufgenommen. Mit südlicher und nördlicher Leineaue sowie der Eilenriede im Osten stoßen aus drei Richtungen naturbezogene Landschaftsräume bis in das Stadtzentrum vor. Die Herrenhäuser Gärten, der Maschsee und die Eilenriede – mit 640 ha einer der größten Stadtwälder Europas – prägen das Image der Stadt. 1996 beschließt der Rat der Stadt, die verbliebenen großflächigen Freiräume im Stadtgebiet als Landschaftsschutzgebiete auszuweisen. In den folgenden Jahren werden systematisch Maßnahmen zur Aufwertung dieser Landschaftsräume durchgeführt (LHH 2006). Die Weltausstellung

EXPO 2000 verleiht dem grünen Thema weiteren Aufwind: Hannover präsentiert sich als „Stadt der Gärten", ergänzt und erweitert sein Grünsystem; bestehende Anlagen werden aufgefrischt. Bemerkenswert sind aber nicht nur Stadtwald und Parks, Grünverbindungen und Landschaftsräume. Hannover besitzt auch überdurchschnittlich viele privat genutzte <u>Kleingärten</u> (Schrebergärten). Etwa 20.000 Gartenparzellen auf gut 1.000 ha Fläche dienen der wohnortnahen Erholung (LHH 2012). Die Kolonien liegen wie ein Kranz um die dicht bewohnte Kernstadt. Ausgedehnte Kleingartengebiete befinden sich beidseits des Mittellandkanals und der Güterumgehungsbahn, auf Lindener Berg und Tönniesberg, in der Leineaue und am Rand der Stadtwälder Eilenriede und Seelhorst.

THEMEN-INFO: BUNDESHAUPTSTADT DER BIODIVERSITÄT

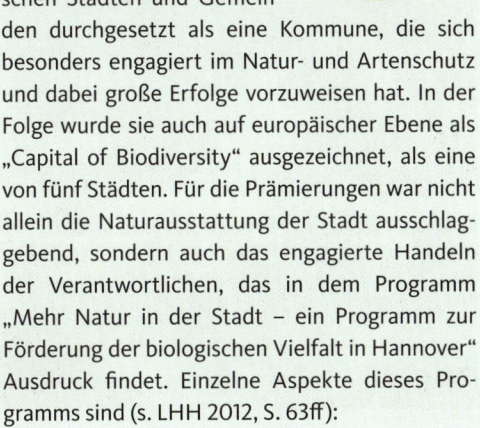

Seit 2011 darf sich die Landeshauptstadt „Bundeshauptstadt der Biodiversität" nennen. Hannover hatte sich in einem Wettbewerb mit 124 anderen deutschen Städten und Gemeinden durchgesetzt als eine Kommune, die sich besonders engagiert im Natur- und Artenschutz und dabei große Erfolge vorzuweisen hat. In der Folge wurde sie auch auf europäischer Ebene als „Capital of Biodiversity" ausgezeichnet, als eine von fünf Städten. Für die Prämierungen war nicht allein die Naturausstattung der Stadt ausschlaggebend, sondern auch das engagierte Handeln der Verantwortlichen, das in dem Programm „Mehr Natur in der Stadt – ein Programm zur Förderung der biologischen Vielfalt in Hannover" Ausdruck findet. Einzelne Aspekte dieses Programms sind (s. LHH 2012, S. 63ff):

- Konsequenter Schutz der Stadtwälder, Ausweitung von Naturwaldflächen
- Naturnahe Umgestaltung der städtischen Fließgewässer
- Erhalt der städtischen Landschaftsräume durch Landschaftsschutzgebiete (LSG)
- Umsetzung von Naturschutzmaßnahmen zur Weiterentwicklung der LSG
- Erfassung und Schutz historischer Kulturlandschaftselemente
- Hilfsprogramme für seltene und gefährdete Pflanzen- und Tierarten
- Selbstverpflichtung zum Einbau von Nisthilfen für Mauersegler und Haussperlinge
- Bekämpfung invasiver Neophyten
- Anzucht gebietsheimischer Pflanzen in städtischer Baumschule
- Umweltbildungsangebote in großer Vielfalt

Die Fortführung des Programmes bis 2018 ist beschlossen (LHH 2014).

*Hochstaudenflur mit Knolligem Kälberkropf
(Chaerophyllum bulbosum)*

Maschseemorgen (Südostufer)

Mit der Auszeichnung „Bundeshauptstadt der Biodiversität" (2011; s. Themen-Info) erhält Hannovers grünes Image einen zusätzlichen, neuen Akzent. Während das Leitbild als „Stadt der Gärten" anthropozentrisch in dem Sinne ist, dass es den handelnden Menschen, seine Absichten und Vorlieben in den Vordergrund stellt, verschiebt sich nun der Fokus auf die Mitgeschöpfe, die Wildpflanzen und Wildtiere, und deren Ansprüche an den Lebensraum Stadt.

8.4 Haupt-Biotoptypen und wichtige Lebensräume

In diesem Kapitel werden die wichtigsten Lebensräume der Stadtlandschaft beschrieben. Dabei wird wiederum in der Reihenfolge der schon bekannten Naturräume vorgegangen. Denn die Charakteristika von Leineaue-Süd, Börde-West, Leineaue-Nord, Geest-Ost und Börde-Ost (s. Abb. in Kap. 8.1) wirken in die Stadtlandschaft hinein, so dass in vielen Grünräumen der Stadt der Naturraumbezug noch erkennbar ist. In Kap. 8.4.6 werden charakteristische Beispiele der Stadtnatur behandelt. Im Verdichtungsraum entstehen nämlich auch neue Biotope und Habitate, für die der naturräumliche Bezug nicht wesentlich ist.

8.4.1 Leineaue-Süd im Stadtgebiet

Leine und Ihme, die über den Schnellen Graben den überwiegenden Teil des Leinewassers aufnimmt, durchfließen das Stadtzentrum und bilden mit ihren Ufern und den angrenzenden Grünstrukturen das Rückgrat des innerstädtischen

Grünsystems sowie wichtige Vernetzungslinien für Wildtiere und -pflanzen. Die Ihme hat dabei die größere Bedeutung. Da sie zwischen den historischen Siedlungskernen von Hannover und Linden verläuft, ist hier mehr Platz für Grünflächen geblieben. Zudem ist sie in diesem Abschnitt durchlässig für Fische und andere aquatische Lebewesen, während die Stadtstrecke der Leine auf Grund der „Flusswasserkunst" am Landtag für wandernde Fische unpassierbar ist. Hier befindet sich ein Wehr mit einem Sohlabsturz von 2,6 m Höhe.

Die Ufer von Leine, Ihme und Schnellem Graben werden im Stadtgebiet überwiegend nur extensiv unterhalten. Hier haben sich Weidenbäume und

Gebirgsstelze (Motacilla cinerea) (1)

Blässrallen (Fulica atra) als Wintergäste auf dem Maschsee

–gebüsche (*Salix spec.*) ansiedeln können. Auch die flussbegleitenden Wiesen an der Ihme werden heute kaum noch gemäht. Auf den nährstoffreichen Auelehmböden haben sich mehr als mannshohe Hochstaudenfluren entwickelt. Im Sommer bestimmen hier die weißen Doldenblüten des Knolligen Kälberkropfs (*Chaerophyllum bulbosum*) das Bild (s. Foto S. 280). Ein charakteristischer Brutvogel an den Flussläufen des Stadtgebiets ist die Gebirgsstelze (*Motacilla cinerea*), auch in der Innenstadt (s. THYE 2013a). Auch der Biber (*Castor fiber*) ist von Süden am Schnellen Graben und an der Ihme bis ins Stadtgebiet vorgedrungen. Fraßspuren und Baumfällungen wurden bis in Höhe der Stadionbrücke festgestellt (MANNSTEDT 2014).

Bei Hochwasser fließen etwa 90 % des Leinewassers durch das Bett der Ihme. Um hier Engpässe und die Ausweitung von Überschwemmungen in Ricklingen und Hemmingen zu vermeiden, ist gegenüber dem Ihmezentrum 2011 in erheblichem Umfang Boden abgegraben und das Gelände terrassenartig neu modelliert worden. Über hundert teilweise recht alte Bäume mussten dafür gefällt werden. Gleichzeitig entstand ein stark besonnter Freiraum – der Glocksee-Park.

Der Maschsee, der für das hannoversche Stadtbild prägend und für die innerstädtische Naherholung überaus wichtig ist, hat für die wildlebende Flora und Fauna nur begrenzt Bedeutung. Die Ufer sind mit Steinen, teilweise auch mit einer Mauer befestigt, die angepflanzten Bäume und Sträucher

entsprechen oftmals nicht den Standorten einer Auenlandschaft und die Fischfauna ist durch Besatz bestimmt. Schleie (*Tinca tinca*), Hechte (*Esox lucius*), Barsche (*Perca fluviatilis*), Plötzen (*Rutilus rutilus*) und Karauschen (*Carassius carassius*) werden hier gefangen. Leicht zu beobachten und als Speisefisch beliebt sind die zahlreichen und mächtigen Maschsee-Karpfen (*Cyprinus carpio*), die zu Weihnachten und Sylvester gefangen und direkt am Seeufer an die Hannoveraner verkauft werden. Die Verdunstungsverluste des Maschsees werden seit 1960 mit sauberem Grundwasser aus den Ricklinger Kiesteichen ausgeglichen; dadurch verlangsamt sich der natürliche Verlandungsprozess. Auf Grund der Größe der Wasserfläche lockt

Silbermöwe (Larus argentatus) (1)

Maschteich und Neues Rathaus *(18)*

der Maschsee Gastvögel an. Inmitten des Sees lässt es sich im Winterhalbjahr ungestört ruhen. Bedeutsam ist der Maschsee als Schlafplatz von Möwen: Bis zu 2.500 Lachmöwen (*Larus ridibundus*) und 1.450 Sturmmöwen (*Larus canus*) wurden im November bzw. Dezember 2013 gezählt (Thye 2014b), aber auch Großmöwen sind hier regelmäßig zu beobachten. Die Silbermöwe (*Larus argentatus*) ist seit den 1970er Jahren ein stetiger und häufiger Wintergast. Zwar nahmen die Zahlen nach Schließung des offenen Deponiebetriebs in Altwarmbüchen 2005 zunächst stark ab (Wendt 2007), haben sich aber inzwischen stabilisiert (s. Thye 2014b). Gelegentlich mischen sich auch einzelne Tiere seltener Möwenarten in die Rastplatzgemeinschaften, z. B. Steppenmöwe (*Larus cahinnans*), Mittelmeermöwe (*Larus michahellis*) und Mantelmöwe (*Larus marinus*) (Thye 2013b).

Zwischen Maschsee und Innenstadt liegt der Maschpark, der um 1900 angelegt wurde und schon Bezug nahm auf das 1913 nach 12 Jahren Bauzeit fertiggestellte Neue Rathaus. Der Maschpark sollte als Landschaftsgarten zwischen dem Stadtkern und den nassen Maschwiesen der Leineaue vermitteln und zugleich zwei repräsentative Bauwerke „in Szene setzen", das Provinzialmuseum (heutiges Landesmuseum) und eben den schlossartigen „Bürgerpalast". Die Anlage des zentral gelegenen großen Maschteiches bot sich bei dem nassen Untergrund an. Der Aushub wurde zur Aufhöhung

und Modellierung des Parkgeländes genutzt. Auch das Neue Rathaus wurde ins Überschwemmungsgebiet gebaut, es musste deshalb auf mehrere Tausend Buchenpfähle gegründet werden (Krische 2006). Der Maschpark lockt heute Jugendliche zu romantischen abendlichen Zusammenkünften an. Der Maschteich selbst hat sich zu einem stark frequentierten Jagdgebiet für Fledermäuse entwickelt. Späte Besucher können sich hier erfreuen an den Flugspielen der Wasserfledermäuse (*Myotis daubentonii*), die ihnen die Mücken wegfangen. Ihre Sommerquartiere befinden sich in Höhlen alter Parkbäume und im Bereich der Unterführung der Leine unter den Friedrichswall.

Der von Ludwig Vierthaler geschaffene Brunnen liegt zentral in der Grünverbindung zwischen Eilenriede und Maschsee.

Blick vom Rathausturm auf Lindener Berg, Benther Berg und Stemmer Berg (2)

Auch über dem Maschsee herrscht in den Sommernächten reger Fledermausverkehr. Viele Tiere kommen aus der Eilenriede, wo sie Sommerquartiere in den Höhlen alter Bäume beziehen. Der direkt östlich des Maschsees gelegene Engesohder Friedhof und der parkartig gestaltete Grünzug zwischen Döhrener Turm und Maschsee-Strandbad bilden gemeinsam ein wichtiges Vernetzungselement. Durch diesen Raum wird die Eilenriede an die naturnahe Leineaue angebunden, Tierwanderungen und Flugbeziehungen von Vögeln, Fledermäusen und Insekten sind möglich. Als Beispiel für diese Biotopverbindung kann die Mückenfledermaus (*Pipistrellus pygmaeus*) gelten, die bislang erst sehr

selten auf hannoverschem Stadtgebiet festgestellt wurde, und zwar in der Eilenriede und im Ricklinger Holz (s. Kap. 1.4; BENK 2014, mdl.). Es handelt sich um die mit ca. 5 g Körpergewicht kleinste der einheimischen Fledermausarten. Sie ist eng verwandt mit der häufigeren Zwergfledermaus (*Pipistrellus pipistrellus*) und ernährt sich hauptsächlich von Mücken und anderen kleinen Fluginsekten.

8.4.2 Börde-West im Stadtgebiet
Der Westteil der Stadt ist überwiegend auf Lössböden gebaut. Das schluffige Material war am Ende der Weichsel-Kaltzeit aufgeweht worden (s. Kap. 3.2). Eine geologische Besonderheit stellt der Lindener Berg dar, eine aus Kalkgestein des Oberen Juras bestehende 89 m hohe Aufwölbung, deren Entstehung im Zusammenhang mit dem Benther Salzstock (s. Kap. 3.2) zu sehen ist. Er ragt etwa 35 m gegenüber der Umgebung auf und ist somit durchaus als Erhebung wahrnehmbar, zumal ihn ein Turm innerhalb eines beliebten Ausflugslokals krönt, von dem aus man in die Calenberger Börde und bis zum Deister sehen kann. Südöstlich hiervon liegen mit Tönniesberg und Mühlenberg weitere salztektonische Erhebungen aus jurazeitlichem Kalkgestein, die aber niedriger und weniger gut erlebbar sind: Der Tönniesberg wird von Schrebergärten und Gewerbeflächen am Rand des Großmarkts überzogen, der Mühlenberg steht heute für ein stark verdichtetes Wohngebiet mit Hochhausbebauung, die weithin sichtbar ist.

Scilla-Blüte auf dem Lindener Bergfriedhof (5)

Großes Hexenkraut (Circea lutetiana) im Bornumer Holz

Der Wurzelteller legt den Lösslehmboden offen (Bornumer Holz).

Auf dem Lindener Berg wurde frühzeitig Kalkgestein abgebaut. So ist die älteste Kirche Hannovers, die Kreuzkirche bzw. Schlosskirche in der Altstadt, zwischen 1320 und 1333 aus Kalkstein vom Lindener Berg gebaut worden (PUSCHMANN 2005) und auch die hannoverschen Festungsmauern wurden aus diesem Material errichtet (AG KÜCHENGARTENPAVILLON 2002). Anfang des 18. Jahrhunderts wurde in der Periode der frühen Industrialisierung der Gesteinsabbau stark forciert. Der „Kalkjohann" JOHANN EGESTORFF und sein Sohn GEORG haben die industrielle Entwicklung Lindens geprägt, auf der Basis des Kalkgesteins vom Lindener Berg. Heute befinden sich auf ehemaligem Steinbruchgelände unter anderem die Sportanlagen des SV Linden 07. Der Lindener Berg wird überwiegend durch Kleingartenanlagen geprägt, wobei die am höchsten gelegene Kolonie sinnigerweise den Namen „Lindener Alpen" führt. Botanisch interessant ist der am Nordwesthang gelegene Lindener Bergfriedhof, der zu Bestattungszwecken nicht mehr genutzt wird und durch einen lockeren Baumbestand sowie eine kalkholde Bodenflora gekennzeichnet ist. Alljährlich zieht das „Blaue Wunder" zum Frühlingsanfang Tausende von Lindener und Hannoveraner BürgerInnen an. Fast flächendeckend blühen Ende März bzw. Anfang April die Blausterne der Art *Scilla sibe-rica* und tauchen den noch kurzrasigen Boden des historischen Friedhofes in leuchtend blaue Farbe. Der Sibirische Blaustern ist eine Zierpflanze, die aus den südöstlichen Randlagen Europas stammt (Kaukasus, Türkei, Iran), bei uns zuweilen verwildert und dann Massenbestände bilden kann.

Auch der 4 ha große Willy-Spahn-Park am Ortsrand von Ahlem geht auf einen ehemaligen Abbau von Kalkgestein aus dem Oberjura zurück. Brennofen und Schornstein der Kalkbrennerei, die bis ca. 1930 in Betrieb war, sind restauriert worden und können hier besichtigt werden. Der Park ist geprägt durch eine große Vielfalt an Obstbäumen und -sträuchern. Viele von ihnen hat der Stifter WILLY SPAHN gepflanzt, der hier bis in die 1960er Jahre eine Limonadenfabrik und Süßmostkelterei betrieben hat (SCHWÄGERL 2005).

In den dicht besiedelten westlichen Stadtteilen haben sich zwei Laubwälder erhalten, die bezüglich der Bestockung und des Arteninventars den

Klassizismus am Limmerbrunnen: die Villa Beckedorf, 1823 von Laves gebaut, später hierher transloziert

Salzliebende Strandastern (Aster tripolium) an der Fösse

Eichen-Hainbuchenwäldern der Börde entsprechen: Das Bornumer Holz am westlichen Fuß des Lindener Berges und das Limmerholz westlich des Zweigkanals Linden. Es handelt sich um reine Laubholzbestände aus Buchen (*Fagus sylvatica*), Eichen (*Quercus spec.*), Hainbuchen (*Carpinus betulus*) und Eschen (*Fraxinus excelsior*). Beide Wäldchen sind als Geschützte Landschaftsbestandteile naturschutzrechtlich gesichert, zeichnen sich durch einen relativ alten Baumbestand aus und enthalten kleinflächig auch feuchtere Partien, in denen im Sommer Arten wie Großes Hexenkraut (*Circea lutetiana*) und Wald-Ziest (*Stachys sylvatica*) auffallen. Eine schwefelhaltige Quelle im Limmerholz löste am Ende des 18. Jahrhunderts einen Bade- und Kurbetrieb aus, der bis weit in das 20. Jahrhundert anhielt. Heute zeugen noch zwei prächtige Villen von dem Heilbetrieb am „Limmerbrunnen".

Westlich und nordwestlich des Lindener Berges hat sich der Bachlauf der Fösse in die Lössböden eingeschnitten und bildet hier eine schmale Niederung mit abweichenden Standortverhältnissen aus. Der hohe Salzgehalt der Fösse, der aus den Quellbereichen, aber auch aus Zuleitungen von der Empelder Kalihalde stammt (s. Kap. 3.4), prägt die Vegetation der Bachufer, sofern sie nicht von Gehölzen bestanden sind. Zwischen Davenstedt und Badenstedt ist die Ufervegetation besonders gut ausgeprägt. Halophile (salztolerante) Pflanzen wie Queller (*Salicornia europaea*), Flügelsamige Schuppenmiere (*Spergularia media*), Echte Sellerie (*Apium graveolens*) und Salzschwaden (*Puccinellia distans*) sind hier zu finden, im Spätsommer bildet die Strandaster (*Aster tripolium*) auffallende violette Blühaspekte. Beidseits der Fösse sind zwischen Stadtrand und Mündung in die Leine Grünanlagen gesichert und entwickelt worden, die für den Biotopverbund und für die Naherholung gleichermaßen von Bedeutung sind. Leider ist dieser Grünzug durch das zentral gelegene Industriegebiet am Lindener Hafen unterbrochen. Die Fösse wurde hier in ein naturfernes Korsett gezwungen und teilweise verrohrt.

8.4.3 Leineaue-Nord im Stadtgebiet

Zwischen dem Hohen Ufer in der historischen Stadtmitte und dem Zusammenfluss mit der Ihme schlängelt sich die Leine durch den ehemaligen Vorort „Königsworth", der heute zumeist Gerberviertel genannt wird. Anlässlich der Weltausstellung 2000 wurde längs des Flusses zwischen Brühlstraße und Königsworther Straße ein durchgehender Weg angelegt, so dass auch dieser Abschnitt der Leine heute für Fußgänger erlebbar ist.

Wo Ihme und Leine zusammenfließen, steigt alljährlich das Fährmannsfest.

Das Gänseliesel verweist auf die Steintormasch.

Einfacher Igelkolben (Sparganium emersum)

Nach dem Zusammenfluss mit der Ihme wird die Leine breit. Dies ist eine Folge des Rückstaus, den das Wehr in Herrenhausen bewirkt. Dieser Leinestau hat mehrere Funktionen: Er ermöglicht die Schiffbarkeit von Leine und Ihme im Stadtgebiet, indem er den Wasserstand anhebt. Er ist die Voraussetzung für die Verknüpfung mit dem Mittellandkanal und dem Stichkanal Linden über den Verbindungskanal und die Leineabstiegsschleuse (s. Kap. 5.3). Über die historischen Pumpen der Wasserkunst wird bis heute die Graft, der den Herrenhäuser Garten einfassende breite Graben, mit Leinewasser gespeist. Seit 1999 wird das herabstürzende Wasser zur Stromerzeugung genutzt. Gleichzeitig wurde eine Aufstiegsanlage gebaut, so dass das Wehr für flussaufwärts wandernde Fische passierbar ist.

Die Vegetation der Flussufer unterscheidet sich hier nicht wesentlich von der der oberhalb liegenden Abschnitte (s. Kap. 8.4.1). Weiden und Parkgebüsche wechseln sich mit stickstoffliebenden Hochstaudenfluren ab. Hier dominieren die weißen Blüten des Knolligen Kälberkropfs (*Chaerophyllum bulbosum*) und die rosafarbenen des Wasser-Dosts (*Eupatorium cannabinum*) und des Drüsigen Springkrauts (*Impatiens glandulifera*, ein Neophyt aus Indien) und hin und wieder ist auch das stark gefährdete gelbblühende Fluss-Greiskraut (*Senecio sarracenicus*) zu sehen. Im Gewässer fallen die langen flutenden Blätter und die blassgelben, kugeligen Blütenstände des Einfachen Igelkolbens (*Sparganium emersum*) auf.

Das ehemalige Überschwemmungsgebiet der zentrumsnahen nördlichen Leineaue trägt den Namen „Steintormasch". Direkt hinter dem nordwestexponierten Stadttor begannen früher die sumpfigen Wiesen, in die das Gänseliesel, das den Springbrunnen auf dem Steintorplatz ziert, ihre Gänse führte. Auch der Straßenname „Goseriede" – hier stand der Gänselieselbrunnen vor dem U-Bahn-Bau – weist auf die Gänseweide hin. Heute besteht die Steintormasch, die nach Nordwesten etwa durch die Nienburger Straße begrenzt ist, aus Grünflächen und Gartenland. Kleingärten und Sportanlagen säumen die Schnellstraßen Bremer Damm und Westschnellweg, während in der weniger lärmbeeinflussten Hälfte die Schmuckstücke hannoverscher Gartenarchitektur, die Herrenhäuser Gärten, liegen. Die Herrenhäuser Gärten bestehen aus drei hervorragenden Exponaten der Gartenkunst mit jeweils ganz unterschiedlichem Charakter:

Der Große Garten ist der „Star" in diesem Ensemble. Mit seinen klaren Formen, durchgestalteten Grundrissen, ornamentalen Pflanzungen, Skulpturen und Fontänen zählt er zu den bedeutendsten Barockparks Europas. Heckentheater, Galerie, Orangerie und das gerade erst wieder errichtete Schloss komplettieren das Gesamtkunstwerk. Feudale Macht spiegelt sich in Gartenpracht. Das Ganze ist in rechteckiger Form gefasst durch die Graft. Der Aushub für diesen breiten Graben wurde in einem umlaufenden Wall verbaut, der

Große Fontäne im Großen Garten (11)

Eine fast 2 km lange Lindenallee verknüpft die Herrenhäuser Gärten mit dem Stadtzentrum.

den Park vor Hochwasser schützt. Einen modernen Akzent setzt die von NIKI DE SAINT PHALLE gestaltete Grotte.

Der nördlich des Großen Gartens am Rand der Niederung gelegene Berggarten ist einer der ältesten und renommiertesten botanischen Gärten Deutschlands. KURFÜRSTIN SOPHIE, die auch den Großen Garten initiiert hatte, wandelte den ehemaligen Küchengarten um, schaffte exotische Pflanzen an und ließ hierfür ein Gewächshaus bauen. Heute wachsen unzählige Pflanzen aus verschiedensten Klimabereichen in Themengärten und Schauhäusern. Auch heimische Moor- und Heidepflanzen sind erlebbar. Im Berggarten setzen

ein königliches Mausoleum, der von LAVES gebaute Bibliothekspavillon sowie ein Regenwaldhaus, das heute ein Meeresaquarium („Sealife") enthält, architektonische Akzente.

Der lang gestreckte Georgengarten schafft die Verbindung mit dem Stadtzentrum Hannovers. Die zentral verlaufende vierreihige Lindenallee, die auf den Bibliothekspavillon am Berggarten fluchtet, betont diesen Zusammenhang, wirkt aber zugleich etwas fremd in dem später, in der ersten Hälfte des 19. Jahrhunderts, entstandenen Landschaftspark. Der Georgengarten ist als englischer Landschaftsgarten konzipiert, mit geschwungenen Wegen, landschaftlichen Elementen und

Ornamentale barocke Pracht im Großen Garten (18)

Leibniztempel im Georgengarten

überraschenden Sichtbeziehungen. CHRISTIAN SCHAUMBURG, der maßgebliche Gartenarchitekt, wollte im Georgengarten den Charakter einer Auenlandschaft nachahmen (ROHDE 2006, S. 230). Ausgangspunkt der Parkentwicklung und Mittelpunkt des Gartens ist das Wallmodenschlösschen, in dem sich heute das Wilhelm-Busch-Museum befindet. Und der Leibniztempel, etwas erhöht auf einer Halbinsel an einem altwasserähnlichen Teich gelegen, fügt sich besonders schön in die romantische Parklandschaft ein.

Bei so viel hochwertiger Gartenarchitektur kann es nicht verwundern, dass sich hier die Ausbildungsstätte für angehende Landschaftsarchitekten befindet: die Fachgruppe Landschaft der Leibniz-Universität Hannover hat ihre Räumlichkeiten an der Herrenhäuser Straße 2 (s. Themen-Info „Studienfach Landschaftsarchitektur und Umweltplanung").

Am Rand dieser bewusst gestalteten Gartenkunst-Landschaften ist als Zeuge der ehemaligen Naturlandschaft noch ein Leinealtwasser erhalten. Es liegt westlich des Wickopwegs zwischen Kleingartenkolonie und Georgengarten. Und auch viele Wildpflanzen, die sich in den Grünanlagen angesiedelt haben, verweisen auf die Biotopverhältnisse der mittelalterlichen Leineaue. WILHELM (2006) konnte in dem vermeintlich so „durchgestylten", intensiv gepflegten Großen Garten 23 Arten der niedersächsischen Roten Liste feststellen, viele von ihnen auf den breiten Böschungen der umlaufenden <u>Graft</u>, wo sich nasse, wechselfeuchte und trockene Standortverhältnisse ablösen. Hier wachsen z. B. seltene Magerrasenarten wie die Frühlings-Segge (*Carex caryophyllea*), Rauer Löwenzahn (*Leontodon hispidus*) und Rauhaariges Veilchen (*Viola hirta*). Zur Parkflora zählen auch ehemalige Zierpflanzen, die zunächst von Gärtnern eingebracht wurden

Leinealtwasser in der Steintormasch

Die Graft – ein Libellen-Lebensraum von großer Bedeutung

THEMEN-INFO: STUDIENFACH LANDSCHAFTSARCHITEKTUR UND UMWELTPLANUNG

Im Zeigerpflanzengarten wachsen Wildpflanzen, sortiert nach ihren Standortansprüchen.

Hier werden die Leute ausgebildet, die sich Gedanken machen um die Zukunft des Planeten, um die Pflege eines Naturschutzgebietes oder um die Gestaltung eines Gartens, die die Artenvielfalt sichern oder das Freiraumsystem einer Stadt entwickeln wollen, die einen kommunikativen Stadtplatz bauen möchten oder ein Laichgewässer für Amphibien, die historische Parkanlagen zu bewahren versuchen oder eine besonders ausgeprägte Kulturlandschaft. Die Entwicklung strukturschwacher Räume durch sanften Tourismus ist ebenso ein Thema wie die Initiierung von Bürgerbeteiligung bei bedeutsamen Stadtentwicklungsprozessen oder die möglichst umweltverträgliche Linienfindung einer Ortsumfahrung bzw. einer Hochspannungsleitung. Häufig geht es darum, sich mit Planern anderer Fachrichtungen zusammenzusetzen, mit Stadtplanern, Bauingenieuren und Architekten, mit Agraringenieuren und Forstwirten; das Studium ist interdisziplinär angelegt. Man kann sich natur- oder gesellschaftswissenschaftlich vertiefen und auch eine künstlerische Entfaltung ist möglich. Projekte in Kleingruppen stehen im Mittelpunkt des Lernens, da kann man sich ausprobieren und schauen, was einem liegt. Im zweiten Teil des Studiums haben sich die StudentInnen dann zu entscheiden, ob sie in die Objektplanung und Freiraumgestaltung gehen wollen – das heißt nun etwas irritierend Landschaftsarchitektur – oder ob sie als Umweltplaner arbeiten wollen. Dort sind Fragen der Raum- und Landschaftsplanung, des Natur- und Artenschutzes sowie der Umweltverträglichkeit von Projekten und Landnutzungen Thema. Das Studium kann empfohlen werden: Es birgt vielfältige Möglichkeiten der Entfaltung, die Absolventenzufriedenheit ist hoch und die Berufsaussichten sind günstig: Denn es ist davon auszugehen, dass diese unsere Gesellschaft noch viele Projekte vorhat, die hinsichtlich ihrer Umweltverträglichkeit geprüft und optimiert oder auch verworfen werden müssen.

Feuerlibelle (Crocothemis erythraea) (1)

Kopflinden-Allee am Berggarten

und dann verwildert sind. Ein Beispiel ist der Nickende Milchstern (*Ornithogalum nutans*), ein weiß blühendes Liliengewächs, das heute wild in den Hecken des Großen Gartens wächst. Er gilt als Modepflanze des Barock (WILHELM 2006).

Auch für viele Tierarten sind die alten Parks bedeutsam. Der gewässerreiche Nordteil des Georgengartens, die Graft und der Berggarten sind wichtige Jagdgebiete für Fledermäuse. Breitflügelfledermaus (*Eptesicus serotinus*), Zwergfledermaus (*Pipistrellus pipistrellus*) und Wasserfledermaus (*Myotis daubentonii*) fliegen hier. Die Graft stellt einen sehr wertvollen und artenreichen Lebensraum für Libellen dar (LRP, HOLDT 2006); hier wurden mehrere gefährdete und seltene Arten festgestellt, darunter die Feuerlibelle (*Crocothemis erythraea*), die Kleine Mosaikjungfer (*Brachytron pratense*) und die Keilflecklibelle (*Aeshna isosceles*).

Auf große öffentliche Aufmerksamkeit stieß 2013 die Entdeckung des Juchtenkäfers (*Osmoderma eremita*) im Berggarten. Hier sollte die auf das Mausoleum zuführende, aus dem Jahr 1727 stammende Lindenallee gefällt und neu gepflanzt werden. Die umstrittene Aktion wurde gestoppt, als Hinweise auf den Juchtenkäfer (Kotspuren) gefunden wurden. Inzwischen ist erwiesen, dass der seltene Käfer, der auf Grund seiner Lebensweise in Baumhöhlen auch Eremit genannt wird (s. Kap. 2.4), tatsächlich da ist: In mehr als 60 Bäumen wurden die Tiere festgestellt (ALTWIG 2014). Die Larven des nach europäischem Recht streng geschützten Käfers leben im Mulm alter morscher Bäume. Sie entwickeln sich über mehrere Jahre, wohingegen die geschlüpften Juchtenkäfer nur wenige Wochen existieren. Die Verantwortlichen der Stadt haben nun umgedacht: Die alten Linden bleiben erhalten und sollen so abgestützt werden, dass sie keinen Schaden anrichten können (ebda.). Und vielleicht

Magerrasengebiet Kugelfangtrift

Außergewöhnlich selten: das Gewöhnliche Kreuzblümchen (Polygala vulgaris)

Auf dem Segelfluggelände entwickeln sich Magerrasen zu Sandheiden.

wird ja die Eremiten-Population zu einer weiteren Attraktion des Berggartens.

8.4.4 Geest-Ost im Stadtgebiet

Innerhalb der Stadtlandschaft nimmt der Naturraum Geest-Ost breiten Raum ein (s. Abb. S. 271). Die verstädterten Bereiche von Garbsen, Langenhagen und Altwarmbüchen gehören ebenso dazu wie der Norden, der Osten und – zum überwiegenden Teil – die Mitte der Landeshauptstadt.

Die charakteristischen Standortverhältnisse der sandigen Geest sind vor allem im Norden ausgeprägt, etwa in den Magerrasengebieten Kugelfangtrift und Segelfluggelände, die sich südlich der A 2 zwischen den Anschlussstellen Langenhagen und Bothfeld befinden. Es handelt sich um ein ehemaliges militärisches Übungsgelände auf sandigen Podsolböden, in dem sich nährstoffarme Verhältnisse und ein offener Landschaftscharakter

Der Silbersee – ein Freizeitgewässer mit Naturschutzbedeutung

erhalten haben. Die Vegetation wird bestimmt durch trockenheitsresistente Gräser wie Schafschwingel (*Festuca ovina*), Rotes Straußgras (*Agrostis capillaris*), Borstgras (*Nardus stricta*) und Haferschmielen (*Aira praecox, A. caryophyllea*). Auch das Kleine Filzkraut (*Filago minima*) ist häufig. Wo am Rand von Kaninchenbauten der Sand offenliegt, siedeln Kleiner Vogelfuß (*Ornithopus perpusillus*) und Kleiner Sauerampfer (*Rumex acetosella*). Zudem wachsen in den Sandmagerrasen einige seltene und gefährdete Spezialisten wie die Gemeine Grasnelke (*Armeria maritima ssp. elongata*), die Sand-Strohblume (*Helichrysum arenarium*) und das Gewöhnliche Kreuzblümchen (*Polygala vulgaris*). Auf dem östlich gelegenen Segelfluggelände fallen im Hoch- und Spätsommer die rotvioletten Blüten der Heide-Nelke (*Dianthus deltoides*) auf. In Teilen dieser Fläche, die von einem Modellflugverein genutzt und gemäht werden, entwickelt sich Heidevegetation mit dominierender Besenheide (*Calluna vulgaris*). Der gesamte Bereich ist ein Eldorado für Heuschrecken. Unter anderen kommen hier die stark gefährdeten Arten Kleiner Heidegrashüpfer (*Stenobothrus stigmaticus*), Rotleibiger Grashüpfer (*Omocestus haemorrhoidalis*) sowie der Heidegrashüpfer (*Stenobothrus lineatus*) vor (LRP).

Direkt nördlich dieses Bereiches, nur durch die Autobahn getrennt, liegt der Silbersee. Das Abbaugewässer ist in den 1930er Jahren im Zuge des Autobahnbaus entstanden und fungiert heute als Bade- und Freizeitsee mit sauberem Wasser und sandigem Grund. In dem Klarwassersee wachsen mehrere Arten von Armleuchteralgen (*Characeae*), darunter die Dunkle Glanzleuchteralge (*Nitella opaca*), eine Rarität in Niedersachsen (KAUNE 2012).

Magerrasen haben sich auch in dem Bereich der ehemaligen Pferderennbahn „Alte Bult" entwickelt. Das zwischen Eilenriede und dem Stadtteil Bult gelegene Gebiet ist von Bebauung weitgehend verschont geblieben, nachdem 1969 der Rennbahnbetrieb nach Langenhagen verlegt wurde. Der Bereich wird extensiv gepflegt und zum Ponyreiten und als Hundeauslauf genutzt. Magerrasenpflanzen und Heuschrecken, die hier Zielarten des Naturschutzes sind, stört das wenig. Neben vielen anderen Heuschreckenarten kommt hier am Südrand der Geest auch der Kleine Heidegrashüpfer (*Stenobothrus stigmaticus*) vor.

Ein exzellentes Beispiel für eine gelungene Biotopentwicklungsmaßnahme findet sich östlich von Lahe, unweit des Autobahnkreuzes Hannover-Buchholz. Auf grundwasserbeeinflussten Sandböden ist die landwirtschaftliche Nutzung zurückgenommen worden, flache Senken wurden ausgeschoben und der nährstoffreiche Oberboden teilweise abgetragen. Auf den feuchten nährstoffarmen Standorten hat sich eine Pionierflur entwickelt, in der zwei hochgradig gefährdete, kleinwüchsige Pflanzenarten in großer Zahl wachsen, der Zwerg-Lein (*Radiola linoides*) und die Kopf-Binse (*Juncus capitatus*). Offenbar hatten sich noch Samen dieser früher stärker verbreiteten Winzlinge im Boden befunden, denn beide Arten sind im weiten Umkreis nicht mehr vorhanden. Der Bereich wird durch Schafbeweidung gepflegt.

Blassgrün und rotbraun: Zwerg-Lein (Radiola linoides) und Kopf-Binse (Juncus capitatus)

Von herausragender Bedeutung ist der Stadtwald Eilenriede, auf den die Hannoveraner zu Recht stolz sind. Er zählt mit 640 ha zu den größten Stadtwäldern Europas (vielleicht sogar der Welt?), ist in seinen Kernbereichen uralt (s. Kap. 7.3), repräsentiert als fast reiner Laubwald die Naturlandschaft inmitten der Großstadt und ist ihr bedeutsamstes Erholungsgebiet. Eine Besonderheit des Bürgerwaldes, der 1371 den Hannoveranern von den sächsischen Herzögen WENZESLAUS und ALBRECHT geschenkt wurde, sind die noch im 14. Jahrhundert gebauten Wachtürme und Wachstationen, die neben anderem auch der Kontrolle der Holzabfuhr dienten. Den Holzwärtern wurde zur Aufbesserung ihres dürftigen Gehalts eine Schankerlaubnis erteilt, so dass an diesen Stellen Gaststätten entstanden, die teilweise bis heute Bestand haben (Kirchröder Turm, Döhrener Turm, Lister Turm, Pferdeturm, Steuerndieb und Bischofshol, das 1461 dazukam; s. DIRSCHERL et al. 2012).

Im Magerrasengebiet Alte Bult ist das Oval der ehemaligen Rennbahn noch erkennbar.

Vom Aussichtsturm der Waldstation ist das Ausmaß der Eilenriede erkennbar.

Ein Vergleich der Eilenriede in der Kurhannoverschen Landesaufnahme (s. Abb. S. 274) mit ihren heutigen Umrissen zeigt große Übereinstimmungen; an den Rändern ist eher etwas dazugekommen, insbesondere am Südostrand und zwischen Bischofshol und Leinemasch („Zuschläge"). Es fehlen aber heute die breiten Waldverbindungen längs des Büntegrabens an Kirchrode vorbei zum Kronsberg und längs des Schiffgrabens an Groß Buchholz vorbei zum Misburger Wald. Zudem musste der Stadtwald in zwei Bereichen erheblich zurückweichen: Der Zoologische Garten ist 1865 auf Eilenriedegrund gebaut worden und in den 1950er Jahren wurde die Trasse des Messeschnellwegs durch den Bürgerwald geschlagen. Letzteres hat so starke Proteste ausgelöst, dass sich die Hannoveraner ein eigenes Gremium schufen, das fortan Ähnliches verhindern soll(te): den Eilenriedebeirat. Der berät den Rat der Stadt in allen Fragen, die die Eilenriede, aber auch den Lönspark, die Seelhorst und den Tiergarten (s. Kap. 8.4.5) berühren, und ist nur den Zielen der „Satzung über die Erhaltung der Eilenriede" vom 10.10.1956 verpflichtet: „Die Eilenriede ist in ihrem Bestande zu erhalten und sorgsam zu pflegen; ihre Erweiterung ist anzustreben" (zitiert in Wolschke-Bulmahn u. Küster 2009).

Die Eilenriede liegt fast vollständig in der Geest. Nur im Südosten – im Bereich des Landwehrgrabens zwischen Kleefeld und Waldheim – ragt sie in die östliche Börde hinein; die Übergänge sind hier fließend. Der Name bezeichnet einen sumpfigen Wald („riede"), in dem Erlen (Ellern) wuchsen. Die Erle (*Alnus glutinosa*) muss hier früher häufiger, das Gelände nasser gewesen sein. Durch Grabenentwässerung, Wasserumleitungen und zuletzt dem U-Bahnbau ist der Grundwasserstand immer weiter gesunken (s. Wolschke-Bulmahn u. Küster 2009, S. 7). Heute herrschen Eichen (*Quercus robur, Q. petrea*), Buchen (*Fagus sylvatica*) und Hainbuchen (*Carpinus betulus*) vor. Die Eichen sind durch frühere Nutzungen (insbesondere Waldweide) begünstigt

Im April entfalten die Busch-Windröschen (Anemone nemorosa) einen weißen Blütenteppich.

Bunte Geophytenflur mit Lerchensporn (Corydalis cava), Busch-Windröschen (Anemone nemorosa) und Scharbocks-kraut (Ranunculus ficaria)

Schon im zeitigen Frühjahr schiebt sich der Schuppenwurz (Lathraea squamaria) durch das Laub des Vorjahrs.

worden und werden auch heute durch die Forstwirtschaft gefördert, sonst würde die Buche noch stärker dominieren. Im Norden haben auch Kiefern (*Pinus sylvestris*) und andere Nadelbäume einen gewissen Anteil am Bestand, im Unterwuchs dominieren Berg- und Spitzahorn (*Acer pseudoplatanus, A. platanoides*) sowie Esche (*Fraxinus excelsior*), häufige Pionierbäume in städtischen Lebensräumen. Vegetationskundlich besteht die Eilenriede überwiegend aus Buchen-Mischwäldern (*Querco-Fagetum*) und Eichen-Hainbuchenwäldern (*Querco-Carpinetum*) (s. ELLENBERG 1971). Die Bestände sind umso artenreicher, umso besser das basenhaltige Grundwasser erreichbar ist. Dieses fließt vom Kronsberg her in nordwestliche Richtung (LHH 2013) und ist auch von den Kalkmergelschichten des Untergrunds beeinflusst. Im Osten zwischen Kleefeld und Kirchrode (Bereich „Heiligers Brunnen") sowie östlich des Zooviertels finden sich feuchte, kalkbeeinflusste Bereiche, in denen im Frühjahr das Busch-Windröschen (*Anemone nemorosa*) weiße Blütenteppiche entfaltet und Frühjahrsgeophyten wie Hohler Lerchensporn (*Corydalis cava*), Gelbes Windröschen (*Anemone ranunculoides*), Lungenkraut (*Pulmonaria obscura*) und Milzkraut (*Chrysosplenium alternifolium*) bunte Farbtupfer setzen. Diese Bereiche sind als Naturwaldparzellen ausgewiesen, es unterbleibt jedweder forstliche Eingriff. Hier wachsen auch seltene und gefährdete Arten wie der Winter-Schachtelhalm (*Equisetum hyemale*), der Mittlere Lerchensporn (*Corydalis intermedia*), das Erdbeer-Fingerkraut (*Potentilla sterilis*) sowie Finger-Segge (*Carex digitata*) und Dünnährige

Segge (*Carex strigosa*) und als eigenartige Besonderheit die Schuppenwurz (*Lathraea squamaria*). Dieser blassrosafarbene Vollschmarotzer kommt ohne grüne Blätter aus, denn er zapft die Saftströme in Gehölzwurzeln an (von Erlen – *Alnus glutinosa*, Haseln – *Corylus avellana* u. a.).

In dem Stadtwald breiten sich aber zunehmend auch Neophyten aus, die das Waldbild verändern und möglicherweise in der Lage sind, die Vielfalt der Bodenflora zu reduzieren. Es handelt sich dabei insbesondere um die immergrüne, sehr ausbreitungsfähige Träufelspitzen-Brombeere (*Rubus pedemontanus*), zudem um das Kleinblütige Springkraut (*Impatiens parviflora*), den Eigenartigen Lauch (*Allium paradoxum*) und die Silberblättrige Goldnessel (*Lamium argentatum*).

Der Eigenartige Lauch (Allium paradoxum) bildet Massenvorkommen in der Vorderen Eilenriede hinter der Musikhochschule.

Am gelben Kehlfleck zu erkennen: der Baum- oder Edelmarder (Martes martes). (1)

Die immergrüne Brombeere (Rubus pedemontanus) hat gegenüber den Geophyten Vorteile, weil sie schon die ersten Sonnenstrahlen nutzen kann.

Faunistische Bedeutung kommt der Eilenriede vor allem als Quartier- und Jagdgebiet für Fledermäuse zu. Die beiden heimischen Abendseglerarten (Großer Abendsegler – *Nyctalus noctula* u. Kleiner Abendsegler – *Nyctalus leisleri*), die fast ausschließlich Baumhöhlen als Sommer- und Winterquartiere beziehen, haben hier bedeutsame Vorkommen. Rauhautfledermaus (*Pipistrellus nathusii*), Fransenfledermaus (*Myotis nattereri*) und die Bartfledermäuse (*Myotis brandtii, M. mystacinus*) sind als charakteristische Waldfledermäuse regelmäßig in der Eilenriede feststellbar (LRP, S. 231). Auch der Baummarder (*Martes martes*) turnt durch das Geäst (MATTHIES 2014, mdl.).

Hohltaube (*Columba oenas*) und Mittelspecht (*Dendrocopus medius*) sind typische und wertbestimmende Brutvogelarten des Stadtwalds. Wenn

Kolkrabe (Corvus corax) (1)

im zeitigen Frühjahr ein nörgeliges Quäken ertönt, ist der Eichenwaldspezialist (s. Kap. 2.4) auf Brautschau und steckt sein Revier ab. Anders als der größere Buntspecht (*Dendrocopus major*) trommelt er dazu nicht gegen tote Äste und hohle Bäume. Der strukturreiche Laubwald ist voller Singvögel. Auch der größte von ihnen, der im tiefsten Bass krächzende Kolkrabe (*Corvus corax*), ist wieder da; er brütete 2013 in der Eilenriede (THYE 2014a). Die Bestände des schwarzen Kulturflüchters, der über Jahrhunderte stark verfolgt wurde, haben sich generell etwas erholt.

Ein anderer Rabenvogel, der bis heute verfolgt, vergrämt und illegal getötet wird, ist die Saatkrähe (*Corvus frugilegus*). Der Koloniebrüter lässt sich von der häufigeren Rabenkrähe (*Corvus corone*) durch den nackten Schnabelansatz unterscheiden. In der Stadtlandschaft brütet die Saatkrähe schwerpunktmäßig in Langenhagen, und zwar mit der Hauptkolonie im Stadtpark. 2012 wurden hier 111 Brutpaare gezählt (THYE 2013b).

Im Osten der Stadt finden sich einige Wiesengebiete, die von Siedlung umschlossen und durch Landwirtschaft geprägt sind. Sie sind als Landschaftsschutzgebiete ausgewiesen und werden systematisch auf der Basis von Pflege- und Entwicklungsplänen entwickelt. Viele Maßnahmen zur Kompensation von Eingriffen innerhalb des Stadtgebiets (vgl. Themen-Info „Eingriffsregelung", S. 243) werden hierfür genutzt. Die Laher Wiesen sind ein wichtiger Freiraum zwischen den Stadtteilen Bothfeld und Lahe. Beidseits des Laher Grabens, der nach

Auf der Breiten Wiese wird das Heu gewendet.

Grabenrand mit Gelber Wiesenraute (Thalictrum flavum)
(Breite Wiese)

Norden der Wietze zufließt, beweiden Pferde die Grünlandniederung. Auf sandigen, grundwasserbeeinflussten, aber entwässerten Gleyböden wachsen vereinzelt – an Gräben und in feuchten Mulden – gefährdete Pflanzenarten wie Sumpfdotterblume (*Caltha palustris*) und Gelbe Wiesenraute (*Thalictrum flavum*). Am Rand der Niederung offenbaren Magerkeitszeiger wie Englischer Ginster (*Genista anglica*) und Heide-Nelke (*Dianthus deltoides*) die Zugehörigkeit zur Sandgeest (s. Schmitz 2001). Der Laher Graben ist in Abschnitten renaturiert worden. Dem Fließgewässer wurde mehr Platz gegeben, und es zeigt heute wieder einen geschlängelten Verlauf. Dies ist Teil eines ehrgeizigen Programms der Stadt Hannover, wonach seit 1996 24 Gewässer naturnah umgestaltet wurden (LHH 2012, S. 50).

Der Bereich Breite Wiese / Nasse Wiese, der zwischen Tiergarten und Mittellandkanal bzw. zwischen den Stadtteilen Roderbruch und Anderten liegt, ist bereits durch die Kalkmergelschicht im Untergrund geprägt, die für die östliche Börde so charakteristisch ist. Früher wuchsen auf den staunassen Kalkniedermoorböden bei extensiver Mähnutzung ausgedehnte Kalk-Pfeifengraswiesen (s. Kap. 7.4). In dem Gebiet ist aber die Landbewirtschaftung in der zweiten Hälfte des 20. Jahrhunderts immer weiter intensiviert worden. Heute kommen die wertgebenden Pflanzenarten nur noch kleinflächig an Grabenrändern und in Brachzwickeln am Rand der Bahnböschungen vor. Filz-Segge (*Carex tomentosa*), Stumpfblütige Binse (*Juncus subnodulosus*), Wiesen-Silge (*Silaum*

Lönsparkwiese mit Bach-Nelkenwurz (Geum rivale)

Färber-Scharte (Serratula tinctoria) auf der Mardalwiese

Graugänse (Anser anser) äsen vor der Bockwindmühle im Lönspark.

silaus) und gefärbtes Laichkraut (*Potamogeton coloratus*) zählen dazu (LRP). Westlich schließt an diesen Bereich der Lönspark und – südlich davon – die Mardalwiese an. Hier finden sich noch gut ausgeprägte Kalk-Pfeifengraswiesen auf basenreichen Flachmoorböden. Sie werden durch die sorgfältige Pflege des städtischen Betriebshofes erhalten. In der Mardalwiese fallen insbesondere die hochwüchsigen, blühfreudigen Wildstauden wie Heil-Ziest (*Betonica officinalis*) und Wiesen-Flockenblume (*Centaurea jacea*), Großer

Wiesenknopf (*Sanguisorba officinalis*), Gelbe Wiesenraute (*Thalictrum flavum*) und Färber-Scharte (*Serratula tinctoria*) auf. Im Hermann-Löns-Park wurde 2014 75-jähriges Bestehen gefeiert. Der etwa 90 ha große Volkspark aus der Zeit des Nationalsozialismus verkörpert eine idealisierte, bäuerlich geprägte niederdeutsche Landschaft und ist zugleich dem Heimatschutzgedanken verpflichtet. In die Natur des Kalkflachmoores, das sich hier zwischen Eilenriede und Tiergarten schob, ist dabei erheblich eingegriffen worden. Es wurden an Stelle einer kleinen Tongrube der heutige Annateich ausgeschoben, geschwungene Gräben gezogen und ein Mühlenhügel geschaffen, zwei typische niedersächsische Fachwerkhäuser und eine Bockwindmühle in die Parkmitte transloziert sowie das Kleefelder Freibad, ein Sportplatz und eine Kleingartenanlage integriert (s. KLAFFKE u. WEISE 2001). Eine Gruppe von Findlingen erscheint auf dem Kalkmergel der Unterkreide etwas deplatziert. Andere Aspekte sind nachhaltig gelungen und wirken nahezu modern: Ein breites Waldband durchläuft den Lönspark und verknüpft Eilenriede und Tiergarten, ganz im Sinne des Biotopverbunds. Dank einer durchlässigen Gestaltung öffnet sich die Kleingartenkolonie mitsamt der schönen Vereinsgaststätte den Parkbesuchern. Die ausgedehnten und standörtlich vielfältigen Wiesen, die eine Verbindung zwischen der Mardalwiese und dem Bereich Breite Wiese/Nasse Wiese herstellen, haben die Artenvielfalt der ehemaligen Kalk-Pfeifengraswiesen zu einem großen Teil erhalten können: Hier wurden 31 Pflanzenarten der Roten Liste festgestellt, mehr als in jeder anderen Gartenanlage Hannovers (WILHELM 2006). Der Lönspark ist auch bekannt als Brutrevier der Graugans (*Anser anser*). Der wilde Vorfahr der domestizierten Hausgans war Mitte des 20. Jahrhunderts in Niedersachsen ausgestorben und nur noch als Zugvogel aus Nord- und Osteuropa bekannt. 1971 wurden am Annateich 4 Tiere ausgesetzt, 1972 brüteten hier erstmalig in Hannover Graugänse. Die Population nahm schnell zu und von hier aus wurden rasch auch andere Gewässer in Hannover und der Region besiedelt (s. WENDT 2007, S. 76 f). Inzwischen brüten in Niedersachsen mehrere Tausend Paare (vgl. KRÜGER et al. 2014), eine beispiellose Entwicklung, die vom Lönspark und von einigen weiteren Ansiedlungsprojekten (Dümmer, Braunschweig-Riddagshausen) ausging.

Lönsparkwiese mit Blühaspekt von Scharfem Hahnenfuß (*Ranunculus acris*)

8.4.5 Börde-Ost im Stadtgebiet

Der Süden und Südosten der Stadtlandschaft gehören zum Naturraum Börde-Ost. Als Zeugen der Naturlandschaft sind hier einige wenige Laubwälder erhalten, von denen der Tiergarten und die Seelhorst die bedeutendsten sind.

Der <u>Tiergarten</u>, der Ende des 17. Jahrhunderts aus jagdlichen Gründen angelegt wurde – der herzogliche Hof verlangte nach Wildbret –, hat dabei einen besonderen Charakter. Er ist eingezäunt, damit das Wild nicht entweichen kann. Hier leben bis zu 150 Damhirsche (*Dama dama*), etliche Rehe (*Capreolus capreolus*) und Rothirsche (*Cervus elaphus*) sowie – in einem Extragehege – bis zu 30 Wildschweine (*Sus scrofa*) (ALTWIG U. GARNATZ 2005). Auf grasigen Lichtungen können die äsenden Tiere gut beobachtet werden, und im Herbst beeindruckt das brunfttypische Röhren der männlichen Hirsche. Auffallend ist der lockere Baumbestand, der überwiegend aus alten Eichen (*Quercus spec.*), Buchen (*Fagus sylvatica*), Hainbuchen (*Carpinus betulus*), Eschen (*Fraxinus excelsior*) und Rosskastanien (*Aesculus hippocastanum*) besteht. Bewusst werden Mastbaumarten und ein weiter Stand gefördert, um die Produktion von Baumfrüchten zu steigern und dadurch den Hirschtieren zusätzliche Nahrung zuzuführen. So ist ein Hudewaldcharakter entstanden bzw. erhalten geblieben, der durch viele alte Bäume mit ausladenden Kronen geprägt ist und der den durch Überweidung hervorgerufenen Waldbildern des ausgehenden Mittelalters nahe kommt. Auch der vermutlich älteste Baum Hannovers steht hier (links hinter dem Haupteingang); die „1000-jährige" Eiche ist allerdings tatsächlich „nur" ca. 660 Jahre alt. Traditionell sammeln die hannoverschen Kinder im Herbst Eicheln und Kastanien für die Winterfütterung der Tiere. Die Stadt bedankt sich dafür mit dem Tiergartenfest, das alljährlich am zweiten Sonnabend im Oktober ausgerichtet wird. Gejagt wird auch noch: In den Monaten November und Dezember bleibt der Tiergarten vormittags geschlossen, weil dann geschossen wird. Das Forstpersonal reduziert den Überschuss an Schalenwild und versorgt die Hannoveraner mit hochwertigem Wildfleisch. Während die Flora des Tiergartens nicht besonders wertvoll ausgeprägt ist und auf Grund des hohen Wildbesatzes viele walduntypische Stickstoffzeiger aufweist, ist die faunistische Bedeutung dieses Laubwalds hoch. In den alten

Alte Hainbuchen und Eichen im Tiergarten

Der Waldkauz (Strix aluco) bewohnt die großen Höhlen. (1)

Breiter und gestufter Waldrand des Tiergartens an der Nassen Wiese

Die Grünverbindung an der Emmy-Noether-Allee vernetzt die Seelhorst mit dem Kronsberg.

Bäumen befindet sich eine Vielzahl unterschiedlich großer Höhlen mit den entsprechenden Bewohnern: Der Tiergarten ist ein Refugium für Spechte, Eulen und Fledermäuse. Fünf heimische Spechtarten wurden hier festgestellt, darunter auch der seltene Schwarzspecht (*Dryocopus martius*; THYE 2013a). Der Waldkauz (*Strix aluco*) brütet in hohlen Bäumen, die Waldohreule (*Asio otus*) in alten Krähennestern. Der strukturreiche alte Wald mit seinen Lichtungen, gut ausgeprägten Rändern, Kleingewässern und Gräben ist besonders für Fledermäuse ein idealer Lebensraum. 12 verschiedene Arten wurden hier nachgewiesen (ALTWIG U. GARNATZ 2005). Großer Abendsegler (*Nyctalus noctula*) und Kleiner Abendsegler (*Nyctalus leisleri*) beziehen in den alten Bäumen sowohl Sommer- als auch Winterquartiere.

Und auch der hochgradig bestandsbedrohte Juchtenkäfer oder Eremit (*Osmoderma eremita*) findet in den breitkronigen und höhlenreichen alten Eichen ideale Habitatverhältnisse vor.

Der zwischen dem gleichnamigen Stadtteil und Bemerode gelegene Stadtwald <u>Seelhorst</u> ist ebenfalls ein wertvoller alter Laubwald, der als Quartier- und Jagdgebiet für Abendsegler (*Nyctalus noctula, N. leisleri*) besondere Bedeutung hat. Er ist von Natur aus als artenreicher, feuchter Eichen-Hainbuchenwald (*Querco-Carpinetum*) sowie – längs des Seelhorster Baches – als Traubenkirschen-Erlen-Eschen-Wald (*Pruno-Fraxinetum*) ausgeprägt. Hier blühen noch gefährdete Pflanzen wie Hohe Schlüsselblume (*Primula elatior*), Sumpfdotterblume (*Caltha palustris*) und Bach-Nelkenwurz (*Geum rivale*). Die feuchtigkeitszeigenden Arten sind aber zurückgegangen, insbesondere weil der Wald durch Gräben und einen künstlich angelegten Bach entwässert wird. Für den städtischen Biotopverbund hat die Seelhorst besondere Bedeutung, weil sie die Eilenriede mit dem Kronsberg verknüpft.

In Laatzen befindet sich mit dem <u>Mastbrucher Holz</u> ein weiterer alter Eichen-Hainbuchenwald. Da ihm durch Straßenabläufe des benachbarten Messeschnellwegs Wasser zugeführt wird, sind teilweise feuchte bis nasse Standortverhältnisse erhalten geblieben. Hier wächst als Besonderheit der Gelbe Eisenhut (*Aconitum lycoctonum*), der im nahe gelegenen Bockmer Holz den Nordrand seiner

Mastbrucher Holz – nasse Partien mit Sumpfdotterblumen (Caltha palustris)

Verbreitung erreicht (s. Kap. 7.4). Knapp östlich des Schnellwegs und nördlich des Expo-Geländes liegt ein kleines Gehölz, das zu dem ehemaligen Rittergut Kronsberg gehört und „Messewäldchen" genannt wird. Hier blüht im Frühling ein größerer Bestand der Wilden Tulpe (*Tulipa sylvestris*), eine wärmeliebende Zierpflanze des Mittelalters, die sich verwildert hat (WILHELM 2006). Heute ist die gelbblühende Wildtulpe ein attraktives, seltenes und bedrohtes Element der heimischen Flora.

Abschließend sei auf ein weiteres wärmeliebendes Florenelement hingewiesen, das in Ruderalfluren an der Bahnlinie im Stadtteil Döhren wächst: Der Gewöhnliche Andorn (*Marrubium vulgare*) ist bei uns keineswegs eine gewöhnliche Art. Die mediterrane Heilpflanze wurde vor langer Zeit in Mitteleuropa eingeführt und kultiviert, ist dann am Rand der Siedlungen verwildert, wo sie in Ruderalfluren auf basenreichen, trockenen Lehmböden vorkommt. In Niedersachsen ist sie immer weiter zurückgegangen. Heute sind nur noch zwei Vorkommen bekannt, so dass der Andorn hier als unmittelbar vom Aussterben bedroht gilt (GARVE 2007).

8.4.6 Stadtlebensräume

Die urbane Natur der Stadtlandschaft ist überaus vielfältig, sie kann im Folgenden nur ausschnitthaft und schlaglichtartig beschrieben werden. Dabei wird der Fokus auf die Gefäßpflanzen und die Vogelwelt gerichtet, zwei Artengruppen, die besonders stark sind in der Stadt (vgl. REICHHOLF 2007b).

Gewöhnlicher Andorn (Marrubium vulgare) in Döhren

Andere Artengruppen wie die bodengebundenen Reptilien und Amphibien dringen nicht sehr weit in städtische Lebensräume vor, insbesondere weil sie dem dichten Autoverkehr zum Opfer fallen. Demgegenüber sind viele Säugetiere besser in der Lage, mit der Nähe des Menschen zu leben. Das gilt für die flugfähigen Fledermäuse – in der Innenstadt sind mehrere Wochenstuben der verbreiteten Arten Zwergfledermaus (*Pipistrellus pipistrellus*) und Breitflügelfledermaus (*Eptesicus serotinus*) bekannt – wie für die intelligente Wanderratte (*Rattus norvegicus*), die im unterirdischen Kanalsystem ideale Lebensräume findet. Ebenfalls häufig sind zwei possierlichere Säuger: Das

Zwergfledermaus (Pipistrellus pipistrellus) (1)

Am weißen Kehlfleck zu erkennen: der Steinmarder (Martes foina) (1)

Die Türkentaube (Streptopelia decaocto) trägt ein schmales, schwarzes Nackenband. (1)

rotbraune Eichhörnchen (*Sciurus vulgaris*) in Parks und Gärten und das Wildkaninchen (*Oryctolagus cuniculus*), das an Böschungen von Verkehrswegen, in Grünanlagen und auf Brachen beobachtet werden kann. Zunehmend, wenngleich noch recht heimlich, wandern auch größere Säuger in die Stadt: Rotfuchs (*Vulpes vulpes*), Dachs (*Meles meles*), Waschbär (*Procyon lotor*) und Wildschweine (*Sus scrofa*) nutzen hier den reich gedeckten Tisch (Stadtjäger PYKA in MENKENS 2013). Der Steinmarder (*Martes foina*) hat sich schon vor Jahren auf innerstädtischen Dachböden eingenistet und unternimmt von hier aus Streifzüge durch die nächtlichen Straßen.

Diese Mehlschwalbe (Delichon urbicum) nimmt Material für den Nestbau auf. (1)

Der auffälligste Vogel der Innenstadt ist die Straßen- oder Stadttaube (*Columba livia f. domestica*). Sie stammt von verwilderten Haus- und Brieftauben ab, die wiederum aus der mediterranen Felsentaube gezüchtet wurden, und zählt als einzige der heimischen Vogelspezies nicht zu den besonders geschützten Arten. Die City als künstliche Felslandschaft bietet der Stadttaube geeignete Brutnischen an Gebäuden, unter Bahnunterführungen und auch in U-Bahnstationen sowie jede Menge Nahrung. In Hannover leben – auf die Innenstadt beschränkt – etwa 2000 bis 2500 Straßentauben (WENDT 2007). Das ist nur etwa die Hälfte des Bestandes der etwas größeren Ringeltaube (*Columba palumbus*), die verbreitet im gesamten Stadtgebiet auf Bäumen brütet und durch den weißen Halsfleck von ihr unterschieden werden kann. Sehr viel seltener und innerhalb der Stadtlandschaft auf die Vorstädte beschränkt ist die zierliche, beigegrau gefärbte Türkentaube (*Streptopelia decaocto*), die erst in den 1930er Jahren in Mitteleuropa einwanderte. Die Tauben der Stadtlandschaft Hannovers haben seit wenigen Jahren ihren natürlichen Hauptfeind zurück: Der Wanderfalke (*Falco peregrinus*) brütet inzwischen an mehreren hohen Gebäuden innerhalb und am Rand der Stadt (s. Kap. 8.6).

An und in Gebäuden nisten auch Segler und Schwalben. Drei Arten mit ähnlichem Jagdverhalten teilen sich im Sommer den Luftraum über Hannover auf. Im Stadtkern dominiert der

Im Reitstallgelände an der Alten Bult brüten Rauch- und Mehlschwalben.

Mehlschwalbennest unter einem Dachüberstand in der Dickensstraße

Mauersegler (*Apus apus*), der bevorzugt die city-nahen Gründerzeitviertel mit Blockrandbebauung und die mehrstöckigen Genossenschaftshäuser der Nachkriegszeit besiedelt und besonders charakteristisch für die Großstadt ist (s. Kap. 8.6). Die Mehlschwalbe (*Delichon urbicum*), die ihren Namen der reinweißen Unterseite (einschließlich Bürzel) zu verdanken hat, besiedelt die Vorstädte. Sie klebt ihre Nester von außen an eher kleinere Einfamilien- und Reihenhäuser, bevorzugt unter dem Dachüberstand. Rauchschwalben (*Hirundo rustica*) – durch den lang gegabelten Schwanz gut unterscheidbar – brüten in offenen Gebäuden, z.B. in Reitställen, im Bootsschuppen der Maschseeflotte oder auch im Haupteingang des Stöckener Friedhofs (WENDT 2007, S. 221). Als Art der Dörfer und Ställe ist sie in der Stadtlandschaft relativ selten.

Im Reiterhof an der Alten Bult (s. Kap. 8.4.4) brüten sowohl Mehl- als auch Rauchschwalbe relativ innenstadtnah mit jeweils über zehn Brutpaaren. Noch näher der City liegt das Brutareal der Mehlschwalbe in der Dickensstraße (Zooviertel). Das Vorkommen einer Schwalbenkolonie in dieser zentralen Lage ist auf folgende Faktoren zurückzuführen:

• Der Straßenraum der Dickensstraße ist relativ breit und hat nur wenige große Bäume, denn die Häuser wurden für in Hannover stationierte englische Soldaten konzipiert, für deren Sicherheit eine gute Einsehbarkeit wichtig war. Die Mehlschwalben profitieren von dem freien Flugraum vor den Häusern.

• Der in der Dickensstraße gebaute Haustyp mit Dachvorsprüngen von knapp einem Meter bietet für die Mehlschwalbe ideale Ansiedlungsmöglichkeiten.

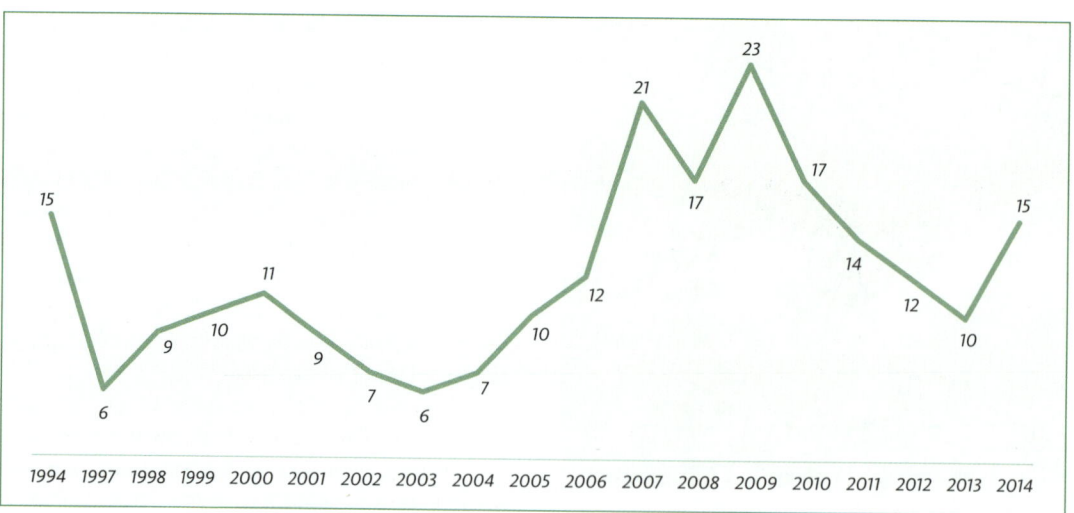

Mehlschwalben Dickensstraße – besetzte Nester (1994–2014)

Dohlen (Corvus monedula) nutzen unterschiedlichste Hohlräume als Niststätten. (1)

Mäusegersten-Flur (Hordeetum murini) in der hannoverschen Südstadt

• Die direkt benachbarten, unversiegelten, nicht perfekt befestigten und nicht begrünten Parkplatzflächen am Kongresszentrum (HCC) ermöglichen es den Mehlschwalben, ausreichend geeignetes lehmiges Material zum Nestbau zu gewinnen.

Seit 1994 werden hier die besetzten Nester gezählt (s. Abb. S. 302). Als 2012 große Teile der Parkplätze am HCC überbaut wurden, schien das Ende der innerstädtischen Mehlschwalbenkolonie gekommen. Doch die Anrainer kämpften um „ihre" Schwalben und die Stadt stattete Restflächen am neuen Parkhaus mit Lehmpfützen und wassergebundener Decke aus. Die Brutsaison 2014 zeigte, dass sich die örtliche Population erholt hat – und dass die Schwalben wieder neue Nester bauen.

Weitere Gebäudebrüter in der Stadtlandschaft sind Turmfalke (*Falco tinnunculus*) und Dohle (*Coloeus monedula*), Haussperling (*Passer domesticus*) und Hausrotschwanz (*Phoenicurus ochruros*). Einen ausgezeichneten Überblick über die Vogelwelt Hannovers bietet WENDT (2007). Der Austernfischer (*Haematopus ostralegus*), ein Küstenbewohner aus der Gruppe der Watvögel oder Limikolen, siedelt neuerdings ebenfalls auf hannoverschen Gebäuden: In Gewerbegebieten und auf Schulen, vorzugsweise im Südteil der Stadt, nistet er auf Flachdächern, die mit Kies bedeckt und nur schütter bewachsen sind (WENDT 2014). Auch die Haubenlerche (*Galerida cristata*), ein Vogel der kontinentalen Steppen und Halbwüsten, hatte Flachdächer als Bruthabitate für sich entdeckt. Der Bodenbrüter, der trockenwarme Flächen mit niedriger und lückiger Vegetation benötigt, scheint in der Region inzwischen ausgestorben zu sein. Der letzte Brutnachweis gelang auf dem Gründach eines Baumarkts in Wülfel 2005 (WENDT 2007).

Typisch städtisch ist die vielfältige und artenreiche Ruderalvegetation. Die urbane Natur hat sich auf anthropogenen, also vom Menschen geschaffenen Böden entwickelt, die durch Überschüttung oder Abtrag natürlicher Böden bzw. durch Aufschüttung von Fremdmaterial entstanden sind. Meist ist das Grundwasser abgesenkt und das Wasserhaltevermögen des Oberbodens reduziert, und die Standorte sind zumindest teilweise versiegelt, so dass insgesamt trockenwarme Bedingungen vorherrschen. Dem wirken allerdings in Hannover das

*Echtes Herzgespann (Leonurus cardiaca ssp. cardiaca)
am Braunschweiger Platz*

*Pflasterritzenvegetation auf dem Neustädter Kirchplatz:
Kleines Filzkraut (Filago minima) und Silber-Fingerkraut
(Potentilla argentea)*

subatlantische Großklima, der Schattenwurf der Häuser und die Stadtbäume, die hier in großer Zahl wachsen, entgegen. Ruderalfluren, oftmals als Unkrautfluren verunglimpft, wachsen auf Bahnanlagen, Böschungen, Brachen und Bauerwartungsland, in Gewerbe-, Hafen- und Industriegebieten, an Straßenrändern und auf Baumscheiben, in Pflasterfugen und Mauerritzen – kurzum überall da, wo kein Gärtner pflanzt und pflegt. Einen guten Überblick über die hannoversche Ruderalflora gibt WILHELM (2006).

Besonders artenreich ist die spontane Vegetation der Bahnhöfe und Gleisschotterfluren. Charakteristisch und häufig sind hier z. B. Dreifinger-Steinbrech (*Saxifraga tridactylites*) und Großer Bocksbart (*Tragopogon dubius*), ursprünglich eher seltene Trockenrasenpflanzen, die die Schotterfluren zwischen den Gleisen als

Lebensraum für sich entdeckt haben. Eine besonders typische Pflanzengesellschaft auf wärmebegünstigten urbanen Standorten ist die Mäusegersten-Flur (*Hordeetum murini*), die an Straßenrändern, auf Baumscheiben und in schmalen Bändern vor Häusern, Zäunen und Mauern wächst. An Zäunen und in Gartenhecken ist mit der Rotfrüchtigen Zaunrübe (*Bryonia dioica*) ein wärmeliebendes Schlinggewächs anzutreffen, das in Städten heute häufiger vorkommt als in ihrem ursprünglichen Lebensraum, den kaum noch vorhandenen Auwäldern. Am Rand des Stadtteils Bult hat sich eine stark gefährdete Art dörflicher Ruderalfluren gehalten: Das Echte Herzgespann (*Leonurus cardiaca ssp. cardiaca*), wegen der Form seiner Blätter auch Löwenschwanz genannt, wächst am Reiterhof an der alten Pferderennbahn („Alte Bult", s. S. 292) und am Fuß einer Bahnböschung am Braunschweiger Platz.

*Deutsches Filzkraut (Filago vulgaris)
am Rand des Klagesmarktes*

*Braunstieliger Streifenfarn (Asplenium trichomanes)
an einer Ziegelsteinmauer in der Südstadt*

Der Schützenplatz, die größte Pflasterfläche der Stadt

Im Spätherbst 2012 hat es ein Vertreter der Pflasterritzenvegetation, das seltene und gefährdete Deutsche Filzkraut (*Filago vulgaris*), bis in die Schlagzeilen der hannoverschen Tagespresse gebracht (BOHNENKAMP 2012). Weil der Klagesmarkt, ein traditionsreicher Platz in der Innenstadt, bebaut werden sollte, drohte die Vernichtung des einzigen bekannten Bestandes dieses kleinwüchsigen Korbblütlers, der mit seiner filzigen Behaarung optimal an die extrem trockenwarmen Bedingungen in den schmalen Fugen des schwarzen Basaltpflasters angepasst ist. Während die Stadtgesellschaft noch über die Sinnhaftigkeit des Schutzes unscheinbarer Pflanzenarten diskutierte, entschloss sich die Verwaltungsspitze zu einer Umsiedlungsaktion. Im Frühjahr 2013 wurden die Pflasterfugen ausgekratzt und das gewonnene Material auf ähnlich erscheinenden Pflasterflächen am Sportpark und auf dem

Mauerraute (Asplenium ruta-muraria) in Alt-Laatzen

Schützenplatz ausgebracht und eingefegt. Eineinhalb Jahre später brachte eine Untersuchung, die den Erfolg dieser Maßnahme kontrollieren sollte, überraschende Ergebnisse: Auf den Zielflächen fanden sich mehrere typische Pflasterritzenarten, nicht aber das gefährdete Filzkraut. Von diesem wurde aber an anderer Stelle auf dem Schützenplatz ein Vorkommen entdeckt. Und auf einer kleinen Restfläche des Klagesmarktes – neben der großen Baugrube – wuchsen nun mehr Exemplare von *Filago vulgaris* als vorher auf dem gesamten Parkplatz (ca. 100 Ex. gegenüber 14 Ex. 2012 – DRANGMEISTER 2014, FEDER 2012). Das Filzkraut wächst hier zusammen mit einer Reihe weiterer kleinwüchsiger Spezialisten wie Kahles und Behaartes Bruchkraut (*Herniaria glabra, H. hirsuta*), Scharfer und Milder Mauerpfeffer (*Sedum acre, S. sexangulare*), Kleines Liebesgras (*Eragrostis minor*) und Silber-Fingerkraut (*Potentilla argentea*). Diese Arten können durch kleine oder wasserspeichernde Blätter und Triebe bzw. durch starke Behaarung die Verdunstung reduzieren und sind so gegenüber intensiver Sonneneinstrahlung und zeitweiliger Austrocknung des Standorts geschützt. Gut ausgeprägte Pflasterritzenvegetation findet sich zudem auf dem Platz vor der Neustädter Kirche („Neustädter Markt") und auf dem Schützenplatz. Hier wächst jeweils auch das Kleine Filzkraut (*Filago minima*) in größeren Beständen, eine Kennart der Sandtrockenrasen in der Geest (s. Kap. 6.4).

Auch zwei Mauerfarne, die ursprünglich an natürlichen Felsen wuchsen, sind dem Menschen in die Siedlungen gefolgt und in Hannover bis in die Innenstadt vorgedrungen: Die Mauerraute

Heckenbraunelle (Prunella modularis) (1)

Gartenrotschwanz (Phoenicurus phoenicurus) (1)

(*Asplenium ruta-muraria*) und – seltener – der Braunstielige Streifenfarn (*Asplenium trichomanes*) besiedeln Mörtelfugen von alten Vorgarten-Ziegelsteinmauern in der hannoverschen Südstadt, z. B. in der Tiestestraße und in der Stresemannallee. Will man sie entdecken, muss man oft „hinter" die Einfriedung schauen, denn die hygrophilen Farne bevorzugen die absonnige Seite der Mauer.

Die Kleingartenkolonien, aber auch Parks, Vorstadt- und Villengärten sowie Friedhöfe und sonstige städtische Grünanlagen mit halboffenem Charakter sind das Reich der Singvögel. Charakteristische und häufige Gartenvögel sind Amsel (*Turdus merula*), Rotkehlchen (*Erithacus rubicola*), Zaunkönig (*Troglodytes troglodytes*), Grünfink oder Grünling (*Carduelis chloris*) und Heckenbraunelle (*Prunella modularis*) sowie die Höhlenbrüter Blaumeise (*Parus caeruleus*)

und Kohlmeise (*P. major*), denen das große Nistkastenangebot zu hohen Siedlungsdichten verhilft. Weniger verbreitet, aber für ältere Kleingartenanlagen ebenfalls typisch sind Grauschnäpper (*Muscicapa striata*) und Feldsperling (*Passer montanus*) sowie der Girlitz (*Serinus serinus*), der gern in Zierkoniferen nistet. Der Bestand dieser Arten hat abgenommen, so dass sie auf der Vorwarnstufe der Roten Liste geführt werden (KRÜGER U. OLTMANNS 2007). Ältere Gartenkolonien zeichnen sich noch durch größere Parzellen, ältere Hecken und Bäume sowie einen vielfältigen Laubenbestand aus, was diesen Arten entgegen kommt. Der gefährdete Gartenrotschwanz (*Phoenicurus phoenicurus*), der von dem häufigeren Hausrotschwanz (*P. ochruros*) durch die hellere, beim Männchen orangerote Bauchseite unterschieden werden kann, brütet in Hannover ganz überwiegend in älteren

Feldsperlinge (Passer montanus) sind an der rotbraunen Kappe zu erkennen. (1)

Sperber (Accipiter nisus) mit erbeuteter Wacholderdrossel (Turdus pilaris) (1)

Mandarinente (Aix galericulata) *(1)*

Schrebergärten und erreicht hier hohe Revierdichten, z. B. in der List und im Sahlkamp (THYE 2014a). Die vielen Klein- und Singvögel der Stadt haben in dem Sperber (*Accipiter nisus*), dem kleinsten der heimischen Greifvögel, einen natürlichen Feind. Erst seit Mitte der 1980er Jahre, nachdem die Verfolgung von Greifvögeln verboten wurde, hat sich der schnelle und wendige Vogeljäger in der hannoverschen Stadtlandschaft angesiedelt, wo er überwiegend in Nadelbaumgruppen brütet – in den Stadtwäldern, auf Friedhöfen und in großen Hausgärten (s. WENDT 2007, S. 119f.). Letztlich soll auf zwei weitere landesweit gefährdete Arten der halboffenen Landschaft hingewiesen werden: Der Grünspecht (*Picus viridis*), der in Baumhöhlen brütet und auf kurzrasigen Freiflächen Ameisen zur Nahrung aufnimmt, ist in Hannover erstaunlich häufig. Insbesondere in den Gärten und Anlagen randlich der Stadtwälder ist sein keckerndes Lachen oft zu vernehmen. Die innerstädtischen Bestände der Nachtigall (*Luscinia megarhynchos*) haben dagegen abgenommen. Ihr melodiöses Lied ist aber in der Dämmerung noch zu hören, aus den Gebüschen an Bahndämmen und Kanalböschungen sowie in Gärten und Grünzügen, die nicht zu intensiv gepflegt werden (ebda., S. 254).

Auch der hannoversche Zoo kann als ein stadttypischer Biotopkomplex gesehen werden. Zwar stehen hier spannende Erhaltungsprogramme für gefährdete Tierarten anderer Kontinente im Vordergrund (z. B. Spitzmaulnashorn und Andenkondor, Brillenpinguin und Persischer Leopard), aber auch die heimische Fauna findet im Zoo Lebensraum. Ein

Beispiel ist das landesweit im Rückgang befindliche Teichhuhn (*Gallinula chloropus*). Diese grünfüßige Rallenart ist mit bis zu 15 Brutpaaren in der Gewässerlandschaft „Sambesi" untergekommen (WENDT 2007, S. 137). Im Eingangsbereich des Zoos stehen einige mächtige alte Eichen, die wohl schon Teil der ehemals größeren Eilenriede waren (s. Kap. 8.4.4). Hier hat der Heldbock (*Cerambyx cerdo*), ein extrem seltener und hochgradig gefährdeter Käfer, ein isoliertes Vorkommen (LRP). Der mit fast 6 cm Länge und bis zu 10 cm langen Fühlern recht stattliche Altholzspezialist, der auch Großer Eichenbock genannt wird, bewohnt in Mitteleuropa ausschließlich dickstämmige Eichen in besonnter Lage. Dem einmal gewählten Brutbaum bleibt die Population treu, bis er abgestorben ist. Der wenig ausbreitungsfreudige Bockkäfer, der früher als Forstschädling bekämpft wurde, gilt heute als „Urwaldrelikt" und ist nach europäischem Recht strengstens geschützt.

Zum Schluss sei auf zwei Vogelarten hingewiesen, die innerhalb und außerhalb des Zoologischen Gartens beobachtet werden können: Die ausgesprochen hübsche und farbenfrohe Mandarinente (*Aix galericulata*) stammt aus Ostasien und wird in Europa seit dem 18. Jahrhundert als Ziergeflügel gehalten. Gefangenschaftsflüchtlinge werden ab Beginn der 1960er Jahre auf hannoverschen Gewässern und in Parkanlagen beobachtet (WENDT 2007, S. 81). Einen räumlichen Schwerpunkt stellt die Vordere Eilenriede (hinter der Musikhochschule) dar. Junge führende Weibchen beweisen, dass die Art sich hier fortpflanzt. Sie benötigt dafür größere

Kuhreiher (Bulbulcus ibis) im Stadtpark am Kongresszentrum

Naturschutzwürdige Magerrasen auf der Kugelfangtrift, im Vordergrund Borstgras (Nardus stricta)

Baumhöhlen, in denen sie ihre Nester anlegt. Im Unterschied zu ihr ist beim Kuhreiher (*Bulbulcus ibis*) der Status als Neozoon nicht gesichert. Im Zoo brütet ständig eine Kolonie von etwa 50 Tieren, die den Sommer über „freien Ausflug" haben. Entsprechend sind die kleinen weißen Schreitvögel in der Umgebung auf Rasen- und Wiesenflächen anzutreffen, besonders regelmäßig im Stadtpark am Kongresszentrum, aber auch im Lönspark, auf der Breiten Wiese (s. Kap. 8.5) sowie in der Leinemasch. Dass der Kuhreiher, der aus Nordafrika und von der Iberischen Halbinsel bekannt ist, außerhalb des Zoos in Hannover brütet, wurde bislang nicht festgestellt.

8.5 Schutzgebiete und weitere Schutzaspekte

In der Stadtlandschaft Hannover ist kein Bereich als Naturschutzgebiet (NSG) geschützt.

Der LRP weist aber die folgenden Bereiche als naturschutzwürdig aus:
• Kugelfangtrift/Segelfluggelände (Vahrenheide)
• Eilenriede
• Hermann-Löns-Park
• Mardalwiese
• Seelhorst
• Mastbrucher Holz

Als Landschaftsschutzgebiete (LSG) sind ausgewiesen:
• LSG HS 9 Mardalwiese (27 ha)
• LSG HS 10 Laher Wiesen (66 ha)
• LSG HS 12 Alte Bult (31,5 ha)
• LSG HS 14 Breite Wiese – Nasse Wiese (137 ha)
• LSG H 57 Mastbrucher Holz (19,7 ha)
Nach dem LRP ist auch der Tiergarten schutzwürdig im Sinne eines LSG.

Artenreiches Grünland im LSG Breite Wiese – Nasse Wiese

Geschützter Landschaftsbestandteil „Limmer Brunnen"

Wanderfalke (Falco peregrinus) (1)

Weitere Schutzaspekte

Einige kleinere Gebiete sind als <u>Geschützte Land-</u> <u>schaftsbestandteile</u> ausgewiesen, darunter die Stadt-wäldchen Bornumer Holz und Limmerholz („Limmer Brunnen") sowie der Biotopkomplex „Laher Teich/ Laher Wald" östlich des Stadtfriedhofs Lahe. Über die Baumschutzsatzung stehen alle hannoverschen Stadtbäume mit einem Stammumfang > 60 cm unter Schutz und zudem Großsträucher und freiwach-sende Hecken mit einer Mindesthöhe von 3 m. Die Stadtwälder Eilenriede, Seelhorst, Tiergarten sowie der Hermann-Löns-Park sind durch die <u>Eilenriedesat-</u> <u>zung</u> geschützt (s. Kap. 8.4). Die Funktion der Leine als Verbindungsgewässer im <u>Niedersächsischen</u> <u>Fließgewässerschutzsystem</u> (RASPER et al. 1991, vgl. Kap. 1.5) stellt die Verantwortlichen in der Stadtland-schaft vor besondere Herausforderungen.

8.6 Leittierarten

Wanderfalke

Mitte des vorigen Jahrhunderts war der Wander-falke (*Falco peregrinus*) in weiten Teilen Mitteleu-ropas ausgestorben. Neben Verfolgungen durch Brieftaubenzüchter und Falkner waren v.a. Vergif-tungen durch Pestizidrückstände (insbesondere DDT) für den Rückgang verantwortlich. Der große graue Falke brütete hauptsächlich an Felsen und jagte mittelgroße Vögel wie Tauben, Möwen, Dros-seln und Stare. Als Endverbraucher nahm er Schad-stoffe, die über die Nahrungskette angereichert wurden, in erhöhten Konzentrationen auf. Die Fol-gen waren zu dünne Eierschalen, fehlender Brut-erfolg und ein katastrophaler Bestandseinbruch.

Anfang der 1970er Jahre wurde DDT in den west-europäischen Staaten verboten. Gleichzeitig setz-ten konsequente Schutzmaßnahmen ein. 1971 wurde der Wanderfalke zum Vogel des Jahres gekürt, als erste Vogelart überhaupt. Es wurden Tiere wieder ausgewildert und die Horste syste-matisch überwacht. Seit Mitte der 1970er Jahre nahm der Bestand allmählich zu. Dabei zeigte sich eine Veränderung im Brutverhalten: Es wurden jetzt verstärkt hohe Bauwerke in Ballungsgebieten angenommen (BAUER et al. 2012, S. 361).

In Hannover ist der Wanderfalke seit 2005 Brut-vogel (WENDT 2007, S. 129); hier nistet er an einem Kühlturm des Heizkraftwerks in Stöcken in einem Brutkasten, den örtliche Vogelschützer angebracht haben. Inzwischen gibt es weitere Brutstandorte innerhalb und am Rand der Stadt-landschaft, unter anderem am Fernmeldeturm „Telemax" (LILJE 2015), dem mit 282 m höchsten

Wanderfalke (Falco peregrinus) im Flug (1)

Gebäude der Stadt. Der Wanderfalke (*Falco peregrinus*) hat sich also inzwischen als charakteristischer Großstadtbewohner etabliert. Hier lebt er von der Vielzahl der Straßentauben sowie von anderen Stadtvögeln, die er in der Luft erbeutet. Leicht zu beobachten ist er nicht, denn seine Jagdmethode ist der blitzschnelle Sturzflug und nach getaner Arbeit zieht er sich auf versteckte Ruheplätze an hohen Bauten zurück. Der Wanderfalke gilt als schnellstes Tier der Welt; bei Sturzflügen erreicht er Geschwindigkeiten von mehr als 300 km/h.

Mauersegler

Der Mauersegler (*Apus apus*) ist besonders charakteristisch für die stärker verdichteten Teile der Stadtlandschaft (s. Kap. 8.4.6) und mit einer Flügelspannweite von gut 40 cm etwas größer als die Schwalben, denen er in seiner Lebensweise ähnelt. Der Langstreckenzieher, der im südlichen Afrika überwintert, kommt erst Ende April zu uns. Innerhalb von nur drei Monaten bewerkstelligt er Brutgeschäft und Aufzucht der Jungen, und dann fliegt er mit ihnen spätestens Anfang August zurück in den Süden. Viel Zeit für den Nestbau hat er nicht, zumal die Jungen erst nach drei Wochen schlüpfen und lange gefüttert werden müssen,

Am Kühlturm des Heizkraftwerks Stöcken horstet der Wanderfalke.

denn sie können das Nest erst verlassen, wenn sie voll ausgebildet und flugfähig sind (BUND 2014). Also nutzt der sehr nistplatztreue Höhlenbrüter Nischen und Hohlräume an Gebäuden, oder auch alte Nester von Haussperlingen (*Passer domesticus*).

Mauersegler sind extrem gut an das Leben in der Luft angepasst. Ihre charakteristische sichelförmige Gestalt ist auf die verlängerten und gestreckten Handschwingen zurückzuführen, die Füße sind demgegenüber sehr kurz und im Flug nicht zu erkennen. Außerhalb der Brutzeit halten sich die braunschwarzen Flieger ohne Unterbrechung über mehrere Monate in der Luft auf und schlafen auch im Fluge. Mauersegler ernähren sich fast ausschließlich von Fluginsekten, wobei sie in der Regel in größeren Flughöhen jagen als die Schwalben. Im Hochsommer sind die geselligen Vögel mit ihren rasanten Flugmanövern und schrillen Rufen charakteristisch und auffällig. Bei Sturzflügen können sie Geschwindigkeiten von mehr als 200 km/h erreichen. Nur der Wanderfalke (*Falco peregrinus*) ist noch schneller (s. S. 310); er ist im Luftraum der einzige ernstzunehmende Feind der Mauersegler.

Mauersegler-Kinderstube (17)

8.7 Aspekte der Beeinträchtigung und Gefährdung

Die Bevölkerung in Hannover, Langenhagen und Laatzen wächst, und sie soll auch weiter wachsen. Damit Wohnungen nicht knapp werden und Mieten steigen, ist die Schaffung von Wohnraum erklärtes Ziel der Politik. Löblicherweise wird dabei nicht zuerst an die Bebauung der umliegenden Landschaft gedacht, sondern die Priorität liegt in der Innenentwicklung, in der Nutzung von Bebauungsmöglichkeiten auf städtischen Brachen, ebenerdigen Parkplätzen und sonstigen Freiflächen. Dabei sind auch traditionsreiche innerstädtische Plätze wie Klagesmarkt und Steintorplatz sowie Grünflächen (z. B. im Bereich des Leibnizufers oder am Rand des Tiergartens) kein Tabu. Ehemaliges Bahngelände, das viele Jahrzehnte lang brach lag wie am Weidendamm (früherer Hauptgüterbahnhof) und am Südbahnhof, wird für großflächige Einzelhandels- und Gewerbebauten in Nutzung genommen. Die Natur der Stadt wird dabei ärmer. Es bleibt zu hoffen, dass die Strategie der Nachverdichtung nicht so weit getrieben wird, dass die „Großstadt im Grünen" Schaden nimmt – hinsichtlich der Freiraumvergung, des Stadtbildes oder der Biodiversität.

In diesem Zusammenhang werden auch Eingriffe in den Kleingartenbestand diskutiert. Gartenkolonien haben eine besondere Bedeutung für die Vogelwelt, und zwar vor allem, wenn die Parzellen groß sind und alte Bäume und Hecken sowie wenig genutzte Bereiche enthalten (s. Kap. 8.4.6). Wenn bei gleichbleibender Anzahl der Gärten Koloniefläche reduziert werden soll, müssen Parzellen geteilt

Mauersegler (Apus apus) (1)

Ruderalfluren am ehemaligen Hauptgüterbahnhof am Rand der Nordstadt

werden. Die Nutzung der Gartengrundstücke wird dann zwangsläufig intensiver und vollständiger sein, und es bleibt weniger Raum für Vögel und ihre Nahrungstiere.

Ein zentraler Bestandteil der Energiewende ist das verstärkte Bemühen um energetische Gebäudesanierung. Durch konsequente <u>Wärmedämmung</u> werden die Stadthäuser systematisch gegenüber der Außenwelt isoliert. Das ist gut für die Einsparung von Energie und den Klimaschutz, aber schlecht für Gebäudebrüter wie den Mauersegler (*Apus apus*) und für Fledermäuse, deren Quartiere bzw. Quartierszugänge zugebaut werden. Der Konflikt ist aber lösbar, wenn künstliche Nisthilfen und Ersatzquartiere eingeplant werden.

Seit einigen Jahren werden in hannoverschen Grünflächen, auf Baumscheiben und an Straßenrändern „Blumen" angesät. Es begann mit Osterglocken an Hauptverkehrsstraßen („Lasst 1000 Zwiebeln blühen"), setzte sich fort mit einer Begrünung von Gleisbetten der Stadtbahn mit *Sedum*-Arten und wird seit 2006 durch <u>angesäte Wild- und Sommerblumenflächen</u> erweitert (LHH 2012). Die Verschönerung städtischer Räume durch attraktive Blütenpflanzen mag als harmlos und bereichernd empfunden werden und auch populär sein, sie geschieht aber in der Regel zu Lasten der spontanen Ruderalvegetation,

die sonst dort wachsen würde. Auch wenn es dem Laien anders erscheinen mag – das Ausbringen von Saatgutmischungen stellt in keinem Fall einen Beitrag zur Biodiversität oder zum Artenschutz dar. Zumeist verschwinden die Arten schnell wieder, da sie doch nicht richtig zum Standort passen. Oder es handelt sich um Florenverfälschung, weil Pflanzen außerhalb ihres herkömmlichen Verbreitungsareals angesiedelt werden.

Schmuckgrün am Waterlooplatz

8.8 Hilft den Gebäudebrütern in der Stadt – Regine Tantau

Sie wohnt am Rand der Stadt, dort wo der Ortsteil Vinnhorst an das Landschaftsschutzgebiet „Mecklenheide/Vinnhorst" (s. Kap. 6.5) stößt. „Unter den Eichen" – der Straßenname entspricht der Realität – bewohnt REGINE TANTAU ein Haus und einen Garten, der bereits vieles offenbart, wofür sie

Regine Tantau

steht: Er ist Ökotop, Selbstversorgerwirtschaft und Gesamtkunstwerk in einem. Auf engstem Raum finden sich Eichenhain und Blumenwiese, die für die Ziegen geheut wird, buchsbaumgefasster Bauerngarten, Gemüsebeete und höhlenreiches Erlentotholz, Hühnergeläuf und Ziegengehege sowie jede Menge kleine Häuser – für Schwalben, Sperlinge, Fledermäuse, Insekten, für den Trauerschnäpper (*Ficedula hypoleuca*) und die Haustiere sowie für ihre drei Kinder, die hier groß geworden sind. REGINE TANTAU, die aus einer Försterfamilie stammt und im Bergischen Land aufgewachsen ist, kam als studierte Gartenbauerin 1980 nach Hannover und trat eine Stelle an der Universität an. Sieben Jahre später hatte sie ihren Mann und das Hausgrundstück unter den Eichen gefunden, in dem sie ihre Kinder großzog und sich als Gärtnerin verwirklichte.

Vorgehängte Nistkästen für Mauersegler (9)

Mauersegler-Nistkästen unauffällig in die Fassade integriert (Herrenhäuser Kirchweg) (9)

Schon als kleines Kind faszinierten sie wildlebende Tiere und insbesondere Vögel. Und sie hat sich die Frage gestellt: Was kann ich tun, damit es mehr werden? Nun hängte sie Vogel- und Fledermauskästen auf, verfolgte das Brutgeschehen und den Fortpflanzungserfolg und machte viele Erfahrungen, die zu immer neuen und verbesserten Nistangeboten führten. Auch setzte sie sich für die umgebende Landschaft ein, zum Beispiel für die Renaturierung des Desbrocksriedegrabens und für die Anlage eines Laubfroschteiches und einer Streuobstwiese. 2009 stieg sie ein in die BUND-Arbeitsgruppe zur Unterstützung von Gebäudebrütern und gebäudebewohnenden Fledermäusen, kurz „AG Mauersegler" genannt. Die Gruppe hatte sich gegründet, nachdem der Mauersegler (*Apus apus*) 2003 zum Vogel des Jahres gekürt worden war und deutlich wurde, dass gebäudebewohnende Vögel und Fledermäuse Unterstützung brauchen. Seitdem nimmt diese Arbeit in ihrem Leben breiten Raum ein. Zum einen gilt es, möglichst viele Niststätten zu erfassen. So radelt REGINE TANTAU durch die Stadtstraßen, auf der Suche nach Mauerseglernestern. „Sie nisten immer im Bereich der oberen Häuserkanten, z.B. hinter Dachrinnen und Ortgängen". Und: „Wo sie am lautesten schreien, ist ihr Nest nicht weit, denn ihr Ruf dient der Revieranzeige und der stetigen Kontaktaufnahme mit den Jungvögeln." Viele Hinweise gehen bei ihr und ihren MitstreiterInnen ein, wenn Dach- oder Dämmarbeiten durchgeführt und dabei Nester zerstört werden. Dann fahren sie auf die Baustelle, sprechen mit den Zuständigen und können auch schon mal einen Baustopp bewirken. Denn die Fortpflanzungsstätten der heimischen Vögel und Fledermäuse dürfen auch außerhalb der Brutzeit nicht einfach zerstört werden; sie unterliegen dem Artenschutzrecht und stehen unter strengem Schutz. Meist findet sich aber eine Lösung: Wenn Ersatz durch künstliche Nisthilfen geschaffen wird, kann eine Ausnahmegenehmigung erteilt werden. Da hilft REGINE TANTAU gerne: Es gibt inzwischen eine Fülle von Nisthilfentypen, die sie anbieten kann: von Hohlsteinen, die unauffällig in die Fassadendämmung integriert werden, über Nistkästen aus Holzbeton, die unter Dachüberstände montiert werden, bis zu kleinen Öffnungen im Bereich der Traufkästen und Ortgänge, um den Nischenbrütern wieder Zugang zu den dahinter liegenden Hohlräumen zu verschaffen. Auf Initiative der „AG Mauersegler" wurden

Dohle (Corvus monedula) – kleiner Rabenvogel mit grauem Nacken (1)

SERVICE

Bemerkenswerte Architektur in der Innenstadt: Gehry-Tower und Anzeiger-Hochhaus

Rad- und Wanderwege:
Grüner Ring, ausgeschilderte Radwanderwege durch Hannover, Leine-Heide-Radweg, Julius-Trip-Ring, Roter Faden, Hörspazierweg Hermann-Löns-Park, aus einschlägigen Veröff. der HAZ u.a.

Besondere Aussichtspunkte:
Aussichtskuppel Neues Rathaus, Waterloosäule, Beginenturm, Parkdeck Roeselerstraße, Lindener Turm / Lindener Berg, Aussichtsturm Waldstation, Aussichtshügel auf dem Kronsberg, Wietzeblick (alter Müllberg Langenhagen)

Naturinfozentren, landschaftsbez. Museen:
Archäologie- und Naturkundeabteilung des Landesmuseums, Touristinformation Ernst-August-Platz, Erlebnis-Zoo, Waldstation Eilenriede, Botanischer Schulgarten Burg (Schulbiologiezentrum)

Kulturhistorische Tops
Marktkirche und Altes Rathaus, Kreuzkirche mit Cranach-Altar, Aegidienkirche (Ruine und Mahnmal), Landesmuseum Hannover, Historisches Museum, Museum Schloss Herrenhausen, Sprengel-Museum, Wilhelm-Busch-Museum für Karikatur und Zeichenkunst, Neues Rathaus und Maschpark, Welfenschloss (Leibniz-Universität), Leineschloss (Niedersächsischer Landtag), historische Altstadt mit Beginenturm, Ballhof, Leibnizhaus und etlichen alten Fachwerkhäusern; Opernhaus, Wangenheimpalais und Laveshaus, Stadthalle mit Kuppelsaal, Anzeigerhochhaus, Gehry-Haus, Nanas (Niki de St.Phalle)

inzwischen auch viele Niststätten geschaffen, wo gar kein Ersatz geboten war; nach wenigen Jahren werden sie von wohnungssuchenden Mauerseglern gefunden und angenommen. Die Funktionsfähigkeit der Wärmedämmung muss darunter nicht leiden und auch Kotspuren am Haus sind nicht zu befürchten: Die reinlichen Mauersegler tragen den Kot der Jungvögel im Schnabel (!) nach draußen.

REGINE TANTAU weiß viel über die tierischen Gebäudebewohner und sie gibt dieses Wissen gerne weiter, z.B. auf ihrer Internetseite: www. mauerseglerschutz.wordpress.com. Sie hält bundesweit Vorträge und hat zusammen mit ihrem Sohn einen Film über den Mauersegler gedreht.

Gespräche mit Architekten, Energieberatern und Handwerksfirmen, mit Hauseigentümern und Wohnungsbaugesellschaften sind von zentraler Bedeutung. Ein weiterer, im Rückgang befindlicher Gebäudebrüter liegt ihr auch sehr am Herzen: Die Dohle (*Corvus monedula*) – einst als „des Pastors schwarze Taube" bekannt – wurde aus den Kirchtürmen vertrieben, als hier alle Luken und Fenster zur Taubenabwehr verschlossen wurden. Teilweise konnte sie auf ungenutzte Schornsteine ausweichen, die nun aber im Zuge von energetischen Dachsanierungen abgebaut werden. REGINE TANTAU kann mit Dohlennistkästen helfen. Sie sucht noch nach Türmen und anderen hohen Gebäuden, wo sie sie anbringen darf.

Siehe Karte 8 auf Seite 268

Der Rote Faden verbindet die Sehenswürdigkeiten der Innenstadt, hier die Nanas am Leineufer.

Hannovers ältestes Haus (Bj. 1566) steht in der Burgstraße.

am Hohen Ufer, Gedenkstätte Ahlem; Döhrener Turm, Pferdeturm und Landwehr in der Eilenriede; Die Herrenhäuser Gärten: Großer Garten, Berggarten, Georgengarten; Welfengarten, Von-Alten-Garten (Linden), Stadtpark am Kongresszentrum (HCC), Hermann-Löns-Park, Stadtpark Langenhagen, Park der Sinne (Laatzen), Willy-Spahn-Park (Ahlem), Stadtfriedhöfe Engesohde und Stöcken, Lindener Bergfriedhof, Gartenfriedhof (Marienstraße), Alter Jüdischer Friedhof (Oberstraße)

Ausflugslokale: Gartensaal (Rückseite Neues Rathaus), Loretta´s Biergarten (Maschpark), Rosencafé (Stadtpark am HCC), Fährhaus, Seeterassen,

Pier 51 am Maschsee, Gartenhaus (Park der Sinne, Laatzen), Bergmannsschänke Empelde, Biergarten und Knusperhäuschen Bischofshol, Biergärten Lister Turm und Kirchröder Turm, Steuerndieb und Milchhäuschen in der Eilenriede, „Vier Jahreszeiten" (Döhrener Turm), Wülfeler Biergarten, Biergarten Lindener Turm, Biergarten Waterlooplatz, Dornröschen (Leineufer), „Gretchen" (Leineufer Faustgelände), Schlossküche Herrenhausen, Gaststätte am Annateich, Alte Mühle (Lönspark), Tiergartenschänke, Restaurantschiff Adalbert (List, am Mittellandkanal), Stampeders Biergarten (Anderten), Alter Bahnhof Anderten, Seehaus Wietzepark (Langenhagen), Landhaus am See (Berenbostel)

Literatur

ABIA (ARBEITSGEMEINSCHAFT BIOTOP- UND ARTENSCHUTZ GbR) (2008): Der Feldhamster (Cricetus cricetus) in der Region Hannover. Gutachten zur aktuellen Verbreitung und zu regionalen Lebensraumansprüchen als Grundlage für Schutzmaßnahmen. Unveröff. Gutachten im Auftrag der Region Hannover, 36 S.

AG KÜCHENGARTENPAVILLON (2002): Der Lindener Berg – Geschichte. Faltblatt Nr. 1 aus der Reihe „Der Lindener Berg ruft!". http://www.hallolinden.de/2002/AG_Kuchengartenpavillon/Der_Lindener_Berg_-_Geschichte/der_lindener_berg_-_geschichte.html

AHO (ARBEITSKREIS HEIMISCHE ORCHIDEEN NIEDERSACHSEN E.V.) (2013): Flughafen Hannover: Baumaßnahme contra Naturschutz. Rundschreiben 2/2013, S. 11-12

AJAMIEH, T. A. (2008): Neubürger mit Biss: Biber siedelt bei Ruthe. Artikel in der Hannoverschen Allgemeinen Zeitung vom 29.02.2008

ALTMÜLLER,R. u. CLAUSNITZER, H.-J. (2010): Rote Liste der Libellen Niedersachsens und Bremens, 2. Fassung, Stand 2007. Informationsdienst Naturschutz Niedersachsen, 30. Jg. Nr. 4; S.211 - 238

ALTWIG, D. (2014): Käfer gehen vor – Linden an Berggartenallee werden nicht gefällt – Herrenhausen-Chef will die alten Bäume noch „für Jahrzehnte" erhalten. Artikel in der Neuen Presse vom 31.12.2014

ALTWIG, D. u. GARNATZ, G. (2005): Der Tiergarten. Faltblatt. Hrsg.: Landeshauptstadt Hannover – Der Oberbürgermeister – Fachbereich Umwelt und Stadtgrün

ARBEITSGEMEINSCHAFT FÜR KARSTKUNDE HARZ E.V. (2003): Beschreibung der Karstgebiete im Weser- und Leinebergland. In: http://www.argekh.net/index.php?id=430. Letzte Änderung: 13.11.2003

BAUER, H.-G., BEZZEL, E. u. FIEDLER, W. (2012): Das Kompendium der Vögel Mitteleuropas – Ein umfassendes Handbuch zu Biologie, Gefährdung und Schutz.- AULA-Verlag, Wiebelsheim, Nonpasseriformes 808 S., Passeriformes 622 S.

BECK, S. u. SCHUNKE, M. (2008): Der Julius-Trip-Ring. Faltblatt. Hrsg.: Landeshauptstadt Hannover – Der Oberbürgermeister – Fachbereich Umwelt und Stadtgrün

BENK, A. (1988): Niedersachsens erstes Naturdenkmal für Fledermäuse: Der König-Wilhelm-Stollen im Deister. In: DBV (Hrsg.): Jahrbuch Naturschutz Norddeutschland. Nordsee – Biber – Dümmer

BIBOW, M. (o.J.a): Die Mühlen-Route. In: Denkmalrouten im Neustädter Land (Broschüre)

BIBOW, M. (o.J.b): Die Leine-Route. In: Denkmalrouten im Neustädter Land (Broschüre)

BLAB, J. (1993): Grundlagen des Biotopschutzes für Tiere, 4. Auflage. Greven, 479 S.

BLANKE, I. (2014a): Die Kreuzotter (Vipera berus). http://www.reptilien-brauchen-freunde.de/kreuzott.html

BLANKE, I. (2014b): Die Schlingnatter (Coronella austriaca). http://www.reptilien-brauchen-freunde.de/schlgn.html

BÖHM, E. (2010): Querfeldein. Die 15 schönsten Wandertouren durch die Region Hannover, 2. Auflage. Hrsg.: Madsack Supplement GmbH Co. KG. Göttingen, 136 S.

BOHNENKAMP, C. (2012): Region rettet Hannovers Filzkraut. Artikel in der Neuen Presse vom 23.11.2012

BRÄNDLI, U.-B. u. DOWHANYTSCH, J. (2003): Urwälder im Zentrum Europas – Ein Naturführer durch das Karpaten-Biosphärenreservat in der Ukraine. Bern, Stuttgart, Berlin, 192 S.

BRÄUNING, C. (2006): Das Leinetal bei Koldingen – Veränderungen einer Landschaft. HVV – Info 2/2006 – Sonderausgabe zum 125-jährigem Jubiläum, S. 22 – 27

BRÄUNING, C. (2008): Adebar, der Eigenwillige. Vogelkundl. Ber. Nieders. 40, S. 281-285

BRÄUNING, C. (2012): 18 Jahre Brutvogelkartierung „Leineaue – Koldinger Holz". Beiträge zur Naturkunde Niedersachsens 65. Jg., H. 4/2012, S.77-90

BRANDT, T. (2003): Die Verbreitung und Lebensraumbindung der Heuschrecken (Ensifera et Caelifera) am Steinhuder Meer, Region Hannover, Landkreise Nienburg und Schaumburg, Niedersachsen. Ber. Naturhist. Ges. Hannover 145, S. 161 – 192

BRANDT, T., HERRMANN, D., VOLMER, B. u. BEUSTER, T. (2002): Naturerlebnis Steinhuder Meer – Ein Reise- und Freizeitführer. Hannover, 160 S.

BRANDT, T., LÜERS, E. u. SEEBASS, C. (2013): Der Europäische Nerz kehrt nach Deutschland zurück. Naturgucker, Ausgabe 05 – Feb./Mrz. 2013, S.16-18

BRANDT, T. u. VOLMER, B. (2011): Das Steinhuder Meer – Bilder einer Landschaft. Bremen, 151 S.

BRAUN, W: (2010): Rekonstruktionszeichnungen deutscher Burgen – Galerie Niedersachsen. http://burgrekonstruktion.de/main.php?g2_itemId=38&g2_page=2

BRINK, A. u. SCHMERSOW, U. (2009): Mehr Natur in der Stadt – Ein Programm zur Verbesserung der biologischen Vielfalt in Hannover. Schriftenreihe kommunaler Umweltschutz der Landeshauptstadt Hannover – Wirtschafts- und Umweltdezernat, H. 48, 20 S.

BfN (BUNDESAMT FÜR NATURSCHUTZ) (2014): FFH-Anhang IV - Arten – Dunkler Wiesenknopf-Ameisenbläuling (Maculinea nausithous). http://www.ffh-anhang4.bfn.de/ffh-anhang4-dkl-wiesenknopfbl.html vom 25.05.2014

BMU (BUNDESMINISTERIUM FÜR UMWELT, NATURSCHUTZ UND REAKTORSICHERHEIT) (2011): Der Zustand der biologischen Vielfalt in Deutschland – Der nationale Bericht zur FFH-Richtlinie. 132 S.

BMU (2012): Leitfaden zur Verwendung gebietseigener Gehölze. Berlin, 30 S.

BMU und BfN (2012): Bundesprogramm Wiedervernetzung – Grundlagen, Aktionsfelder, Zusammenarbeit, beschlossen vom Bundeskabinett am 29. Februar 2012. Rostock, 30 S.

BUND (BUND FÜR UMWELT UND NATURSCHUTZ DEUTSCHLAND) (2013): Kalihalden. http://region-hannover.bund.net/themen_und_projekte/bergbaufolgen/kalihalden/ vom 1.3.2013

BUND (2014): Mauersegler in der Region Hannover. http://region-hannover.bund.net/themen_und_projekte/voegel/mauersegler/ vom 13.9.2014

BUSCHMANN, H., SCHEEL, B. u. BRANDT, T. (2006): Amphibien und Reptilien im Schaumburger Land und am Steinhuder Meer. Rangsdorf, 164 S.

CONRAD, K. (2012): Erhaltungs- und Entwicklungsplan für das FFH-Gebiet „Süntel, Wesergebirge, Deister (FFH 112) – Teilbereich im NFASaupark. Hrsg: Nds. Forstplanungsamt Wolfenbüttel, 147 S.

DAHMS, M. (2007): Die Südliche Leineaue. Faltblatt. Hrsg.: Landeshauptstadt Hannover – Der Oberbürgermeister – Fachbereich Umwelt und Stadtgrün

DENKER, E., DRANGMEISTER, D. u. OVERMEYER, H. (2006): Dramatischer Bestandsrückgang der Grauammer (Miliaria calandra) und mögliche Schutzmaßnahmen im Raum Pattensen, Region Hannover, Niedersachsen. Vogelkundl. Berichte aus Niedersachsen 38. Jg. S. 111-122

DIRSCHERL, G., GARNATZ, G., SETH, G. u. ERNST, C.F. (2012): Die Eilenriede. LHH (Hrsg.), Broschüre, 36 S.

DRANGMEISTER, D. (1983): Bedrohte Tier- und Pflanzenwelt im Steinkrüger Forst. Untersuchungen zur Bedeutung eines Eichenwaldes für den Natur- und Artenschutz. Unveröff. Gutachten im Auftrag der Bürgergruppen Gegenplanung B 217

DRANGMEISTER, D. (1999): Dokumentation der Heublumensaat im EXPO-Park Süd 1998 – Kalkmagerrasen und Gräben. Unveröff. Gutachten im Auftrag der EXPO Grund GmbH

DRANGMEISTER, D. (2014): Erfassung der Pflasterritzenvegetation in den Umsiedlungsbereichen Schützenplatz und Parkplatz Sportleistungszentrum. Unveröff. Gutachten im Auftrag der LHH, Fachbereich Umwelt und Stadtgrün

DRL (DEUTSCHER RAT FÜR LANDESPFLEGE 2007): 30 Jahre Eingriffsregelung – Bilanz und Ausblick – ein Resümee -. Schr.-R. d. Deutschen Rates für Landespflege (2007), H. 8, S. 5-8

EHLERS, J. (1983): Untersuchungen an Fledermäusen in einem Winterquartier im Deister unter besonderer Berücksichtigung der Flugaktivität in Abhängigkeit von exogenen Faktoren. Inaugural-Dissertation am Institut für Zoologie der TiHo Hannover

ELLENBERG, H. (1971): Die natürlichen Waldgesellschaften der Eilenriede in ökologischer Sicht (mit Vegetationskarte von 1946). In: Eilenriede-Festschrift, Beih. Ber. Naturh. Ges., S. 121 – 127

ELLENBERG, H. (1978): Vegetation Mitteleuropas mit den Alpen, 2. Auflage. Stuttgart, 981 S.

FALKENHAUSEN, E. v., KLAFFKE-LOBSIEN, G. u. EULIG, M. (Hrsg., 1998): Hannovers Natur erleben, entdecken, verstehen. Seelze, 240 S.

FEDER, J. (2003): Die wildwachsenden Farn- und Blütenpflanzen des Landkreises Hannover. Ber. Naturhist. Ges. Hannover 145, S.75 – 160

FEDER, J. (2012): Die aktuelle Flora vom Klagesmarkt in Hannover. Bremer Botanische Briefe Nr. 15, S. 28 – 31

FEDER, J. (2014): Die aktuelle Flora der Holzwiese im Bockmerholz (Region Hannover). Bremer Botanische Briefe Nr. 17, S. 28 – 33

FESCHE, K. (2006): Die Entwicklung der Kulturlandschaft Steinhuder Meer. In: Neues Archiv für Niedersachsen 1/ 2006, S. 66-81

FISCHER, M., KIRCHBERGER, U., KLEIN, A., BLANKE, I., THEUNERT, R., HERRMANN, D., WAGNER, T. u. SPRICK, P. (2009): Pflege- und Entwicklungsplan Hannoversche Moorgeest. Grundlagenband G3 Fauna. Unveröff. Gutachten im Auftrag der Region Hannover

FLADE, M. (1994): Die Brutvogelgemeinschaften Mittel- und Norddeutschlands. Eching, 879 S.

FLADE, M. (2012): Von der Energiewende zum Biodiversitäts-Desaster – zur Lage des Vogelschutzes in Deutschland. Vogelwelt 133, S. 149-158

GARVE, E. (2004): Rote Liste und Florenliste der Farn- und Blütenpflanzen in Niedersachsen und Bremen, 5.Fassung. Informationsdienst Naturschutz Niedersachsen, 24. Jg. Nr. 1; S. 1-76

GARVE, E. (2007): Verbreitungsatlas der Farn- und Blütenpflanzen in Niedersachsen und Bremen. Naturschutz u. Landschaftspfl. in Nds., H. 43. Hannover, 507 S.

GARVE, E. u. GARVE, V. (2000): Halophyten an Kalihalden in Deutschland und Frankreich (Elsass). Tuexenia 20, S. 375 – 417

GAUMERT, D. u. KÄMMEREIT, M. (1993): Süßwasserfische in Niedersachsen. NLÖ – Dezernat Binnenfischerei (Hrsg.). Hildesheim, 161 S.

GREIN, G. (2005): Rote Liste der in Niedersachsen und Bremen gefährdeten Heuschrecken mit Gesamtartenverzeichnis. 3. Fassung. Informationsdienst Naturschutz Niedersachsen, 25. Jg. Nr. 1; S. 1 - 20

GUNREBEN, M. u. BOESS, J. (2008): Schutzwürdige Böden in Niedersachsen. Landesamt für Bergbau, Energie und Geologie (Hrsg.): GeoBerichte 8. Hannover, 48 S.

HAASE, B. (2012): Paarung nach Plan. Artikel in der Hannoverschen Allgemeinen Zeitung vom 12.12.2012

HAASE, B. (2014): Die Bahn will Hannover umfahren. Artikel in der Hannoverschen Allgemeinen Zeitung vom 15.02.2014

HAASE, B. u. FUCHS, T. (2008): Fahr Rad! Die 15 schönsten Touren durch die Fahrradregion Hannover. Karte 1:75.000. Hrsg.: Region Hannover, HAZ, NHP

HÄRDTLE, W., EWALD, J. u. HÖLZEL, N. (2008): Wälder des Tieflandes und der Mittelgebirge, 2. Auflage. In: Ökosysteme Mitteleuropas aus geobotanischer Sicht. Ulmer-Verlag, Stuttgart, 252 S.

HANNIG, H. (1988): Denkmaltopographie Bundesrepublik Deutschland. Baudenkmale in Niedersachsen Band 13.1 Landkreis Hannover. Braunschweig/ Wiesbaden, 310 S.

HANNOVER MARKETING U. TOURISMUS GMBH (Hrsg., 2012): Der Rote Faden – Ihr ganz persönlicher Stadtführer. Broschüre, 108 S.

HARRENDORF, N. (2014): Energieroute 2 – Erneuerbare hautnah. Region Hannover – Team Regionale Naherholung (Hrsg.)

HAVERKAMP, K. (2001): Ergebnisse der Nistkastenkontrollen im Deister und Kleinen Deister seit 1985. In: Beiträge zur Naturkunde Nds., 54. Jg. – Heft 1, S.1-8

HAZ (HANNOVERSCHE ALLGEMEINE ZEITUNG) VOM 22.2.2013: Burgwedeler melden einen Wolf

HAZ VOM 5.4.2014: Jäger entdecken Wolfsspur

HAZ VOM 14.11.2014: Die Wölfe sind da – Jäger filmt Tiere nördlich von Hannover bei Fuhrberg

HECKENROTH, H. u. LASKE, V. (1997): Atlas der Brutvögel Niedersachsens 1981 – 1995. Naturschutz Landschaftspfl. Nds. H. 37, 329 S.

HEIMATBUND NIEDERSACHSEN – ORTSGRUPPE HÄNIGSEN (2014): Die Hänigser Teerkuhlen. http://haenigsen.de/seiten/platzmus.htm vom 18.02.2014

HEINE, H.-W. (2000): Die ur- und frühgeschichtlichen Burgwälle im Regierungsbezirk Hannover. Hannover, 154 S.

HERRMANN, K. (2013): Unterwegs im Biberrevier. HVV info 1/2013, S. 6-7

HERRMANN, K. u. BRÄUNING, C. (2011): Der Biber – zurück vor den Toren der Landeshauptstadt Hannover! HVV info 1/2011, S. 3-8

HETEBRÜGGE, J. (2012): Mit dem Fahrrad durch den Deister. Hrsg.: Hannover Marketing & Tourismus GmbH. Broschüre, 36 S.

HEUNISCH, C., CASPERS, G., ELBRACHT, J., LANGER, A., RÖHLING, H.-G., SCHWARZ, C. u. STREIF, H. (2007): Erdgeschichte von Niedersachsen – Geologie und Landschaftsentwicklung. Landesamt für Bergbau, Energie und Geologie (LBEG; Hrsg.): GeoBerichte 6. Hannover, 85 S.

HOELZEL, N. (2011): Artenanreicherung durch Mahdgutübertragung – Möglichkeiten und Grenzen der Mahdgutübertragung. Natur in NRW, Nr. 2/2011, S. 22 – 24

HOLDT, E. v. (2006): Die Libellen im Raum Hannover. HVV – Info 2/2006 – Sonderausgabe zum 125-jährigem Jubiläum, S. 62 – 69

HOLZNAGEL, K. (2009): LandschaftsErlebnis Stelingen – Heitlingen – Osterwald. In: Natur und Kultur erleben in Garbsen – Anhaltspunkte in der Landschaft. Hrsg.: Stadt Garbsen. Garbsen, 44 S.

HOLZNAGEL, K. (2011): LandschaftsErlebnis Havelse – Altgarbsen – Schloß Ricklingen. In: Natur und Kultur erleben in Garbsen – Anhaltspunkte in der Landschaft. Hrsg.: Stadt Garbsen. Garbsen, 52 S.

HOSANG, J. (1998): Das dreifache Horrido des Jägers. Der siebte Tag – Wochenendbeilage der Hannoverschen Allgemeinen Zeitung vom 29.08.1998

HÜPER, F. (2012a): Ihme-Aue – Steigerung der Biodiversität durch Beweidung mit Wasserbüffeln. Teil I: Wissenswertes über Wasserbüffel. UHV 52 „Mittlere Leine" (Hrsg.), Faltblatt

HÜPER, F. (2012b): Ihme-Aue – Steigerung der Biodiversität durch Beweidung mit Wasserbüffeln. Teil II: Entwicklung einer Auenlandschaft. UHV 52 „Mittlere Leine" (Hrsg.), Broschüre

JANSSEN, G., HORMANN, M. u. ROHDE, C. (2004): Der Schwarzstorch. Neue Brehm-Bücherei 468, Hohenwarsleben, 414 S.

KATENHUSEN, O. (2013): Neufund des Fadenenzians (Cicendia filiformis) in der Region Hannover. Bremer Botanische Briefe, Nr. 18, S. 41-45

KAUNE, J. (2012): Der Schatz im Silbersee – Botaniker tauchen ab – auf der Suche nach der seltenen Armleuchteralge. Artikel in der Hannoverschen Allgemeinen Zeitung vom 4.6.2012

KAUTENBURGER, M. (2013): Invasion im Mittellandkanal – Schwarzmundgrundel und Wolgazander erobern Niedersachsen – zum Leidwesen der Angler. Artikel in der Hannoverschen Allgemeinen Zeitung vom 31.07.2013

KIRSCH-STRACKE, R. (2012): Die Sauparkmauer bei Springe – Entstehung und heutiger Zustand, Naturschutz- und Denkmalwert. In: Bund Heimat und Umwelt (Hrsg.): Jagdparks und Tiergärten. Naturschutzbedeutung historisch genutzter Wälder

KLAFFKE, K. u. WEISE, D. (2001): Der Hermann-Löns-Park. Landeshauptstadt Hannover – Grünflächenamt (Hrsg.), Broschüre, 32 S.

KLAR, N. (2009): Lebensraum- und Korridormodellierung für Niedersachsen zum Projekt „Schleichwege zur Rettung der Wildkatze". Gutachten im Auftrag BUND, LV Niedersachsen

KNICKREHM, B., PFEIFFER, A. u. REUNITZ, D. (1995): Das Evenser Moor. Kurzfassung der Projektarbeit „Evenser Moor" – Gutachten zur Ermittlung der Schutzbedürftigkeit sowie Entwicklung eines Zielkonzeptes für den Arten- und Biotopschutz. 4. Projekt am Institut für Landschaftspflege und Naturschutz der Universität Hannover, 1994. In: AVEG-Berichte 1995, S. 19 – 47

KOBERG, H. (1995): Natur- und Landschaftsschutz im Landkreis Hannover. Hannover, 158 S.

KOBERG, H. (2005): Fünf Klöster im Calenberger Land. In: Region Hannover u. Evangelisch-lutherischer Sprengel Hannover (Hrsg.): Kirchen, Klöster, Kapellen in der Region Hannover, S. 123-128

KOHL, J.G. (1864): Reisen durch das weite Land. Nordwestdeutsche Skizzen. DEMAREST, G. (Hrsg. d. Neuauflage), Berlin (1990), 376 S.

KRISCHE, M. (2006): Das Neue Rathaus Hannover – Entstehung, Architektur, Bedeutung. Springe, 112 S.

KROSIGK, D. v. u. SAHLING, U. (1996): Nutzung der Wasserkraft im Großraum Hannover II. Kommunalverband Großraum Hannover (Hrsg.). Hannover, 116 S.

KRÜGER, F. (1993): Geologie und Paläontologie: Niedersachsen zwischen Harz und Heide. Bindlach, 244 S.

KRÜGER, T., LUDWIG, J., PFÜTZKE, S. u. ZANG, H. (2014): Atlas der Brutvögel in Niedersachsen und Bremen 2005-2008. Naturschutz u. Landschaftspflege in Nds. Heft 48, 552 S.

KRÜGER, T. u. OLTMANNS, B. (2007): Rote Liste der in Niedersachsen gefährdeten Brutvögel. 7. Fassung, Stand 2007. Informationsdienst Naturschutz Niedersachsen 27(3): S. 131 – 175

KRUMM, C. (2005): Region Hannover – Nördlicher und östlicher Teil. In: Denkmaltopographie Bundesrepublik Deutschland – Baudenkmale in Niedersachsen Band 13.2

Küster, H. (2008): Geschichte des Waldes, 2. Auflage. München, 267 S.

Küster, H. u. Volz, W. (2005): Natur wird Landschaft – Niedersachsen. Springe, 144 S.

KuG (Kulturlandschaft und Geschichte) (2000): Der Grüne Ring – Spurenlesen in der Landschaft – Basisring. Hrsg.: Kommunalverband Großraum Hannover

KuG (2009): Historische Kulturlandschaften und historische Kulturlandschaftselemente in der Region Hannover. Unveröff. Gutachten im Auftrag der Region Hannover, 453 S.

Kunzmann, D. (2008): Potentialermittlung zur Erhaltung genetischer und ökologischer Diversität von gebietsheimischen Gehölzen in der Region Hannover. Unveröff. Gutachten im Auftrag der Region Hannover, Fachbereich Umwelt

Kunzmann, D. (2009): Potentialermittlung zur Erhaltung genetischer und ökologischer Diversität von gebietsheimischen Gehölzen in der Region Hannover – Teil 2. Unveröff. Gutachten im Auftrag der Region Hannover, Fachbereich Umwelt

Kunzmann, D. (2010): Potentialermittlung zur Erhaltung genetischer und ökologischer Diversität von gebietsheimischen Gehölzen in der Region Hannover – Teil 3. Unveröff. Gutachten im Auftrag der Region Hannover, Fachbereich Umwelt

Kunzmann, D. (2011): Ergänzende Potentialermittlung zur Erhaltung genetischer und ökologischer Diversität von gebietsheimischen Gehölzen in der Region Hannover. Unveröff. Gutachten im Auftrag der Region Hannover, Fachbereich Umwelt

Laske, D., Overmeyer, H. u. v. Ruschkowski, E. (2007): Die Südliche Leineaue erzählt …. Spaziergänge durch die Region Hannover. Text und Karte. Hrsg.: Region Hannover – Der Regionspräsident in Zusammenarbeit mit NABU Laatzen

Leibundgut, H. (1984): Die natürliche Waldverjüngung, 2. Auflage. Bern und Stuttgart

Leuschner, Ch., Krause, B., Meyer, S. u. Bartels, M. (2014): Strukturwandel im Acker- und Grünland Niedersachsens und Schleswig-Holsteins seit 1950. Natur u. Landschaft 89, H. 9/10, S. 386-391

LGLN (Landesamt für Geoinformation und Landvermessung Niedersachsen, Hrsg.) (o.J.): Kurhannoversche Landesaufnahme des 18. Jahrhunderts, Kartenwerk

LHH (Landeshauptstadt Hannover)(2006): Maßnahmenprogramm zur Entwicklung von Landschaftsräumen. Schriftenreihe kommunaler Umweltschutz der Landeshauptstadt Hannover, H. 42, 64 S.

LHH (2012): Umweltbericht 2012. Schriftenreihe kommunaler Umweltschutz der Landeshauptstadt Hannover, H. 50, 85 S.

LHH (2013): Grundwasserkarte Hannover, 5. Auflage

LHH (2014): Mehr Natur in der Stadt – Programm zur Verbesserung der biologischen Vielfalt in Hannover 2014 – 2018. Schriftenreihe kommunaler Umweltschutz der Landeshauptstadt Hannover, H. 51, 45 S.

Lilje, S. (2015): Jungvögel allerorten
http://www.vogelbeobachtung-elbmuendung.de/juli/juli_t.htm

Lobenstein, U. (1986): Rote Liste der in Niedersachsen gefährdeten Großschmetterlinge, Stand 1986. Merkblatt Nr. 20. NLVwA – Fachbehörde f. Naturschutz (Hrsg.). Hannover, 48 S.

Lobenstein, U. (2003): Die Schmetterlingsfauna des mittleren Niedersachsens – Bestand, Ökologie und Schutz der Großschmetterlinge in der Region Hannover, der Südheide und im unteren Weser-Leine-Bergland. NABU-LV Nds. u. U. Lobenstein (Hrsg.), Langenhagen

Lobenstein, U. (2004): Rote Liste der in Niedersachsen und Bremen gefährdeten Großschmetterlinge mit Gesamtartenverzeichnis, 2. Fassung. Informationsd. Naturschutz Nds. 24 Jg., Nr. 3, S. 165-196

Löhmer, R. (2012): Die Weißstorch-Brutsaison 2012. In: http://region-hannover.bund.net/fileadmin/bundgruppen/bcmshannover/artenschutz/Stoerche/Der_Weissstorch_in_der_Region_Hannover_2012_BUND-KG_H_Rundbrief_52__2_.pdf

Löhmer, R. (2013): Weißstörche in der Region Hannover im Jahre 2013 (Stand 05.08.2013). Unveröff. Expertise des Naturschutzbeauftragten für die Weißstorchbetreuung

Lommerzheim, A. (1984): Geologische Kartierung des Deisters zwischen Barsinghausen und Nienstedt (MTB 3722 Lauenau). Diplomkartierung an der Universität Münster, unveröff.

Look, E.-R. u. Meyer, K.-D. (1988): Der Paul-Woldstedt-Stein – ein Findling auf der Rehburger Endmoräne am Steinhuder Meer/ Hannover. In: Eiszeitalter u. Gegenwart 38, S.1-5

LRP (Landschaftsrahmenplan) = Region Hannover (2013): Landschaftsrahmenplan der Region Hannover. Hannover, 726 S. (Hauptband)

Ludwig, L. u. Wolschke-Bulmahn, J. (2008): Julius Trip – Gärtner, Planer und Denker für Hannovers Grün (1890-1907). LHH – Fachbereich Umwelt und Stadtgrün (Hrsg.), Broschüre, 41 S.

Mannstedt, T. (2014): Bestandsaufnahme von Bibervorkommen in der Stadt und Region Hannover. Gutachten im Auftrag der Ökologischen Station Mittleres Leinetal e. V. (ÖSML)

Mannstedt, T. u. Gewiss, A. (2014): Der Biber – Baumeister für die Natur. Region Hannover (Hrsg.): Neue Chancen für die Natur, Info 3.5

Meding, C. v. (2012): Experten befürworten Leinesee-Projekt. Artikel in der Hannoverschen Allgemeinen Zeitung vom 31.05.2012

Meisel, S. (1960): Die naturräumlichen Einheiten auf Blatt 86 Hannover. Institut für Landeskunde (Hrsg.): Geographische Landesaufnahme 1:200.000 – Naturräumliche Gliederung Deutschlands

Menkens, G. (2013): Die Tiere kommen. Hannoversche Allgemeine Zeitung vom 23.03.2013

Meyer, K.H. (1969): Pflanzen der Heimat erzählen. Hannover, 149 S.

Meyer, St. (1990): Bearbeitungsergebnisse der Saupark-Zwergenlöcher. Mitteilungen des Speläologen-Bundes Hildesheim im Verband der Deutschen Karst- und Höhlenforscher München e. V., 32 S.

Meynen, E. u. Schmithüsen, J. (Hrsg., 1962): Handbuch der naturräumlichen Gliederung Deutschlands. Bad Godesberg, 1340 S.

MLUV (Ministerium für Ländliche Entwicklung, Umwelt und Verbraucherschutz Brandenburg) (2008): Erlass des Ministeriums für Ländliche Entwicklung, Umwelt und Verbraucherschutz zur Sicherung gebietsheimischer Herkünfte bei der Pflanzung von Gehölzen in der freien Landschaft vom 9. Oktober 2008. Amtsblatt für Brandenburg – Nr. 46 vom 19. November 2008, S. 2527-2532

Möhle, A. (2008): Managementplan für die Flächen der Nds. Landesforsten im FFH-Gebiet „Laubwälder südlich Seelze", Stand Dezember 2008. Hrsg.: Nds. Landesforsten, Nds. Forstplanungsamt, Dezernat Forsteinrichtung, Waldökologie. 97 S.

Möller, H.-H. (1992): Stadt und Landkreis Hannover. DKV-Bildhandbuch. München, 302 S.

Müller, T. u. Schatzsucher.de (2006): Die geschichtliche Entwicklung des Steinkohlebergbaus im Deister unter besonderer Berücksichtigung der Gemeinde Barsinghausen. http://www.schatzsucher.de/index.php?option=com_content&task=view&id=142&Itemid=217

Naturfreunde Niedersachsen (2012a): Von den Mooren der Wedemark zur Leine – Natura Trail 6. Faltblatt

Naturfreunde Niedersachsen (2012b): Hämeler Wald – Natura Trail 5. Faltblatt

Naturhistorische Gesellschaft zu Hannover, Landkreis Hannover u. Niedersächsisches Landesamt für Bodenforschung (1979): Geologische Wanderkarte 1:100 000 Landkreis Hannover, 2.überarb. Auflage

Niedersächsisches Forstplanungsamt (1991): Biotopkartierung für das Staatliche Forstamt Deister. Begleitbericht zur Waldbiotopkartierung im Staatlichen Forstamt Deister. Wolfenbüttel

NLfB (Nds. Landesamt für Bodenforschung, Hrsg.) (2000): Geologische Stadtkarte Hannover 1:25.000 – Oberflächennahe Gesteine

NLÖ (Nds. Landesamt für Ökologie) (1997): Wölfe in Niedersachsen? Faltblatt

NLÖ (Nds. Landesamt für Ökologie, Abt. 3 Wasserwirtschaft, Gewässerschutz) (2000): Waldbewirtschaftung im Zeichen des Trinkwasserschutzes – Empfehlungen zum Waldumbau mit Ergebnissen aus dem Pilotprojekt Grundwasserschutzwald im Fuhrberger Feld, 2. Auflage. Broschüre, 23 S.

NLWKN (Nds. Landesbetrieb für Wasserwirtschaft, Küsten- und Naturschutz) (2009): Standarddatenbogen für das FFH-Gebiet DE 3021-331 Aller (mit Barnbruch), untere Leine, untere Oker; letzte Aktualisierung März 2009

NLWKN (2013): Hochwasserrückhaltebecken Salzderhelden. http://www.nlwkn.niedersachsen.de/portal/live.php?navigation_id=8412&article_id=41451&_psmand=26

NMELF (Nds. Min. f. Ernährung, Landwirtschaft u. Forsten) u. NMU (Nds. Umweltministerium) (1989): Niedersächsisches Fischotterprogramm. 119 S.

NMUEK (Nds. Min. f. Umwelt, Energie u. Klimaschutz) (2014): Niedersächsische Moorlandschaften – Planungsstand und Sofortprogramm 2014/2015. Hannover, 16 S.

Nolte, H.-C. (2010): Pferderegion Hannover. Hannover Marketing & Tourismus GmbH (Hrsg.). Broschüre, 28 S.

Nussbaum, D. (2007): Die Obere Wietze in Isernhagen-Süd. Faltblatt. Hrsg.: Landeshauptstadt Hannover – Der Oberbürgermeister – Fachbereich Umwelt und Stadtgrün

Nussbaum, D. (2011): Die Mergelgrube in Hannover-Misburg – Vom Rohstoffabbau zum Naturerlebnis. Faltblatt. Hrsg.: Landeshauptstadt Hannover – Der Oberbürgermeister – Fachbereich Umwelt und Stadtgrün

NVN (Naturschutzverband Niedersachsen, 2007): Grünoasen – Erlebnisräume in und um Hannover. Vier Broschüren (Frühling, Sommer, Herbst und Winter)

Ossenkopp, P. (2007): Die Schwarze Heide. Faltblatt. Hrsg.: Landeshauptstadt Hannover – Der Oberbürgermeister – Fachbereich Umwelt und Stadtgrün

Osten, V. J. v. d. (1996): Die Rittergüter der Calenberg-Grubenhagenschen Landschaft. Hrsg.: Calenberg-Grubenhagenschen Ritterschaft, 311 S.

Panek, N. (2011): Deutschlands internationale Verantwortung: Rotbuchenwälder im Verbund schützen. Gutachten im Auftrag von Greenpeace e. V. Hamburg, 71 S.

Pfeiffer, A. (2007): Der Landschaftsraum Kronsberg. Faltblatt. Hrsg.: Landeshauptstadt Hannover – Der Oberbürgermeister – Fachbereich Umwelt und Stadtgrün

PGL (Planungsgruppe Landespflege) (1996): Landschaftsplan Barsinghausen – Gesamtfassung. Baudezernat Stadt Barsinghausen (Hrsg.): Beiträge zur Stadtentwicklung 6, 190 S.

PGL (1997): Landschaftspflegerisches Gutachten zur Umlegung eines Teilstücks des Kalsaune-Grabens im EXPO-Park Süd. Unveröff. Gutachten im Auftrag der EXPO-Grund GmbH, 24 S.

PGL (2000): Kontrolluntersuchungen am Kalsaunegraben 2000 EXPO-Park Süd. Unveröff. Gutachten im Auftrag der EXPO-GrundxGmbH, 31 S.

PGL (2001): Grünordnungsplan zum Bebauungsplan Nr. 151 „Am Stemmer Berg". Unveröff. Planwerk im Auftrag der Stadt Barsinghausen, 24 S.

PGL (2002a): Landschaftsplan Wunstorf. Unveröff. Planwerk im Auftrag der Stadt Wunstorf, 251 S.

PGL (2002b): Dokumentation der Vegetationsentwicklung am Kalsaunegraben im EXPO-Park Süd 1998 – 2001. Unveröff. Gutachten im Auftrag des Grünflächenamts der Landeshauptstadt Hannover

PGL (2003): Pflege- und Entwicklungsplan für das geplante NSG Barne (Stadt Wunstorf). Unveröff. Gutachten im Auftrag der Region Hannover, 50 S.

PGL (2006): Pflege- und Entwicklungsplan für Heckenstrukturen im LSG Mittlere Leine, Gemarkungen Luthe und Gümmer. Unveröff. Gutachten im Auftrag der Region Hannover, 32 S.

PGL (2012): Brutvogelkartierung Gümmerwald. Unveröff. Gutachten im Auftrag der Stadtwerke Hannover, 6 S.

PGL (2013): FFH-Vorprüfung gem. § 34 BNatSchG für das FFH-Gebiet DE 3021-331 „Aller (mit Barnbruch), untere Leine, untere Oker" – Erneuerung der BHKW-Anlage am Standort Klärwerk Gümmerwald. Unveröff. Gutachten im Auftrag der Stadtentwässerung Hannover, 17 S. u. Anhänge

PGL (2014a): Landschaftspflegerischer Fachbeitrag zum Flächennutzungsplan der Stadt Burgdorf. Unveröff. Gutachten im Auftrag der Stadt Burgdorf, 147 S.

PGL (2014b): Schutzwürdigkeitsgutachten Totes Moor. Unveröff. Gutachten im Auftrag der Region Hannover, 60 S. u. Anhänge

PGL u. Körner, G. (o.J.): Feste Calenberg. Faltblatt. Hrsg.: Region Hannover – Der Regionspräsident

Podoucky, R. u. Fischer, Ch. (2013): Rote Listen und Gesamtartenlisten der Amphibien und Reptilien in Niedersachsen und Bremen, 4. Fassung. Informationsd. Naturschutz Nds. 33. Jg., Nr. 4, S. 121-168

Projektgruppe Seeadlerschutz (2012): Seeadler in Niedersachsen 2011. http://projektgruppeseeadlerschutz.de/index.php?option=com_content&view=article&id=52&Itemid=139

Puschmann, W. (Hrsg., 2005): Hannovers Kirchen – 140 Kirchen in Stadt und Umland. Hannover, 142 S.

Rasper, M., Sellheim, P. u. Steinhardt, B. (1991): Das Niedersächsische Fließgewässerschutzsystem – Grundlagen für ein Schutzprogramm – Einzugsgebiete von Oker, Aller und Leine. Naturschutz Landschaftspfl. Nds. H. 25/2, 458 S.

Region Hannover (2007a): Koldinger Seen. Schautafeln. http://www.hannover.de/Kultur-Freizeit/Naherholung/Natur-entdecken/ Seen/Koldinger-Seen

Region Hannover (2007b): Brut- und Rastgebiet Meerbruch. Hrsg: Naturpark Steinhuder Meer, Faltblatt

Region Hannover (2013): Das Tote Moor – Fragen zum geplanten Naturschutzgebiet. Broschüre, 20 S.

Region Hannover – Team Regionale Naherholung (2014): Routen der Industriekultur, Route 1 – 5.

Reichholf, J. (2007a): Der Bär ist los – Ein kritischer Lagebericht zu den Überlebenschancen unserer Großtiere. München, 214 S.

Reichholf, J. (2007b): Stadtnatur – Eine neue Heimat für Tiere und Pflanzen. München, 318 S.

Reuther, C. (2002): Die Fischotter-Verbreitungserhebung in Nord-Niedersachsen 1999 – 2001. Informationsd. Naturschutz Nds. 22 Jg., Nr. 1, S. 3-28

Röhrbein, W. R. (2012): Kleine Stadtgeschichte Hannovers. Regensburg, 192 S.

Rohde, M. (2006): Der Georgengarten. Geschichte und Gestaltung. In: Marieanne von König (Hrsg.): Herrenhausen: Die Königlichen Gärten in Hannover. Göttingen, 303 S.

Rohde, P. (1994): Weser und Leine am Berglandrand zur Ober- und Mittelterrassen-Zeit. Eiszeitalter u. Gegenwart, H. 44, S. 106 – 113

Rohrpasser, N. (1998): Begrünungsverfahren unter Verwendung regionaltypischen Saatgutes: Ansaaten mit Heumulch, Heudrusch oder Heublumen. Diplomarbeit am Institut für Landschaftspflege und Naturschutz, Uni Hannover, 180 S.

Ruschkowski, E. v. (2009a): Historische Kulturlandschaften in der Region Hannover: Südliches Springe. In: Region Hannover (Hrsg.): Spurensuche in Feld und Flur, Faltblatt

Ruschkowski, E. v. (2009b): Historische Kulturlandschaften in der Region Hannover: Großenheidorn und Umgebung. In: Region Hannover (Hrsg.): Spurensuche in Feld und Flur, Faltblatt

Ruschkowski, E. v. (2009c): Historische Kulturlandschaften in der Region Hannover: Osterwald-Unterende. In: Region Hannover (Hrsg.): Spurensuche in Feld und Flur, Faltblatt

Ruschkowski, E. v. (2009d): Historische Kulturlandschaften in der Region Hannover: Isernhagen – Farster Bauerschaft. In: Region Hannover (Hrsg.): Spurensuche in Feld und Flur, Faltblatt

Schierding, Ch., Thomsen, B., Bahurel, A. u. Brink, A. (1997): Ackerwildkräuter am Kronsberg. Landeshauptstadt Hannover, Umweltdezernat (Hrsg.), Faltblatt

Schirmer, O. (2013): Neufunde von Eiszeit-Geschieben auf dem Deister-Kamm – Deister von skandinavischem Inlandeis überfahren. Naturhistorica 153 (2011)

Schmersow, U. (2007): Das Benther-Berg-Vorland/ Fössetal. Landeshauptstadt Hannover, Fachbereich Umwelt und Stadtgrün (Hrsg.), Faltblatt

Schmida, U. (2006): Die Leine – Eine fotografische Reise. Hannover, 82 S.

Schmitz, M. (2001): Landschaftsschutzgebiete der Stadt Hannover. Schriftenreihe kommunaler Umweltschutz der Landeshauptstadt Hannover – Umweltdezernat, H. 34, 103 S.

Schrader, E. (1970): Die Landschaften Niedersachsens. Bau, Bild und Deutung der Landschaft, 4. Auflage. Neumünster

Schröder, C., Auffarth, S. u. Kohler, M. (2010): Kali, Kohle und Kanal. Industriekultur in der Region Hannover. Priebs, A. (Hrsg.) i.A. der Region Hannover. Leipzig, 379 S.

Schumann, J. (2013): Von Mäusen und Eulen – Jahresbericht der AG Eulen 2012. HVV info 1/2013, S. 7-8

Schwägerl, E. (2005): Der Willy-Spahn-Park. LHH Fachbereich Umwelt und Stadtgrün (Hrsg.). Broschüre, 32 S.

Schwidurski, G. (2009): Wann sind die Brelinger Berge entstanden? www.Brelingerberge.de/brelingerberg.html

SDW (Schutzgemeinschaft Deutscher Wald) (2013): Wildkatzen weiter auf dem Vormarsch. Newsletter der Schutzgemeinschaft Deutscher Wald – LV Niedersachsen März 2013, S.6

Seedorf, H. (1977): Topografischer Atlas Niedersachsen und Bremen. Nds. Landesverwaltungsamt – Landvermessung (Hrsg.). Neumünster 289 S.

STADTENTWÄSSERUNG HANNOVER (2010): Das Klärwerk Herrenhausen. Faltblatt.

STADT NEUSTADT (2013): Das Leinewehr, die Untiefen, die Leineschifffahrt, Wasserfall, Mühle, viel Streit und ein Aprilscherz in Neustadt. http://www.ruebenberge.de/historisches/wasserfall.html v.03.11.2013

STAESCHE, U. (2002): Das Steinhuder Meer. Akad. Geowiss. Hannover, Veröffentl. 20, S. 46-53

STEINE UND ERDEN (2011): Schöner Kraftakt: Mergelabbau mit Reißzahn. http://www.steine-und-erden.net/se311/cat2.html

STRUCK, P. (2008): Hannover in 3 Tagen – Ein kurzweiliger Kulturführer. Hannover, 139 S.

THEUNERT, R. (2008a): Verzeichnis der in Niedersachsen besonders oder streng geschützter Arten – Teil A: Wirbeltiere, Pflanzen und Pilze. Informationsdienst Naturschutz Niedersachsen, 28. Jg. Nr. 3; S. 69 – 141

THEUNERT, R. (2008b): Verzeichnis der in Niedersachsen besonders oder streng geschützter Arten – Teil B: Wirbellose Tiere. Informationsdienst Naturschutz Niedersachsen, 28. Jg. Nr. 4; S. 153 – 210

THIEL, F., DORSCH, H., MEHRMANN, I., GROSSEJUNG, B. u. RICKMANN, E. (o.J.): Bockmerholz und Gaim. In: Wandern und radeln durch die Natura 2000-Gebiete von Niedersachsen – Natura Trails (Faltblatt, Hrsg.: Naturfreunde Niedersachsen e.V.)

THYE, K. (2011): Heimzug und Brutzeit 2010 – Avifaunistischer Sammelbericht. HVV info 1/2011, S. 9 – 27

THYE, K. (2013a): Heimzug und Brutzeit 2012 – Avifaunistischer Sammelbericht. HVV info 1/2013, S. 12 – 31

THYE, K. (2013b): Wegzug 2012 und Winter 2012/13 – Avifaunist. Sammelbericht. HVV info 2/2013, S. 10 – 30

THYE, K. (2014a): Heimzug und Brutzeit 2013 – Avifaunistischer Sammelbericht. HVV info 1/2014, S. 11 – 31

THYE, K. (2014b): Wegzug 2013 und Winter 2013/14 – Avifaunist. Sammelbericht. HVV info 2/2014, S. 17 – 31

VAN `T HULL, H. (2007): Biotop- und Lebensraumtypenkartierung im FFH-Gebiet 94 „Steinhuder Meer" – Basiserfassung 2006/2007. Unveröff. Gutachten im Auftrag des NLWKN – GB Naturschutz, 105 S.

VIETINGHOFF-RIESCH, A. v. u. VON XYLANDER, E. (1950): Beobachtungen am Siebenschläfer (Glis glis L.) im Deister. Beitr. Naturk. Nds. 3, S. 29-35

WEBER, H.E. (2003): Gebüsche, Hecken, Krautsäume. Stuttgart, 229 S.

WENDT, D. (2007): Die Vögel der Stadt Hannover, 2. Auflage. Hrsg.: Hannoverscher Vogelschutzverein von 1881 e.V. Hannover, 328 S.

WENDT, D. (2014): Der Austernfischer – Seevogel des Jahres 2014. HVV info 1/2014, S. 3

WERNKE, K. (2007): Jeder Tag ist ein Entdeckertag. Die 50 schönsten Touren durch die Region. Hrsg.: Region Hannover und Madsack Supplement GmbH & Co KG. Göttingen, 212 S.

WIBORG, S. (2008): Das Monster im Moor. Eine geheimnisvolle Jagdgeschichte aus den Hungerjahren der dunklen deutschen Nachkriegszeit. Zeit online: http://www.zeit.de/2008/01/A-Wuerger

WICKE, G. (1997): Exkursion zum schönen Gehrdener Berg südwestlich von Hannover. In: AVeg-Berichte 1996/97, S. 9-15

WILHELM, G. (2006): Pflanzenartenvielfalt im Stadtgebiet von Hannover. HVV – Info 2/2006 – Sonderausgabe zum 125-jährigem Jubiläum, S. 7 – 21

WOLSCHKE-BULMAHN, J. u. KÜSTER, H. (2009): Die Eilenriede – Hannovers Stadtwald und der Eilenriedebeirat. LHH – FB Umwelt und Stadtgrün (Hrsg.), Broschüre, 33 S.

Abkürzungen

ABIA: Arbeitsgemeinschaft Biotop- und Artenschutz

AHO: Arbeitskreis Heimischer Orchideen

BNatSchG: Bundesnaturschutzgesetz

BUND: Bund für Umwelt und Naturschutz Deutschland

DJN: Deutscher Jugendbund für Naturbeobachtung

DRL: Deutscher Rat für Landespflege

FAM: Faunistische Arbeitsgemeinschaft Moore

FFH-RL: Flora-Fauna-Habitat – Richtlinie

GR-Gebiet: Naturschutzgrossprojekt gesamtstaatlich repräsentativer Bedeutung

HCC: Hannoversches Congress Centrum

HPC: Hannoverscher Portland Cement

HVV: Hannoverscher Vogelschutzverein

Isernhagen FB: Farster Bauerschaft

Isernhagen KB: Kircher Bauerschaft

Isernhagen NB: Niedernhägener Bauerschaft

IUCN: International Union for Conservation of Nature

KuG: Kulturlandschaft und Geschichte

LHH: Landeshauptstadt Hannover

LRP: Landschaftsrahmenplan

LSG: Landschaftsschutzgebiet

MLK: Mittellandkanal

NABU: Naturschutzbund Deutschland

NLFB: Niedersächsisches Landesamt für Bodenforschung

NLWKN: Niedersächsischer Landesbetrieb für Wasserwirtschaft, Küsten- und Naturschutz

NSG: Naturschutzgebiet

ÖSSM: Ökologische Schutzstation Steinhuder Meer

ÖSML: Ökologische Schutzstation Mittlere Leine

PGL: Planungsgruppe Landespflege

UG: Untersuchungsgebiet

UNESCO: United Nations Educational, Scientific and Cultural Organization

UZVR: Unzerschnittener verkehrsarmer Raum

WASS: Wildtier- und Artenschutzstation Sachsenhagen

WSG: Wasserschutzgebiet

Mündliche Auskünfte

BENK, ALFRED (2013, 2014) – Fledermauskundler, Hannover

BLANKE, INA (2014) – Reptilienkundlerin, Lehrte

BRÄUNING, CHRISTIAN (2013) – Ornithologe, Laatzen

BRANDT, THOMAS (2013) – Ökologische Schutzstation Steinhuder Meer, Winzlar

BREDE, HEIKO (2013) – Forstamt Hessisch Oldendorf

HABBE, BRITTA (2013) – Wolfsbeauftragte der Landesjägerschaft, Vortrag am 6.11.2013 im MOORiZ

HAVERKAMP, KARL (2013) – Naturschutzbund, Ortsgruppe Springe

JUNG, KLAUS (2013) – Ornithologe, Pattensen

KATENHUSEN, DR. OLIVER – Geobotaniker, Hannover

LIEBER, MARTIN (2014) – Ornithologe, Hannover

LÖHMER, DR. REINHARD (2014) – Naturschutzbeauftragter für die Weißstorchbetreuung Region Hannover

MATTHIES, SARAH (2014) – Institut für Umweltplanung der Leibniz-Universität Hannover

MEYER, STEFAN (2013) – Fledermaus-Regionalbetreuer u. Speläologe, Barnten

MÜNCHHAUSEN, BRITTA FREIFRAU VON (2014) – Rittergut Bettensen

SCHICKHAUS, RALF (2013) – Leiter des Rotwildringes Großer Deister, Bredenbeck

TANTAU, REGINA (2014) – AG Mauersegler beim BUND Hannover

TATJE, SEBASTIAN (2013) – Fischer in Steinhude

THEN-BERGH, FRANZISKA (2010) – Ornithologin, Mellendorf

WAGNER, TOBIAS (2013) – Arbeitsgemeinschaft Biotop- und Artenschutz (Abia), Barsinghausen

WASSMANN, MANFRED (2013): Landschaftsarchitekt, Hannover

WICKE, GISELA (2013) – Arbeitsstelle für Vegetationskunde („AVeg")

Fotonachweise

Ohne Ziffer: Dietmar Drangmeister

(1) Bernhard Volmer

(2) Ulrich Ahrensmeier

(3) Janto Trappe

(4) Stefan Meyer

(5) Manfred Wassmann

(6) Dr. Oliver Katenhusen

(7) Ina Blanke

(8) Rolf Meinow

(9) Regine Tantau

(10) Dr. Ilse Albrecht

(11) Claudia Eckhardt

(12) Kaja Drangmeister

(13) Thomas Brandt

(14) Tobias Wagner

(15) Karl Haverkamp

(16) Ronja Grünwald

(17) Rainer Prodoehl

(18) COPTOGRAPH

(19) Bahadir Yeniceri | shutterstock.com

(20) Paco Gómez | wikipedia.org

(21) Kenraiz | wikipedia.org

(22) Tomasz Przechlewski | wikipedia.org

(23) Aiwok | wikipedia.org

(24) Leviathan1983 | wikipedia.org

(25) Christian Fischer | wikipedia.org

(26) Bernd Schwabe in Hannover | wikipedia.org

(27) Michael Gäbler | wikipedia.org

(28) Torsten Dietrich | shutterstock.com

(29) mycteria | shutterstock.com

(30) Böhringer Friedrich | wikipedia.org

(31) Mark Medcalf | shutterstock.com

(32) Jonathan Hornung | wikipedia.org

(33) KOO | shutterstock.com

(34) Losch | wikipedia.org

(35) AxelHH | wikipedia.org

(36) Allocricetulus | shutterstock.com

(37) RazvanZinica | shutterstock.com

(38) Vitaly Ilyasov | shutterstock.com

(39) chris2766 | shutterstock.com

(40) CreativeNature R.Zwerver | shutterstock.com

(41) sakhorn | shutterstock.com

(42) Roger Meerts | shutterstock.com

(43) Martin Fowler | shutterstock.com

(44) Zbynek Burival | shutterstock.com

(45) Vetapi | shutterstock.com

(46) jack53 | shutterstock.com

(47) Chris06 | wikipedia.org

(48) Cosmin Manci | shutterstock.com

(49) Gucio_55 | shutterstock.com

(50) Nifoto | wikipedia.org

(51) Vishnevskiy Vasily | shutterstock.com

(52) United States Fish and Wildlife Service

(53) Böhringer Friedrich | wikipedia.org

(54) Morphart Creation | shutterstock.com

(55) Florian Andronache | shutterstock.com

(56) lastknight | wikipedia.org

(57) Gio.tto | shutterstock.com

(58) Andreas Zerndl | shutterstock.com

(59) Ingrid Maasik | shutterstock.com

(60) Fornax | wikipedia.org

(61) Igor Semenov | shutterstock.com

(62) alslutsky | shutterstock.com

Orte

Die Schwelle bei Egestorf (3)

Arten

Transkarpatien/Ukraine

Ein Umweltbildungsprojekt für junge Leute braucht Unterstützung

Transkarpatien

Rund 1.500 km südöstlich von Hannover liegt im südwestlichsten Teil der Ukraine Transkarpatien, eine Region voller kultureller Vielfalt. Hier mischen sich verschiedene Einflüsse: Polnische, russische, ungarische, jüdische, deutsche, rumänische und natürlich ukrainische, wobei die Bergvölker der Huzulen, Lemken und Boiken eine besondere Rolle spielten und spielen. Aber immer lag dies Land an der Peripherie der großen Imperien (des Römischen, Osmanischen, Habsburgischen und Sowjetischen Reiches).

Daraus mag resultieren, dass sich hier eine beeindruckende Natur erhalten hat: In den Waldkarpaten liegen die größten Buchenurwälder Europas. Hier leben mit Bär, Luchs und Wolf alle großen Raubsäuger der mitteleuropäischen Waldlandschaft. Und die Bergwiesen, die noch extensiv mit der Sense genutzt werden, sind unglaublich blumenreich.

Transkarpatien im Zentrum Europas

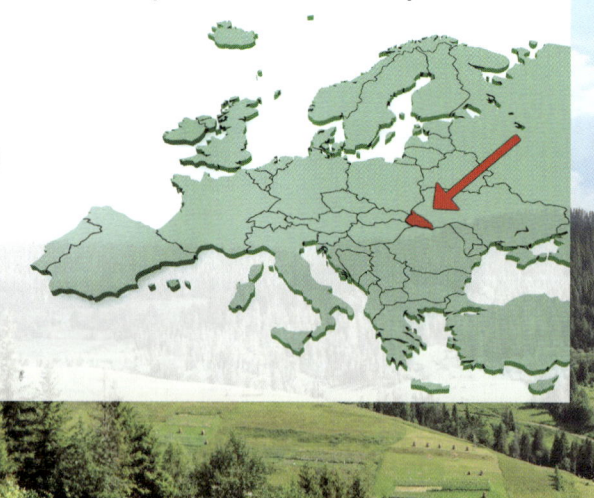

Natur hui – Umwelt pfui

So schön, wild und in Teilen unberührt die Natur in Transkarpatien ist, es gibt auch erhebliche Probleme. Diese sind auf einen geringen Standard der Umwelttechnik und auf ein – in weiten Teilen der Bevölkerung – nicht ausreichend entwickeltes Umweltbewusstsein zurückzuführen.

Umweltbildung

EKOSPHERA ist ein unabhängiger Natur- und Umweltschutzverband mit Sitz in Ushgorod, der Hauptstadt von Transkarpatien. Eine zentrale Aufgabe ist die Umweltbildung.

Die Präsidentin der NGO, Oxana Stankiewicz:
„Es wird sich nur etwas ändern, wenn wir die Kinder erreichen. Deshalb führen wir mit Kindern Kurse durch, in denen sie z. B. lernen, die Wasserqualität von Flüssen zu untersuchen."

Bitte um Spenden

JANUN e. V. ist ein Zusammenschluss der Jugendorganisationen mehrerer Naturschutzverbände und kooperiert seit vielen Jahren eng mit Jugendumweltinitiativen in Osteuropa. Auf Anregung des Landschaftsarchitekten Dietmar Drangmeister, der die Partner und ihre Aktivitäten vor Ort kennt, hat sich JANUN e. V. entschlossen, Spenden für die wichtige Umweltbildungsarbeit von EKOSPHERA in Transkarpatien zu sammeln.

- **Eine Spende in Höhe 20 Euro ermöglicht einem ukrainischen Kind die Teilnahme an einem Umweltschutz-Wochenendseminar.**

- **50 Euro ermöglichen die Teilnahme an einem einwöchigen Umweltcamp.**

Für ihre Spende auf das folgende Konto erhalten Sie eine steuerabzugsfähige Spendenbescheinigung. Gesammelt werden die Spenden in die Ukraine überwiesen.

JANUN e. V. • Sparda-Bank Hannover
Konto: 1922815 • BLZ: 25090500
IBAN: DE 02 2509 0500 0001 9228 15
BIC: GENODEF1SO9

Stichwort: EKOSPHERA

Kontakt

JANUN e. V.
Achim Riemann
Fröbelstr. 5 • 30451 Hannover
Tel. 0511-5909190
buero@janun-hannover.de

Top-Ausflugsziele in die Natur der Region Hannover

Top 5

1. Steinhuder Meer mit Meersbruchwiesen (GW)
2. Süddeister mit Annaturm und Bielstein (BL)
3. Nordhannoversche Moore: Helstorfer, Otternhagener und Bissendorfer Moor (GO)
4. Gaim und Bockmer Holz mit Brinksoot und Mergelkippen am Kanal (BO)
5. Blankes Flat (GO)

Top 10

6. Alte Leine mit Laatzener Masch (LS)
7. Kleiner Deister mit Höhlen- und Felsengebiet und Jagdschloss Springe (BL)
8. Gehrdener Berg mit Buchenwäldern, Kalkmagerrasen und Gartenanlage von v. Trip (BW)
9. Leineaue mit Hecken-Grünland-Gebiet Luthe (LN)
10. Eilenriede mit Lönspark, Mardalwiese und Tiergarten (SH)

Top 20

11. Koldinger Seen (LS)
12. Osterwald mit Kalkmagerrasen, Barenburg und Kloster Wülfinghausen (BL)
13. Almhorster, Lohnder und Kirchwehrener Wald (BW)
14. Ihmeniederung mit Weetzener Klärteichen und Ensemble Bettensen (BW)
15. Totes Moor mit Rand der Schneerener Geest (GW)
16. Fuhrberger Wälder mit Wietzeniederung und Hastbruch (GO)
17. Fuhse- und Erse-Niederung (GO)
18. Hämeler Wald (GO)
19. Kronsberg mit Expo-Park Süd (BO)
20. Kugelfangtrift/Segelfluggelände (SH)